横观各向同性半空间波动理论及其在土木工程中的应用

巴振宁　梁建文　吴孟桃　著

科 学 出 版 社

北　京

内 容 简 介

本书对横观各向同性半空间波动的基础理论、求解方法和工程问题进行了系统介绍。书中首先建立了一套以均布荷载动力格林函数为基本解的间接边界元方法，进而深入开展了层状横观各向同性半无限介质中典型局部地形对地震波的散射、土-结构地震动力相互作用、列车运行诱发环境振动和地下隧道对弹性波的散射等相关波动问题研究。

本书可作为从事地震工程和工程波动研究的人员的参考用书，也可供高等院校相关专业的师生学习和参考。

图书在版编目(CIP)数据

横观各向同性半空间波动理论及其在土木工程中的应用/巴振宁，梁建文，吴孟桃著. —北京：科学出版社，2023.1

ISBN 978-7-03-067548-4

Ⅰ. ①横… Ⅱ. ①巴… ②梁… ③吴… Ⅲ. ①土木工程-工程力学-波动理论-研究 Ⅳ. ①TU311

中国版本图书馆 CIP 数据核字（2020）第 260364 号

责任编辑：任加林 / 责任校对：赵丽杰
责任印制：吕春珉 / 封面设计：耕者设计工作室

科学出版社出版
北京东黄城根北街 16 号
邮政编码：100717
http://www.sciencep.com
北京中科印刷有限公司印刷
科学出版社发行　各地新华书店经销
*
2023 年 1 月第　一　版　开本：B5（720×1000）
2023 年 1 月第一次印刷　印张：16 3/4
字数：335 000

定价：120.00 元

（如有印装质量问题，我社负责调换〈中科〉）
销售部电话 010-62136230　编辑部电话 010-62139281（BA08）

前　言

土木工程中的很多问题需要从波动的角度进行研究，如复杂场地地震效应问题，其本质是局部地形对地震波的散射；土-结构地震相互作用问题，其本质是地基与结构间地震能量的交换；地铁隧道地震反应问题，其本质也是隧道结构对地震波的散射；列车高速运行环境振动问题，其本质是列车移动产生波沿地基表面的传播。本书作者及其科研团队在工程波动领域从事了近 20 年的科研和教学工作，特别是在复杂场地地震效应的波动理论、数值解析求解方法和工程应用方面开展了系统深入的研究。

岩土工程研究表明，岩土类材料由于受到内在矿物颗粒组成和外在环境因素的共同影响会表现出明显的各向异性，根据天然土体呈水平状沉积的特点，其各向异性主要体现在水平和竖向弹性参数间的差异上横观各向同性（transversely isotropic，TI）介质是描述土体各向异性的合理力学模型；TI 介质模型破坏了本构关系在空间上的球对称性，使得弹性波在其中的传播与各向同性介质情况显著不同。受此启发，本书作者于 2015 年将 TI 介质模型引入复杂场地地震效应研究，经我和团队成员多年的共同努力，陆续开展基于 TI 介质模型的层状场地中常见复杂局部地形的二维、2.5 维和三维地震效应问题，并进一步开展基于 TI 介质模型的列车运行引起环境振动影响、土-结构地震相互作用、地下结构对弹性波的散射等相关波动问题研究。本书作者的研究成果（包括波动理论、数值方法和工程应用）可提高土木工程中相关波动问题求解的精度，同时相关理论和方法还可应用于地震学、勘探地震学和地球物理等学科中各向异性波动问题的研究，具有显著的科学意义和广阔的应用前景。

本书共分 8 章，第 1 章介绍本书背景和意义，综述 TI 半空间波动理论和 TI 介质模型应用的研究概况。第 2～3 章介绍 TI 介质半空间波动的理论基础：建立层状 TI 弹性（饱和）半空间的二维（平面内和平面外）精确动力刚度矩阵和三维精确动力刚度矩阵，推导层状 TI 弹性（饱和）半空间中斜线、移动斜线和斜面均布荷载（孔隙水压力，以下简称孔压）系列动力格林函数。第 4 章为层状 TI 弹性（饱和）半空间自由场的频域和时域研究，揭示地震波在 TI 弹性（饱和）介质层中的反射、透射和转换特性，阐明材料的各向异性参数对层状半空间自振特性的影响规律。第 2～4 章构成了间接边界元方法（indirect boundary element method，IBEM）的基础，以此发展了基于层状 TI 介质模型的二维、2.5 维和三维 IBEM。第 5～8 章采用建立的 IBEM 数值方法，分别研究层状 TI 半无限介质中典型局部地形对地震波的散射、土-结构地震动力相互作用、列车运行诱发环境振动和地下隧道对弹性波的散射等工程问题，力图揭示 TI 介质中弹性波散射与各向同性介质情况的本质差异，阐明土体的各向异性参数对地震动和反应谱的影响规律，推动相关波动问题研究在各向异性介质方面的发展。第 5～8 章体现了 TI 半空间弹性波动理论和 IBEM 求解方法在土木工程中的实际应用。

本书内容涉及的研究工作得到了国家重点研发计划项目（2016YFC0802400）、国家自然科学基金面上项目（51578373）和天津市自然科学基金面上项目（16JCYBJC21600）的资助。本书由巴振宁教授统稿，梁建文教授全程指导，博士研究生吴孟桃对本书的数据整理和章节修改做了很大贡献。在本书撰写过程中，硕士研究生张艳菊、陈昊维、胡黎明、高亚南、潘坤、段化贞、康泽青、严洋、安东辉、周旭、桑巧稚、张恩玮、仲浩等做了很多辅助性工作；多位同行专家对相关研究工作提出许多很有价值的建议，对本书的出版提供了极大帮助，在此表示衷心的感谢！另外，作者对天津大学建筑工程学院领导、同仁和朋友在本书出版过程中给予的鼓励、支持和帮助一并致以真诚的谢意！

本书是在作者及其科研团队多年研究工作的基础上完成的，由于作者水平有限，书中难免存在不足之处，敬请读者批评指正，以便在今后的研究工作中加以改进。

著　者
2020 年 5 月

目　录

第1章　绪　　论

1.1　研究背景

自20世纪60年代以来，岩土体具有固有各向异性和应力各向异性已逐渐成为工程界的一种共识[1-4]。根据天然岩土体呈水平状沉积的特点，其各向异性主要体现在水平和竖向弹性参数（弹性模量、泊松比和剪切模量等）间的差异，众多学者指出横观各向同性介质是描述岩土体各向异性的合理力学模型[5-7]。事实上，早在1932年，麦卡勒姆（McCllum）和斯内尔（Snell）就指出加拿大洛林页岩水平方向的P波波速比垂直方向快40%，在某种程度上说明了该地区页岩的TI特质；1955年，波斯特马（Postma）等的研究表明厚度小于地震波长的旋回性薄互层可等效为TI介质，这解释了当时一直困扰人们的地震波传播时的时深转换误差问题；1956年，乔利（Jolly）在近地表沉积岩中观测到SH波水平速度是竖向速度的两倍；1979年，巴克曼（Bachman）注意到深海钻探采取的岩心存在水平和竖向参数的差异；1981年，琼斯（Jones）等从取自北达科他（North-Dakota）州的威利斯顿（Williston）盆地的岩心中发现了该处岩石具有TI特性；1983年，科林（Corrign）证实了垂直横向各向同性的存在，并提到横波在页岩内分裂成SV和SH极化波的现象。此外，通过对文献试验数据进行统计（表1-1）发现，土体的各向异性（水平和竖向弹性参数间差异）也是非常显著的，如黏土的水平和竖向弹性模量比值可高达4.0，比值处于1.30～2.50的黏土比较常见，砂土的两方向模量比值可低至0.2。在弹性动力学问题研究中，相对于具有完整基本理论的各向同性情况而言，各向异性弹性波理论发展还十分缓慢。TI介质作为各向异性的一种特例，其基本性质参数较完全各向异性介质更易获取，便于工程应用。

表1-1　土体横观各向同性参数实测值

土的类型	文献	试验值（E_h/E_v）	试验值（G_h/G_v）
伦敦黏土（不排水加荷）	Ward等[8]	1.30～2.00	
伦敦黏土（排水加荷）	Ward等[9]	1.35～2.37	
超固结黏土（排水加荷）	King[10]	1.60	
佛罗里达高岭石土（不排水）	Saada等[11]	1.36	

续表

土的类型	文献	试验值（E_h/E_v）	试验值（G_h/G_v）
加拿大 St-Louis 海相黏土（排水加荷）	Yong 等[12]	0.62	
正常固结 Illite 黏土（伊利石）（排水加荷）	Biannnchini[13]	1.10～1.20	
美国黏土（砂土）	Gazetas[14]	0.6～4.0（砂土可低至 0.2）	
意大利黏土	Jamiolkowski 等[15]	0.55～4.0	
Ticino Silica 砂（等向应力状态）	Bellotti 等[16]		1.2～1.3
英国剑桥 Gault 黏土	Pennington 等[17]		2.52
上海砂质土（排水加荷）	吴国溪[18]	2.50	
上海黏土（不排水加荷）	于京杰[19]	1.86	
南京长江大桥附近黏土	孙德安等[20]		1.05～1.25
兰州粉质黏冻土	王正中等[21]	1.0～4.0	
上海淤泥质粉质黏土	吴宏伟等[22]		1.08～1.39

注：E_h/E_v 为水平弹性模量与竖向弹性模量比值；G_h/G_v 为水平剪切模量与竖向剪切模量比值。

TI 介质模型破坏了本构关系在空间上的球对称性，使得弹性波在其中的传播呈现各向异性，相应的波动理论较各向同性介质要复杂得多。谢忠球等[23]的研究表明，TI 介质中弹性波传播速度依赖于传播方向，且横波分裂使得 SV 与 SH 波有着不同的传播速度，同时土体各向异性对波速的影响是非常显著的，忽略这种影响会引入较大误差，甚至导致结论的错误。汪越胜等[24-25]的研究表明，TI 饱和介质中固相和液相弹性波更是分别有着不同的偏振方向，流固耦合作用引起波速频散和振幅衰减，波动问题更为复杂。因此，出于波动理论研究上的价值和工程精度上的迫切需求，近年来，TI 弹性（饱和）介质相关的工程波动问题成为岩土工程、地震工程、地震学和地球物理等领域中的前沿和热点研究课题。尤其在土动力学中，该介质模型已被成功应用于地基 Lamb 问题[26-27]、桩-土相互作用[28-29]和地基-基础相互作用[30-31]等研究，结果表明 TI 介质模型较各向同性介质能更准确地描述波在岩土体中的传播。

然而，TI 介质模型在场地地震效应、土-结构地震相互作用、列车运行诱发环境振动和地下隧道抗震等方面的发展与应用却十分缓慢。从文献来看，国内外学者对这些方面课题研究的分析和计算还不多见，尚处于起步阶段。仅有少数学者针对均匀半空间中简单地形对地震波的散射[32-33]、均匀半空间中移动荷载诱发地基振动[34-35]等问题进行了研究，研究还不够系统、不够深入。尤其对于进一步考虑天然土体的成层特性，基于层状 TI 介质模型的复杂场地地震效应研究，目前仍鲜见报道。因而，基于作者团队在地震工程和工程波动方面的多年研究经验，开展了系列研究工作，包括综合考虑局部地形地震波散射[36]和场地自振特性[37]

对地震动的显著影响，考虑局部地形与层状场地间的地震相互作用，系统开展基于层状 TI 弹性（饱和）介质模型的复杂场地地震效应研究；另外，进一步开展基于 TI 介质模型的列车运行引起环境振动影响、土-结构地震相互作用和地下结构对弹性波的散射等相关波动问题研究。以上内容可为 TI 层状半无限介质中波场模拟提供一种高效精神方法，为场地条件复杂地区震（振）害评估、重大工程抗震设防和环境振动减隔振设计等工作提供参考依据，具有重要的理论意义和工程应用价值。另外，值得指出的是，近些年来 TI 弹性（饱和）介质波动理论在岩土工程等领域中的逐步发展[26-31]，以及真三轴仪、空心圆柱扭转仪和方向剪力盒等试验仪器在土体各向异性参数测试方面的成功应用[38]，也为开展基于层状 TI 弹性（饱和）介质模型的理论研究和工程应用研究奠定了良好基础。

1.2 研 究 概 况

1.2.1 横观各向同性半空间波动理论研究现状

半空间中波传播理论是研究各种波的散射和土-结构动力相互作用等问题的基础，因此该课题一直是岩土工程、地震工程和地球物理等领域研究的重点。本书内容主要涉及半空间精确动力刚度矩阵和半空间动力格林函数。

1. 半空间精确动力刚度矩阵

动力刚度矩阵可用于计算层状地基动力响应和层状土中自由场反应等问题，其内部位移应力等分布是按精确波动方程分布的，因此具有精确性。Thomson 等[39]和 Haskell[40]开创性地给出了层状半无限介质波传播问题的传递矩阵解。Kausel 等[41]利用 Thomson-Haskell 方法进一步给出了层状半空间动力刚度矩阵，并在刚度矩阵基础上研究了层状半空间中波的传播问题。Biot[42]和 Wolf[43]也分别采用不同方法给出了层状半空间的动力刚度矩阵，尤其是 Wolf 分别推导了层状半空间平面外和平面内的精确动力刚度矩阵，进而采用刚度矩阵方法求解了层状半空间在 P、SV、SH、Love 和 Rayleigh 波入射下的自由场地震反应，建立了层状半空间中波的传播及土-结构相互作用等问题比较完整的一套理论，并在工程中得到广泛应用。随后，Liang 等[44]对 Wolf 理论[45]进行了拓展，建立了饱和土层和半空间的平面内精确动力刚度矩阵。巴振宁等[45]基于柱面 SH、P 和 SV 波位移势函数，推导了三维层状黏弹性半空间的精确动力刚度矩阵。

上述研究均基于各向同性介质（弹性或饱和）的假定，没有考虑土体的 TI 性质。据作者所知，仅有薛松涛等[46-47]推导了层状 TI 半空间平面外和平面内刚度矩阵，并研究了层状 TI 场地在 SH 波入射下的动力响应。本书拟基于 TI 弹性

（饱和）介质中波动方程基本解，将刚度矩阵方法进一步拓展，在频率-波数域内求解以位移形式表示的动力平衡方程，并重点发展了三维层状弹性（饱和）半空间的精确动力刚度矩阵。

2. 半空间动力格林函数

动力格林函数是解决地震工程和工程波动相关问题的一种有效手段，多年来受到国内外的广泛关注，并取得了不少研究成果。Lamb[48]开创性地采用积分方法给出了均匀弹性半空间表面集中荷载的动力格林函数，随后 Achenbach 等[49]、Aki 等[50]、Miklowitz[51]、Apsel 等[52]、Bonafede 等[53]、Kausel[54]、Apsel[55]、Al-Eqabi 等[56]和 Pak 等[57-58]相继对各向同性弹性半空间在动力荷载作用下的二维和三维动力响应问题进行了研究，并取得了一系列重要研究成果。此外，基于 Biot 流体饱和多孔介质波的传播理论，Halpern 等[59]、Rajapakse 等[60]、王立忠等[61]、Zeng 等[62]、黄义等[63]、Senjuntichai 等[64]、蔡袁强等[65]、梁建文等[66]、艾智勇等[67]研究了均匀饱和半空间或层状饱和半空间的动力响应。

关于 TI 介质中的动力响应问题研究，Stoneley[68]最早分析了 TI 介质中波的传播特性，并明确指出 TI 介质中波的传播规律比各向同性介质更为复杂。随后，Synge[69]、Buchwald[70]和 Payton[71]研究了均匀 TI 弹性半空间在地表荷载作用下的动力响应问题；Liao 等[72]、Rajapakse[73]、Wang 等[74-75]、Wang 等[76]、Eskandari-Ghadi 等[77]、Raoofian 等[78]给出了均匀 TI 弹性半空间中埋置荷载的位移和应力动力格林函数。此外，考虑土体的分层特性，Waas[79]、Shodja 等[80]、Eskandari-Ghadi 等[81]、Khojasteh 等[82-84]、Ai 等[85-86]和 Zhang 等[87]先后研究了层状 TI 弹性半空间中表面荷载或埋置荷载作用下的动力响应问题。对于 TI 饱和介质，Kazi-Aoual 等[88]及 Taguchi 等[89]运用 Kupradze 等[90]提出的方法研究了点荷载作用下 TI 饱和全空间的动力响应，该方法将偏微分方程简化到单一张量函数表示的常微分方程，但并未给出格林函数的显式表达；Sahehkar 等[91-92]通过引入势函数给出了表面局部荷载、圆形和环形荷载作用下的透水地表 TI 饱和全/半空间的动力响应；Keawsawasvong 等[93]给出了埋置荷载和孔压作用下均匀 TI 饱和半空间的动力响应解析解。

上述研究均采用均匀 TI 饱和半空间物理模型，鲜有学者研究层状 TI 饱和半空间的动力响应问题。目前针对层状 TI 饱和半空间动力格林函数的研究，鲜见文献报道。

现有边界元法多以集中力源格林函数为基本解，求解时为避免奇异性，常将荷载作用位置偏移真实边界，引入偏移误差的同时降低了对复杂边界的适应性。本书拟推导层状 TI 弹性（饱和）半空间中斜线均布、移动斜线均布和斜面均布荷载动力格林函数，进而以新建立的系列格林函数发展相应的二维、2.5 维和三维

IBEM，并将该方法应用于土木工程中相关波动问题的求解。

1.2.2 横观各向同性介质模型相关应用举例

前文提到，TI 介质模型已被成功应用于地基 Lamb 问题、桩-土相互作用、地基-基础相互作用等研究。相关研究现状在文献中已有详细论述，本书不再赘述。根据本书特色，主要列出以下 4 个方面的应用举例。

1. 复杂场地地震效应问题

复杂场地（凹陷、盆地、山脉及其复合场地等）对地震动有着显著影响，已在多次的震害调查和地震观测中得以证实。例如，1985 年墨西哥地震，远距震中 400 多千米的墨西哥城震害异常严重，松软盆地效应使得地表震动放大 6 倍之多，持时长达 180s[94]。1989 年，洛马普列塔（Loma Prieta）地震中罗宾·伍德（Robin Wood）山顶遭受严重破坏而山脚下无明显震害[95]。我国 1970 年通海地震、1976 年唐山地震、2008 年汶川地震的震害调查同样显示，位于陡峭山脊、古河道及山间盆地等场地条件复杂地区的建筑物破坏更为严重[96-100]。由于地震的不可预测性和其造成危害的严重性，复杂场地对地震动的影响研究一直是地震工程领域中的热点问题，也是不易攻克的难题。依据波动理论，复杂场地地震效应实质上是复杂场地对地震波的散射问题，目前已从二维发展到 2.5 维和三维模型、从均匀半空间发展到层状半空间，以及从弹性介质发展到饱和多孔介质。下面沿着二维、2.5 维和三维模型的顺序概述研究动态，考虑到二维或 2.5 维是一种理想化处理，着重对三维模型进行介绍和评述。

二维模型方面：选取复杂场地截面为研究对象，同时假定地震波入射方向平行于计算截面，属平面应变问题。二维模型相对简单，相关研究较多，包括解析解[101-105]、有限差分法（finite differential method，FOM）[106-107]、有限元法（finite element method，FEM）[108-111]、边界元法（boundary element method，BEM）[112-113]、复变函数法[114-115]、谱单元法（spectral element method，SEM）[116]。关于二维模型方面更为丰富的成果介绍及相关评述可参考文献［117］。二维模型无法反映复杂场地的三维动力响应特征，但由于计算量较小，研究方便，现有许多重要的定性结论均来自对二维地震效应的研究。

2.5 维模型方面：仍以截面为研究对象，但地震波入射方向可与计算截面呈任意夹角，实质上是二维复杂场地的地震波三维输入问题。目前相关研究包括凹陷地形对地震波的 2.5 维散射[118-119]、沉积谷地对地震波的 2.5 维散射[120-121]和山体地形对地震波的 2.5 维散射[122-123]。关于 2.5 维模型方面更为丰富的成果介绍及相关评述可参考文献［123］。2.5 维在计算量小于三维的情况下，一定程度上反映了场地的三维动力响应特征。

三维模型方面：建立复杂场地的三维空间模型，采用解析方法或数值方法进行研究。解析法是波函数严格满足波动方程和边界条件的方法，物理概念清晰且可用于验证各种数值方法。Lee[124]、赵成刚等[125]、韩铮等[126]分别采用波函数展开法给出了弹性和饱和半空间中半球盆地对弹性波的三维散射解析解。数值方法主要包括有限差分、有限元、谱单元和边界元等。FDM是通过求解差分方程得到波动方程近似解的方法，实用且易于实现。廖振鹏等[127]对孤立山包的地震放大效应进行了FDM求解，发现山顶地震反应为自由场的1～4倍；Francisco等[128]对Parkway盆地进行了FDM地震动模拟；我国学者付长华等[129]采用FDM研究了北京盆地对长周期地震反应谱的影响。FEM的优势在于处理复杂边界和复杂介质的能力强。Ma等[130]采用FEM研究了洛杉矶山脉和San Gabriel盆地复合场地的地震效应，研究发现盆地和山脉之间存在复杂的地震耦合作用；我国学者宋贞霞等[131]采用FEM结合透射边界研究了三维河谷场地的地震效应问题；梁建文等[132]结合黏弹性边界和地震动等效节点力输入技术，采用FEM研究了三维凹陷对地震动的影响。SEM融合了FEM的灵活性和伪谱法的精度，本质上是一种高阶有限元方法。Komatitsch[133]采用SEM对洛杉矶盆地进行了地震动模拟，峰值位移、速度和加速度的空间分布表明盆地对地震动有着显著的放大效应；我国学者丁志华等[134]采用SEM研究了三维台阶地形对点震源地震动的影响。BEM是将微分方程化为边界积分方程进行求解的方法。Mossessian等[135]、Sánchez-Sesma等[136]分别采用间接边界元方法（indirect boundary element method，IBEM）研究了均匀半空间中三维凹陷和盆地对P、SV、SH和Rayleigh波的散射；Sohrabi-Bidar等[137]采用直接边界元法（driect boundary element method，DBEM）研究了三维高斯型山体的地震效应；Liang等[138]采用IBEM研究了层状半空间中三维盆地对地震波的散射，研究表明三维盆地的放大效应较二维和2.5维情况更为显著，且存在复杂的“层状场地-盆地”地震相互作用。由于全面反映了地震动的三维空间分布特征，近年来在计算机和并行计算快速发展的推动下，三维定量计算逐渐成为复杂场地地震效应研究中的热点。

分析以上文献发现，近些年来国内外学者在场地效应方面开展了大量研究工作并取得了丰硕成果，但上述研究均基于各向同性介质（弹性或饱和）的假定，在介质各向异性方面的研究还十分少见。本书拟将更为符合实际的层状TI弹性介质模型引入复杂场地地震效应研究中，进而在作者团队近20年来场地效应研究的基础上，系统开展基于层状TI介质模型的复杂场地地震效应研究，以期将来实现更为准确的基于TI介质模型的实际复杂场地地震效应模拟。

2. 土-结构动力相互作用问题

土-结构动力相互作用问题的研究一直是地震工程、土木工程和水利水电工程的重要课题。对于该问题的研究可以追溯到20世纪初，Reissner[139]在Lamb解的基础上提出的关于基础振动问题的Reissner理论。到20世纪50年代，该课题得到学者们的重视，研究范围逐渐扩大。目前土-结构动力相互作用的研究成果在核电站、高层建筑、海洋平台等多个领域都有应用。在理论研究中，土-结构动力相互作用的实质是两个问题的求解：基础动力刚度系数的求解和基础（上部结构）位移的求解。

对于基础动力刚度系数的研究，重点在于选择合适的力学模型（如各向同性弹性半空间-刚性基础-剪力墙）。其中，采用解析法（以波函数展开法为主）进行求解的主要学者有 Luco [140]、Apsel 等 [141] 等。数值法方面包括以有限元为代表的域方法和以边界元为代表的边界元法。采用域方法的主要学者有 Lysmer 等[142]、Kausel 等[143]、韩泽军等[144]，采用边界元法的主要学者有 Elorduy 等[145]、Wong 等 [146-147]、Han 等 [148]、Abascal 等 [149]、Rizzo 等 [150]、Luco 等 [151]、Wolf 等 [152-153] 等。对于基础（上部结构）位移的研究，其求解步骤为：首先在不考虑基础质量和上部结构质量的情况下求解基础在地震波入射下的动力响应，然后求解考虑基础和上部结构质量时的基础附加位移，最后进行叠加。关于基础（上部结构）位移的研究方法主要分为解析法和数值法，其中利用解析法进行求解的主要学者有 Wong 等 [154]、Todorovskah 等 [155]、Le 等 [156]、付佳等 [157]、梁建文等[158-159]，利用数值法进行位移求解的主要学者有 Day 等[160]、Luco 等[161]、Wegner 等 [162]、Torabi 等 [163] David 等 [164]、Thusoo 等 [165]、Vasilev 等 [166]、陈少林等 [167]、Kobori 等 [168-169]、Luco 等 [170-171]、杜修力等 [172]、de Barros 等 [173]、Liang 等 [174-175]。

值得指出的是，上述研究均局限于各向同性介质。针对 TI 介质模型，仅有韩泽军等[176]提出了求解层状 TI 半空间二维埋置刚性条带基础动力刚度矩阵的精确算法；Lin 等 [177-178] 和 Han 等 [179] 结合精确积分法和波动方程双矢量公式建立了一种混合数值方法，求解了三维层状 TI 半空间明置刚性基础的动力刚度系数；Morshedifard 等 [180] 将边界元法和有限元法结合起来，求解了 TI 弹性半空间中明置基础的动力刚度系数。可见，关于 TI 弹性介质中土-结构相互作用的研究仍处于起步阶段。本书拟基于层状 TI 弹性半空间波动理论，分别介绍本书作者及科研团队在二维平面外土-结构动力相互作用、二维平面内土-结构动力相互作用和三维土-结构动力相互作用等方面的研究成果 [181]。

3. 列车运行诱发环境振动问题

随着列车运行速度的大幅提升，列车运行引起的振动问题成为土木工程和交通工程等领域中的热点研究课题。列车运行引起轨道及地基土的振动会以波的形式向周围传播，进而对轨道交通周边的居民产生影响。1998 年瑞典铁路局对 X2000 高速列车运行引起轨道及软土地面振动进行现场测试，结果发现当速度达到 180km/h 时，地面振动增加 10 倍且轨道峰值位移达到 14mm，远远超过安全允许范围。国内外已有许多学者将道路结构简化为 Winkler 地基梁和弹性半空间上的弹性梁，对列车荷载作用下引起的地基动力响应进行了分析，并且围绕列车运行诱发的地基振动问题进行了相关研究，但这些研究还并不能准确地模拟轨道-地基系统。Adam 等[182]采用三维边界元-边界元联合法和二维边界元-有限元联合法，对动力荷载作用下“列车-轨道-路基-半空间”的动力响应进行了分析，并得出了当轨道的长宽比大于 3 时可将问题视为二维情况等结论；Torbjorn 等[183]采用比例边界有限元法，在三维空间模拟了高速移动列车荷载诱发的地基振动问题；Sheng 等[184]给出了 3 种场地条件下的理论地基模型和测量数据，文中将无限长轨道上的匀速移动车辆振动耦合为半解析模型；之后又建立了用于预测竖直轨道不平顺引起的地面振动模型，该模型结合了车辆、轨道和成层地基，并且将移动轮轴荷载和轨道不规则作为输入的振动荷载；进一步地使用波数有限/边界元方法对问题进行了建模。Galvin 等[185]采用三维边界元法-有限元法对高速移动列车荷载作用下的地基振动问题进行了分析，并进一步对高速移动列车在西班牙 Cordoba-Malaga 段运行诱发的地基振动进行了测试；Kouroussis 等[186]使用 ABAQUS 软件，采用三维有限元模型的同时，引入无反射边界，对列车荷载诱发的振动进行了研究。为减少有限元模型计算量，Lysmer 等[142]首次提出了建立 2.5 维有限元模型来分析地下结构在外部激励下的响应。有限元对于地基土这类无限域进行模拟时需对边界进行处理来满足远场波动辐射条件，很多学者应用边界元对地基土进行模拟。Barbosa 等[187]结合薄层法和完全匹配层理论来建立半空间地基土模型并给出了 2.5 维边界元的基本解，为建立边界单元模型奠定了基础。巴振宁等[188-189]采用 2.5 维 IBEM 和半解析法对列车荷载作用下地基动力响应进行了研究，发现土层厚度、地基分层和列车的移动速度等均有一定的影响。

以上关于轨道-地基耦合系统的动力响应问题的研究均将地基假定为弹性介质，而在滨海地区，地基多为软土饱和地基。由于对饱和多孔介质波动方程的求解十分复杂，目前关于饱和地基-路轨-列车耦合系统动力响应的研究很少。蔡袁强等[190]研究了轨道刚度对高速移动列车荷载作用下饱和地基动力响应的影响，采用半解析法对准静态荷载和动力荷载作用下饱和半空间的动力响应进行了分析；高广运等[191-192]基于 Biot 波动方程，采用二次形函数薄层法、2.5 维有限元法研究了高速移动列车荷载作用下轨道和饱和地基的动力响应，并对移动列车荷载进行评估，提出了对于“车轮-轨道-地基”和轨道不平顺问题的简单数值模型；巴振宁等[193-194]研究了高速移动列车荷载作用下层状饱和地基-轨道-列车耦合系统的动力响应。

值得指出的是，上述学者均是对各向同性地基进行的研究，而天然地基由于自然沉积等作用表现为各向异性，为了计算准确，将地基假定为 TI 介质较为合理。李佳等[195]采用 2.5 维有限元法结合 Fourier 变换进行分析，发现列车运行引起的地面振动衰减曲线会出现反弹增大现象；叶俊能[196]基于 Biot 波动理论，构建了列车荷载-轨道系统-双层状 TI 饱和地基模型，将模型分为上覆路轨系统和地层系统，并结合双重 Fourier 变换进行求解，发现列车荷载对于地基动力响应的影响有限，同时上层土层的刚度对于地基的动力响应也有一定影响；周晔等[35]构造了轨道、道砟、枕木及弹性层的 TI 饱和地基在列车荷载下的动力计算模型，发现荷载的移动速度和土层参数对于地表振动和地基土体孔压有一定影响。从文献来看，目前仅较少学者研究了移动列车荷载作用下层状 TI 介质地基动态响应、地基-轨道耦合系统动态响应等列车运行诱发环境振动问题。本书拟基于层状 TI 弹性半空间波动理论，分别介绍作者团队在层状 TI 弹性（饱和）半空间移动荷载作用下动力响应，以及层状 TI 弹性（饱和）地基-路轨-列车耦合系统轨道不平顺引起振动的分析等方面的研究成果。

4. 地下隧道对弹性波的散射问题

随着我国地铁建设的迅猛发展，地下结构的抗震设计及安全性评价日益受到重视。地下结构对地震波散射问题的研究方法有解析法和数值法两大类。解析法物理意义明确，可以作为特定情况下的精确解来校验数值法的正确性与适用性，但要求场地的边界较均匀，波传播介质为均匀线弹性。针对单相弹性介质，Lee 等[197]采用波函数法研究了弹性半空间中衬砌隧道对 SH 的散射问题，Sancar 等[198]采用特征函数展开法求解了两个柱形洞室对压缩波的散射问题，梁建文等[199]将解答推广到了衬砌隧道对 P、SV 波及 Rayleigh 波的散射解析解。对于圆形隧洞结构，其边界条件需在极坐标下表示，故坐标系转换成为应用解析法的关键问题之一。目前广泛采用的是基于大圆弧假定半平面的近似方法，但根据 Bessel 函数的性质，该近似未能满足零应力边界条件。数值解方面，Hwang 等[200]利用 FEM 研究了入射波沿轴向传播下长型埋置结构的响应。不同于 FEM，BEM 方法通过边界离散极大地减少了未知量数目，同时引入格林函数，使该方法适用于求解无限和半无限问题。其中，DBEM 方法和 IBEM 方法的区别在于前者利用基本奇异解及边界条件求得边界上的物理量进而得到域内响应，后者通过施加满足边界条件的虚拟源来求得内部响应。Stamos 等[201]利用基于移动点源格林函数的 DBEM 探究了弹性或黏弹性半空间中无限长衬砌隧道对入射表面波和体波的 2.5 维散射问题；刘中宪等[202]采用间接边界积分方程法（indirect boundary integral equation method，IBIEM）研究了衬砌隧道对平面 P 波和 SV 波的散射效应。对于地下水位较高饱和场地滨海地区使用的地铁隧道，采用饱和介质模型更符合实际。Kattis 等[203]利用边界元法分析了入射 P1、SV 波时均匀无限饱和空间中衬砌和无衬砌隧道的动应力集中问题，梁建文等[204]采用 IBEM 给出了平面 P1 波在饱和半空间中洞室周围的散射结果。

此外，考虑到实际天然土体的各向异性性质，刘干斌等[205]给出了在 TI 饱和土体中圆形隧洞边界上作用简谐轴对称荷载或流体压力所引起的应力、位移和孔隙水压力场在 Laplace 变换域中的解析表达式；高华喜等[206]研究了简谐荷载作用下 TI 饱和介质中半封闭圆形隧道衬砌的简谐耦合振动，给出了土体和衬砌的位移、应力和孔压的解析表达式。本书拟基于层状 TI 弹性半空间波动理论，分别介绍作者团队在层状 TI 弹性（饱和）半空间中地下隧道对弹性波的二维和 2.5 维散射等方面的研究成果。

1.3 本书的内容安排

本书围绕 TI 半空间波动的基础理论、求解方法和工程问题开展了系统研究，提出了自由波场求解的精确动力刚度矩阵方法，建立了一种新的以均布荷载动力格林函数为基本解的 IBEM，进而系统开展了常见复杂场地（凹陷、沉积和凸起）二维、2.5 维和三维地震效应问题的理论研究，同时深入开展了层状 TI 弹性（饱和）介质模型在土木工程中的应用研究。研究成果可为层状 TI 半无限介质中波场模拟提供新的方法思路，为场地土各向异性显著地区地震动参数的精确确定提供理论依据，为工程结构的地震响应分析和地震安全评估奠定一定的理论基础。本书的具体工作如下。

第 1 章，介绍本书内容的研究背景，综述 TI 半空间波动理论和 TI 介质模型应用的研究概况。

第 2 章，介绍层状 TI 半空间精确动力刚度矩阵。本章首先在频率-波数域内求解 TI 弹性（饱和）介质波动方程，然后建立层状 TI 弹性（饱和）半空间平面内和平面外精确动力刚度矩阵，进而建立层状 TI 弹性（饱和）半空间三维精确动力刚度矩阵。

第 3 章，介绍层状 TI 半空间均布荷载动力格林函数。本章在层状 TI 弹性（饱和）半空间动力刚度矩阵基础上，给出层状 TI 弹性（饱和）半空间中斜线均布荷载、移动斜线均布荷载及斜面均布荷载动力格林函数。其中涉及空间域中荷载（孔压）在波数域内展开及荷载（孔压）作用虚拟层内特解和齐次解的求解。

第 4 章，介绍层状 TI 半空间自由场地震反应。本章在层状 TI 弹性（饱和）半空间动力刚度矩阵基础上，采用直接刚度法给出层状 TI 弹性（饱和）半空间自由场地震反应的频域和时域解答。

特别指出的是，本书第 2～4 章内容构成了边界型数值方法的基础，以此发展了基于层状 TI 介质模型的二维、2.5 维和三维 IBEM。所建立的以均布荷载（孔压）动力格林函数为基本解的系列 IBEM，解决了传统 BEM 采用集中荷载格林函数导致的奇异性问题；结合波场分离思想，方法被成功应用于层状 TI 弹性（饱和）半空间中弹性波散射问题的高效精确求解。

第5章，介绍基于TI介质模型的典型局部地形对地震波的散射。采用建立的IBEM数值方法，开展典型局部地形地震效应问题研究，揭示了层状TI场地和典型局部地形对地震动的综合影响机理，阐明了土体的各向异性参数对地震动（峰值、频谱和持时）和地震反应谱的影响规律。

第6章，介绍基于TI介质模型的土-结构地震动力相互作用。采用建立的IBEM数值方法，开展基础动力刚度系数和土-结构动力相互作用问题研究，通过详细参数分析，揭示场地的各向异性对基础和结构动力响应的影响规律。

第7章，介绍基于TI介质模型的列车运行诱发环境振动。采用建立的IBEM数值方法，开展高速列车移动荷载作用下地基动力响应和地基-路轨-列车耦合系统地表振动问题的研究，推动列车运行诱发环境振动研究在TI介质方面的发展。

第8章，介绍基于TI介质模型的地下隧道对弹性波的散射。采用建立的IBEM数值方法，开展地下衬砌隧道地震响应问题研究；通过数值算例，深入分析介质各向异性参数、边界透水条件、射频率和入射波类型及入射角度等因素对衬砌隧道地震响应的影响。

参 考 文 献

[1] ARTHUR J R F，MENZIES B K. Inherent anisotropy in a sand [J]. Géotechnique，1972，22（1）：115-128.

[2] ROESLER S K. Anisotropic shear modulus due to stress anisotropy [J]. Journal of the Geotechnical Engineering Division，1979，105（7）：871-880.

[3] 钱家欢，殷宗泽．土工原理与计算［M］．2版．北京：中国水利水电出版社，1996.

[4] 张坤勇，殷宗泽，梅国雄．土体两种各向异性的区别与联系［J］．岩石力学与工程学报，2005，24（9）：1599-1604.

[5] 龚晓南．软粘土地基各向异性初步探讨［J］．浙江大学学报（工学版），1986，20（4）：103-115.

[6] 丁浩江．横观各向同性弹性力学［M］．杭州：浙江大学出版社，1997.

[7] ALKHALIFAH T，TSVANKIN I.Velocity analysis for transversely isotropic media [J] .Geophysics，1995，60（5）：1550-1566.

[8] WARD W H，SAMUELS S G，BUTLER M E. Further studies of the properties of London clay [J]. Géotechnique，1959，9（2）：33-58.

[9] WARD W H，MARSLAND A，SAMUELS S G. Properties of the London clay at the Ashford Common Shaft：In-situ and undrained strength tests [J]. Géotechnique，1965，15（4）：321-344.

[10] KING G J W. Analysis of cantilever sheet-pile walls in cohesionless soil [J]. Journal of Geotechnical Engineering，1995，121（9）：629-635.

[11] SAADA A S，BIANCHINI G F，SHOOK L P. The dynamic response of anisotropic clay soils with applications to soil structure analysis [M] // Earthquake Engineering and Soil Dynamics-Proceedings of the

ASCE Geotechnical Engineering Division Specialty Conference，Pasadena：American Society of Civil Engineers，1978：777-801.

[12] YONG R N，SILVESTRI V. Anisotropic behaviour of a sensitive clay [J]. Canadian Geotechnical Journal，2011，16 (2)：335-350.

[13] BIANNNCHINI G. Effects of anisotropy and strain on the dynamic properties of clays [D]. Cleveland：Case Western Reserve University，1980.

[14] GAZETAS G. Stresses and displacements in cross-anisotropic soils [J]. Journal of Geotechnical and Geoenvironmental Engineering，1982，108：532-553.

[15] JAMIOLKOWSKI M，LANCELLOTTA R，LO PRESTI D C F. Remarks on the stiffness at small strains of six Italian clays[C]//Pre-failure Deformation of Geomaterials，Proceedings of the international symposium，Sapporo，Japan，1994，2：817-836.

[16] BELLOTTI R，JAMIOLKOWSKI M，PRESTI D L，et al. Anisotropy of small strain stiffness in Ticino sand [J]. Géotechnique，1996，46 (1)：115-131.

[17] PENNINGTON D S，NASH DFT，LINGS M L. Anisotropy of G_0 shear stiffness in gault clay [J] Géotechnique，1997，47 (3)：391-398.

[18] 吴国溪. 真三轴研制和土性在高层建筑与地基基础共同作用中应用 [D]. 上海：同济大学，1987.

[19] 于京杰. 真三轴仪的研制及上海黏性土性能与应用研究 [D]. 上海：同济大学，1988.

[20] 孙德安，姜朴，卢盛松. 固有各向异性对动剪切模量的影响 [J]. 岩土工程学报，1989，11 (2)：75-81.

[21] 王正中，袁驷，陈涛. 冻土横观各向同性非线性本构模型的实验研究 [J]. 岩土工程学报，2007，29 (8)：1215-1218.

[22] 吴宏伟，李青，刘国彬. 利用弯曲元测量上海原状软黏土各向异性剪切模量的试验研究 [J]. 岩土工程学报，2013，35 (1)：150-156.

[23] 谢忠球，丁科，温佩琳. 横观各向同性场地的速度特征及场地分类 [J]. 中南林业科技大学学报，2005，25 (3)：92-95.

[24] 汪越胜，章梓茂. 各向异性液体饱和孔隙岩石中波的传播与衰减 [J]. 岩石力学与工程学报，1996，15 (S1)：464-469.

[25] 汪越胜，章梓茂. 横观各向同性液体饱和多孔介质中平面波的传播 [J]. 力学学报，1997，29 (3)：257-268.

[26] 张引科，黄义. 横观各向同性饱和弹性多孔介质非轴对称动力响应 [J]. 应用数学和力学，2001，22 (1)：56-70.

[27] 蔡袁强，占宏，郑灶锋，等. 横观各向同性饱和土体振动分析 [J]. 岩土力学，2005，26 (12)：1917-1920.

[28] 王小岗. 层状横观各向同性饱和地基中桩基的纵向耦合振动 [J]. 土木工程学报，2011，44 (6)：87-97.

[29] GHARAHI A，RAHIMIAN M，ESKANDARI-GHADI M，et al. Dynamic interaction of a pile with a transversely isotropic elastic half-space under transverse excitations [J]. International Journal of Solids and Structures，2014，51 (23-24)：4082-4093.

[30] 吴大志，蔡袁强，徐长节，等. 横观各向同性饱和地基上刚性圆板的扭转振动 [J]. 应用数学和力学，

2006，27（11）：1349-1356.

[31] ESKANDARI M，AHMADI S F，KHAZAELI S. Dynamic analysis of a rigid circular foundation on a transversely isotropic half-space under a buried inclined time-harmonic load [J]. Soil Dynamics and Earthquake Engineering，2014，63：184-192.

[32] 刘殿魁，许贻燕. 各向异性介质中SH波与多个半圆形凹陷地形的相互作用 [J]. 力学学报，1993，25（1）：93-102.

[33] ZHENG T，DRAVINSKI M. Scattering of elastic waves by a 3D anisotropic basin [J]. Earthquake Engineering and Structural Dynamics，2000，29（4）：419-439.

[34] 高广运，陈功奇，李佳. 高速列车荷载作用下横观各向同性饱和地基动力特性的数值分析 [J]. 岩石力学与工程学报，2014，33（1）：189-198.

[35] 周晔，郑荣跃，刘干斌. 列车荷载下上覆弹性层横观各向同性饱和地基的动力响应 [J]. 岩土力学，2011，32（2）：604-610.

[36] 刘殿魁，韩峰. SH波对各向异性凹陷地形的散射 [J]. 地震工程与工程振动，1990（2）：11-25.

[37] CHEN R，XUE S T，CHEN Z C，et al. The numerical solutions of Green's functions for transversely isotropic elastic strata [J]. Applied Mathematics and Mechanics，2000，21（1）：45-52.

[38] 张坤勇，殷宗泽，梅国雄. 土体各向异性研究进展 [J]. 岩土力学，2004，25（9）：158-164.

[39] THOMSON W T. Transmission of elastic waves through a stratified solid medium [J]. Journal of Applied Physics，1950，21（2）：89-93.

[40] HASKELL N A. The dispersion of surface waves on multilayered media [J]. Bulletin of the Seismological Society of America，1953，43（1）：17-34.

[41] KAUSEL E，ROESSET J M. Stiffness matrices for layered soils [J]. Bulletin of the Seismological Society of America，1981，71（6）：1743-1761.

[42] BIOT M A. Fundamentals of generalized rigidity matrices for multi-layered media [J]. Bulletin of the Seismological Society of America，1983，73（3）：749 -763.

[43] WOLF J P. Dynamic Soil-Structure Interaction [M]. Englewood：Prentice-Hall，1985.

[44] LIANG J W，YOU H B. Dynamic stiffness matrix of a poroelastic multi-layered site and its Green's functions [J]. Earthquake Engineering and Engineering Vibration，2004，3（2）：273-282.

[45] 巴振宁，梁建文，张艳菊. 三维层状黏弹性半空间中球面SH、P和SV波源自由场 [J]. 地球物理学报，2016（2）：606-623.

[46] 薛松涛，陈军，陈镕. 有阻尼TI层状场地对平面入射SH波的响应分析 [J]. 振动与冲击，2000，19（4）：54-56.

[47] 薛松涛，陈镕，秦岭. TI层状场地在SH波入射时共振特性的响应分析 [J]. 同济大学学报，2002，30（2）：127-132.

[48] LAMB H. On the propagation of tremors over the surface of an elastic solid [J]. Philosophical Transactions of the Royal Society of London，1904，203：1-42.

[49] ACHENBACH J D，THAU S A. Wave Propagation in Elastic Solids [J]. Journal of Applied Mechanics，

1974，41（2）：544.

[50] AKI K，RICHARDS P G. Quantitative seismology：Theory and methods [M]. New York：W. H. Freeman Publishers，1980.

[51] MIKLOWITZ J. The theory of elastic waves and waveguides [M]. Amsterdam：North-Holland Publishing Co.，1978.

[52] APSEL R J，LUCO J E. On the Green's functions for a layered half-space. Part II [J]. Bulletin of the Seismological Society of America，1983，73（4）：931-951.

[53] BONAFEDE M，DRAGONI M，QUARENI F. Displacement and stress fields produced by a centre of dilation and by a pressure source in a viscoelastic half-space：application to the study of ground deformation and seismic activity at Campi Flegrei，Italy [J]. Geophysical Journal International，1986，87（2）：455-485.

[54] KAUSEL E. An explicit solution for the Green functions for dynamic loads in layered media [D]. Cambridge：Massachusetts Institute of Technology，1981.

[55] APSEL R J. Dynamic Green's functions for layered media and applications to boundary-value problems [J]. Aviation Week and Space Technology，1979，10（1）：157-169.

[56] AL-EQABI G I，HERRMANN R B. Ground roll：A potential tool for constraining shallow shear-wave structure [J]. Geophysics，1993，58（5）：713-719.

[57] PAK R Y S. Asymmetric wave propagation in an elastic half-space by a method of potentials [J]. Journal of Applied Mechanics，1987，54（1）：121-126.

[58] PAK R Y S，GUZINA B B. Three-dimensional Green's functions for a multilayered half-space in displacement potentials [J]. Journal of Engineering Mechanics，2002，128（4）：449-461.

[59] HALPERN M R，CHRISTIANO P. Response of poroelastic halfspace to steady-state harmonic surface tractions [J]. International Journal of Numerical and Analytical Methods in Geomechanics，1986，10（6）：609-632.

[60] RAJAPAKSE R，SENJUNTICHAI T. Dynamic response of a multi-layered poroelastic medium [J]. Earthquake Engineering and Structural Dynamics，1995，24（5）：703-722.

[61] 王立忠，陈云敏，吴世明，等. 饱和弹性半空间在低频谐和集中力下的积分形式解 [J]. 水利学报，1996（2）：84-88.

[62] ZENG X，RAJAPAKSE R. Vertical vibrations of a rigid disk embedded in a poroelastic medium [J]. International Journal for Numerical and Analytical Methods in Geomechanics，1999，23（15）：2075-2095.

[63] 黄义，张玉红. 饱和土三维非轴对称 Lamb 问题 [J]. 中国科学 E 辑（技术科学），2000，30（4）：375-384.

[64] SENJUNTICHAI T，SAPSATHIARN Y. Forced vertical vibration of circular plate in multilayered poroelastic medium [J]. Journal of Engineering Mechanics，2003，129（11）：1330-1341.

[65] 蔡袁强，徐长节，祝波恩，等. 周期荷载作用下成层饱和地基二维稳态响应 [J]. 浙江大学学报（工学版），2004，38（10）：1314-1320.

[66] 梁建文，巴振宁. 三维层状场地的精确动力刚度矩阵及格林函数 [J]. 地震工程与工程振动，2007，

27（5）：7-17.

［67］艾智勇，慕金晶．竖向简谐荷载下二维层状饱和地基的解析层元解［J］．岩土力学，2018，39（7）：2632-2638.

［68］STONELEY R．The seismological implications of aeolotropy in continental structures［J］．Geophysical Journal International，1949，5（8）：343-353.

［69］SYNGE J L．Elastic waves in anisotropic media［J］．Studies in Applied Mathematics，1959，25（1-4）：323-334.

［70］BUCHWALD V T．Rayleigh waves in transversely isotropic media［J］．Quarterly Journal of Mechanics and Applied Mathematics，1961，14（3）：293-318.

［71］PAYTON R G，Elastic wave propagation in transversely isotropic media［M］．Boston：Martinus Nijhoff Publishers，1983.

［72］LIAO J J，WANG C D．Elastic solutions for a transversely isotropic half-space subjected to a point load［J］. International Journal for Numerical and Analytical Methods in Geomechanics，1998，22（6）：425-447.

［73］RAJAPAKSE K V D．Dynamic response of elastic plates on viscoelastic half space［J］．Journal of Engineering Mechanics，1989，115（9）：1867-1881.

［74］WANG C D，LIAO J J．Elastic solutions for a transversely isotropic half-space subjected to buried asymmetric-loads［J］. International Journal for Numerical and Analytical Methods in Geomechanics，1999，23：115-139.

［75］WANG C D，LIAO J J．Elastic solutions of displacements for a transversely isotropic half-space subjected to three-dimensional buried parabolic rectangular loads［J］．International Journal of Solids and Structures，2002，39（18）：4805-4824.

［76］WANG Y，RAJAPAKSE R K N D．Transient fundamental solutions for a transversely isotropic elastic half space［J］．Proceedings：Mathematical and Physical Sciences，1993，442（1916）：505-531.

［77］ESKANDARI-GHADI M，SATTAR S．Axisymmetric transient waves in transversely isotropic half-space［J］．Soil Dynamics and Earthquake Engineering Southampton，2009，29（2）：347-355.

［78］NAEENI M R，ESKANDARI-GHADI M，ARDALAN A A，et al．Analytical solution of coupled thermoelastic axisymmetric transient waves in a transversely isotropic half-space［J］. Journal of Applied Mechanics，2013，80（2）：024502.

［79］WAAS G．Linear two-dimensional analysis of soil dynamics problems in semi-infinite layer media［D］．California：University of California，1972.

［80］SHODJA H M，ESKANDARI M．Axisymmetric time-harmonic response of a transversely isotropic substrate-coating system［J］．International Journal of Engineering Science，2007，45（2-8）：272-287.

［81］ESKANDRI-GHADI M，PAK R Y S，ARDESHIR-BEHRESTAGHI A．Transversely isotropic elastodynamic solution of a finite layer on an infinite layer subgrade under surface loads［J］．Soil Dynamics and Earthquake Engineering，2008，28（12）：986-1003.

［82］KHOJASTEH A，RAHIMIAN M，ESKANDARI M，et al．Asymmetric wave propagation in a transversely isotropic half-space in displacement potentials [J]. International Journal of Engineering Science, 2008, 46 (7): 690-710.

[83] KHOJASTEH A, RAHIMIAN M, PAK R Y S, et al. Asymmetric dynamic Green's functions in a two-layered transversely isotropic half-space [J]. Journal of Engineering Mechanics, 2008, 134 (9): 777-787.

[84] KHOJASTEH A, RAHIMIAN M, ESKANDARI M, et al. Three-dimensional dynamic Green's functions for a multilayered transversely isotropic half-space[J]. International Journal of Solids and Structures, 2011, 48 (9): 1349-1361.

[85] AI Z Y, LI Z X, CANG N R. Analytical layer-element solution to axisymmetric dynamic response of transversely isotropic multilayered half-space [J]. Soil Dynamics and Earthquake Engineering, 2014, 60: 22-30.

[86] AI Z Y, REN G P. Dynamic analysis of a transversely isotropic multilayered half-plane subjected to a moving load [J]. Soil Dynamicsand and Earthquake Engineering, 2016, 83: 162-166.

[87] ZHANG P C, GAO L, LIU J, et al. Response of multilayered transversely isotropic medium due to axisymmetric loads [J]. International Journal for Numerical and Analytical Methods in Geomechanics, 2016, 6 (40): 827-864.

[88] KAZI-AOUAL M N, BONNET G, JOUANNA P. Green's functions in an infinite transversely isotropic saturated poroelastic medium [J]. The Journal of the Acoustical Society of America, 1988, 84 (5): 1883-1889.

[89] TAGUCHI I, KURASHIGE M. Fundamental solutions for a fluid-saturated, transversely isotropic, poroelastic solid [J]. International Journal for Numerical and Analytical Methods in Geomechanics, 2002, 26 (3): 299-321.

[90] KUPRADZE V. Three-dimensional problems of the mathematical theory of elasticity and thermoelasticity [J]. Journal of Applied Mechanics, 1980, 47 (1): 222.

[91] SAHEBKAR K, ESKANDARI-GHADI M. Time-harmonic response of saturated porous transversely isotropic half-space under surface tractions [J]. Journal of Hydrology, 2016, 537: 61-73.

[92] SAHEBKAR K, ESKANDARI-GHADI M. Dynamic behaviour of an infinite saturated transversely isotropic porous media under fluid-phase excitation[J]. Soil Dynamics and Earthquake Engineering, 2018, 107: 390-406.

[93] KEAWSAWASVONG S, SENJUNTICHAI T. Poroelastodynamic fundamental solutions of transversely isotropic half-plane [J]. Computers and Geotechnics, 2019, 106: 52-67.

[94] ANDERSON J G, BODIN P, BRUNE J N, et al. Strong Ground Motion from the michoacan, Mexico, Earthquake [J]. Science, 1986, 233 (4768): 1043-1049.

[95] HARTZELL S H, CARVER D L, KING K W. Initial investigation of site and topographic effects at Robinwood Ridge, California [J]. Bulletin of the Seismological Society of America, 1994, 84 (5): 1336-1349.

[96] 李宏男，肖诗云，霍林生．汶川地震震害调查与启示［J］．建筑结构学报，2008，29（4）：10-19.

[97] CHEN Y，LI L，LI J，et al．Wenchuan Earthquake：Way of thinking is changed［J］．Episodes，2008，31（4）：374-377.

[98] 王海云．渭河盆地中土层场地对地震动的放大作用［J］．地球物理学报，2011，54（1）：137-150.

[99] 张建毅，薄景山，王振宇，等．汶川地震局部地形对地震动的影响［J］．自然灾害学报，2012，21（3）：164-169.

[100] 郭明珠，赵芳，赵凤仙．场地地震动局部地形效应研究进展［J］．震灾防御技术，2013，8（3）：311-318.

[101] TRIFUNAC M D．Surface motion of a semi-cylindrical alluvial valley for incident plane SH waves［J］．Bulletin of the Seismological Society of America，1971，61（6）：1755-1770.

[102] YUAN X M，LIAO Z P．Surface motion of a cylindrical hill of circular-arc cross-section for incident plane SH waves［J］．Soil Dynamics and Earthquake Engineering，1996，15（3）：189-199.

[103] 张郁山．圆弧状多层沉积谷地在 Rayleigh 波入射下动力响应的解析解［J］．地球物理学报，2010，53（9）：2129-2143.

[104] LI W H，ZHAO C G．Scattering of plane SV waves by circular-arc alluvial valleys with saturated soil deposits［J］．Chinese Journal of Geophysics，2004，47（5）：1025-1036.

[105] GAO Y F，ZHANG N，LI D Y，et al．Effects of topographic amplification induced by a U-shaped canyon on seismic waves［J］．Bulletin of the Seismological Society of America，2012，102（4）：1748-1763.

[106] BOORE D M．A note on the effect of simple topography on seismic SH waves［J］．Bulletin of the Seismological Society of America，1972，62（1）：275-284.

[107] ZHANG W，CHEN X F．Traction image method for irregular free surface boundaries in finite difference seismic wave simulation［J］．Geophysical Journal International，2006，167（1）：337-353.

[108] 李小军，廖振鹏，关慧敏.粘弹性场地地形对地震动影响分析的显式有限元-有限差分方法［J］．地震学报，1995（3）：362-369.

[109] 景立平，卓旭炀，王祥建．复杂场地对地震波传播的影响［J］．地震工程与工程振动，2005（6）：16-23.

[110] 刘晶波．局部不规则地形对地震地面运动的影响［J］．地震学报，1996（2）：239-245.

[111] 陈少林，张莉莉，李山有．半圆柱型沉积盆地对 SH 波散射的数值分析［J］．工程力学，2014，31（4）：218-224.

[112] 杜修力，熊建国，关慧敏．平面 SH 波散射问题的边界积分方程分析法［J］．地震学报，1993（3）：331-338.

[113] 梁建文，巴振宁．弹性层状半空间中凸起地形对入射平面 SH 波的放大作用［J］．地震工程与工程振动，2008（1）：1-10.

[114] Liu D K，HAN F．Scattering of plane SH-wave by cylindrical canyon of arbitrary shape［J］．Soil Dynamics and Earthquake Engineering，1991，10（5）：249-255.

[115] LIU G，CHEN H T，LIU D K，et al．Surface motion of a half-space with triangular and semicircular hills under incident SH waves［J］．Bulletin of the Seismological Society of America，2010，100（3）：1306-1319.

[116] 周红，高孟潭，俞言祥. SH 波地形效应特征的研究［J］. 地球物理学进展，2010，25（3）：775-782.

[117] SÁNCHEZ-SESMA F J，PALENCIA V J，LUZON F. Estimation of local site effects during earthquakes：An overview［J］. ISET Journal of Earthquake Technology，2002，39（3）：167-193.

[118] LUCO J E，WONG H L，DE BARROS F C P D. Three-dimensional response of a cylindrical canyon in a layered half-space［J］. Earthquake Engineering and Structural Dynamics，1990，19（6）：799-817.

[119] BA Z N，LIANG J W. 2.5D Scattering of incident plane SV waves by a canyon in layered half-space［J］. Earthquake Engineering and Engineering Vibration，2010，9（4）：587-595.

[120] KHAIR K R，DATTA S K，SHAH A H. Amplification of obliquely incident seismic waves by cylindrical alluvial valley of arbitrary cross-sectional shape. Part II. Incident SH and rayleigh waves［J］. Bulletin of the Seismological Society of America，1991，81（2）：346-357.

[121] 巴振宁，梁建文，梅雄一. 斜入射平面 SH 波在层状饱和半空间中沉积谷地周围的三维散射［J］. 岩土工程学报，2013，35（3）：476-486.

[122] NARAYAN J P，RAO P V P. Two and half dimensional simulation of ridge effects on the ground motion characteristics［J］. Pure and Applied Geophysics，2003，160（8）：1557-1571.

[123] PEDERSEN H，SÁNCHEZ-SESMA F J，CAMPILLO M. Three-dimensional scattering by two-dimensional topographies［J］. Bulletin of the Seismological Society of America，1994，84（4）：1169-1183.

[124] LEE V W. Three-dimensional diffraction of plane P，SV & SH waves by a hemispherical alluvial valley［J］. International Journal of Soil Dynamics and Earthquake Engineering，1984，3（3）：133-144.

[125] 赵成刚，韩铮. 半球形饱和土沉积谷场地对入射平面 Rayleigh 波的三维散射问题的解析解［J］. 地球物理学报，2007，50（3）：905-914.

[126] 韩铮，赵成刚. 半球形沉积谷场地对入射平面 Rayleigh 波的三维散射解析解［J］. 岩土力学，2007（12）：2607-2613.

[127] 廖振鹏，杨柏坡，袁一凡. 三维地形对地震地面运动的影响［J］. 地震工程与工程振动，1981（1）：56-77.

[128] CHÁVEZ-GARCÍA F J. Site effects in Parkway Basin：comparison between observations and 3-D modelling［J］. Geophysical Journal of the Royal Astronomical Society，2003，154（3）：633-646.

[129] 付长华，高孟潭，陈鲲. 北京盆地结构对长周期地震动反应谱的影响［J］. 地震学报，2012，34（3）：374-382+425.

[130] MA S，ARCHULETA R J，PAGE M T. Effects of large-scale surface topography on ground motions，as demonstrated by a study of the San Gabriel Mountains，Los Angeles，California［J］. Bulletin of the Seismological Society of America，2007，97（6）：2066-2079.

[131] 宋贞霞，丁海平. 三维不规则地形河谷场地地震响应分析方法研究［J］. 地震工程与工程振动，2013，33（2）：8-15.

[132] 梁建文，齐晓原，巴振宁. 基于黏弹性边界的三维凹陷地形地震响应分析［J］. 地震工程与工程振动，2014，34（4）：21-28.

[133] KOMATITSCH D，LIU Q Y，TROMP J，et al. Simulations of ground motion in the Los Angeles basin based

upon the Spectral-Element Method [J]. Bulletin of the Seismological Society of America，2004，94 (1)：187-206.

[134] 丁志华，周红，蒋涵. 三维台阶地形地震动效应研究 [J]. 地震学报，2014，36 (2)：184-199.

[135] MOSSESSIAN T K，DRAVINSKI M. Scattering of elastic waves by three-dimensional surface topographies [J]. Wave Motion，1989，11 (6)：579-592.

[136] SÁNCHEZ-SESMA F J，LUZÓN F. Seismic response of three-dimensional alluvial valleys for incident P，S，and Rayleigh waves [J]. Bulletin of the Seismological Society of America，1995，85 (1)：269-284.

[137] SOHRABI-BIDAR A，KAMALIAN M. Effects of three-dimensionality on seismic response of Gaussian-shaped hills for simple incident pulses [J]. Soil Dynamics and Earthquake Engineering，2013，52：1-12.

[138] 巴振宁，仲浩，梁建文，等. 沉积介质各向异性参数对三维沉积盆地地震动的影响 [J]. 应用基础与工程科学学报，2020，28 (6)：205-223.

[139] REISSNER E. Stationäre，axialsymmetrische，durch eine schüttelnde Masse erregte Schwingungen eines homogenen elastischen Halbraumes [J]. Archive of Applied Mechanics，1936，7 (6)：381-396.

[140] LUCO J E，CONTESSE L. Dynamic structure-soil-structure interaction [J]. Bulletin of the Seismological Society of America，1973，63 (4)：1289-1303.

[141] APSEL R J，LUCO J E. Torsional response of rigid embedded foundation [J]. Journal of the Engineering Mechanics Division，1976，102 (6)：957-970.

[142] LYSMER J，KUHLEMEYER R L. Finite dynamic model for infinite media [J]. Journal of the Engineering Mechanics Division，1969，95 (4)：859-878.

[143] KAUSEL E，ROESSET J M. Dynamic stiffness of circular foundations [J]. Journal of the Engineering Mechanics Division，1975，101 (6)：771-785.

[144] 韩泽军，林皋，钟红. 改进的比例边界有限元法求解层状地基动力刚度矩阵 [J]. 水电能源科学，2012，30 (7)：100-104.

[145] KARABALIS D L，BESKOS D E. Dynamic response of 3-D rigid surface foundations by time domain boundary element method [J]. Earthquake Engineering & Structural Dynamics，1984，12 (1)：73-93.

[146] WONG H L，LUCO J E. Dynamic response of rigid foundations of arbitrary shape [J]. Earthquake Engineering and Structural Dynamics，1976，4 (6)：579-587.

[147] WONG H L，LUCO J E. Dynamic response of rectangular foundations to obliquely incident seismic waves [J]. Earthquake Engineering and Structural Dynamics，1978，6 (1)：3-16.

[148] HAN Z J，LIN G，LI J B. Dynamic 3D foundation-soil-foundation interaction on stratified soil [J]. International Journal of Structural Stability and Dynamics，2017，17 (3)：1750032.

[149] ABASCAL R，DOMÍNGUEZ J. Vibrations of footings on zoned viscoelastic soils [J]. Journal of Engineering Mechanics，1986，112 (5)：433-447.

[150] RIZZO F J，SHIPPY D J，REZAYAT M. Boundary integral equation analysis for a class of earth-structure interaction problems [M]. Lexington：University of Kentucky Press，1985.

[151] LUCO J E，WONG H L. Response of hemispherical foundation embedded in half-space [J]. Journal of Engineering Mechanics，1986，112（12）：1363-1374.

[152] WOLF J P，DARBRE G R. Dynamic-stiffness matrix of soil by the boundary-element method：Conceptual aspects [J]. Earthquake Engineering and Structural Dynamics，1984，12（3）：385-400.

[153] WOLF J P，DARBRE G R. Dynamic-stiffness matrix of soil by the boundary element method：Embedded foundation [J]. Earthquake Engineering and Structural Dynamics，1984，12（3）：401-416.

[154] WONG H L，TRIFUNAC M D. Two-dimensional，antiplane，building-soil-building interaction for two or more buildings and for incident plane SH waves [J]. Bulletin of the Seismological Society of America，1975，65（6）：1863-1885.

[155] TODOROVSKA M I，TRIFUNAC M D. The system damping，the system frequency and the system response peak amplitudes during in-plane building-soil interaction [J]. Earthquake Engineering and Structural Dynamics，1992，21（2）：127-144.

[156] LE T，LEE V W，LUO H. Out-of-plane（SH）soil-structure interaction：a shear wall with rigid and flexible ring foundation [J]. Earthquake Science，2016，29（1）：45-55.

[157] 付佳，梁建文，杜金金. 平面 SH 波激励下的土-隧道动力相互作用的解析解 [J]. 岩土工程学报，2016，38（4）：588-598.

[158] 梁建文，金立国. 建筑基础中设备对土-结构动力相互作用影响的一个解析解 [J]. 地震工程与工程振动，2016，36（5）：10-20.

[159] 梁建文，金立国. 基础柔性对土-结构相互作用系统响应影响的一个解析解 [J]. 地震工程学报，2017，39（5）：799-810.

[160] DAY S M，FRAZIER G A. Seismic response of hemispherical foundation [J]. Journal of the Engineering Mechanics Division，1979，105（1）：29-41.

[161] LUCO J E，WONG H L，TRIFUNAC M D. A note on the dynamic response of rigid embedded foundations [J]. Earthquake Engineering and Structural Dynamics，1975，4（2）：119-127.

[162] WEGNER J L，YAO M M，ZHANG X. Dynamic wave-soil-structure interaction analysis in the time domain [J]. Computers & Structures，2005，83（27）：2206-2214.

[163] TORABI H，RAYHANI M T. Three-dimensional finite element modeling of seismic soil-structure interaction in soft soil [J]. Computers and Geotechnics，2014，60（1）：9-19.

[164] DAVID T K，FORTH J P，YE J. Superstructure behavior of a stub-type integral abutment bridge [J]. Journal of Bridge Engineering，2014，19（6）：04014012.

[165] THUSOO S，MODI K，KUMAR R，et al. Response of buildings with soil-structure interaction with varying soil types [J]. Journal of Civil and Environmental Engineering，2015，9（4）：414-418.

[166] VASILEV G，PARVANOVA S，DINEVA P，et al. Soil-structure interaction using BEM-FEM coupling through ANSYS software package [J]. Soil Dynamics and Earthquake Engineering，2015，70：104-117.

[167] 陈少林，常梦利. SH 波斜入射时三维结构-土-结构相互作用分析 [J]. 地震工程与工程振动，2017，37（1）：81-90.

[168] EL NAGGAR M H，NOVAK M. Nonlinear axial interaction in pile dynamics [J]. Journal of Geotechnical Engineering，1994，120（4）：678-696.

[169] EL NAGGAR M H，NOVAK M. Nonlinear analysis for dynamic lateral pile response [J]. Soil Dynamics and Earthquake Engineering，1996，15（4）：233-244.

[170] LUCO J E，WONG H L. Response of a rigid foundation to a spatially random ground motion [J]. Earthquake Engineering and Structural Dynamics，1986，14（6）：891-908.

[171] LUCO J E. On the relation between radiation and scattering problems for foundations embedded in an elastic half-space [J]. Soil Dynamics and Earthquake Engineering，1986，5（2）：97-101.

[172] 杜修力，熊建国. 边界元方法在土-结构相互作用分析中的应用 [J]. 地震工程与工程振动，1989，9（3）：39-54.

[173] DE BARROS F C P，LUCO J E. Dynamic response of a two-dimensional semi-circular foundation embedded in a layered viscoelastic half-space [J]. Soil Dynamics and Earthquake Engineering，1995，14（1）：45-57.

[174] LIANG J W，FU J，TODOROVSKA M I，et al. Effects of the site dynamic characteristics on soil-structure interaction（I）：Incident SH-Waves [J]. Soil Dynamics and Earthquake Engineering，2013，44（1）：27-37.

[175] LIANG J W，FU J，TODOROVSKA M I，et al. In-plane soil-structure interaction in layered，fluid-saturated，poroelastic half-space（II）：Structural response [J]. Soil Dynamics and Earthquake Engineering，2016，81：84-111.

[176] 韩泽军，林皋，周小文，等. 横观各向同性层状地基上埋置刚性条带基础动力刚度矩阵求解 [J]. 岩土工程学报，2016，38（6）：1117-1124.

[177] LIN G，HAN Z，ZHONG H，et al. A precise integration approach for dynamic impedance of rigid strip footing on arbitrary anisotropic layered half-space [J]. Soil Dynamics and Earthquake Engineering，2013，49（3）：96-108.

[178] LIN G，HAN Z J. A 3D dynamic impedance of arbitrary-shaped foundation on anisotropic multi-layered half-space [M] // KLINKEL S，BUTENWEG C，LIN G，et al. Seismic design of industrial facilities：proceedings of the international conference on seismic design of industrial facilities（SeDIF-Conference），Berlin：Springer，2014：591-602.

[179] HAN Z J，LIN G，LI J B. Dynamic impedance functions for arbitrary-shaped rigid foundation embedded in anisotropic multilayered soil [J]. Journal of Engineering Mechanics，2015，141（11）：04015045.

[180] MORSHEDIFARD A，ESKANDARI-GHADI M. Coupled BE-FE scheme for three-dimensional dynamic interaction of a transversely isotropic half-space with a flexible structure [J]. Civil Engineering Infrastructures Journal，2017，50（1）：95-118.

[181] BA Z N，GAO X. Soil-Structure interaction in transversely isotropic layered media subjected to incident plane SH waves [J]. Shock and Vibration，2017，2：1-13.

[182] ADAM M，PFLANZ G，SCHMID G. Two- and three-dimensional modelling of half-space and train-track embankment under dynamic loading [J]. Soil Dynamics and Earthquake Engineering，2000，19（8）：

559-573.

[183] EKEVID T，WIBERG N. Wave propagation related to high-speed train：A scaled boundary FE-approach for unbounded domains [J]. Computer Methods in Applied Mechanics and Engineering，2002，191（36）：3947-3964.

[184] SHENG X，JONES C J C，THOMPSON D J. Prediction of ground vibration from trains using the wavenumber finite and boundary element methods [J]. Journal of Sound and Vibration，2006，293（3-5）：575-586.

[185] GALVÍN P，DOMÍNGUEZ J. Analysis of ground motion due to moving surface loads induced by high-speed trains [J]. Engineering Analysis with Boundary Elements，2007，31（11）：931-941.

[186] KOUROUSSIS G，VAN PARYS L，CONTI C，et al. Using three-dimensional finite element analysis in time domain to model railway-induced ground vibrations [J]. Advances in Engineering Software，2014，70（2）：63-76.

[187] BARBOSA J，COSTA P A，CALÇADA R. Abatement of railway induced vibrations：Numerical comparison of trench solutions [J]. Engineering Analysis with Boundary Elements，2015，55：122-139.

[188] 巴振宁，梁建文，金威. 高速移动列车荷载作用下成层地基-轨道耦合系统的动力响应 [J]. 土木工程学报，2014，47（11）：108-119.

[189] 梁建文，张波，巴振宁. 地基动力特性对地铁列车振动荷载诱发振动的影响 [J]. 地震工程与工程振动，2015，35（1）：94-104.

[190] 蔡袁强，孙宏磊，徐长节. 轨道刚度对路轨系统及饱和地基动力响应的影响 [J]. 岩土工程学报，2007，29（12）：1787-1792.

[191] 高广运，何俊锋，李志毅，等. 饱和地基上列车运行引起的地面振动特性分析 [J]. 振动工程学报，2010，23（2）：179-187.

[192] 高广运，何俊锋，杨成斌，等. 2.5 维有限元分析饱和地基列车运行引起的地面振动 [J]. 岩土工程学报，2011，33（2）：234-241.

[193] 巴振宁，金威，梁建文. 层状饱和地基-轨道-列车耦合系统轨道不平顺引起的振动分析 [J]. 振动与冲击，2015，34（15）：88-97.

[194] 巴振宁，梁建文，金威. 高速移动列车荷载作用下层状饱和地基-轨道耦合系统的动力响应 [J]. 工程力学，2015，32（11）：189-200.

[195] 李佳，赵宏. 基于 2.5 维有限元法分析横观各向同性地基上列车运行引起的地面振动 [J]. 结构工程师，2012，28（4）：69-77.

[196] 叶俊能. 列车荷载下轨道系统-层状横观各向同性饱和地基动力响应 [J]. 岩土力学，2010，31（5）：1597-1603.

[197] LEE V W，TRIFUNAC M D. Response of tunnels to incident SH-waves [J]. Journal of Engineering Mechanics，1979，105（4）：643-659.

[198] SANCAR S，PAO Y H. Spectral analysis of elastic pulses backscattered from two cylindrical cavities in a solid. Part I [J]. The Journal of the Acoustical Society of America，1981，69（6）：1591-1596.

[199] 梁建文，纪晓东，LEE V W．地下圆形衬砌隧道对沿线地震动的影响（I）：级数解［J］．岩土力学，2005，26（4）：520-524.

[200] HWANG R N，LYSMER J．Response of buried structures to traveling waves［J］．Journal of the Geotechnical Engineering Division，1981，107（2）：183-200.

[201] STAMOS A A，BESKOS D E．3-D seismic response analysis of long lined tunnels in half-space［J］．Soil Dynamics and Earthquake Engineering，1996，15（2）：111-118.

[202] 刘中宪，梁建文，张贺．弹性半空间中衬砌洞室对平面P波和SV波的散射（I）——方法［J］．自然灾害学报，2010，19（4）：71-76.

[203] KATTIS S E，BESKOS D E，CHENG A H D．2D dynamic response of unlined and lined tunnels in poroelastic soil to harmonic body waves［J］．Earthquake Engineering and Structural Dynamics，2003，32（1）：97-110.

[204] 梁建文，巴振宁，LEE V W．平面P波在饱和半空间中洞室周围的散射（I）：解析解［J］．地震工程与工程振动，2007，27（1）：1-6.

[205] 刘干斌，谢康和，施祖元，等．横观各向同性土中深埋圆形隧道的应力和位移分析［J］．岩土工程学报，2003，25（6）：727-731.

[206] 高华喜，闻敏杰．横观各向同性土-半封闭隧道衬砌相互作用分析［J］．土木建筑与环境工程，2012，34（增刊）：135-139.

第 2 章　层状 TI 半空间精确动力刚度矩阵

本章在频率-波数域内推导了层状 TI 弹性（饱和）半空间精确动力刚度矩阵。求解的总体思路是：首先由波动方程求得 TI 弹性介质中 qP 波、qSV 波和 SH 波（TI 饱和介质中 qP1 波、qP2 波、qSV 波和 SH 波）的传播速度和偏振方向，以及介质分界面处的反射和透射系数；建立层状 TI 弹性（饱和）半空间的平面内和平面外精确动力刚度矩阵；建立层状 TI 弹性（饱和）半空间三维精确动力刚度矩阵。

本章建立的系列精确动力刚度矩阵，由于基于精确的波动方程求解，相对于现有的薄层法，具有不受土层厚度限制的优点；相对于现有的传递矩阵方法，具有不存在误差积累的优点。同时，刚度矩阵中所涉及参数具有明确的物理意义，非常便于工程应用。研究成果可直接用于层状 TI 弹性（饱和）半空间平面波入射下自由波场求解，同时可结合积分变换方法用于层状 TI 弹性（饱和）半空间荷载动力格林函数求解。

2.1　TI 弹性介质波动方程及其基本解

TI 弹性介质在直角坐标系下的动力平衡方程可表示[1]为

$$\begin{cases} \dfrac{\partial \sigma_x}{\partial x}+\dfrac{\partial \tau_{xy}}{\partial y}+\dfrac{\partial \tau_{xz}}{\partial z}=\rho\dfrac{\partial^2 u_x}{\partial t^2} \\ \dfrac{\partial \tau_{yx}}{\partial x}+\dfrac{\partial \sigma_y}{\partial y}+\dfrac{\partial \tau_{yz}}{\partial z}=\rho\dfrac{\partial^2 u_y}{\partial t^2} \\ \dfrac{\partial \tau_{zx}}{\partial x}+\dfrac{\partial \tau_{zy}}{\partial y}+\dfrac{\partial \sigma_z}{\partial z}=\rho\dfrac{\partial^2 u_z}{\partial t^2} \end{cases} \tag{2.1}$$

式中，σ_x、σ_y 和 σ_z 分别为 x、y 和 z 方向的正应力；τ_{xy}、τ_{yz} 和 τ_{zx} 分别为垂直于 x、y 和 z 方向的剪应力；u_x、u_y 和 u_z 分别为 x、y 和 z 方向的位移分量；t 为时间变量；ρ 为质量密度。

TI 弹性介质的应力-应变关系可表示[1]为

$$\begin{bmatrix} \sigma_x \\ \sigma_y \\ \sigma_z \\ \tau_{xz} \\ \tau_{yz} \\ \tau_{xy} \end{bmatrix}=\begin{bmatrix} c_{11} & c_{12} & c_{13} & 0 & 0 & 0 \\ c_{12} & c_{11} & c_{13} & 0 & 0 & 0 \\ c_{13} & c_{13} & c_{33} & 0 & 0 & 0 \\ 0 & 0 & 0 & c_{44} & 0 & 0 \\ 0 & 0 & 0 & 0 & c_{44} & 0 \\ 0 & 0 & 0 & 0 & 0 & c_{66} \end{bmatrix}\begin{bmatrix} \varepsilon_x \\ \varepsilon_y \\ \varepsilon_z \\ \gamma_{xz} \\ \gamma_{yz} \\ \gamma_{xy} \end{bmatrix} \tag{2.2a}$$

式中，c_{11}、c_{12}、c_{13}、c_{33}、c_{44}和c_{66}为TI介质弹性常数，其中c_{11}、c_{12}、c_{13}、c_{33}和c_{44}是5个独立的弹性常数，$c_{66}=(c_{11}-c_{12})/2$；ε_x、ε_y、ε_z和γ_{xz}、γ_{xy}、γ_{yz}分别表示正应变和剪应变，应变和位移之间的关系为

$$\begin{cases}\varepsilon_x=\dfrac{\partial u_x}{\partial x},\varepsilon_y=\dfrac{\partial u_y}{\partial y},\varepsilon_z=\dfrac{\partial u_z}{\partial z}\\ \gamma_{xz}=\left(\dfrac{\partial u_x}{\partial z}+\dfrac{\partial u_z}{\partial x}\right),\gamma_{yz}=\left(\dfrac{\partial u_y}{\partial z}+\dfrac{\partial u_z}{\partial y}\right),\gamma_{xy}=\left(\dfrac{\partial u_x}{\partial y}+\dfrac{\partial u_y}{\partial x}\right)\end{cases} \tag{2.2b}$$

当考虑材料阻尼时，TI介质弹性常数c_{ij}可表示为$c_{ij}^*=c_{ij}[1+2\mathrm{i}\,\mathrm{sgn}(\omega)\zeta]$，其中$\zeta$为材料阻尼比，$\omega$为振动圆频率，i为虚数单位。$c_{ij}$在岩土工程实践中常用5个工程常数来表示[2]：

$$\begin{cases}c_{11}=\dfrac{E_\mathrm{h}\left(1-n\nu_\mathrm{vh}^2\right)}{\left(1+\nu_\mathrm{h}\right)\left(1-\nu_\mathrm{h}-2n\nu_\mathrm{vh}^2\right)},c_{12}=\dfrac{E_\mathrm{h}\left(\nu_\mathrm{h}+n\nu_\mathrm{vh}^2\right)}{\left(1+\nu_\mathrm{h}\right)\left(1-\nu_\mathrm{h}-2n\nu_\mathrm{vh}^2\right)}\\ c_{13}=\dfrac{E_\mathrm{h}\nu_\mathrm{vh}}{1-\nu_\mathrm{h}-2n\nu_\mathrm{vh}^2},c_{33}=\dfrac{E_\mathrm{v}\left(1-\nu_\mathrm{h}\right)}{1-\nu_\mathrm{h}-2n\nu_\mathrm{vh}^2},c_{44}=G_\mathrm{v},c_{66}=G_\mathrm{h}\end{cases} \tag{2.3}$$

式中，E_h和E_v分别为水平和垂直方向的杨氏模量；G_h和G_v分别为水平和垂直方向的剪切模量；ν_h和ν_vh分别为对应水平平面应变和竖向平面应变产生应力响应的泊松比；$n=E_\mathrm{h}/E_\mathrm{v}$。

根据文献［3］的描述，由于应变能的正定性，上述5个工程模量满足下列关系：

$$\begin{cases}\dfrac{E_\mathrm{v}}{E_\mathrm{h}}\left(1-\nu_\mathrm{h}\right)-2\nu_\mathrm{vh}^2\geqslant 0\\ G_\mathrm{v}\leqslant\dfrac{E_\mathrm{v}}{2\nu_\mathrm{vh}\left(1+\nu_\mathrm{h}\right)+2\sqrt{\left(E_\mathrm{v}/E_\mathrm{h}\right)\left(1-\nu_\mathrm{h}^2\right)\left[1-\left(E_\mathrm{h}/E_\mathrm{v}\right)\nu_\mathrm{vh}^2\right]}}\end{cases} \tag{2.4}$$

将式（2.2a）和式（2.2b）代入式（2.1），得到以位移形式表示的TI弹性介质的动力平衡方程：

$$\begin{cases}c_{11}\dfrac{\partial^2 u_x}{\partial x^2}+c_{66}\dfrac{\partial^2 u_x}{\partial y^2}+c_{44}\dfrac{\partial^2 u_x}{\partial z^2}+\left(c_{11}-c_{66}\right)\dfrac{\partial^2 u_y}{\partial x\partial y}+\left(c_{13}+c_{44}\right)\dfrac{\partial^2 u_z}{\partial x\partial z}=\rho\dfrac{\partial^2 u_x}{\partial t^2}\\ c_{66}\dfrac{\partial^2 u_y}{\partial x^2}+c_{11}\dfrac{\partial^2 u_y}{\partial y^2}+c_{44}\dfrac{\partial^2 u_y}{\partial z^2}+\left(c_{11}-c_{66}\right)\dfrac{\partial^2 u_x}{\partial x\partial y}+\left(c_{13}+c_{44}\right)\dfrac{\partial^2 u_z}{\partial y\partial z}=\rho\dfrac{\partial^2 u_y}{\partial t^2}\\ c_{44}\dfrac{\partial^2 u_z}{\partial x^2}+c_{44}\dfrac{\partial^2 u_z}{\partial y^2}+c_{33}\dfrac{\partial^2 u_z}{\partial z^2}+\left(c_{13}+c_{44}\right)\dfrac{\partial^2 u_x}{\partial x\partial z}+\left(c_{13}+c_{44}\right)\dfrac{\partial^2 u_y}{\partial y\partial z}=\rho\dfrac{\partial^2 u_z}{\partial t^2}\end{cases} \tag{2.5}$$

讨论简谐弹性波的传播，为不失一般性，取其形式为

$$\begin{cases} u_x = A_1 \exp\left[\mathrm{i}k(l_1 x + l_3 z) - \mathrm{i}\omega t\right] \\ u_y = A_2 \exp\left[\mathrm{i}k(l_1 x + l_3 z) - \mathrm{i}\omega t\right] \\ u_z = A_3 \exp\left[\mathrm{i}k(l_1 x + l_3 z) - \mathrm{i}\omega t\right] \end{cases} \tag{2.6}$$

式中，l_i（i=1,3）为传播方向余弦；A_1、A_2 和 A_3 为幅值；$k=\omega/c$，为水平波数，c 为视速度。

假设波的传播方向与 z 轴夹角为 θ，则式（2.6）中的 $l_1=\sin\theta$，$l_3=\cos\theta$。将式（2.6）代入式（2.5）可得

$$[d_{ij}]_{3\times3}[A_1, A_2, A_3]^{\mathrm{T}} = 0 \tag{2.7}$$

式中，$[d_{ij}]_{3\times3}$（i，j=1～3）为 3×3 阶方阵，其元素如下：

$$\begin{cases} d_{11} = \left(c_{11}l_1^2 + c_{44}l_3^2\right)k^2 - \rho\omega^2, d_{12} = d_{21} = 0 \\ d_{13} = d_{31} = (c_{13} + c_{44})k^2 l_1 l_3, d_{22} = \left(c_{66}l_1^2 + c_{44}l_3^2\right)k^2 - \rho\omega^2 \\ d_{23} = d_{32} = 0, d_{33} = \left(c_{44}l_1^2 + c_{33}l_3^2\right)k^2 - \rho\omega^2 \end{cases} \tag{2.8}$$

由式（2.7）可知，若使 A_1、A_2 和 A_3 有非零解，则有$|d_{ij}|=0$，展开可得关于 k^2 的三次方程，求解得出 k 的 3 个解 k_1、k_2、k_3，进而得到与之对应的 3 个波速 c_{SH}、c_{SV}、c_{P} [4] 为

$$c_{\mathrm{SH}} = \sqrt{\frac{c_{66}\sin^2\theta + c_{44}\cos^2\theta}{\rho}}, c_{\mathrm{SV}} = \sqrt{\frac{B_1 - \sqrt{B_1^{\,2} + 4B_2}}{2\rho}}, c_{\mathrm{P}} = \sqrt{\frac{B_1 + \sqrt{B_1^{\,2} + 4B_2}}{2\rho}} \tag{2.9}$$

式中

$$\begin{cases} B_1 = (c_{33} + c_{44})\cos^2\theta + (c_{11} + c_{44})\sin^2\theta \\ B_2 = c_{33}c_{44}\cos^4\theta - c_{11}c_{44}\sin^4\theta + (c_{13}^2 - c_{11}c_{33} + 2c_{13}c_{44})\sin^2\theta\cos^2\theta \end{cases} \tag{2.10}$$

将各弹性波的传播速度代回式（2.7），求其相应的特征向量，即可求得与 P 波、SV 波和 SH 波相对应的偏振矢量。其中 P 波和 SV 波的传播方向和偏振方向既不一致也不垂直，且 P 波和 SV 波互相耦合，因而在 TI 弹性介质中不存在经典意义上的 P 波和 SV 波，称为准 P（qP）波和准 SV（qSV）波。SH 波的偏振方向则与传播方向始终垂直，是纯粹横波，且 SH 波与 SV 波不耦合。

为求解式（2.5）中的偏微分方程，采用 Fourier 变换将时间-空间域内的表达式变换到频率-波数域内，即

$$\tilde{\tilde{\tilde{f}}}\left(k_x, k_y, z, \omega\right) = \frac{1}{(2\pi)^3}\int_{-\infty}^{\infty}\int_{-\infty}^{\infty}\int_{-\infty}^{\infty} f\left(x, y, z, t\right)\mathrm{e}^{\mathrm{i}k_x x}\mathrm{e}^{\mathrm{i}k_y y}\mathrm{e}^{-\mathrm{i}\omega t}\mathrm{d}x\mathrm{d}y\mathrm{d}t \tag{2.11}$$

对应地，将频率-波数域内的表达式变换到时间-空间域内的 Fourier 逆变换为

$$f\left(x, y, z, t\right) = \int_{-\infty}^{\infty}\int_{-\infty}^{\infty}\int_{-\infty}^{\infty}\tilde{\tilde{\tilde{f}}}\left(k_x, k_y, z, \omega\right)\mathrm{e}^{-\mathrm{i}k_x x}\mathrm{e}^{-\mathrm{i}k_y y}\mathrm{e}^{\mathrm{i}\omega t}\mathrm{d}k_x\mathrm{d}k_y\mathrm{d}\omega \tag{2.12}$$

式中，k_x 和 k_y 为空间域内的 x 和 y 转换到波数域后对应的波数；ω 为频率域内的

频率；f 为时间-空间域内的函数；$\tilde{\tilde{f}}$ 表示频率-波数域内的函数。

对式（2.5）进行式（2.11）的 Fourier 变换，进一步整理后可得

$$\begin{cases}-c_{11}k_x^2\tilde{\tilde{u}}_x-c_{66}k_y^2\tilde{\tilde{u}}_x+c_{44}\dfrac{\partial^2\tilde{\tilde{u}}_x}{\partial z^2}-(c_{11}-c_{66})k_xk_y\tilde{\tilde{u}}_y-(c_{13}+c_{44})\mathrm{i}k_x\dfrac{\partial\tilde{\tilde{u}}_z}{\partial z}+\rho\omega^2\tilde{\tilde{u}}_x=0\\ -c_{66}k_x^2\tilde{\tilde{u}}_y-c_{11}k_y^2\tilde{\tilde{u}}_y+c_{44}\dfrac{\partial^2\tilde{\tilde{u}}_y}{\partial z^2}-(c_{11}-c_{66})k_xk_y\tilde{\tilde{u}}_x-(c_{13}+c_{44})\mathrm{i}k_y\dfrac{\partial\tilde{\tilde{u}}_z}{\partial z}+\rho\omega^2\tilde{\tilde{u}}_y=0\\ -c_{44}\left(k_x^2+k_y^2\right)\tilde{\tilde{u}}_z+c_{33}\dfrac{\partial^2\tilde{\tilde{u}}_z}{\partial z^2}-(c_{13}+c_{44})\mathrm{i}k_x\dfrac{\partial\tilde{\tilde{u}}_x}{\partial z}-(c_{13}+c_{44})\mathrm{i}k_y\dfrac{\partial\tilde{\tilde{u}}_y}{\partial z}+\rho\omega^2\tilde{\tilde{u}}_z=0\end{cases}\tag{2.13}$$

为求解式（2.13），需将其解耦成平面外和平面内两组方程。根据文献［5］中所述，对于平面内的每一个点(k_x, k_y)，定义一个新的坐标系(x', y', z)：x'轴沿波数向量 $\boldsymbol{k}=k_x\boldsymbol{i}+k_y\boldsymbol{j}$ 的方向，其中 $\boldsymbol{i}$ 和 $\boldsymbol{j}$ 分别是原坐标轴 x 和 y 方向的单位向量，如图 2-1 所示。进行如下坐标变换之后将位移($\tilde{\tilde{u}}_x$, $\tilde{\tilde{u}}_y$, $\tilde{\tilde{u}}_z$)和应力($\tilde{\tilde{\sigma}}_x$, $\tilde{\tilde{\sigma}}_y$, $\tilde{\tilde{\sigma}}_z$, $\tilde{\tilde{\tau}}_{zx}$, $\tilde{\tilde{\tau}}_{zy}$, $\tilde{\tilde{\tau}}_{xy}$)转换为($\tilde{\tilde{u}}'_x$, $\tilde{\tilde{u}}'_y$, $\tilde{\tilde{u}}'_z$)和($\tilde{\tilde{\sigma}}'_x$, $\tilde{\tilde{\sigma}}'_y$, $\tilde{\tilde{\sigma}}'_z$, $\tilde{\tilde{\tau}}'_{zx}$, $\tilde{\tilde{\tau}}'_{zy}$, $\tilde{\tilde{\tau}}'_{xy}$)：

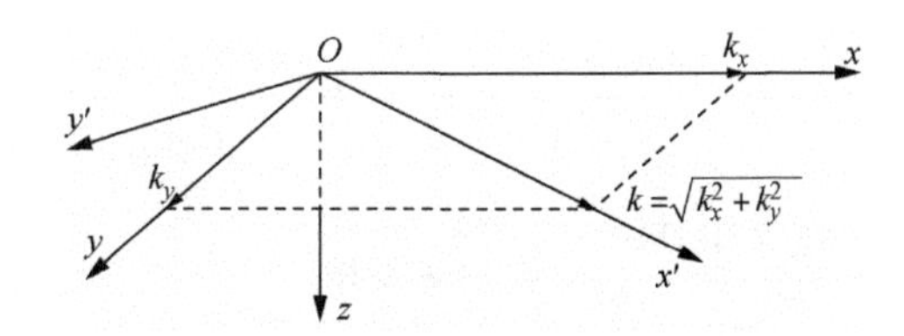

图 2-1　新坐标系(x', y', z)与原坐标系(x, y, z)的相对关系

$$\begin{bmatrix}\tilde{\tilde{u}}_x\\ \tilde{\tilde{u}}_y\\ \tilde{\tilde{u}}_z\end{bmatrix}=\begin{bmatrix}k_x/k & 0 & -k_y/k\\ k_y/k & 0 & k_x/k\\ 0 & 1 & 0\end{bmatrix}\begin{bmatrix}\tilde{\tilde{u}}'_x\\ \tilde{\tilde{u}}'_z\\ \tilde{\tilde{u}}'_y\end{bmatrix}\tag{2.14}$$

$$\begin{bmatrix}\tilde{\tilde{\tau}}_{zx}\\ \tilde{\tilde{\tau}}_{zy}\\ \tilde{\tilde{\sigma}}_z\end{bmatrix}=\begin{bmatrix}k_x/k & 0 & -k_y/k\\ k_y/k & 0 & k_x/k\\ 0 & 1 & 0\end{bmatrix}\begin{bmatrix}\tilde{\tilde{\tau}}'_{zx}\\ \tilde{\tilde{\sigma}}'_z\\ \tilde{\tilde{\tau}}'_{zy}\end{bmatrix}\tag{2.15}$$

$$\begin{bmatrix}\tilde{\tilde{\sigma}}_x\\ \tilde{\tilde{\sigma}}_y\\ \tilde{\tilde{\tau}}_{xy}\end{bmatrix}=\begin{bmatrix}\tilde{\tilde{\sigma}}'_x\\ \tilde{\tilde{\sigma}}'_y\\ \tilde{\tilde{\tau}}'_{xy}\end{bmatrix}-2\mathrm{i}k_yc_{66}\begin{bmatrix}-\tilde{\tilde{u}}_y\\ \tilde{\tilde{u}}_y\\ \tilde{\tilde{u}}_x\end{bmatrix}\tag{2.16}$$

式中，上标“′”为在(x', y', z)坐标系中的动力响应。

将式（2.14）代入式（2.13），即用变量$(\bar{\bar{\tilde{u}}}'_x, \bar{\bar{\tilde{u}}}'_y, \bar{\bar{\tilde{u}}}'_z)$代替变量$(\bar{\bar{\tilde{u}}}_x, \bar{\bar{\tilde{u}}}_y, \bar{\bar{\tilde{u}}}_z)$，可得到解耦的关于$(\bar{\bar{\tilde{u}}}'_x, \bar{\bar{\tilde{u}}}'_z)$的平面内运动方程和关于$\bar{\bar{\tilde{u}}}'_y$的平面外运动方程

$$\begin{cases}-c_{11}k^2\bar{\bar{\tilde{u}}}'_x-(c_{13}+c_{44})\mathrm{i}k\dfrac{\partial\bar{\bar{\tilde{u}}}'_z}{\partial z}+c_{44}\dfrac{\partial^2\bar{\bar{\tilde{u}}}'_x}{\partial z^2}+\rho\omega^2\bar{\bar{\tilde{u}}}'_x=0\\ -(c_{13}+c_{44})\mathrm{i}k\dfrac{\partial\bar{\bar{\tilde{u}}}'_x}{\partial z}-c_{44}k^2\bar{\bar{\tilde{u}}}'_z+c_{33}\dfrac{\partial^2\bar{\bar{\tilde{u}}}'_z}{\partial z^2}+\rho\omega^2\bar{\bar{\tilde{u}}}'_z=0\end{cases} \tag{2.17}$$

$$\left(\rho\omega^2-c_{66}k^2+c_{44}\frac{\partial^2}{\partial z^2}\right)\bar{\bar{\tilde{u}}}'_y=0 \tag{2.18}$$

为求解式（2.17），引入与位移向量$\bar{\bar{\tilde{u}}}'_x$和$\bar{\bar{\tilde{u}}}'_z$均相关的势函数$F(k, z, x')$[6]：

$$\begin{cases}\bar{\bar{\tilde{u}}}'_x(k,z,x')=\mathrm{i}k(c_{13}+c_{44})\dfrac{\partial F(k,z,x')}{\partial z}\\ \bar{\bar{\tilde{u}}}'_z(k,z,x')=\left(\rho\omega^2-c_{11}k^2+c_{44}\dfrac{\partial^2}{\partial z^2}\right)F(k,z,x')\end{cases} \tag{2.19}$$

将式（2.19）代入式（2.17）中可得

$$\frac{\partial^4F}{\partial z^4}+\left[\frac{(c_{13}{}^2+2c_{13}c_{44}-c_{11}c_{33})k^2}{c_{33}c_{44}}+\frac{\rho\omega^2(c_{33}+c_{44})}{c_{33}c_{44}}\right]\frac{\partial^2F}{\partial z^2}+\frac{(\rho\omega^2-c_{44}k^2)(\rho\omega^2-c_{11}k^2)}{c_{33}c_{44}}F=0 \tag{2.20}$$

求解式（2.20）中的四阶微分方程，$F(k, z, x')$的解为

$$F(k,z,x')=\left(A_1\mathrm{e}^{\lambda_1 z}+B_1\mathrm{e}^{-\lambda_1 z}+A_2\mathrm{e}^{\lambda_2 z}+B_2\mathrm{e}^{-\lambda_2 z}\right)\mathrm{e}^{-\mathrm{i}kx'} \tag{2.21}$$

式中，A_1、B_1、A_2和B_2为由边界和辐射条件决定的常量；λ_1和λ_2分别为平面内qP波和qSV波在z方向的波数，具体表达式如下：

$$\lambda_1=\sqrt{k^2-(\omega/V_{\mathrm{qP}})^2},\quad \lambda_2=\sqrt{k^2-(\omega/V_{\mathrm{qSV}})^2} \tag{2.22}$$

式中

$$\begin{cases}V_{\mathrm{qP}}=\dfrac{\omega}{\sqrt{\left[(1-a)k^2-b-\sqrt{ck^4+dk^2+e}\right]/2}}\\ V_{\mathrm{qSV}}=\dfrac{\omega}{\sqrt{\left[(1-a)k^2-b+\sqrt{ck^4+dk^2+e}\right]/2}}\end{cases} \tag{2.23}$$

式（2.23）中的计算参数a、b、c、d和e如式（2.24）所示，V_{qP}和V_{qSV}分别为qP波和qSV波的相速度。

$$\begin{cases} a=-\dfrac{c_{13}{}^{2}+2c_{13}c_{44}-c_{11}c_{33}}{2c_{33}c_{44}}, b=-\dfrac{1}{2}\rho\omega^{2}\left(\dfrac{1}{c_{33}}+\dfrac{1}{c_{44}}\right), c=a^{2}-4\dfrac{c_{11}}{c_{33}} \\ d=-4\rho\omega^{2}\dfrac{(c_{33}+c_{44})a-(c_{11}+c_{44})}{c_{33}c_{44}}, e=\rho^{2}\omega^{4}\left(\dfrac{1}{c_{33}}-\dfrac{1}{c_{44}}\right)^{2} \end{cases} \tag{2.24}$$

将式（2.21）代入式（2.19）中，可以得到位移向量$\bar{\bar{u}}'_x$和$\bar{\bar{u}}'_z$的表达式：

$$\begin{cases} \bar{\bar{u}}'_x(k,z,x')=\mathrm{i}\lambda_1 k(c_{13}+c_{44})\left(A_1\mathrm{e}^{\lambda_1 z}-B_1\mathrm{e}^{-\lambda_1 z}\right)\mathrm{e}^{-\mathrm{i}kx'} \\ \qquad +\mathrm{i}\lambda_2 k(c_{13}+c_{44})\left(A_2\mathrm{e}^{\lambda_2 z}-B_2\mathrm{e}^{-\lambda_2 z}\right)\mathrm{e}^{-\mathrm{i}kx'} \\ \bar{\bar{u}}'_z(k,z,x')=\left(\rho\omega^2-c_{11}k^2+c_{44}\lambda_1{}^2\right)\left(A_1\mathrm{e}^{\lambda_1 z}+B_1\mathrm{e}^{-\lambda_1 z}\right)\mathrm{e}^{-\mathrm{i}kx'} \\ \qquad +\left(\rho\omega^2-c_{11}k^2+c_{44}\lambda_2{}^2\right)\left(A_2\mathrm{e}^{\lambda_2 z}+B_2\mathrm{e}^{-\lambda_2 z}\right)\mathrm{e}^{-\mathrm{i}kx'} \end{cases} \tag{2.25}$$

为了使式（2.25）具有更加明确的意义，可以将其重新写为

$$\begin{cases} \bar{\bar{u}}'_x(k,z,x')=\left[\chi_1\left(A_{\mathrm{qP}}\mathrm{e}^{\lambda_1 z}-B_{\mathrm{qP}}\mathrm{e}^{-\lambda_1 z}\right)+\chi_2\left(A_{\mathrm{qSV}}\mathrm{e}^{\lambda_2 z}-B_{\mathrm{qSV}}\mathrm{e}^{-\lambda_2 z}\right)\right]\mathrm{e}^{-\mathrm{i}kx'} \\ \bar{\bar{u}}'_z(k,z,x')=\left[\chi_3\left(A_{\mathrm{qP}}\mathrm{e}^{\lambda_1 z}+B_{\mathrm{qP}}\mathrm{e}^{-\lambda_1 z}\right)+\chi_4\left(A_{\mathrm{qSV}}\mathrm{e}^{\lambda_2 z}+B_{\mathrm{qSV}}\mathrm{e}^{-\lambda_2 z}\right)\right]\mathrm{e}^{-\mathrm{i}kx'} \end{cases} \tag{2.26}$$

式中，A_{qP}、B_{qP}、A_{qSV}和B_{qSV}分别为上行和下行的 qP 波和 qSV 波的幅值；χ_1和χ_3分别为 qP 波在x'和z方向的幅值分量；χ_2和χ_4分别为 qSV 波在x'和z方向的幅值分量。其中，$\chi_1^2+\chi_3^2=1.0$，$\chi_2^2+\chi_4^2=1.0$。χ_1、χ_2、χ_3和χ_4的具体表达式为

$$\begin{cases} \chi_1=\dfrac{\mathrm{i}\lambda_1 k(c_{13}+c_{44})}{\sqrt{\left(\rho\omega^2-c_{11}k^2+c_{44}\lambda_1{}^2\right)^2-\lambda_1{}^2k^2(c_{13}+c_{44})^2}} \\ \chi_2=\dfrac{\mathrm{i}\lambda_2 k(c_{13}+c_{44})}{\sqrt{\left(\rho\omega^2-c_{11}k^2+c_{44}\lambda_2{}^2\right)^2-\lambda_2{}^2k^2(c_{13}+c_{44})^2}} \\ \chi_3=\dfrac{\rho\omega^2-c_{11}k^2+c_{44}\lambda_1{}^2}{\sqrt{\left(\rho\omega^2-c_{11}k^2+c_{44}\lambda_1{}^2\right)^2-\lambda_1{}^2k^2(c_{13}+c_{44})^2}} \\ \chi_4=\dfrac{\rho\omega^2-c_{11}k^2+c_{44}\lambda_2{}^2}{\sqrt{\left(\rho\omega^2-c_{11}k^2+c_{44}\lambda_2{}^2\right)^2-\lambda_2{}^2k^2(c_{13}+c_{44})^2}} \end{cases} \tag{2.27}$$

同样，对平面外方程中的二阶偏微分方程进行求解，$\bar{\bar{u}}'_y(k,z,x')$可表示为

$$\bar{\bar{u}}'_y(k,z,x')=\left(A_{\mathrm{SH}}\mathrm{e}^{\lambda_3 z}+B_{\mathrm{SH}}\mathrm{e}^{-\lambda_3 z}\right)\mathrm{e}^{-\mathrm{i}kx'} \tag{2.28}$$

式中，A_{SH}和B_{SH}分别为上行和下行 SH 波的幅值；λ_3为 SH 波在z方向的波数，表达式为

$$\lambda_3=\sqrt{k^2-(\omega/V_{\mathrm{SH}})^2} \tag{2.29}$$

$$V_{\mathrm{SH}}=\frac{\omega}{\sqrt{\left[\left(c_{44}-c_{66}\right)k^{2}+\rho\omega^{2}\right]/c_{44}}} \tag{2.30}$$

式中，V_{SH} 为 SH 波的相速度。

2.2　层状 TI 弹性半空间精确动力刚度矩阵

2.2.1　TI 弹性层和半空间的平面内动力刚度矩阵

将式（2.26）中以波幅值表示的位移代入式（2.4）中，得到以波幅值表示的应变，再将所得应变代入式（2.2a）中，可得到平面应变问题的相关应力为

$$\begin{cases}\bar{\bar{\sigma}}'_{x'}(k,z,x')=\left(\lambda_1\chi_3c_{13}-\mathrm{i}k\chi_1c_{11}\right)\left(A_{\mathrm{qP}}\mathrm{e}^{\lambda_1 z}-B_{\mathrm{qP}}\mathrm{e}^{-\lambda_1 z}\right)\mathrm{e}^{-\mathrm{i}kx'}\\ \qquad+\left(\lambda_2\chi_4c_{13}-\mathrm{i}k\chi_2c_{11}\right)\left(A_{\mathrm{qSV}}\mathrm{e}^{\lambda_2 z}-B_{\mathrm{qSV}}\mathrm{e}^{-\lambda_2 z}\right)\mathrm{e}^{-\mathrm{i}kx'}\\ \bar{\bar{\sigma}}'_{y'}(k,z,x')=\left(\lambda_1\chi_3c_{13}-\mathrm{i}k\chi_1c_{11}+2\mathrm{i}k\chi_1c_{66}\right)\left(A_{\mathrm{qP}}\mathrm{e}^{\lambda_1 z}-B_{\mathrm{qP}}\mathrm{e}^{-\lambda_1 z}\right)\mathrm{e}^{-\mathrm{i}kx'}\\ \qquad+\left(\lambda_2\chi_4c_{13}-\mathrm{i}k\chi_2c_{11}+2\mathrm{i}k\chi_2c_{66}\right)\left(A_{\mathrm{qSV}}\mathrm{e}^{\lambda_2 z}-B_{\mathrm{qSV}}\mathrm{e}^{-\lambda_2 z}\right)\mathrm{e}^{-\mathrm{i}kx'}\\ \bar{\bar{\sigma}}'_{z}(k,z,x')=\left(\lambda_1\chi_3c_{33}-\mathrm{i}k\chi_1c_{13}\right)\left(A_{\mathrm{qP}}\mathrm{e}^{\lambda_1 z}-B_{\mathrm{qP}}\mathrm{e}^{-\lambda_1 z}\right)\mathrm{e}^{-\mathrm{i}kx'}\\ \qquad+\left(\lambda_2\chi_4c_{33}-\mathrm{i}k\chi_2c_{13}\right)\left(A_{\mathrm{qSV}}\mathrm{e}^{\lambda_2 z}-B_{\mathrm{qSV}}\mathrm{e}^{-\lambda_2 z}\right)\mathrm{e}^{-\mathrm{i}kx'}\\ \bar{\bar{\tau}}'_{zx'}(k,z,x')=c_{44}\left(\lambda_1\chi_1-\mathrm{i}k\chi_3\right)\left(A_{\mathrm{qP}}\mathrm{e}^{\lambda_1 z}+B_{\mathrm{qP}}\mathrm{e}^{-\lambda_1 z}\right)\mathrm{e}^{-\mathrm{i}kx'}\\ \qquad+c_{44}\left(\lambda_2\chi_2-\mathrm{i}k\chi_4\right)\left(A_{\mathrm{qSV}}\mathrm{e}^{\lambda_2 z}+B_{\mathrm{qSV}}\mathrm{e}^{-\lambda_2 z}\right)\mathrm{e}^{-\mathrm{i}kx'}\end{cases} \tag{2.31}$$

考虑一厚度为 d 的 TI 弹性层，将层顶部和层底部的坐标 $z=0$ 和 $z=d$ 代入式（2.25）中，该层顶部和底部的位移幅值可表示为

$$\begin{bmatrix}\bar{\bar{u}}'_{x1}\\ \mathrm{i}\bar{\bar{u}}'_{z1}\\ \bar{\bar{u}}'_{x2}\\ \mathrm{i}\bar{\bar{u}}'_{z2}\end{bmatrix}=\begin{bmatrix}\chi_1 & -\chi_1 & \chi_2 & -\chi_2\\ \mathrm{i}\chi_3 & \mathrm{i}\chi_3 & \mathrm{i}\chi_4 & \mathrm{i}\chi_4\\ \chi_1\mathrm{e}^{\lambda_1 d} & -\chi_1\mathrm{e}^{-\lambda_1 d} & \chi_2\mathrm{e}^{\lambda_2 d} & -\chi_2\mathrm{e}^{-\lambda_2 d}\\ \mathrm{i}\chi_3\mathrm{e}^{\lambda_1 d} & \mathrm{i}\chi_3\mathrm{e}^{-\lambda_1 d} & \mathrm{i}\chi_4\mathrm{e}^{\lambda_2 d} & \mathrm{i}\chi_4\mathrm{e}^{-\lambda_2 d}\end{bmatrix}\begin{bmatrix}A_{\mathrm{qP}}\\ B_{\mathrm{qP}}\\ A_{\mathrm{qSV}}\\ B_{\mathrm{qSV}}\end{bmatrix} \tag{2.32}$$

同样地，将 $z=0$ 和 $z=d$ 代入式（2.31）中，该层顶部和底部的应力幅值可表示为

$$\begin{bmatrix}-\bar{\bar{\tau}}'_{zx'1}\\ -\mathrm{i}\bar{\bar{\sigma}}'_{z1}\\ \bar{\bar{\tau}}'_{zx'2}\\ \mathrm{i}\bar{\bar{\sigma}}'_{z2}\end{bmatrix}=\begin{bmatrix}-n_1 & -n_1 & -n_2 & -n_2\\ -n_3 & n_3 & -n_4 & n_4\\ n_1\mathrm{e}^{\lambda_1 d} & n_1\mathrm{e}^{-\lambda_1 d} & n_2\mathrm{e}^{\lambda_2 d} & n_2\mathrm{e}^{-\lambda_2 d}\\ n_3\mathrm{e}^{\lambda_1 d} & -n_3\mathrm{e}^{-\lambda_1 d} & n_4\mathrm{e}^{\lambda_2 d} & -n_4\mathrm{e}^{-\lambda_2 d}\end{bmatrix}\begin{bmatrix}A_{\mathrm{qP}}\\ B_{\mathrm{qP}}\\ A_{\mathrm{qSV}}\\ B_{\mathrm{qSV}}\end{bmatrix} \tag{2.33a}$$

式中

$$\begin{cases} n_1 = c_{44}\left(\lambda_1\chi_1 - \mathrm{i}k\chi_3\right) \\ n_2 = c_{44}\left(\lambda_2\chi_2 - \mathrm{i}k\chi_4\right) \\ n_3 = \left(\mathrm{i}\lambda_1\chi_3 c_{33} + k\chi_1 c_{13}\right) \\ n_4 = \left(\mathrm{i}\lambda_2\chi_4 c_{33} + k\chi_2 c_{13}\right) \end{cases} \tag{2.33b}$$

引入定义在直角坐标系中的外部荷载幅值 $\bar{\bar{\bar{P}}}'_1 = -\bar{\bar{\bar{\tau}}}'_{zx'1}$、$\bar{\bar{\bar{R}}}'_1 = -\bar{\bar{\bar{\sigma}}}'_{z1}$、$\bar{\bar{\bar{P}}}'_2 = \bar{\bar{\bar{\tau}}}'_{zx'2}$ 和 $\bar{\bar{\bar{R}}}'_2 = \bar{\bar{\bar{\sigma}}}'_{z2}$，并消去式（2.32）式和式（2.33a）中上行波和下行波的幅值 A_{qP}、B_{qP}、A_{qSV} 和 B_{qSV}，可得到 TI 弹性层刚度矩阵为

$$\begin{bmatrix} \bar{\bar{\bar{P}}}'_1 \\ \mathrm{i}\bar{\bar{\bar{R}}}'_1 \\ \bar{\bar{\bar{P}}}'_2 \\ \mathrm{i}\bar{\bar{\bar{R}}}'_2 \end{bmatrix} = \boldsymbol{S}^{\mathrm{L}}_{\mathrm{qP\text{-}qSV}} \begin{bmatrix} \bar{\bar{\bar{u}}}'_{x1} \\ \mathrm{i}\bar{\bar{\bar{u}}}'_{z1} \\ \bar{\bar{\bar{u}}}'_{x2} \\ \mathrm{i}\bar{\bar{\bar{u}}}'_{z2} \end{bmatrix} = \begin{bmatrix} k_{11} & k_{12} & k_{13} & k_{14} \\ k_{21} & k_{22} & k_{23} & k_{24} \\ k_{31} & k_{32} & k_{33} & k_{34} \\ k_{41} & k_{42} & k_{43} & k_{44} \end{bmatrix} \begin{bmatrix} \bar{\bar{\bar{u}}}'_{x1} \\ \mathrm{i}\bar{\bar{\bar{u}}}'_{z1} \\ \bar{\bar{\bar{u}}}'_{x2} \\ \mathrm{i}\bar{\bar{\bar{u}}}'_{z2} \end{bmatrix} \tag{2.34}$$

式中，下标 qP-qSV 表示平面内运动，上标 L 表示 TI 弹性层。为使刚度矩阵具有对称性，在推导过程中，将式（2.34）中的 $\bar{\bar{\bar{R}}}'_1$、$\bar{\bar{\bar{R}}}'_2$、$\bar{\bar{\bar{u}}}'_{z1}$ 和 $\bar{\bar{\bar{u}}}'_{z2}$ 分别乘以 i。$\boldsymbol{S}^{\mathrm{L}}_{\mathrm{qP\text{-}qSV}}$ 是一个 4×4 的对称矩阵，表示 TI 弹性层在频率–波数域中平面内运动位移幅值与外部荷载幅值之间的关系，矩阵中的元素为

$$\begin{cases} k_{11} = -\dfrac{c_{44}}{\Delta}\left(\lambda_1^2\chi_4 - \lambda_2^2\chi_3\right)\left(\lambda_1\chi_4 a_2 a_3 - \lambda_2\chi_3 a_1 a_4\right) \\ k_{12} = \dfrac{\mathrm{i}k}{\Delta}\left[\lambda_1\lambda_2\left(c_{13}+c_{44}\right)\left(a_5 - a_6\right) - a_7 + a_8\right] \\ k_{13} = \dfrac{2c_{44}}{\Delta}\left(\lambda_1^2\chi_4 - \lambda_2^2\chi_3\right)\left(\lambda_1\chi_4 a_3 - \lambda_2\chi_3 a_1\right) \\ k_{14} = -\dfrac{2kc_{44}\left(c_{44}+c_{13}\right)}{\Delta}\lambda_1\lambda_2\left(\lambda_1^2\chi_4 - \lambda_2^2\chi_3\right)\left(a_4 - a_2\right) \\ k_{22} = \dfrac{c_{33}}{\Delta}\lambda_1\lambda_2\left(\chi_3 - \chi_4\right)\left(\lambda_1\chi_4 a_1 a_4 - \lambda_2\chi_3 a_2 a_3\right) \\ k_{24} = -\dfrac{2c_{33}}{\Delta}\lambda_1\lambda_2\left(\lambda_1\chi_4 a_1 - \lambda_2\chi_3 a_3\right)\left(\chi_3 - \chi_4\right) \\ k_{21} = k_{12}, k_{23} = -k_{14}, k_{31} = k_{13}, k_{32} = k_{23}, k_{33} = k_{11} \\ k_{34} = -k_{12}, k_{41} = k_{14}, k_{42} = k_{24}, k_{43} = k_{34}, k_{44} = k_{22} \end{cases} \tag{2.35}$$

式中

$$\begin{cases} \Delta=-2\lambda_1\lambda_2\chi_3\chi_4\left(a_2a_4-4\right)+\left(\lambda_1^2\chi_4^2+\lambda_2^2\chi_3^2\right)a_1a_3 \\ a_1=\mathrm{e}^{\lambda_1 d}-\mathrm{e}^{-\lambda_1 d}, a_2=\mathrm{e}^{\lambda_1 d}+e^{-\lambda_1 d}, a_3=\mathrm{e}^{\lambda_2 d}-\mathrm{e}^{-\lambda_2 d} \\ a_4=\mathrm{e}^{\lambda_2 d}+\mathrm{e}^{-\lambda_2 d}, a_5=\lambda_1^2\chi_4a_4-\lambda_2^2\chi_3a_2 \\ a_6=\left(\lambda_1a_3-\lambda_2a_1\right)\left(\lambda_1\chi_4a_3-\lambda_2\chi_3a_1\right) \\ a_7=\lambda_1\lambda_2\chi_3\chi_4\left(a_4-a_2\right)^2 \\ a_8=\left(\lambda_1\chi_4a_1-\lambda_2\chi_3a_3\right)\left(\lambda_1\chi_4a_3-\lambda_2\chi_3a_1\right) \end{cases} \tag{2.36}$$

在半空间表面施加荷载时，半空间中只会产生幅值为 B_{qP} 和 B_{qSV} 的下行波，此时波从无穷远处传至自由表面的能量为零，不产生幅值为 A_{qP} 和 A_{qSV} 的上行波。因此，令式（2.32）和式（2.33a）中的 $A_{\mathrm{qP}}=A_{\mathrm{qSV}}=0$ 并定义外部荷载幅值 $\bar{\bar{\bar{P}}}'_{\mathrm{o}}=-\bar{\bar{\bar{\tau}}}'_{zx'\mathrm{o}}$ 和 $\bar{\bar{\bar{R}}}'_{\mathrm{o}}=-\bar{\bar{\bar{\sigma}}}'_{z\mathrm{o}}$，同样可得 TI 半空间平面内动力刚度矩阵为

$$\begin{bmatrix} \bar{\bar{\bar{P}}}'_{\mathrm{o}} \\ \mathrm{i}\bar{\bar{\bar{R}}}'_{\mathrm{o}} \end{bmatrix}=\boldsymbol{S}^{\mathrm{R}}_{\mathrm{qP\text{-}qSV}}\begin{bmatrix} \bar{\bar{\bar{u}}}'_{x\mathrm{o}} \\ \mathrm{i}\bar{\bar{\bar{u}}}'_{z\mathrm{o}} \end{bmatrix}=\begin{bmatrix} k_{11} & k_{12} \\ k_{21} & k_{22} \end{bmatrix}\begin{bmatrix} \bar{\bar{\bar{u}}}'_{x\mathrm{o}} \\ \mathrm{i}\bar{\bar{\bar{u}}}'_{z\mathrm{o}} \end{bmatrix} \tag{2.37}$$

式中，矩阵元素为

$$\begin{cases} k_{11}=-\dfrac{c_{44}\left(\lambda_1\chi_1\chi_4-\lambda_2\chi_2\chi_3\right)}{\chi_2\chi_3-\chi_1\chi_4} \\ k_{21}=k_{12}=\dfrac{\mathrm{i}c_{44}\left(\lambda_1-\lambda_2\right)\chi_1\chi_2-c_{44}k\left(\chi_1\chi_4-\chi_2\chi_3\right)}{\chi_2\chi_3-\chi_1\chi_4} \\ k_{22}=\dfrac{c_{33}\left(\lambda_1\chi_2\chi_3-\lambda_2\chi_1\chi_4\right)}{\chi_2\chi_3-\chi_1\chi_4} \end{cases} \tag{2.38}$$

式（2.37）中，由于下卧半空间在工程中通常代表基岩，因此引入上标 R 表示下卧基岩，下标 o 代表基岩上表面。同样，为了使刚度矩阵对称，将式（2.37）中的 $\bar{\bar{\bar{R}}}'_{\mathrm{o}}$ 和 $\bar{\bar{\bar{u}}}'_{z\mathrm{o}}$ 均乘以 i。$\boldsymbol{S}^{\mathrm{R}}_{\mathrm{qP\text{-}qSV}}$ 是一个 2×2 的对称刚度矩阵，表示 TI 半空间内平面内外部荷载和位移之间的关系。

2.2.2　TI 弹性层和半空间的平面外动力刚度矩阵

将式（2.28）代入式（2.4）中，再将所得结果代入式（2.2）中，可得到平面外相应的剪应力为

$$\begin{cases} \bar{\bar{\bar{\tau}}}_{y'z}\left(k,z,x'\right)=\lambda_3c_{44}\left(A_{\mathrm{SH}}\mathrm{e}^{\lambda_3 z}-B_{\mathrm{SH}}\mathrm{e}^{-\lambda_3 z}\right)\mathrm{e}^{-\mathrm{i}kx'} \\ \bar{\bar{\bar{\tau}}}_{y'x'}\left(k,z,x'\right)=-\mathrm{i}kc_{66}\left(A_{\mathrm{SH}}\mathrm{e}^{\lambda_3 z}+B_{\mathrm{SH}}\mathrm{e}^{-\lambda_3 z}\right)\mathrm{e}^{-\mathrm{i}kx'} \end{cases} \tag{2.39}$$

与平面内情况类似，对于厚度为 d 的 TI 弹性层，将 z=0 和 z=d 代入式（2.28）

和式（2.39）中，可得 TI 弹性层顶面和底面的位移和剪应力幅值$\bar{\bar{\bar{u}}}'_{y1}$、$\bar{\bar{\bar{\tau}}}_{y'z1}$和$\bar{\bar{\bar{u}}}'_{y2}$、$\bar{\bar{\bar{\tau}}}_{y'z2}$。引入外部荷载幅值$\bar{\bar{\bar{Q}}}'_1=-\bar{\bar{\bar{\tau}}}_{y'z1}$和$\bar{\bar{\bar{Q}}}'_2=\bar{\bar{\bar{\tau}}}_{y'z2}$，并消去式中上行和下行波的幅值系数 A_{SH} 和 B_{SH}，可以得到 TI 弹性层的平面外动力刚度矩阵为

$$\begin{bmatrix}\bar{\bar{\bar{Q}}}'_1\\ \bar{\bar{\bar{Q}}}'_2\end{bmatrix}=\boldsymbol{S}^{\mathrm{L}}_{\mathrm{SH}}\begin{bmatrix}\bar{\bar{\bar{u}}}'_{y1}\\ \bar{\bar{\bar{u}}}'_{y2}\end{bmatrix}=\frac{\lambda_3 c_{44}}{\mathrm{e}^{\lambda_3 d}-\mathrm{e}^{-\lambda_3 d}}\begin{bmatrix}\mathrm{e}^{\lambda_3 d}+\mathrm{e}^{-\lambda_3 d} & -2\\ -2 & \mathrm{e}^{\lambda_3 d}+\mathrm{e}^{-\lambda_3 d}\end{bmatrix}\begin{bmatrix}\bar{\bar{\bar{u}}}'_{y1}\\ \bar{\bar{\bar{u}}}'_{y2}\end{bmatrix} \tag{2.40}$$

式中，下标 SH 表示平面外运动，上标 L 表示 TI 弹性层。$\boldsymbol{S}^{\mathrm{L}}_{\mathrm{SH}}$ 是一个 2×2 阶的对称刚度矩阵，建立了 TI 弹性层在频率-波数域中平面外运动位移幅值与外部荷载幅值之间的关系。

同样地，在半空间表面上施加荷载时，半空间中只有幅值为 B_{SH} 的下行波产生。令式（2.26）和式（2.39）中的 z=0 和 A_{SH}=0，引入$\bar{\bar{\bar{Q}}}'_{\mathrm{o}}=-\bar{\bar{\bar{\tau}}}_{y'z\mathrm{o}}$，然后消去 B_{SH}，可得 TI 介质半空间的平面外刚度矩阵：

$$\bar{\bar{\bar{Q}}}'_{\mathrm{o}}=\lambda_3 c_{44}\bar{\bar{\bar{u}}}'_{y\mathrm{o}}=S^{\mathrm{R}}_{\mathrm{SH}}\bar{\bar{\bar{u}}}'_{y\mathrm{o}} \tag{2.41}$$

2.2.3　层状 TI 弹性半空间的三维精确动力刚度矩阵

TI 弹性层和半空间的三维精确动力刚度矩阵可通过将相应的平面内和平面外刚度矩阵组合求得。在(x, y, z)坐标系中，令 TI 弹性层上表面外荷载幅值为$\bar{\bar{\bar{P}}}_1=-\bar{\bar{\bar{\tau}}}_{zx1}$、$\bar{\bar{\bar{Q}}}_1=-\bar{\bar{\bar{\tau}}}_{zy1}$和$\bar{\bar{\bar{R}}}_1=-\bar{\bar{\bar{\sigma}}}_{z1}$，下表面外荷载幅值为$\bar{\bar{\bar{P}}}_2=\bar{\bar{\bar{\tau}}}_{zx2}$、$\bar{\bar{\bar{Q}}}_2=\bar{\bar{\bar{\tau}}}_{zy2}$和$\bar{\bar{\bar{R}}}_2=\bar{\bar{\bar{\sigma}}}_{z2}$，结合式（2.14）、式（2.15）、式（2.34）和式（2.40）可求得 TI 弹性层的三维精确动力刚度矩阵为

$$\begin{bmatrix}\bar{\bar{\bar{P}}}_1\\ \bar{\bar{\bar{Q}}}_1\\ \mathrm{i}\bar{\bar{\bar{R}}}_1\\ \bar{\bar{\bar{P}}}_2\\ \bar{\bar{\bar{Q}}}_2\\ \mathrm{i}\bar{\bar{\bar{R}}}_2\end{bmatrix}=\boldsymbol{S}^{\mathrm{L}}_{\text{qP-qSV-SH}}\begin{bmatrix}\bar{\bar{\bar{u}}}_{x1}\\ \bar{\bar{\bar{u}}}_{y1}\\ \mathrm{i}\bar{\bar{\bar{u}}}_{z1}\\ \bar{\bar{\bar{u}}}_{x2}\\ \bar{\bar{\bar{u}}}_{y2}\\ \mathrm{i}\bar{\bar{\bar{u}}}_{z2}\end{bmatrix}=\boldsymbol{M}^{\mathrm{L}}\begin{bmatrix}\boldsymbol{S}^{\mathrm{L}}_{\text{qP-qSV}} & \\ & \boldsymbol{S}^{\mathrm{L}}_{\mathrm{SH}}\end{bmatrix}(\boldsymbol{M}^{\mathrm{L}})^{\mathrm{T}}\begin{bmatrix}\bar{\bar{\bar{u}}}_{x1}\\ \bar{\bar{\bar{u}}}_{y1}\\ \mathrm{i}\bar{\bar{\bar{u}}}_{z1}\\ \bar{\bar{\bar{u}}}_{x2}\\ \bar{\bar{\bar{u}}}_{y2}\\ \mathrm{i}\bar{\bar{\bar{u}}}_{z2}\end{bmatrix} \tag{2.42}$$

式中，$\boldsymbol{S}^{\mathrm{L}}_{\text{qP-qSV-SH}}$ 是一个 6×6 阶的对称矩阵，体现了 TI 弹性层位移幅值和外部荷载幅值之间的关系。$\boldsymbol{M}^{\mathrm{L}}$ 是层转换矩阵，具体表达式如下：

$$\boldsymbol{M}^{\mathrm{L}}=\begin{bmatrix} k_x/k & 0 & -k_y/k & 0 & 0 & 0 \\ k_y/k & 0 & k_x/k & 0 & 0 & 0 \\ 0 & 1 & 0 & 0 & 0 & 0 \\ 0 & 0 & 0 & k_x/k & 0 & -k_y/k \\ 0 & 0 & 0 & k_y/k & 0 & k_x/k \\ 0 & 0 & 0 & 0 & 1 & 0 \end{bmatrix} \tag{2.43}$$

同样地，在直角坐标系(x, y, z)中引入 TI 半空间表面外部荷载$\bar{\bar{\tilde{P}}}_{\mathrm{o}}=-\bar{\bar{\tilde{\tau}}}_{zx\mathrm{o}}$、$\bar{\bar{\tilde{Q}}}_{\mathrm{o}}=-\bar{\bar{\tilde{\tau}}}_{zy\mathrm{o}}$和$\bar{\bar{\tilde{R}}}_{\mathrm{o}}=-\bar{\bar{\tilde{\sigma}}}_{z\mathrm{o}}$，结合式（2.14）、式（2.15）、式（2.37）和式（2.41），可得 TI 半空间的三维精确动力刚度矩阵为

$$\begin{bmatrix} \bar{\bar{\tilde{P}}}_{\mathrm{o}} \\ \bar{\bar{\tilde{Q}}}_{\mathrm{o}} \\ \mathrm{i}\bar{\bar{\tilde{R}}}_{\mathrm{o}} \end{bmatrix}=\boldsymbol{S}_{\mathrm{qP\text{-}qSV\text{-}SH}}^{\mathrm{R}}\begin{bmatrix} \bar{\bar{\tilde{u}}}_{x\mathrm{o}} \\ \bar{\bar{\tilde{u}}}_{y\mathrm{o}} \\ \mathrm{i}\bar{\bar{\tilde{u}}}_{z\mathrm{o}} \end{bmatrix}=\boldsymbol{M}^{\mathrm{R}}\begin{bmatrix} \boldsymbol{S}_{\mathrm{qP\text{-}qSV}}^{\mathrm{R}} & \\ & \boldsymbol{S}_{\mathrm{SH}}^{\mathrm{R}} \end{bmatrix}(\boldsymbol{M}^{\mathrm{R}})^{\mathrm{T}}\begin{bmatrix} \bar{\bar{\tilde{u}}}_{x\mathrm{o}} \\ \bar{\bar{\tilde{u}}}_{y\mathrm{o}} \\ \mathrm{i}\bar{\bar{\tilde{u}}}_{z\mathrm{o}} \end{bmatrix} \tag{2.44}$$

式中，$\boldsymbol{S}_{\mathrm{qP\text{-}qSV\text{-}SH}}^{\mathrm{R}}$是一个 3×3 阶的对称矩阵，体现了 TI 半空间外部荷载和位移之间的关系。$\boldsymbol{M}^{\mathrm{R}}$是半空间动力刚度矩阵的转换矩阵，具体表达式为

$$\boldsymbol{M}^{\mathrm{R}}=\begin{bmatrix} k_x/k & 0 & -k_y/k \\ k_y/k & 0 & k_x/k \\ 0 & 1 & 0 \end{bmatrix} \tag{2.45}$$

集整 TI 介质各层刚度矩阵$\boldsymbol{S}_{\mathrm{qP\text{-}qSV\text{-}SH}}^{\mathrm{L}}$（$n$=1～$N$）和半空间刚度矩阵$\boldsymbol{S}_{\mathrm{qP\text{-}qSV\text{-}SH}}^{\mathrm{R}}$，可以得到对称的、三对角带宽的整体动力刚度矩阵

$$\boldsymbol{S}_{\mathrm{qP\text{-}qSV\text{-}SH}}=\begin{bmatrix} \boldsymbol{S}_{11}^{\mathrm{L1}} & \boldsymbol{S}_{12}^{\mathrm{L1}} & & & & \\ \boldsymbol{S}_{21}^{\mathrm{L1}} & \boldsymbol{S}_{22}^{\mathrm{L1}}+\boldsymbol{S}_{11}^{\mathrm{L2}} & \boldsymbol{S}_{12}^{\mathrm{L2}} & & & \\ & \boldsymbol{S}_{21}^{\mathrm{L2}} & \boldsymbol{S}_{22}^{\mathrm{L2}}+\boldsymbol{S}_{11}^{\mathrm{L3}} & & & \\ & & & \ddots & & \\ & & & & \boldsymbol{S}_{22}^{\mathrm{L}N-1}+\boldsymbol{S}_{11}^{\mathrm{L}N} & \boldsymbol{S}_{12}^{\mathrm{L}N} \\ & & & & \boldsymbol{S}_{21}^{\mathrm{L}N} & \boldsymbol{S}_{22}^{\mathrm{L}N}+\boldsymbol{S}^{\mathrm{R}} \end{bmatrix}_{3(N+1)\times 3(N+1)} \tag{2.46}$$

式中，$\boldsymbol{S}_{ij}^{\mathrm{L}n}$（$n$=1～$N$；$i, j$=1～2）为第 n 层 TI 层动力刚度矩阵的第 ij 个子矩阵（各层刚度矩阵划分为 4 个 3×3 的子矩阵，即$\boldsymbol{S}_{11}$、$\boldsymbol{S}_{12}$、$\boldsymbol{S}_{21}$和$\boldsymbol{S}_{22}$）。

求得整体刚度矩阵$\boldsymbol{S}_{\mathrm{qP\text{-}qSV\text{-}SH}}$之后，则可推得层状 TI 半空间的离散动力平衡方程为

$$\boldsymbol{S}_{\text{qP-qSV-SH}}\left[\bar{\bar{\bar{u}}}_{x1},\bar{\bar{\bar{u}}}_{y1},\mathrm{i}\bar{\bar{\bar{u}}}_{z1},\bar{\bar{\bar{u}}}_{x2},\bar{\bar{\bar{u}}}_{y2},\mathrm{i}\bar{\bar{\bar{u}}}_{z2},\cdots,\bar{\bar{\bar{u}}}_{x(N+1)},\bar{\bar{\bar{u}}}_{y(N+1)},\mathrm{i}\bar{\bar{\bar{u}}}_{z(N+1)}\right]^{\mathrm{T}}$$
$$=\left[\bar{\bar{\bar{P}}}_1,\bar{\bar{\bar{Q}}}_1,\mathrm{i}\bar{\bar{\bar{R}}}_1,\bar{\bar{\bar{P}}}_2,\bar{\bar{\bar{Q}}}_2,\mathrm{i}\bar{\bar{\bar{R}}}_2,\cdots,\bar{\bar{\bar{P}}}_{N+1},\bar{\bar{\bar{Q}}}_{N+1},\mathrm{i}\bar{\bar{\bar{R}}}_{N+1}\right]^{\mathrm{T}} \tag{2.47}$$

2.3　TI 饱和多孔介质波动方程及其基本解

根据毕奥（Biot）理论[7-9]，TI 饱和多孔介质满足以下条件：①固体骨架是统计横观各向同性的；②孔隙是相通的，且内部充满具有黏滞性和可压缩性的同性质流体；③固体骨架和流体之间存在相对位移，当孔隙流体相对于固体骨架而流动时，流体的运动满足广义达西（Darcy）定律，并忽略温度等因素影响。

在直角坐标系下，固体骨架和孔隙流体的控制方程为

$$\begin{cases}\sigma_{ij,j}=\rho\ddot{u}_i+\rho_1\ddot{w}_i\\-p_{,i}=\rho_1\ddot{u}_i+m_j\ddot{w}_i+r_j\ddot{w}_j\end{cases} \tag{2.48}$$

式中，σ_{ij}（$i,j=x,y,z$）为饱和多孔介质应力张量；p 为孔隙流体压力；u_i 和 $w_i(i=x, y, z)$分别为土骨架位移分量和孔隙流体相对于土骨架的位移分量；ρ为 TI 饱和多孔介质的密度，$\rho=(1-\phi)\rho_s+\phi\rho_1$，$\rho_s$ 和ρ_1 分别为土骨架和孔隙流体的密度，ϕ为孔隙率；m_j 和 r_j（$j=1,2,3$，分别对应 x、y、z 三个方向）为 Biot 引入的系数[9]，其中 $m_j=a_{\infty j}\rho_l/\phi$，$r_j=\eta_l/k_j$，$a_{\infty j}$ 为水平和竖直动态孔隙弯曲度，k_j 为相应的动态渗透率，η_l 为孔隙流体动力黏滞系数。

在垂直 TI 介质中，$m_1=m_2$、$r_1=r_2$、$a_{\infty 1}=a_{\infty 2}$ 和 $k_1=k_2$ 自动满足。

当 TI 介质的对称轴为 z 轴时，TI 饱和介质的本构关系可表示为[10]

$$\begin{cases}\sigma_x=c_{11}\dfrac{\partial u_x}{\partial x}+c_{12}\dfrac{\partial u_y}{\partial y}+c_{13}\dfrac{\partial u_z}{\partial z}+\alpha_1 p,\tau_{yz}=c_{44}\left(\dfrac{\partial u_y}{\partial z}+\dfrac{\partial u_z}{\partial y}\right)\\\sigma_y=c_{12}\dfrac{\partial u_x}{\partial x}+c_{11}\dfrac{\partial u_y}{\partial y}+c_{13}\dfrac{\partial u_z}{\partial z}+\alpha_1 p,\tau_{zx}=c_{44}\left(\dfrac{\partial u_x}{\partial z}+\dfrac{\partial u_z}{\partial x}\right)\\\sigma_z=c_{13}\left(\dfrac{\partial u_x}{\partial x}+\dfrac{\partial u_y}{\partial y}\right)+c_{13}\dfrac{\partial u_z}{\partial z}+\alpha_3 p,\tau_{xy}=c_{66}\left(\dfrac{\partial u_x}{\partial y}+\dfrac{\partial u_y}{\partial x}\right)\end{cases} \tag{2.49}$$

$$\vartheta p=\alpha_1\frac{\partial u_x}{\partial x}+\alpha_1\frac{\partial u_y}{\partial y}+\alpha_3\frac{\partial u_z}{\partial z}-\frac{\partial w_x}{\partial x}-\frac{\partial w_y}{\partial y}-\frac{\partial w_z}{\partial z} \tag{2.50}$$

且

$$\vartheta=\frac{1-\phi}{k_s}+\frac{\phi}{k_1}-\frac{4c_{11}-4c_{66}+4c_{13}+c_{33}}{9k_s^2} \tag{2.51a}$$

$$\alpha_1=-\left(1-\frac{2c_{11}-2c_{66}+c_{13}}{3k_s}\right),\alpha_3=-\left(1-\frac{2c_{13}+c_{33}}{3k_s}\right) \tag{2.51b}$$

式中，k_s 和 k_l 为土骨架和孔隙流体的体积模量。

将式（2.48）代入式（2.49）和式（2.50），以 u_x、u_y 和 u_z 表示的 TI 饱和介质中土骨架运动方程可表示为

$$\begin{cases}c_{11}\dfrac{\partial^2 u_x}{\partial x^2}+c_{66}\dfrac{\partial^2 u_x}{\partial y^2}+c_{44}\dfrac{\partial^2 u_x}{\partial z^2}+(c_{11}-c_{66})\dfrac{\partial^2 u_y}{\partial x\partial y}+(c_{13}+c_{44})\dfrac{\partial^2 u_z}{\partial x\partial z}+\alpha_1\dfrac{\partial p}{\partial x}=\rho\dfrac{\partial^2 u_y}{\partial t^2}+\rho_l\dfrac{\partial^2 w_x}{\partial t^2}\\ c_{66}\dfrac{\partial^2 u_y}{\partial x^2}+c_{11}\dfrac{\partial^2 u_y}{\partial y^2}+c_{44}\dfrac{\partial^2 u_y}{\partial z^2}+(c_{11}-c_{66})\dfrac{\partial^2 u_x}{\partial x\partial y}+(c_{13}+c_{44})\dfrac{\partial^2 u_z}{\partial y\partial z}+\alpha_1\dfrac{\partial p}{\partial y}=\rho\dfrac{\partial^2 u_y}{\partial t^2}+\rho_l\dfrac{\partial^2 w_y}{\partial t^2}\\ c_{44}\dfrac{\partial^2 u_z}{\partial x^2}+c_{44}\dfrac{\partial^2 u_z}{\partial y^2}+c_{33}\dfrac{\partial^2 u_z}{\partial z^2}+(c_{13}+c_{44})\dfrac{\partial^2 u_x}{\partial x\partial z}+(c_{13}+c_{44})\dfrac{\partial^2 u_y}{\partial y\partial z}+\alpha_3\dfrac{\partial p}{\partial z}=\rho\dfrac{\partial^2 u_z}{\partial t^2}+\rho_l\dfrac{\partial^2 w_z}{\partial t^2}\end{cases} \tag{2.52}$$

与 2.1 节中相同，为了求解时间-空间域内的运动方程，采用式（2.11）中给出的 Fourier 变换将其转换到频率-波数域内进行求解，将式（2.52）和式（2.50）给出的偏微分方程化为常微分方程，得

$$\begin{cases}\bar{\bar{\tilde{w}}}_x=-\beta_1(\mathrm{i}k_x p+\rho_l\omega^2 u_x)\\ \bar{\bar{\tilde{w}}}_y=-\beta_1(\mathrm{i}k_y p+\rho_l\omega^2 u_y)\\ \bar{\bar{\tilde{w}}}_z=-\beta_3(\mathrm{i}k_z p+\rho_l\omega^2 u_z)\end{cases} \tag{2.53}$$

式中，k_x 和 k_y 为 x 和 y 方向的波数；ω 为与时间 t 有关的圆频率；波浪线和上划线分别为关于时间和空间的 Fourier 变换；与 TI 弹性情况相同，$\beta_1=1/(m_1\omega^2-\mathrm{i}\omega r_1)$，$\beta_3=1/(m_3\omega^2-\mathrm{i}\omega r_3)$。

在式（2.50）和式（2.52）中运用式（2.11）的 Fourier 变换，并将式（2.53）代入变换后的式（2.50）和式（2.52）中，得

$$\begin{cases}\left(\rho_1^*\omega^2-c_{11}k_x^2-c_{66}k_y^2+c_{44}\dfrac{\partial^2}{\partial z^2}\right)\bar{\bar{\tilde{u}}}_x-(c_{11}-c_{66})k_xk_y\bar{\bar{\tilde{u}}}_y-(c_{13}+c_{44})\mathrm{i}k_x\dfrac{\partial\bar{\bar{\tilde{u}}}_z}{\partial z}\\ -\mathrm{i}k_x(\alpha_1+\rho_l\beta_1\omega^2)\bar{\bar{\tilde{p}}}=0\\ \left(\rho_1^*\omega^2-c_{66}k_x^2-c_{11}k_y^2+c_{44}\dfrac{\partial^2}{\partial z^2}\right)\bar{\bar{\tilde{u}}}_y-(c_{11}-c_{66})k_xk_y\bar{\bar{\tilde{u}}}_x-(c_{13}+c_{44})\mathrm{i}k_y\dfrac{\partial\bar{\bar{\tilde{u}}}_z}{\partial z}\\ -\mathrm{i}k_y(\alpha_1+\rho_l\beta_1\omega^2)\bar{\bar{\tilde{p}}}=0\\ \left(\rho_3^*\omega^2-c_{44}k_x^2-c_{44}k_y^2+c_{33}\dfrac{\partial^2}{\partial z^2}\right)\bar{\bar{\tilde{u}}}_z-(c_{13}-c_{44})\mathrm{i}k_x\dfrac{\partial\bar{\bar{\tilde{u}}}_x}{\partial z}-(c_{13}+c_{44})\mathrm{i}k_y\dfrac{\partial\bar{\bar{\tilde{u}}}_y}{\partial z}\end{cases} \tag{2.54}$$

$$
\begin{cases}
+(\alpha_3+\rho_l\beta_3\omega^2)\dfrac{\partial\bar{\bar{\bar{p}}}}{\partial z}=0 \\
\left(\vartheta-\beta_1k_x^2-\beta_1k_y^2+\beta_3\dfrac{\partial^2}{\partial z^2}\right)\bar{\bar{\bar{p}}}+\mathrm{i}k_x(\alpha_1+\rho_l\beta_1\omega^2)\bar{\bar{\bar{u}}}_x+\mathrm{i}k_y(\alpha_1+\rho_l\beta_1\omega^2)\bar{\bar{\bar{u}}}_y \\
-(\alpha_3+\rho_l\beta_3\omega^2)\dfrac{\partial\bar{\bar{\bar{u}}}_z}{\partial z}=0
\end{cases}
$$

与 TI 弹性波动方程的求解相同，将 TI 饱和介质波动方程解耦成平面外和平面内两组方程。对于平面内的每一个点(k_x, k_y)，定义一个新的坐标系(x', y', z)：x'轴沿波数向量 $\boldsymbol{k}=k_x\boldsymbol{i}+k_y\boldsymbol{j}$ 的方向，其中 $\boldsymbol{i}$ 和 $\boldsymbol{j}$ 分别是 x 和 y 方向的单位向量。两坐标系变换的关系可表示为

$$
\begin{bmatrix}\bar{\bar{\bar{u}}}_x\\\bar{\bar{\bar{u}}}_y\\\bar{\bar{\bar{u}}}_z\end{bmatrix}=\begin{bmatrix}k_x/k&0&-k_y/k\\k_y/k&0&k_x/k\\0&1&0\end{bmatrix}\begin{bmatrix}\bar{\bar{\bar{u}}}'_x\\\bar{\bar{\bar{u}}}'_z\\\bar{\bar{\bar{u}}}'_y\end{bmatrix},\begin{bmatrix}\bar{\bar{\bar{w}}}_x\\\bar{\bar{\bar{w}}}_y\\\bar{\bar{\bar{w}}}_z\end{bmatrix}=\begin{bmatrix}k_x/k&0&-k_y/k\\k_y/k&0&k_x/k\\0&1&0\end{bmatrix}\begin{bmatrix}\bar{\bar{\bar{w}}}'_x\\\bar{\bar{\bar{w}}}'_z\\\bar{\bar{\bar{w}}}'_y\end{bmatrix} \tag{2.55}
$$

$$
\begin{bmatrix}\bar{\bar{\bar{\tau}}}_{zx}\\\bar{\bar{\bar{\tau}}}_{zy}\\\bar{\bar{\bar{\sigma}}}_z\\\bar{\bar{\bar{p}}}\end{bmatrix}=\begin{bmatrix}k_x/k&0&0&-k_y/k\\k_y/k&0&0&k_x/k\\0&1&0&0\\0&0&1&0\end{bmatrix}\begin{bmatrix}\bar{\bar{\bar{\tau}}}'_{zx}\\\bar{\bar{\bar{\sigma}}}'_z\\\bar{\bar{\bar{p}}}'\\\bar{\bar{\bar{\tau}}}'_{zy}\end{bmatrix},\begin{bmatrix}\bar{\bar{\bar{\sigma}}}_x\\\bar{\bar{\bar{\sigma}}}_y\\\bar{\bar{\bar{\tau}}}_{xy}\end{bmatrix}=\begin{bmatrix}\bar{\bar{\bar{\sigma}}}'_x\\\bar{\bar{\bar{\sigma}}}'_y\\\bar{\bar{\bar{\tau}}}'_{xy}\end{bmatrix}-2\mathrm{i}k_yc_{66}\begin{bmatrix}-\bar{\bar{\bar{u}}}_y\\\bar{\bar{\bar{u}}}_y\\\bar{\bar{\bar{u}}}_x\end{bmatrix} \tag{2.56}
$$

式中，上标“$'$”表示在(x', y', z)坐标系中的动力响应，$k=\sqrt{k_x^2+k_y^2}$ 。

将式（2.55）和式（2.56）代入式（2.54）中，即用变量$(\bar{\bar{\bar{u}}}'_x,\bar{\bar{\bar{u}}}'_y,\bar{\bar{\bar{u}}}'_z,\bar{\bar{\bar{p}}}')$代替变量$(\bar{\bar{\bar{u}}}_x,\bar{\bar{\bar{u}}}_y,\bar{\bar{\bar{u}}}_z,\bar{\bar{\bar{p}}})$，得到平面内和平面外的运动方程分别为

$$
\begin{cases}
\left(\rho_1^*\omega^2-c_{11}k^2+c_{44}\dfrac{\partial^2}{\partial z^2}\right)\bar{\bar{\bar{u}}}'_x-\mathrm{i}k(c_{13}+c_{44})\dfrac{\partial\bar{\bar{\bar{u}}}'_z}{\partial z}-\mathrm{i}k(\alpha_1+\rho_l\beta_1\omega^2)\bar{\bar{\bar{p}}}'=0\\
\left(\rho_3^*\omega^2-c_{44}k^2+c_{33}\dfrac{\partial^2}{\partial z^2}\right)\bar{\bar{\bar{u}}}'_z-\mathrm{i}k(c_{13}+c_{44})\dfrac{\partial\bar{\bar{\bar{u}}}'_x}{\partial z}+(\alpha_3+\rho_l\beta_3\omega^2)\dfrac{\partial\bar{\bar{\bar{p}}}'}{\partial z}=0\\
\left(\vartheta-\beta_1k^2+\beta_3\dfrac{\partial^2}{\partial z^2}\right)\bar{\bar{\bar{p}}}'+\mathrm{i}k(\alpha_1+\rho_l\beta_1\omega^2)\bar{\bar{\bar{u}}}'_x-(\alpha_3+\rho_l\beta_3\omega^2)\dfrac{\partial\bar{\bar{\bar{u}}}'_z}{\partial z}=0
\end{cases} \tag{2.57}
$$

$$
\left(\rho_1^*\omega^2-c_{66}k_y^2+c_{44}\frac{\partial^2}{\partial z^2}\right)\bar{\bar{\bar{u}}}'_y=0 \tag{2.58}
$$

此外，将式（2.55）代入式（2.53），$\bar{\bar{\bar{w}}}'_x$ 、$\bar{\bar{\bar{w}}}'_y$ 、$\bar{\bar{\bar{w}}}'_z$ 可表示为

$$\begin{cases}\bar{\bar{w}}_x' = -\beta_1\left(\mathrm{i}k\bar{\bar{p}}' + \rho_l\omega^2\bar{\bar{u}}_x'\right) \\ \bar{\bar{w}}_y' = -\beta_1\rho_l\omega^2\bar{\bar{u}}_y' \\ \bar{\bar{w}}_z' = -\beta_3\left(-\dfrac{\partial}{\partial z}\bar{\bar{p}}' + \rho_l\omega^2\bar{\bar{u}}_z'\right)\end{cases} \tag{2.59}$$

式（2.57）可以重新整理为

$$\begin{bmatrix}\left(b_1 + c_{44}\dfrac{\partial^2}{\partial z^2}\right) & -\mathrm{i}kb_4\dfrac{\partial}{\partial z} & -\mathrm{i}kb_6 \\ -\mathrm{i}kb_4\dfrac{\partial}{\partial z} & \left(b_3 + c_{33}\dfrac{\partial^2}{\partial z^2}\right) & b_7\dfrac{\partial}{\partial z} \\ -\mathrm{i}kb_6 & b_7\dfrac{\partial}{\partial z} & -\left(b_8 + \beta_3\dfrac{\partial^2}{\partial z^2}\right)\end{bmatrix}\begin{bmatrix}\bar{\bar{u}}_x' \\ \bar{\bar{u}}_z' \\ \bar{\bar{p}}'\end{bmatrix} = \begin{bmatrix}0 \\ 0 \\ 0\end{bmatrix} \tag{2.60}$$

为求解式（2.60），引入与位移向量$\bar{\bar{u}}_x'$和$\bar{\bar{u}}_z'$及孔压$\bar{\bar{p}}'$均相关的势函数$F(k,z,x')$为

$$\begin{cases}\bar{\bar{u}}_x'(k,z,x') = \mathrm{i}k\left[b_4\left(b_8 + \beta_3\dfrac{\partial^2}{\partial z^2}\right) + b_6b_7\right]\dfrac{\partial F}{\partial z} \\ \bar{\bar{u}}_z'(k,z,x') = \left[\left(b_8 + \beta_3\dfrac{\partial^2}{\partial z^2}\right)\left(b_1 + c_{44}\dfrac{\partial^2}{\partial z^2}\right) - b_6^2k^2\right]F \\ \bar{\bar{p}}'(k,z,x') = \left[b_7\left(b_1 + c_{44}\dfrac{\partial^2}{\partial z^2}\right) + b_4b_6k^2\right]\dfrac{\partial F}{\partial z}\end{cases} \tag{2.61}$$

式中

$$\begin{cases}b_1 = \rho_1^*\omega^2 - c_{11}k^2,\ b_3 = \rho_3^*\omega^2 - c_{44}k^2,\ b_4 = c_{13} + c_{44} \\ b_6 = \beta_1\rho_l\omega^2 - \alpha_1,\ b_7 = \beta_3\rho_l\omega^2 - \alpha_3,\ b_8 = \vartheta - \beta_1k^2 \\ \rho_1^* = \rho - \beta_1\rho_l^2\omega^2,\ \rho_3^* = \rho - \beta_3\rho_l^2\omega^2\end{cases} \tag{2.62}$$

方程（2.60）有非零解的条件为系数矩阵行列式等于零，为满足该条件，将式（2.61）代入式（2.60）整理可得

$$a_1\frac{\partial^6 F}{\partial z^6} + a_2\frac{\partial^4 F}{\partial z^4} + a_3\frac{\partial^2 F}{\partial z^2} + a_4F = 0 \tag{2.63}$$

式中

$$\begin{cases}a_1 = c_{33}c_{44}\beta_3,\ a_2 = \left(b_3c_{44} + b_1c_{33} + b_4^2k^2\right)\beta_3 + \left(b_8c_{33} + b_7^2\right)c_{44} \\ a_3 = b_1b_3\beta_3 + \left(b_3c_{44} + b_1c_{33} + b_4^2k^2\right)b_8 + b_1b_7^2 + \left(2b_4b_6b_7 - b_6^2c_{33}\right)k^2,\ a_4 = b_3\left(b_1b_8 - b_6^2k^2\right)\end{cases} \tag{2.64}$$

通过观察，解六阶偏微分方程（2.63）可得

$$F\left(k,z,x'\right)=\left(A_1\mathrm{e}^{\lambda_1 z}+B_1\mathrm{e}^{-\lambda_1 z}+A_2\mathrm{e}^{\lambda_2 z}+B_2\mathrm{e}^{-\lambda_2 z}+A_3\mathrm{e}^{\lambda_3 z}+B_3\mathrm{e}^{-\lambda_3 z}\right)\mathrm{e}^{-\mathrm{i}kx'} \tag{2.65}$$

式中，$\pm\lambda_1$、$\pm\lambda_2$ 和 $\pm\lambda_3$ 是式（2.63）的 6 个根，其具体表达式为

$$\lambda_1^2=\varGamma-\frac{x}{3\varGamma}-\frac{a_2}{3a_1},\quad \lambda_2^2=\varDelta\varGamma-\frac{x}{3\varDelta\varGamma}-\frac{a_2}{3a_1},\quad \lambda_3^2=\varDelta^2\varGamma-\frac{x}{3\varDelta^2\varGamma}-\frac{a_2}{3a_1} \tag{2.66}$$

$$\begin{cases} x=-\dfrac{a_2^2}{3a_1^2}+\dfrac{a_3}{a_1},\quad y=\dfrac{2a_2^3}{27a_1^3}-\dfrac{3a_2a_3}{9a_1^2}+\dfrac{a_4}{a_1} \\ \varGamma=\left(-\dfrac{1}{2}y+\dfrac{1}{2}\sqrt{y^2+4x^3/27}\right)^{1/3},\quad \varDelta=-\dfrac{1-\sqrt{3}\mathrm{i}}{2} \end{cases} \tag{2.67}$$

与弹性介质情况不同的是，在平面应变条件下，多孔饱和介质中存在 3 种类型的体波，分别为 P1 波、P2 波和 SV 波。式（2.65）中的 λ_1、λ_2 和 λ_3 分别对应 P1 波、P2 波和 SV 波在垂直方向上的波数。各向同性情况下，介质中的 P1 波和 P2 波的压缩方向是纯纵向的，SV 波的剪切方向是纯横向的，即 SV 波和 P1（P2）波正交，这使得式（2.63）可以解耦为对应于 P1 波和 P2 波的四阶常微分方程和对应于 SV 波的二阶常微分方程。然而，如 2.1 节中所述，在本书讨论的 TI 介质中，P 波不再是纯纵向压缩的，SV 波也不再是纯横向剪切的[11]。这使得 P1 波、P2 波和 SV 波耦合在一起，这些波在 TI 饱和介质中被称为准 P1（qP1）波、准 P2（qP2）波和准 SV（qSV）波。

将式（2.65）代入式（2.61），位移分量 $\bar{\bar{u}}'_x$、$\bar{\bar{u}}'_z$ 和孔压 $\bar{\bar{p}}'$ 可以写为

$$\begin{cases} \bar{\bar{u}}'_x\left(k,z,x'\right)=\sum\limits_{j=1}^{3}\chi_j\left(A_j\mathrm{e}^{\lambda_j z}-B_j\mathrm{e}^{-\lambda_j z}\right)\mathrm{e}^{-\mathrm{i}kx'} \\ \bar{\bar{u}}'_z\left(k,z,x'\right)=\sum\limits_{j=1}^{3}\chi_{j+3}\left(A_j\mathrm{e}^{\lambda_j z}-B_j\mathrm{e}^{-\lambda_j z}\right)\mathrm{e}^{-\mathrm{i}kx'} \\ \bar{\bar{p}}'\left(k,z,x'\right)=\sum\limits_{j=1}^{3}\chi_{j+6}\left(A_j\mathrm{e}^{\lambda_j z}-B_j\mathrm{e}^{-\lambda_j z}\right)\mathrm{e}^{-\mathrm{i}kx'} \end{cases} \tag{2.68}$$

式中，系数 A_1、B_1、A_2、B_2、A_3 和 B_3 可由边界条件和辐射条件确定；χ_1～χ_9 的表达式为

$$\begin{cases} \chi_1=\mathrm{i}k\lambda_1\left[b_4\left(b_8+\beta_3\lambda_1^2\right)+b_6b_7\right],\quad \chi_2=\mathrm{i}k\lambda_2\left[b_4\left(b_8+\beta_3\lambda_2^2\right)+b_6b_7\right] \\ \chi_3=\mathrm{i}k\lambda_3\left[b_4\left(b_8+\beta_3\lambda_3^2\right)+b_6b_7\right],\quad \chi_4=\left(b_8+\beta_3\lambda_1^2\right)\left(b_1+c_{44}\lambda_1^2\right)-b_6^2k^2 \\ \chi_5=\left(b_8+\beta_3\lambda_2^2\right)\left(b_1+c_{44}\lambda_2^2\right)-b_6^2k^2,\quad \chi_6=\left(b_8+\beta_3\lambda_3^2\right)\left(b_1+c_{44}\lambda_3^2\right)-b_6^2k^2 \end{cases} \tag{2.69}$$

$$\begin{cases}\chi_7=\lambda_1\left[b_7\left(b_1+c_{44}\lambda_1^2\right)+b_4b_6k^2\right], & \chi_8=\lambda_2\left[b_7\left(b_1+c_{44}\lambda_2^2\right)+b_4b_6k^2\right]\\ \chi_9=\lambda_3\left[b_7\left(b_1+c_{44}\lambda_3^2\right)+b_4b_6k^2\right]\end{cases}$$

将式（2.68）代入式（2.59），可得流体相对位移 $\tilde{\tilde{w}}_x'$ 和 $\tilde{\tilde{w}}_z'$ 为

$$\begin{cases}\tilde{\tilde{w}}_x'\left(k,z,x'\right)=\sum_{j=1}^{3}\delta_j\left(A_j\mathrm{e}^{\lambda_jz}-B_j\mathrm{e}^{-\lambda_jz}\right)\mathrm{e}^{-\mathrm{i}kx'}\\ \tilde{\tilde{w}}_z'\left(k,z,x'\right)=\sum_{j=1}^{3}\delta_{j+3}\left(A_j\mathrm{e}^{\lambda_jz}-B_j\mathrm{e}^{-\lambda_jz}\right)\mathrm{e}^{-\mathrm{i}kx'}\end{cases} \tag{2.70}$$

式中

$$\begin{cases}\delta_1=-\left(\mathrm{i}k\chi_7+\rho_l\omega^2\chi_1\right)\beta_1, & \delta_2=-\left(\mathrm{i}k\chi_8+\rho_l\omega^2\chi_2\right)\beta_1, & \delta_3=-\left(\mathrm{i}k\chi_9+\rho_l\omega^2\chi_3\right)\beta_1\\ \delta_4=\left(\lambda_1\chi_7-\rho_l\omega^2\chi_4\right)\beta_3, & \delta_5=\left(\lambda_2\chi_8-\rho_l\omega^2\chi_5\right)\beta_3, & \delta_6=\left(\lambda_3\chi_9-\rho_l\omega^2\chi_6\right)\beta_3\end{cases} \tag{2.71}$$

求解式（2.58）中的二阶微分方程可得

$$\tilde{\tilde{u}}_y'\left(k,z,x'\right)=\left(A_4\mathrm{e}^{\lambda_4z}+B_4\mathrm{e}^{-\lambda_4z}\right)\mathrm{e}^{-\mathrm{i}kx'} \tag{2.72}$$

将式（2.72）代入式（2.59），可得流体相对土骨架位移 $\tilde{\tilde{w}}_y'$ 为

$$\tilde{\tilde{w}}_y'\left(k,z,x'\right)=\rho_l\omega^2\beta_1\left(A_4\mathrm{e}^{\lambda_4z}-B_4\mathrm{e}^{-\lambda_4z}\right)\mathrm{e}^{-\mathrm{i}kx'} \tag{2.73}$$

式中，λ_4 为 SH 波在 z 方向上的波数为

$$\lambda_4=\sqrt{\frac{c_{66}k^2-\rho_1^*\omega^2}{c_{44}}} \tag{2.74}$$

与 qSV 波相比，TI 饱和介质中的 SH 波仍然是纯横波。在 TI 介质中，由 S 波分解而来的 qSV 波和 SH 波具有不同的相速度[11]。

2.4 层状 TI 饱和半空间精确动力刚度矩阵

2.4.1 TI 饱和层和半空间的平面内动力刚度矩阵

将式（2.68）代入式（2.49），忽略平面外变量，可得坐标系(x', y', z)平面内相关的应力为

$$\begin{cases}\tilde{\tilde{\sigma}}_x'\left(k,z,x'\right)=\sum_{j=1}^{3}\left(\lambda_j\chi_{3+j}c_{13}-\mathrm{i}k\chi_jc_{11}+\alpha_1\chi_{6+j}\right)\left(A_j\mathrm{e}^{\lambda_jz}-B_j\mathrm{e}^{-\lambda_jz}\right)\mathrm{e}^{-\mathrm{i}kx'}\end{cases}$$

$$\begin{cases}\bar{\bar{\tilde{\sigma}}}'_y(k,z,x')=\sum_{j=1}^{3}\left(\lambda_j\chi_{3+j}c_{13}-\mathrm{i}k\chi_jc_{12}+\alpha_1\chi_{6+j}\right)\left(A_j\mathrm{e}^{\lambda_jz}-B_j\mathrm{e}^{-\lambda_jz}\right)\mathrm{e}^{-\mathrm{i}kx'}\\ \bar{\bar{\tilde{\sigma}}}'_z(k,z,x')=\sum_{j=1}^{3}\left(\lambda_j\chi_{3+j}c_{33}-\mathrm{i}k\chi_jc_{13}+\alpha_3\chi_{6+j}\right)\left(A_j\mathrm{e}^{\lambda_jz}-B_j\mathrm{e}^{-\lambda_jz}\right)\mathrm{e}^{-\mathrm{i}kx'}\\ \bar{\bar{\tilde{\tau}}}'_{zx'}(k,z,x')=\sum_{j=1}^{3}\left(\lambda_j\chi_jc_{44}-\mathrm{i}k\chi_{j+3}c_{44}\right)\left(A_j\mathrm{e}^{\lambda_jz}+B_j\mathrm{e}^{-\lambda_jz}\right)\mathrm{e}^{-\mathrm{i}kx'}\end{cases}\tag{2.75}$$

与 2.2.1 节中相同，考虑一厚度为 d 的 TI 饱和层，将层顶部和层底部的坐标 z=0 和 z=d 代入式（2.65）和式（2.67），可得到层顶面土骨架位移和流体相对位移幅值 $\bar{\bar{\tilde{u}}}'_{x1}$ 、 $\bar{\bar{\tilde{u}}}'_{z1}$ 、 $\bar{\bar{\tilde{w}}}'_{z1}$ 及底面位移幅值 $\bar{\bar{\tilde{u}}}'_{x2}$ 、 $\bar{\bar{\tilde{u}}}'_{z2}$ 、 $\bar{\bar{\tilde{w}}}'_{z2}$ 为

$$\begin{bmatrix}\bar{\bar{\tilde{u}}}'_{x1}\\ \mathrm{i}\bar{\bar{\tilde{u}}}'_{z1}\\ \mathrm{i}\bar{\bar{\tilde{w}}}'_{z1}\\ \bar{\bar{\tilde{u}}}'_{x2}\\ \mathrm{i}\bar{\bar{\tilde{u}}}'_{z2}\\ \mathrm{i}\bar{\bar{\tilde{w}}}'_{z2}\end{bmatrix}=\boldsymbol{D}^{\mathrm{L}}_{\mathrm{qP1\text{-}qP2\text{-}qSV}}\begin{bmatrix}A_1\\B_1\\A_2\\B_2\\A_3\\B_3\end{bmatrix}=\begin{bmatrix}\chi_1&-\chi_1&\chi_2&-\chi_2&\chi_3&-\chi_3\\ \mathrm{i}\chi_4&\mathrm{i}\chi_4&\mathrm{i}\chi_5&\mathrm{i}\chi_5&\mathrm{i}\chi_6&\mathrm{i}\chi_6\\ \mathrm{i}\delta_4&\mathrm{i}\delta_4&\mathrm{i}\delta_5&\mathrm{i}\delta_5&\mathrm{i}\delta_6&\mathrm{i}\delta_6\\ \chi_1\mathrm{e}^{\lambda_1d}&-\chi_1\mathrm{e}^{-\lambda_1d}&\chi_2\mathrm{e}^{\lambda_2d}&-\chi_2\mathrm{e}^{-\lambda_2d}&\chi_3\mathrm{e}^{\lambda_3d}&-\chi_3\mathrm{e}^{-\lambda_3d}\\ \mathrm{i}\chi_4\mathrm{e}^{\lambda_1d}&\mathrm{i}\chi_4\mathrm{e}^{-\lambda_1d}&\mathrm{i}\chi_5\mathrm{e}^{\lambda_2d}&\mathrm{i}\chi_5\mathrm{e}^{-\lambda_2d}&\mathrm{i}\chi_6\mathrm{e}^{\lambda_3d}&\mathrm{i}\chi_6\mathrm{e}^{-\lambda_3d}\\ \mathrm{i}\delta_4\mathrm{e}^{\lambda_1d}&\mathrm{i}\delta_4\mathrm{e}^{-\lambda_1d}&\mathrm{i}\delta_5\mathrm{e}^{\lambda_2d}&\mathrm{i}\delta_5\mathrm{e}^{-\lambda_2d}&\mathrm{i}\delta_6\mathrm{e}^{\lambda_3d}&\mathrm{i}\delta_6\mathrm{e}^{-\lambda_3d}\end{bmatrix}\begin{bmatrix}A_1\\B_1\\A_2\\B_2\\A_3\\B_3\end{bmatrix}\tag{2.76}$$

同样，将 z=0 和 z=d 代入式（2.75）和式（2.68）并令外荷载幅值为 $\bar{\bar{\tilde{P}}}'_1=-\bar{\bar{\tilde{\tau}}}'_{zx'}(k,0)$、$\bar{\bar{\tilde{R}}}'_1=-\bar{\bar{\tilde{\sigma}}}'_z(k,0)$、$\bar{\bar{\tilde{Q}}}'_1=\bar{\bar{\tilde{p}}}'(k,0)$、$\bar{\bar{\tilde{P}}}'_2=\bar{\bar{\tilde{\tau}}}'_{zx'}(k,d)$、$\bar{\bar{\tilde{R}}}'_2=\bar{\bar{\tilde{\sigma}}}'_z(k,d)$、$\bar{\bar{\tilde{Q}}}'_2=-\bar{\bar{\tilde{p}}}'(k,d)$，则 TI 饱和层顶面和底面的外荷载幅值可表示为

$$\begin{bmatrix}\bar{\bar{\tilde{P}}}'_1\\ \mathrm{i}\bar{\bar{\tilde{R}}}'_1\\ \mathrm{i}\bar{\bar{\tilde{Q}}}'_1\\ \bar{\bar{\tilde{P}}}'_2\\ \mathrm{i}\bar{\bar{\tilde{R}}}'_2\\ \mathrm{i}\bar{\bar{\tilde{Q}}}'_2\end{bmatrix}=\boldsymbol{S}^{\mathrm{L}}_{\mathrm{qP1\text{-}qP2\text{-}qSV}}\begin{bmatrix}A_1\\B_1\\A_2\\B_2\\A_3\\B_3\end{bmatrix}=\begin{bmatrix}-\varphi_1&-\varphi_1&-\varphi_2&-\varphi_2&-\varphi_3&-\varphi_3\\ -\mathrm{i}\varphi_4&\mathrm{i}\varphi_4&-\mathrm{i}\varphi_5&\mathrm{i}\varphi_5&-\mathrm{i}\varphi_6&\mathrm{i}\varphi_6\\ \mathrm{i}\varphi_7&-\mathrm{i}\varphi_7&\mathrm{i}\varphi_8&-\mathrm{i}\varphi_8&\mathrm{i}\varphi_9&-\mathrm{i}\varphi_9\\ \varphi_1\mathrm{e}^{\lambda_1d}&\varphi_1\mathrm{e}^{-\lambda_1d}&\varphi_2\mathrm{e}^{\lambda_2d}&\varphi_2\mathrm{e}^{-\lambda_2d}&\varphi_3\mathrm{e}^{\lambda_3d}&\varphi_3\mathrm{e}^{-\lambda_3d}\\ \mathrm{i}\varphi_4\mathrm{e}^{\lambda_1d}&-\mathrm{i}\varphi_4\mathrm{e}^{-\lambda_1d}&\mathrm{i}\varphi_5\mathrm{e}^{\lambda_2d}&-\mathrm{i}\varphi_5\mathrm{e}^{-\lambda_2d}&\mathrm{i}\varphi_6\mathrm{e}^{\lambda_3d}&-\mathrm{i}\varphi_6\mathrm{e}^{-\lambda_3d}\\ -\mathrm{i}\varphi_7\mathrm{e}^{\lambda_1d}&\mathrm{i}\varphi_7\mathrm{e}^{-\lambda_1d}&-\mathrm{i}\varphi_8\mathrm{e}^{\lambda_2d}&\mathrm{i}\varphi_8\mathrm{e}^{-\lambda_2d}&-\mathrm{i}\varphi_9\mathrm{e}^{\lambda_3d}&\mathrm{i}\varphi_9\mathrm{e}^{-\lambda_3d}\end{bmatrix}\begin{bmatrix}A_1\\B_1\\A_2\\B_2\\A_3\\B_3\end{bmatrix}\tag{2.77}$$

式中，φ_1～φ_9 的具体表达式为

$$\begin{cases}\varphi_1=c_{44}(\lambda_1\chi_1-\mathrm{i}k\chi_4),\quad \varphi_2=c_{44}(\lambda_2\chi_2-\mathrm{i}k\chi_5),\quad \varphi_3=c_{44}(\lambda_3\chi_3-\mathrm{i}k\chi_6)\\ \varphi_4=\mathrm{i}\lambda_1\chi_4c_{33}+k\chi_1c_{13}+\mathrm{i}\alpha_3\chi_7,\quad \varphi_5=\mathrm{i}\lambda_2\chi_5c_{33}+k\chi_2c_{13}+\mathrm{i}\alpha_3\chi_8\\ \varphi_6=\mathrm{i}\lambda_3\chi_6c_{33}+k\chi_3c_{13}+\mathrm{i}\alpha_3\chi_9,\quad \varphi_7=\mathrm{i}\chi_7,\quad \varphi_8=\mathrm{i}\chi_8,\quad \varphi_9=\mathrm{i}\chi_9\end{cases}\tag{2.78}$$

结合式（2.76）和式（2.77），将系数 A_1、B_1、A_2、B_2、A_3 和 B_3 消去，可得到

$$\left[\bar{\bar{\bar{P}}}'_1, \mathrm{i}\bar{\bar{\bar{R}}}'_1, \mathrm{i}\bar{\bar{\bar{Q}}}'_1, \bar{\bar{\bar{P}}}'_2, \mathrm{i}\bar{\bar{\bar{R}}}'_2, \mathrm{i}\bar{\bar{\bar{Q}}}'_2\right]^{\mathrm{T}} = \boldsymbol{K}^{\mathrm{L}}_{\mathrm{qP1\text{-}qP2\text{-}qSV}}\left[\bar{\bar{\bar{u}}}'_{x1}, \mathrm{i}\bar{\bar{\bar{u}}}'_{z1}, \mathrm{i}\bar{\bar{\bar{w}}}'_{z1}, \bar{\bar{\bar{u}}}'_{x2}, \mathrm{i}\bar{\bar{\bar{u}}}'_{z2}, \mathrm{i}\bar{\bar{\bar{w}}}'_{z2}\right]^{\mathrm{T}} \tag{2.79}$$

式中，上标 L 代表 TI 饱和层，$\boldsymbol{K}^{\mathrm{L}}_{\mathrm{qP1\text{-}qP2\text{-}qSV}} = \boldsymbol{S}^{\mathrm{L}}_{\mathrm{qP1\text{-}qP2\text{-}qSV}}\boldsymbol{D}^{\mathrm{L}}_{\mathrm{qP1\text{-}qP2\text{-}qSV}}{}^{-1}$，为平面内 TI 饱和层的精确动力刚度矩阵，描述了波数域中 TI 饱和层上下表面平面内外荷载幅值和位移幅值之间的关系，为 6×6 阶矩阵。

为保证 TI 饱和层刚度矩阵具有对称性，将 $\bar{\bar{\bar{R}}}'_1$、$\bar{\bar{\bar{R}}}'_2$、$\bar{\bar{\bar{Q}}}'_1$、$\bar{\bar{\bar{Q}}}'_2$、$\bar{\bar{\bar{u}}}'_{z1}$、$\bar{\bar{\bar{w}}}'_{z1}$ 和 $\bar{\bar{\bar{u}}}'_{z2}$、$\bar{\bar{\bar{w}}}'_{z2}$ 分别乘以 i。

由无穷远辐射条件可知，在下卧半空间表面施加荷载只会产生幅值为 B_1、B_2 和 B_3 的去波。以下标 o 表示下卧半空间的上表面，在式（2.76）和式（2.77）中，令 A_1=A_2=A_3=0，同时令半空间表面的外荷载幅值为 $\bar{\bar{\bar{P}}}'_{\mathrm{o}} = -\bar{\bar{\tau}}'_{zx'}(k,0)$、$\bar{\bar{\bar{R}}}'_{\mathrm{o}} = -\bar{\bar{\sigma}}'_z(k,0)$ 和 $\bar{\bar{\bar{Q}}}'_{\mathrm{o}} = \bar{\bar{p}}'(k,0)$，并消去系数 B_1、B_2 和 B_3，可得 TI 饱和半空间平面内运动的动力刚度矩阵：

$$\left[\bar{\bar{\bar{P}}}'_{\mathrm{o}}, \mathrm{i}\bar{\bar{\bar{R}}}', \mathrm{i}\bar{\bar{\bar{Q}}}'_{\mathrm{o}}\right]^{\mathrm{T}} = \boldsymbol{K}^{\mathrm{R}}_{\mathrm{qP1\text{-}qP2\text{-}qSV}}\left[\bar{\bar{\bar{u}}}'_{x\mathrm{o}}, \mathrm{i}\bar{\bar{\bar{u}}}'_{z\mathrm{o}}, \mathrm{i}\bar{\bar{\bar{w}}}'_{z\mathrm{o}}\right]^{\mathrm{T}} \tag{2.80}$$

式中，上标 R 代表半空间。$\boldsymbol{K}^{\mathrm{R}}_{\mathrm{qP1\text{-}qP2\text{-}qSV}}$ 为平面内 TI 饱和半空间的精确动力刚度矩阵，其描述了波数域中 TI 饱和半空间表面上作用的平面内外荷载幅值和平面内位移幅值之间的关系，为 3×3 阶矩阵。

2.4.2 TI 饱和层和半空间的平面外动力刚度矩阵

将式（2.72）代入式（2.49），忽略平面内变量，即可得到波幅值表示的平面外剪应力

$$\begin{cases}\bar{\bar{\tau}}'_{y'z}(k,z,x') = \lambda_4 c_{44}\left(A_4\mathrm{e}^{\lambda_4 z} - B_4\mathrm{e}^{-\lambda_4 z}\right)\mathrm{e}^{-\mathrm{i}kx'} \\ \bar{\bar{\tau}}'_{y'x'}(k,z,x') = -\mathrm{i}kc_{66}\left(A_4\mathrm{e}^{\lambda_4 z} + B_4\mathrm{e}^{-\lambda_4 z}\right)\mathrm{e}^{-\mathrm{i}kx'}\end{cases} \tag{2.81}$$

与平面内情况类似，通过将 z=0 和 z=d 代入式（2.72）和式（2.80）中，可得 TI 饱和层顶部和 TI 饱和层底部的位移和应力幅值，这两个方程都是 A_4 和 B_4 的函数。引入外部荷载振幅 $\bar{\bar{\bar{T}}}'_1 = -\bar{\bar{\tau}}'_{y'z}(k,0)$ 和 $\bar{\bar{\bar{T}}}'_2 = \bar{\bar{\tau}}'_{y'z}(k,d)$，可得 TI 饱和层平面外运动的动力刚度矩阵：

$$\begin{bmatrix}\bar{\bar{\bar{T}}}'_1 \\ \bar{\bar{\bar{T}}}'_2\end{bmatrix} = \boldsymbol{K}^{\mathrm{L}}_{\mathrm{SH}}\begin{bmatrix}\bar{\bar{\bar{u}}}'_y(k,0) \\ \bar{\bar{\bar{u}}}'_y(k,d)\end{bmatrix} = \frac{\lambda_4 c_{44}}{\mathrm{e}^{\lambda_4 d} - \mathrm{e}^{-\lambda_4 d}}\begin{bmatrix}\mathrm{e}^{\lambda_4 d} + \mathrm{e}^{-\lambda_4 d} & -2 \\ -2 & \mathrm{e}^{\lambda_4 d} + \mathrm{e}^{-\lambda_4 d}\end{bmatrix}\begin{bmatrix}\bar{\bar{\bar{u}}}'_y(k,0) \\ \bar{\bar{\bar{u}}}'_y(k,d)\end{bmatrix} \tag{2.82}$$

式中，下标 SH 表示平面外运动。$\boldsymbol{K}_{\mathrm{SH}}^{\mathrm{L}}$ 是一个 2×2 阶的精确对称矩阵，描述了波数域中 TI 饱和层顶面和底面外平面外荷载幅值和位移幅值之间的关系。将 z=0 代入式（2.72）和式（2.81）中，然后引入条件 A_4=0，最后消除 B_4，可以得到 TI 饱和半空间平面外运动的动力刚度矩阵，即

$$\bar{\bar{T}}_{\mathrm{o}}' = \lambda_4 c_{44}\bar{\bar{u}}_{y\mathrm{o}}' = K_{\mathrm{SH}}^{\mathrm{R}}\bar{\bar{u}}_{y\mathrm{o}}' \tag{2.83}$$

同样，下标 o 表示半空间的自由表面，半空间用上标 R 表示。应注意的是，TI 饱和介质的平面外运动动力刚度矩阵与 TI 弹性介质的平面外运动动力刚度矩阵没有区别，这是因为 SH 波是纯剪切波，不会产生孔压。

2.4.3　层状 TI 饱和半空间的三维精确动力刚度矩阵

将所建立的平面内和平面外动力刚度矩阵组合，可以建立层状 TI 饱和半空间的三维精确动力刚度矩阵。在坐标系(x, y, z)中将 TI 饱和层顶部的外部荷载幅值设为 $\bar{\bar{P}}_1 = -\bar{\bar{\tau}}_{zx}(k,0)$、$\bar{\bar{T}}_1 = -\bar{\bar{\tau}}_{yz}(k,0)$、$\bar{\bar{R}}_1 = -\bar{\bar{\sigma}}_z(k,0)$ 和 $\bar{\bar{Q}}_1 = \bar{\bar{p}}(k,0)$，将 TI 饱和层底部的外部荷载幅值设为 $\bar{\bar{P}}_2 = \bar{\bar{\tau}}_{zx}(k,d)$、$\bar{\bar{T}}_2 = \bar{\bar{\tau}}_{yz}(k,d)$、$\bar{\bar{R}}_2 = \bar{\bar{\sigma}}_z(k,d)$ 和 $\bar{\bar{Q}}_2 = -\bar{\bar{p}}(k,d)$，并代入式（2.55）、式（2.56）、式（2.79）和式（2.82）中，可得到 TI 饱和层的三维精确动力刚度矩阵

$$\left[\bar{\bar{P}}_1,\bar{\bar{T}}_1,\mathrm{i}\bar{\bar{R}}_1,\mathrm{i}\bar{\bar{Q}}_1,\bar{\bar{P}}_2,\bar{\bar{T}}_2,\mathrm{i}\bar{\bar{R}}_2,\mathrm{i}\bar{\bar{Q}}_2\right]^{\mathrm{T}} = \boldsymbol{K}_{\mathrm{qP1\text{-}qP2\text{-}qSV\text{-}SH}}^{\mathrm{L}}\left[\bar{\bar{u}}_{x1},\bar{\bar{u}}_{y1},\mathrm{i}\bar{\bar{u}}_{z1},\mathrm{i}\bar{\bar{w}}_{z1},\bar{\bar{u}}_{x2},\bar{\bar{u}}_{y2},\mathrm{i}\bar{\bar{u}}_{z2},\mathrm{i}\bar{\bar{w}}_{z2}\right]^{\mathrm{T}} \tag{2.84}$$

$$\boldsymbol{K}_{\mathrm{qP1\text{-}qP2\text{-}qSV\text{-}SH}}^{\mathrm{L}} = \boldsymbol{M}^{\mathrm{L}}\begin{bmatrix}\boldsymbol{K}_{\mathrm{qP1\text{-}qP2\text{-}qSV}}^{\mathrm{L}} & \\ & \boldsymbol{K}_{\mathrm{SH}}^{\mathrm{L}}\end{bmatrix}\boldsymbol{M}^{\mathrm{LT}} \tag{2.85}$$

式中，$\boldsymbol{K}_{\mathrm{qP1\text{-}qP2\text{-}qSV\text{-}SH}}^{\mathrm{L}}$ 为 8×8 阶的对称矩阵，它建立了有限 TI 饱和层位移幅值和外部荷载幅值之间的关系。$\boldsymbol{M}^{\mathrm{L}}$ 为 TI 饱和层刚度矩阵的转换矩阵，具体元素为

$$\boldsymbol{M}^{\mathrm{L}} = \begin{bmatrix} k_x/k & 0 & 0 & -k_y/k & 0 & 0 & 0 & 0 \\ k_y/k & 0 & 0 & k_x/k & 0 & 0 & 0 & 0 \\ 0 & 1 & 0 & 0 & 0 & 0 & 0 & 0 \\ 0 & 0 & 1 & 0 & 0 & 0 & 0 & 0 \\ 0 & 0 & 0 & 0 & k_x/k & 0 & 0 & -k_y/k \\ 0 & 0 & 0 & 0 & k_y/k & 0 & 0 & k_x/k \\ 0 & 0 & 0 & 0 & 0 & 1 & 0 & 0 \\ 0 & 0 & 0 & 0 & 0 & 0 & 1 & 0 \end{bmatrix} \tag{2.86}$$

同样，在直角坐标系(x, y, z)中引入 TI 饱和半空间表面外部荷载 $\bar{\bar{P}}_{\mathrm{o}} = -\bar{\bar{\tau}}_{zx\mathrm{o}}$、

$\bar{\bar{\bar{T}}}_{\mathrm{o}}=-\bar{\bar{\bar{\tau}}}_{zy\mathrm{o}}$、$\bar{\bar{\bar{R}}}_{\mathrm{o}}=-\bar{\bar{\bar{\sigma}}}_{z\mathrm{o}}$和$\bar{\bar{\bar{Q}}}_{\mathrm{o}}=\bar{\bar{\bar{p}}}_{\mathrm{o}}$，可求得 TI 饱和半空间的三维精确动力刚度矩阵为

$$\left[\bar{\bar{\bar{P}}}_{\mathrm{o}},\bar{\bar{\bar{T}}}_{\mathrm{o}},\mathrm{i}\bar{\bar{\bar{R}}}_{\mathrm{o}},\mathrm{i}\bar{\bar{\bar{Q}}}_{\mathrm{o}}\right]^{\mathrm{T}}=\boldsymbol{K}_{\text{qP1-qP2-qSV-SH}}^{\mathrm{R}}\left[\bar{\bar{\bar{u}}}_{x\mathrm{o}},\bar{\bar{\bar{u}}}_{y\mathrm{o}},\mathrm{i}\bar{\bar{\bar{u}}}_{z\mathrm{o}},\mathrm{i}\bar{\bar{\bar{w}}}_{z\mathrm{o}}\right]^{\mathrm{T}} \tag{2.87}$$

$$\boldsymbol{K}_{\text{qP1-qP2-qSV-SH}}^{\mathrm{R}}=\boldsymbol{M}^{\mathrm{R}}\begin{bmatrix}\boldsymbol{K}_{\text{qP1-qP2-qSV}}^{\mathrm{R}} & \\ & \boldsymbol{K}_{\mathrm{SH}}^{\mathrm{R}}\end{bmatrix}\boldsymbol{M}^{\mathrm{RT}} \tag{2.88}$$

式中，$\boldsymbol{K}_{\text{qP1-qP2-qSV-SH}}^{\mathrm{R}}$为 4×4 阶的精确对称矩阵，它建立了频率-波数域中下卧 TI 饱和半空间的位移和外部荷载之间的关系。$\boldsymbol{M}^{\mathrm{R}}$为半空间动力刚度矩阵的转换矩阵，具体元素为

$$\boldsymbol{M}^{\mathrm{R}}=\begin{bmatrix}k_x/k & 0 & 0 & -k_y/k\\ k_y/k & 0 & 0 & k_x/k\\ 0 & 1 & 0 & 0\\ 0 & 0 & 1 & 0\end{bmatrix} \tag{2.89}$$

集整 TI 饱和介质各层刚度矩阵$\boldsymbol{K}_{\text{qP1-qP2-qSV-SH}}^{\mathrm{L}n}$（$n$=1～$N$）和半空间刚度矩阵$\boldsymbol{K}_{\text{qP1-qP2-qSV-SH}}^{\mathrm{R}}$，可以得到对称的、三对角带宽的整体动力刚度矩阵

$$\boldsymbol{K}_{\text{qP1-qP2-qSV-SH}}=\begin{bmatrix}\boldsymbol{K}_{11}^{\mathrm{L1}} & \boldsymbol{K}_{12}^{\mathrm{L1}} & & & \\ \boldsymbol{K}_{21}^{\mathrm{L1}} & \boldsymbol{K}_{22}^{\mathrm{L1}}+\boldsymbol{K}_{11}^{\mathrm{L2}} & \boldsymbol{K}_{12}^{\mathrm{L2}} & & \\ & \boldsymbol{K}_{21}^{\mathrm{L2}} & \boldsymbol{K}_{22}^{\mathrm{L2}}+\boldsymbol{K}_{11}^{\mathrm{L3}} & & \\ & & & \ddots & \\ & & & \boldsymbol{K}_{22}^{\mathrm{L}N-1}+\boldsymbol{K}_{11}^{\mathrm{L}N} & \boldsymbol{K}_{12}^{\mathrm{L}N}\\ & & & \boldsymbol{K}_{21}^{\mathrm{L}N} & \boldsymbol{K}_{22}^{\mathrm{L}N}+\boldsymbol{K}^{\mathrm{R}}\end{bmatrix}_{3(N+1)\times 3(N+1)} \tag{2.90}$$

式中，$\boldsymbol{K}_{ij}^{\mathrm{L}n}$（$n$=1～$N$；$i$，$j$=1～2）为第 n 层 TI 饱和层动力刚度矩阵的第 ij 个子矩阵。

求得整体刚度矩阵$\boldsymbol{K}_{\text{qP1-qP2-qSV-SH}}$之后，则可推得层状 TI 饱和半空间的离散动力平衡方程为

$$\begin{aligned}&\boldsymbol{K}_{\text{qP1-qP2-qSV-SH}}\left[\bar{\bar{\bar{u}}}_{x1},\bar{\bar{\bar{u}}}_{y1},\mathrm{i}\bar{\bar{\bar{u}}}_{z1},\mathrm{i}\bar{\bar{\bar{w}}}_{z1},\bar{\bar{\bar{u}}}_{x2},\bar{\bar{\bar{u}}}_{y2},\mathrm{i}\bar{\bar{\bar{u}}}_{z2},\mathrm{i}\bar{\bar{\bar{w}}}_{z2},\cdots,\bar{\bar{\bar{u}}}_{xN+1},\bar{\bar{\bar{u}}}_{yN+1},\mathrm{i}\bar{\bar{\bar{u}}}_{zN+1},\mathrm{i}\bar{\bar{\bar{w}}}_{zN+1}\right]^{\mathrm{T}}\\&=\left[\bar{\bar{\bar{P}}}_1,\bar{\bar{\bar{T}}}_1,\mathrm{i}\bar{\bar{\bar{R}}}_1,\mathrm{i}\bar{\bar{\bar{Q}}}_1,\bar{\bar{\bar{P}}}_2,\bar{\bar{\bar{T}}}_1,\mathrm{i}\bar{\bar{\bar{R}}}_2,\mathrm{i}\bar{\bar{\bar{Q}}}_2,\cdots,\bar{\bar{\bar{P}}}_{N+1},\bar{\bar{\bar{T}}}_{N+1},\mathrm{i}\bar{\bar{\bar{R}}}_{N+1},\mathrm{i}\bar{\bar{\bar{Q}}}_{N+1}\right]^{\mathrm{T}}\end{aligned} \tag{2.91}$$

值得注意的是，层状 TI 饱和半空间在不同表面排水条件下的动力响应不同。如 Deresiewicz 等[12]所述，如果半空间表面是完全可渗透的（排水条件），则表面上的孔压应消失，即$\bar{\bar{\bar{p}}}(k_x,k_y,0)=0$，这是由式（2.90）自动满足的；而如果半空间表面是完全不透水的（不排水条件），则半空间表面的流体流动应等于零，即

$\bar{\bar{w}}_z(k_x,k_y,0)=0$。因此，通过调整式（2.90）给出的三维整体动力刚度矩阵，可以方便地满足不排水条件，如式（2.92）所示：

$$
\boldsymbol{K}_{\text{qP1-qP2-qSV-SH}} =
\begin{bmatrix}
\boldsymbol{K}_{11}^{\text{L1}} & \boldsymbol{K}_{12}^{\text{L1}} & \boldsymbol{K}_{13}^{\text{L1}} & \boldsymbol{K}_{14}^{\text{L1}} & \boldsymbol{K}_{15}^{\text{L1}} & \boldsymbol{K}_{16}^{\text{L1}} & \boldsymbol{K}_{17}^{\text{L1}} & \boldsymbol{K}_{18}^{\text{L1}} & & & \\
\boldsymbol{K}_{21}^{\text{L1}} & \boldsymbol{K}_{22}^{\text{L1}} & \boldsymbol{K}_{23}^{\text{L1}} & \boldsymbol{K}_{24}^{\text{L1}} & \boldsymbol{K}_{25}^{\text{L1}} & \boldsymbol{K}_{26}^{\text{L1}} & \boldsymbol{K}_{27}^{\text{L1}} & \boldsymbol{K}_{28}^{\text{L1}} & & & \\
\boldsymbol{K}_{31}^{\text{L1}} & \boldsymbol{K}_{32}^{\text{L1}} & \boldsymbol{K}_{33}^{\text{L1}} & \boldsymbol{K}_{34}^{\text{L1}} & \boldsymbol{K}_{35}^{\text{L1}} & \boldsymbol{K}_{36}^{\text{L1}} & \boldsymbol{K}_{37}^{\text{L1}} & \boldsymbol{K}_{38}^{\text{L1}} & & & \\
0 & 0 & 0 & 1 & 0 & 0 & 0 & 0 & & & \\
 & & & & & & & & \ddots & & \\
 & & & & & & & & & \boldsymbol{K}_{22}^{\text{L}N-1}+\boldsymbol{K}_{11}^{\text{L}N} & \boldsymbol{K}_{12}^{\text{L}N} \\
 & & & & & & & & & \boldsymbol{K}_{21}^{\text{L}N} & \boldsymbol{K}_{22}^{\text{L}N}+\boldsymbol{K}^{\text{R}}
\end{bmatrix}
\tag{2.92}
$$

本章更为详细的研究成果列于文献［13］～文献［15］中，可供读者参考。

参 考 文 献

［1］LEKHNITSKII S G．Theory of elasticity of an anisotropic body［M］．Moscow：Mir Publishers，1981.

［2］DESAI C S，CHRISTIAN J T．Numerical methods in geotechnical engineering［M］．New York：McGraw-Hill，1977.

［3］PAYTON R G，HARRIS J G．Elastic wave propagation in transversely isotropic media［M］.Hague：Martinus Nijhoff Publishers，1983.

［4］WANG C D，LIN Y T，JENG Y S，et al．Wave propagation in an inhomogeneous cross-anisotropic medium［J］．International Journal for Numerical and Analytical Methods in Geomechanics，2010，34（7）：711-732.

［5］KIM J，PAPAGEORGIOU A S．Discrete wave-number boundary-element method for 3D scattering problems［J］．Journal of Engineering Mechanics，1993，119（3）：603-624.

［6］ESKANDARI-GHADI M．A complete solution of the wave equations for transversely isotropic media［J］．Journal of Elasticity，2005，81（1）：1-19.

［7］BIOT M A．Theory of propagation of elastic waves in a fluid-saturated porous solid. I. Low-frequency rang［J］．The Journal of the Acoustical Society of Amcrica，1956，28（2）：168-178.

［8］BIOT M A．Theory of propagation of elastic waves in a fluid-saturated porous solid. II. Higher frequency range［J］．The Journal of the Acoustical Society of America，1956，28（2）：179-191.

［9］BIOT M A．Mechanics of deformation and acoustic propagation in porous media［J］．Journal of Applied Physics，1962，33（4）：1482-1498.

［10］CHENG A H D. Material coefficients of anisotropic poroelasticity［J］. International Journal of Rock Mechanics and Mining Sciences，1997，34（2）：199-205.

［11］KERNER C，DYER B，WORTHINGTON M. Wave propagation in a vertical transversely isotropic medium：field experiment and model study［J］. Geophysical Journal International，1989，97（2）：295-309.

［12］DERESIEWICZ H，SKALAK R. On uniqueness in dynamic poroelasticity［J］. Bulletin of the Seismological Society of America，1963，53（4）：783-788.

［13］高亚南. 层状 TI 弹性或饱和半空间中列车运行引起的振动研究［D］. 天津：天津大学，2017.

［14］BA Z N，LIANG J W. Fundamental solutions of a multi-layered transversely isotropic saturated half-space subjected to moving point forces and pore pressure［J］. Engineering Analysis with Boundary Elements，2017，76：40-58.

［15］BA Z N，LIU Y，LIANG J W，et al. The dynamic stiffness matrix method for seismograms synthesis for layered transversely isotropic half-space［J］. Applied Mathematical Modelling，2022，104：205-227.

第3章　层状TI半空间均布荷载动力格林函数

本章在第2章层状TI弹性（饱和）半空间动力刚度矩阵基础上，推导了层状TI弹性（饱和）半空间中斜线、移动斜线及斜面均布荷载的系列动力格林函数。求解的总体思路是：均布荷载（孔压）波数域中展开→波数域内动力格林函数求解→空间域内动力格林函数求解。其中，波数域内动力格林函数求解步骤为：首先将荷载作用层固定，求得固定层内动力响应（其中层内解又包括特解和齐次解）和固定端面反力；然后将固定端面反力反向施加于层状半空间，求得固定端面反力动力响应；最后叠加固定层内动力响应和固定端面反力动力响应，求得总响应。对波数域内求得的均布荷载（孔压）动力格林函数进行Fourier逆变换，可得空间域内动力格林函数。

本章所给格林函数为层状TI弹性（饱和）介质中的波动问题提供了一组完备基本解，丰富了格林函数库，为后续建立边界型数值方法进而求解层状TI弹性（饱和）半空间中典型局部地形为地震波的散射、土-结构地震动力相互作用、列车运行诱发环境振动和地下隧道对弹性波的散射等工程问题奠定了基础。

3.1　层状TI弹性半空间中斜线均布荷载动力格林函数

3.1.1　格林函数求解过程

如图3-1所示，在层状TI弹性半空间中作用一斜线均布荷载。对于平面内运动，时间-空间域的均布荷载$p_x(x, z, t)$、$p_z(x, z, t)$可表示为

$$p_x(x, z, t) = p_{x0}\delta(z - \tan\theta) \tag{3.1}$$

$$p_z(x, z, t) = p_{z0}\delta(z - \tan\theta) \tag{3.2}$$

式中，p_{x0}和p_{z0}为均布荷载幅值；δ为狄拉克函数；θ为均布荷载与水平方向的夹角；z为距上层附加交界面的距离。

将荷载沿水平方向展开为关于$\exp(-\mathrm{i}kx)$的Fourier积分，可得荷载在频率-波数域内的表达式为

$$\tilde{\tilde{p}}_x(k,z,\omega) = \frac{1}{2\pi}\int_{-\infty}^{\infty} p_x\left(x,z,t\right)\exp\left(\mathrm{i}kx\right)\mathrm{d}x = \frac{p_{x0}}{2\pi}\exp(\mathrm{i}k\cot\theta z) \tag{3.3}$$

$$\tilde{\tilde{p}}_z(k,z,\omega) = \frac{1}{2\pi}\int_{-\infty}^{\infty} p_z\left(x,z,t\right)\exp\left(\mathrm{i}kx\right)\mathrm{d}x = \frac{p_{z0}}{2\pi}\exp(\mathrm{i}k\cot\theta z) \tag{3.4}$$

式中，“–”表示对空间分量 x 的 Fourier 变换，“~”表示对时间 t 的 Fourier 变换。设位移表达式为

$$\tilde{\bar{u}}(k,z,\omega)=\tilde{\bar{u}}\exp(-ikx) \tag{3.5}$$

$$\tilde{\bar{v}}(k,z,\omega)=\tilde{\bar{v}}\exp(-ikx) \tag{3.6}$$

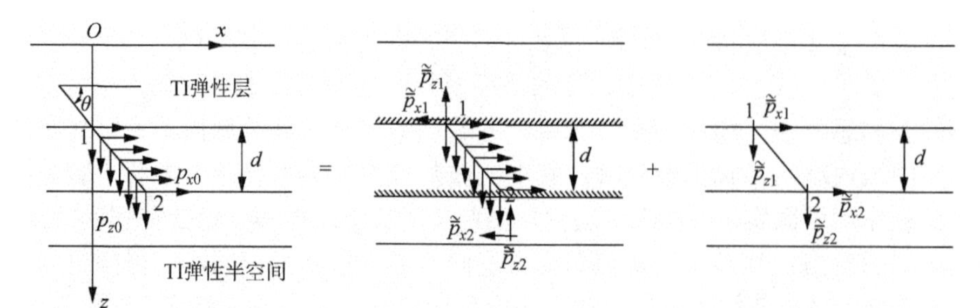

图 3-1　层状 TI 弹性半空间中斜线均布荷载动力格林函数求解

为方便表示，从本章起用 u、v 和 w 表示弹性介质中的 x、y 和 z 向位移。省略时间因子 $e^{i\omega t}$，则斜线均布荷载作用下，TI 弹性介质频率-波数域内动力平衡方程为

$$-c_{11}k^2\tilde{\bar{u}}-(c_{13}+c_{44})\mathrm{i}k\frac{\partial\tilde{\bar{w}}}{\partial z}+c_{44}\frac{\partial^2\tilde{\bar{u}}}{\partial z^2}=-\rho\omega^2\tilde{\bar{u}}-\frac{p_{x0}}{2\pi}\exp(\mathrm{i}k\cot\theta z) \tag{3.7}$$

$$-(c_{13}+c_{44})\mathrm{i}k\frac{\partial\tilde{\bar{u}}}{\partial z}-c_{44}k^2\tilde{\bar{w}}+c_{33}\frac{\partial^2\tilde{\bar{w}}}{\partial z^2}=-\rho\omega^2\tilde{\bar{w}}-\frac{p_{z0}}{2\pi}\exp(\mathrm{i}k\cot\theta z) \tag{3.8}$$

通过观察式（3.7）和式（3.8），可设位移特解形式为（特解部分以上标 p 表示）

$$\tilde{\bar{u}}^{\mathrm{p}}(k,z,\omega)=\frac{A}{2\pi}\exp(\mathrm{i}k\cot\theta z) \tag{3.9}$$

$$\tilde{\bar{w}}^{\mathrm{p}}(k,z,\omega)=\frac{B}{2\pi}\exp(\mathrm{i}k\cot\theta z) \tag{3.10}$$

将式（3.9）和式（3.10）代入式（3.7）和式（3.8），可求得特解系数为

$$A=\frac{-p_0\left(k^2c_{44}-\rho\omega^2+c_{33}k^2\cot\theta^2\right)-r_0k^2\cot\theta\left(c_{13}+c_{44}\right)}{k^4\cot\theta^2\left(c_{13}+c_{44}\right)^2-\left(k^2c_{11}-\rho\omega^2+c_{44}k^2\cot\theta^2\right)\left(k^2c_{44}-\rho\omega^2+c_{33}k^2\cot\theta^2\right)} \tag{3.11}$$

$$B=\frac{-p_0k^2\cot\theta\left(c_{13}+c_{44}\right)-r_0\left(k^2c_{11}-\rho\omega^2+c_{44}k^2\cot\theta^2\right)}{k^4\cot\theta^2\left(c_{13}+c_{44}\right)^2-\left(k^2c_{11}-\rho\omega^2+c_{44}k^2\cot\theta^2\right)\left(k^2c_{44}-\rho\omega^2+c_{33}k^2\cot\theta^2\right)} \tag{3.12}$$

分别将 z=0 和 z=d 代入式（3.9）和式（3.10），可得到荷载作用层上下端面位移幅值特解 $\tilde{\bar{u}}_1^{\mathrm{p}}$、$\tilde{\bar{w}}_1^{\mathrm{p}}$、$\tilde{\bar{u}}_2^{\mathrm{p}}$ 和 $\tilde{\bar{w}}_2^{\mathrm{p}}$，其中下标 1 代表层顶面，下标 2 代表层底面。结

合 TI 弹性介质本构方程，可求得应力特解为

$$\tilde{\bar{\tau}}_{zx}^{\mathrm{p}}(k,z,\omega)=\frac{\mathrm{i}kc_{44}}{2\pi}(\cot\theta A-B)\exp(\mathrm{i}k\cot\theta z) \tag{3.13}$$

$$\tilde{\bar{\sigma}}_{x}^{\mathrm{p}}(k,z,\omega)=\frac{\mathrm{i}k}{2\pi}(-c_{11}A+c_{13}\cot\theta B)\exp(\mathrm{i}k\cot\theta z) \tag{3.14}$$

$$\tilde{\bar{\sigma}}_{z}^{\mathrm{p}}(k,z,\omega)=\frac{\mathrm{i}k}{2\pi}(-c_{13}A+c_{33}\cot\theta B)\exp(\mathrm{i}k\cot\theta z) \tag{3.15}$$

分别将 z=0 和 z=d 代入式（3.13）～式（3.15）并引入 $\tilde{\bar{p}}_{x1}^{\mathrm{p}}=-\tilde{\bar{\tau}}_{zx}^{\mathrm{p}}(k,0)$、$\tilde{\bar{p}}_{z1}^{\mathrm{p}}=-\tilde{\bar{\sigma}}_{z}^{\mathrm{p}}(k,0)$、$\tilde{\bar{p}}_{x2}^{\mathrm{p}}=\tilde{\bar{\tau}}_{zx}^{\mathrm{p}}(k,d)$ 和 $\tilde{\bar{p}}_{z2}^{\mathrm{p}}=\tilde{\bar{\sigma}}_{z}^{\mathrm{p}}(k,d)$，可求得层上下端面外力特解。为使荷载作用层固定，特解还必须加上与负的 $\tilde{\bar{u}}_1^{\mathrm{p}}$、$\tilde{\bar{w}}_1^{\mathrm{p}}$、$\tilde{\bar{u}}_2^{\mathrm{p}}$ 和 $\tilde{\bar{w}}_2^{\mathrm{p}}$ 相应的齐次解（齐次解部分以上标 h 表示）。外荷载齐次解 $\tilde{\bar{p}}_{x1}^{\mathrm{h}}$ 和 $\tilde{\bar{p}}_{x2}^{\mathrm{h}}$、$\tilde{\bar{p}}_{z1}^{\mathrm{h}}$ 和 $\tilde{\bar{p}}_{z2}^{\mathrm{h}}$ 可通过固定层刚度矩阵 $\boldsymbol{S}_{\mathrm{qP\text{-}qSV}}^{\mathrm{L}}$ 与上下端面位移幅值齐次解 $-\tilde{\bar{u}}_1^{\mathrm{p}}$、$-\tilde{\bar{w}}_1^{\mathrm{p}}$、$-\tilde{\bar{u}}_2^{\mathrm{p}}$ 和 $-\tilde{\bar{w}}_2^{\mathrm{p}}$ 由式（3.16）求得。

$$\left[\tilde{\bar{p}}_{x1}^{\mathrm{h}},\mathrm{i}\tilde{\bar{p}}_{z1}^{\mathrm{h}},\tilde{\bar{p}}_{x2}^{\mathrm{h}},\mathrm{i}\tilde{\bar{p}}_{z2}^{\mathrm{h}}\right]^{\mathrm{T}}=\boldsymbol{S}_{\mathrm{qP\text{-}qSV}}^{\mathrm{L}}\left[-\tilde{\bar{u}}_1^{\mathrm{p}},-\mathrm{i}\tilde{\bar{w}}_1^{\mathrm{p}},-\tilde{\bar{u}}_2^{\mathrm{p}},-\mathrm{i}\tilde{\bar{w}}_2^{\mathrm{p}}\right]^{\mathrm{T}} \tag{3.16}$$

由特解和齐次解可求得总外荷载幅值（固定端面反力）$\tilde{\bar{p}}_{x1}$、$\tilde{\bar{p}}_{x2}$、$\tilde{\bar{p}}_{z1}$ 和 $\tilde{\bar{p}}_{z2}$ 为

$$\tilde{\bar{p}}_{xj}=-\tilde{\bar{p}}_{xj}^{\mathrm{p}}-\tilde{\bar{p}}_{xj}^{\mathrm{h}}\qquad (j=1,2) \tag{3.17}$$

$$\tilde{\bar{p}}_{zj}=-\tilde{\bar{p}}_{zj}^{\mathrm{p}}-\tilde{\bar{p}}_{zj}^{\mathrm{h}}\qquad (j=1,2) \tag{3.18}$$

根据式（3.17）和式（3.18）并引入平面内整体刚度矩阵 $\boldsymbol{S}_{\mathrm{qP\text{-}qSV}}$，可求得层交界面处的位移响应 $\tilde{\bar{u}}^{\mathrm{r}}(k,z)$ 和 $\tilde{\bar{v}}^{\mathrm{r}}(k,z)$，进一步便可得到第 j 层 qP 波、qSV 波、SH 波的来波和去波幅值系数 $A_{\mathrm{qP}j}$、$B_{\mathrm{qP}j}$、$A_{\mathrm{qSV}j}$、$B_{\mathrm{qSV}j}$、$A_{\mathrm{SH}j}$ 和 $B_{\mathrm{SH}j}$。再利用位移和应力与波幅值系数的关系，可求得第 j 层任意深度处的位移和应力响应。以上计算均在波数域内进行，利用 Fourier 逆变换可将结果变换到空间域。这样，当点 x=(x, z)位于固定层内时，动力响应包括固定层内解（特解和齐次解）和固定端面反力解，位移和应力的动力格林函数为

$$\begin{bmatrix} g_u(x,\omega)\\ g_w(x,\omega)\end{bmatrix}=\begin{bmatrix} u(x,z,\omega)\\ w(x,z,\omega)\end{bmatrix}=\int_{-\infty}^{\infty}\begin{bmatrix}\tilde{\bar{u}}^{\mathrm{p}}(k,z,\omega)+\tilde{\bar{u}}^{\mathrm{h}}(k,z,\omega)+\tilde{\bar{u}}^{\mathrm{r}}(k,z,\omega)\\ \tilde{\bar{w}}^{\mathrm{p}}(k,z,\omega)+\tilde{\bar{w}}^{\mathrm{h}}(k,z,\omega)+\tilde{\bar{w}}^{\mathrm{r}}(k,z,\omega)\end{bmatrix}\mathrm{e}^{-\mathrm{i}kx}\mathrm{d}k \tag{3.19}$$

$$\begin{bmatrix} g_{tx}(x,\omega)\\ g_{tz}(x,\omega)\\ g_{tzx}(x,\omega)\end{bmatrix}=\begin{bmatrix}\sigma_x(x,z,\omega)\\ \sigma_z(x,z,\omega)\\ \tau_{zx}(x,z,\omega)\end{bmatrix}=\int_{-\infty}^{\infty}\begin{bmatrix}\tilde{\bar{\sigma}}_x^{\mathrm{p}}(k,z,\omega)+\tilde{\bar{\sigma}}_x^{\mathrm{h}}(k,z,\omega)+\tilde{\bar{\sigma}}_x^{\mathrm{r}}(k,z,\omega)\\ \tilde{\bar{\sigma}}_z^{\mathrm{p}}(k,z,\omega)+\tilde{\bar{\sigma}}_z^{\mathrm{h}}(k,z,\omega)+\tilde{\bar{\sigma}}_z^{\mathrm{r}}(k,z,\omega)\\ \tilde{\bar{\tau}}_{zx}^{\mathrm{p}}(k,z,\omega)+\tilde{\bar{\tau}}_{zx}^{\mathrm{h}}(k,z,\omega)+\tilde{\bar{\tau}}_{zx}^{\mathrm{r}}(k,z,\omega)\end{bmatrix}\mathrm{e}^{-\mathrm{i}kx}\mathrm{d}k \tag{3.20}$$

当 x 位于固定层以外的其他层内时，动力响应仅包括固定端面反力解，位移和牵引力的格林函数为

$$\begin{bmatrix} g_u(x,\omega)\\ g_w(x,\omega)\end{bmatrix}=\begin{bmatrix} u(x,z,\omega)\\ w(x,z,\omega)\end{bmatrix}=\int_{-\infty}^{\infty}\begin{bmatrix}\tilde{\bar{u}}^{\mathrm{r}}(k,z,\omega)\\ \tilde{\bar{w}}^{\mathrm{r}}(k,z,\omega)\end{bmatrix}\mathrm{e}^{-\mathrm{i}kx}\mathrm{d}k \tag{3.21}$$

$$\begin{bmatrix} g_{tx}(x,\omega) \\ g_{tz}(x,\omega) \\ g_{tzx}(x,\omega) \end{bmatrix} = \begin{bmatrix} \sigma_x(x,z,\omega) \\ \sigma_z(x,z,\omega) \\ \tau_{zx}(x,z,\omega) \end{bmatrix} = \int_{-\infty}^{\infty} \begin{bmatrix} \tilde{\bar{\sigma}}_x^{\mathrm{r}}(k,z,\omega) \\ \tilde{\bar{\sigma}}_z^{\mathrm{r}}(k,z,\omega) \\ \tilde{\bar{\tau}}_{zx}^{\mathrm{r}}(k,z,\omega) \end{bmatrix} \mathrm{e}^{-\mathrm{i}kx}\mathrm{d}k \tag{3.22}$$

式中，g_u 和 g_w 为位移格林函数；g_{tx}、g_{tz} 和 g_{tzx} 为应力格林函数。

3.1.2　弹性半空间中斜线均布荷载动力格林函数验证

为验证该方法的正确性，与 Wolf[1] 中二维各向同性层状半空间中斜线格林函数结果进行对比。当 TI 介质的水平和竖向参数相同时，可退化为各向同性介质。水平均布荷载作用下单层半空间模型如图 3-2 所示。材料参数如下：剪切波波速比 c_s^R/c_s^L=5.0，质量密度比 ρ^R/ρ^L=1.0，泊松比 $\nu^R=\nu^L$=1/3，材料阻尼比 ζ^R=0.02、ζ^L=0.05，上标 R 和 L 分别代表半空间和单一介质层。荷载距地表的距离 $h=2a$，点 1 的坐标为(0, 0, $2a$)，点 2 的坐标为(a, 0, $3a$)，倾斜角度 θ=45°，TI 层厚度 $d=5a$。定义无量纲频率 $\eta=\omega a/c_s^L$，无量纲剪应力 $\tau_{zxx}^*=\tau_{zxx}/(p_{x0}a)$，在本章中都用最后一个下标表示荷载施加方向。图 3-3 中分别给出了 η=0.5、2.0 和 5.0 时，$\tau_{zxx}^*(a/2,0.0,z)$沿深度变化的实部及虚部。从图 3-3 中可以看出，本节的计算结果与 Wolf[1]结果吻合良好。

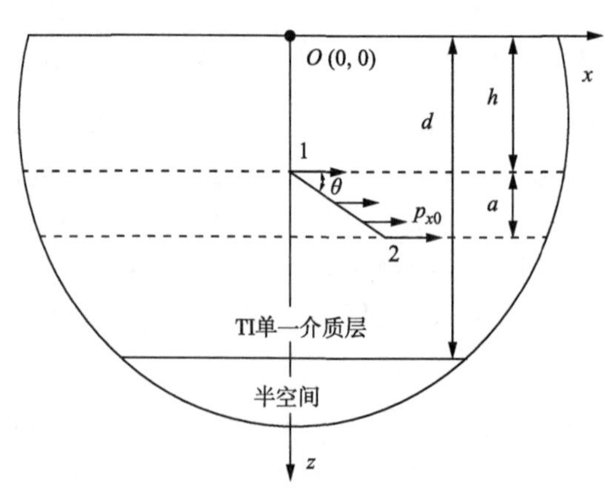

图 3-2　单层各向同性弹性半空间中斜线均布荷载格林函数模型

3.1.3　算例与分析

本文以单层 TI 弹性半空间为例研究了材料各向异性对动力响应的影响。考虑 TI 层厚度为 $d=5a$ 的 3 种模型，其参数如表 3-1 所示，半空间的参数包括：$E_h=E_v$=0.3GPa、G_v=0.12GPa、$\nu_h=\nu_{vh}$=0.25、ρ=2000kg/m^3、ζ=0.02。水平和竖向荷载埋置深度为 a，相应的集度为 $p_{x0}=p_{z0}=1/a$=1.0N/m。无量纲频率定义为 $\eta=\omega a\sqrt{\rho_0/G_0}$，无量纲位移定义为 $u^*=uG_0/(\rho_0 a)$，其中 G_0=30MPa、ρ_0=2000kg/m^3

和 a=1.0m。图 3-4 和图 3-5 分别给出了水平荷载作用下单层 TI 半空间的地表位移 u_x^*、w_x^* 和竖向荷载作用下位移 u_z^*、w_z^* 在 η=0～4 范围内的幅值分布。为便于分析，图 3-4 和图 3-5 中标出了位移第一峰值点和第二峰值点。

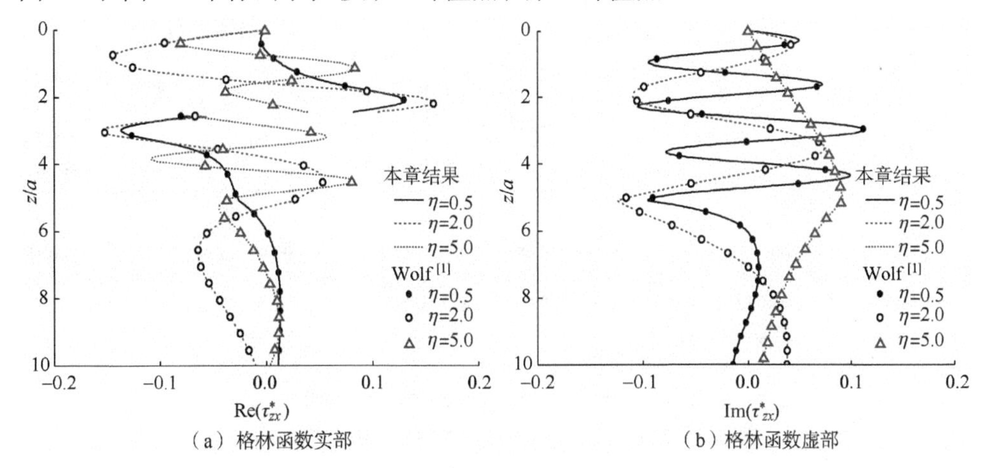

（a）格林函数实部　（b）格林函数虚部

图 3-3　本章与 Wolf[1]中深浅区分应力格林函数实部和虚部结果对比

表 3-1　TI 介质层材料参数

材料	E_h/MPa	E_v/MPa	G_v/MPa	ν_h	ν_{vh}	ρ/（kg/m^3）
材料 1	75	75	30	0.25	0.25	2000
材料 2	50	100	30	0.25	0.25	2000
材料 3	100	50	30	0.25	0.25	2000

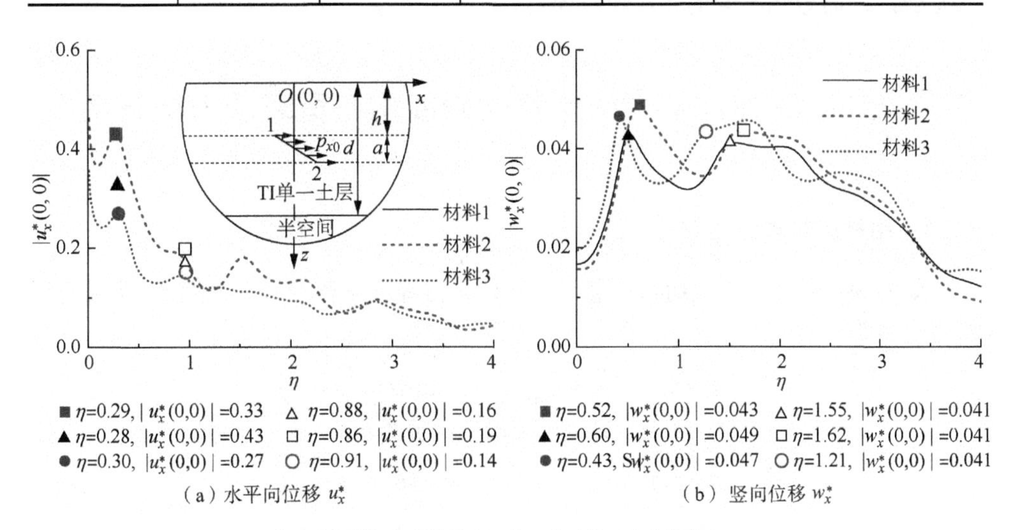

（a）水平向位移 u_x^*　（b）竖向位移 w_x^*

实心表示第一位移峰值点；空心表示第二位移峰值点。

图 3-4　水平荷载作用下单层 TI 半空间的地表位移

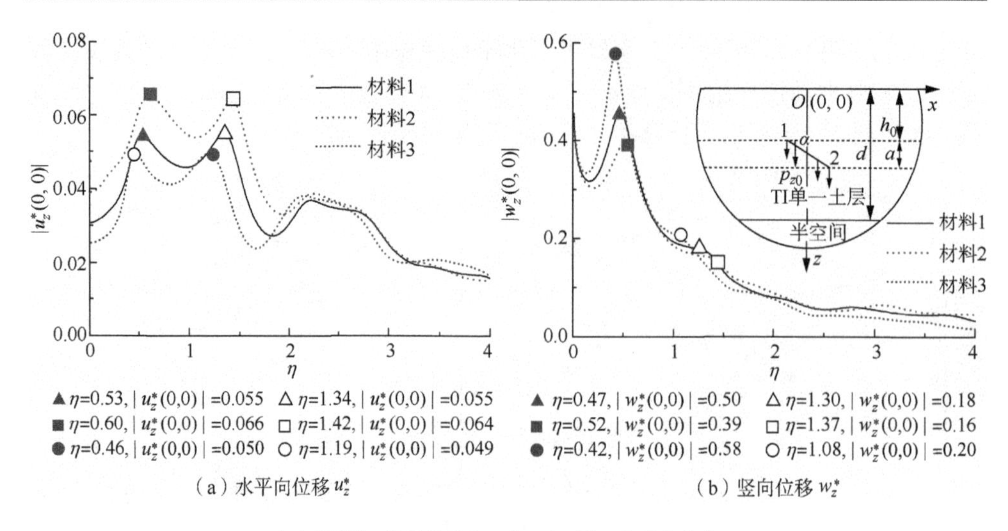

实心表示第一位移峰值点；空心表示第二位移峰值点。

图 3-5 竖向荷载作用下单层 TI 半空间的地表位移

由图 3-5 可看出，不同模量比取值对应的位移峰值和共振频率有所不同。对于施加水平荷载，第一和第二位移峰值 $\left|u_x^*(0,0)\right|$ 随模量比的增加而减少，其相应的共振频率增加；而竖向位移的共振频率随着模量比参数的增加而降低，第一位移峰值由大到小对应材料 2、材料 3 和材料 1。对于施加竖向荷载，水平位移的第一和第二峰值及其相应的共振频率随模量比增大而降低；而竖向位移的第一位移峰值随模量比增大而降低。由此可以看出，介质层参数模量比的变化改变了层的动力特征，进而导致不同的地表位移响应。

3.2 层状 TI 弹性半空间中移动斜线均布荷载动力格林函数

3.2.1 格林函数求解过程

如图 3-6 所示，斜线均布荷载沿 y 轴以恒定速度 c 移动，则时间-空间域的荷载可表示为

$$
\begin{cases}
p_x(x,y,z,t) = p_{x0}\delta(z - x\tan\theta)\delta(y-ct) \\
p_y(x,y,z,t) = p_{y0}\delta(z - x\tan\theta)\delta(y-ct) \\
p_z(x,y,z,t) = p_{z0}\delta(z - x\tan\theta)\delta(y-ct)
\end{cases}
\tag{3.23}
$$

式中，p_{x0}、p_{y0} 和 p_{z0} 分别为沿坐标 x、y 和 z 方向的荷载幅值。

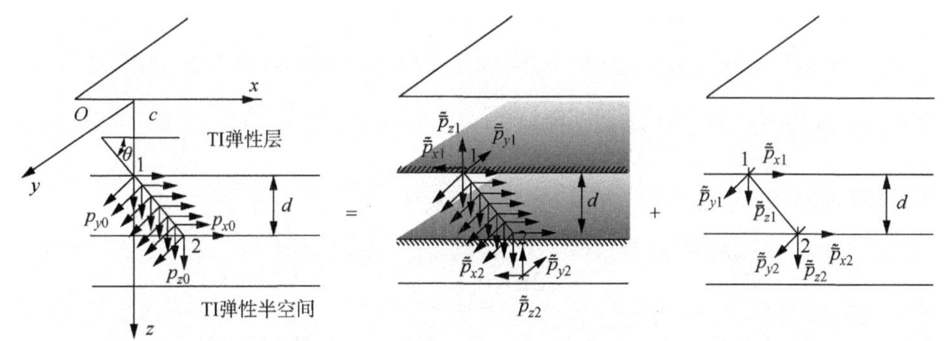

图 3-6 层状 TI 弹性半空间中移动斜线均布荷载动力格林函数求解

对式（3.23）进行三重 Fourier 变换，可得荷载在频率-波数域内的表达式为

$$
\begin{cases}
\tilde{\tilde{p}}_x\left(k_x,k_y,z,\omega\right)=\dfrac{1}{(2\pi)^3}\displaystyle\int_{-\infty}^{\infty}\int_{-\infty}^{\infty}\int_{-\infty}^{\infty}p_{x0}\delta\left(z-x\tan\theta\right)\delta(y-ct)\exp(\mathrm{i}k_x x+\mathrm{i}k_y y-\mathrm{i}\omega t)\mathrm{d}x\mathrm{d}y\mathrm{d}t \\
\qquad\qquad=\dfrac{p_{x0}\exp(\mathrm{i}k_x z\cot\theta)}{(2\pi)^2 c}\delta\left(k_y-\dfrac{\omega}{c}\right) \\
\tilde{\tilde{p}}_y\left(k_x,k_y,z,\omega\right)=\dfrac{1}{(2\pi)^3}\displaystyle\int_{-\infty}^{\infty}\int_{-\infty}^{\infty}\int_{-\infty}^{\infty}p_{y0}\delta\left(z-x\tan\theta\right)\delta(y-ct)\exp(\mathrm{i}k_x x+\mathrm{i}k_y y-\mathrm{i}\omega t)\mathrm{d}x\mathrm{d}y\mathrm{d}t \\
\qquad\qquad=\dfrac{p_{y0}\exp(\mathrm{i}k_x z\cot\theta)}{(2\pi)^2 c}\delta\left(k_y-\dfrac{\omega}{c}\right) \\
\tilde{\tilde{p}}_z\left(k_x,k_y,z,\omega\right)=\dfrac{1}{(2\pi)^3}\displaystyle\int_{-\infty}^{\infty}\int_{-\infty}^{\infty}\int_{-\infty}^{\infty}p_{z0}\delta\left(z-x\tan\theta\right)\delta(y-ct)\exp(\mathrm{i}k_x x+\mathrm{i}k_y y-\mathrm{i}\omega t)\mathrm{d}x\mathrm{d}y\mathrm{d}t \\
\qquad\qquad=\dfrac{p_{z0}\exp(\mathrm{i}k_x z\cot\theta)}{(2\pi)^2 c}\delta\left(k_y-\dfrac{\omega}{c}\right)
\end{cases}
\tag{3.24}
$$

则移动斜线均布荷载作用下，TI 弹性介质频率-波数域内动力平衡方程为

$$
\begin{cases}
(\rho\omega^2-c_{11}k_x^2-c_{66}k_y^2)\tilde{\tilde{u}}+c_{44}\dfrac{\partial^2\tilde{\tilde{u}}}{\partial z^2}-\left(c_{11}-c_{66}\right)k_x k_y\tilde{\tilde{v}}-\left(c_{13}+c_{44}\right)\mathrm{i}k_x\dfrac{\partial\tilde{\tilde{w}}}{\partial z} \\
=-\dfrac{p_{x0}\exp(\mathrm{i}k_x z\cot\theta)}{(2\pi)^2 c}\delta\left(k_y-\dfrac{\omega}{c}\right) \\
-\left(c_{11}-c_{66}\right)k_x k_y\tilde{\tilde{u}}+(\rho\omega^2-c_{66}k_x^2-c_{11}k_y^2)\tilde{\tilde{v}}+c_{44}\dfrac{\partial^2\tilde{\tilde{v}}}{\partial z^2}-\left(c_{13}+c_{44}\right)\mathrm{i}k_y\dfrac{\partial\tilde{\tilde{w}}}{\partial z} \\
=-\dfrac{p_{y0}\exp(\mathrm{i}k_x z\cot\theta)}{(2\pi)^2 c}\delta\left(k_y-\dfrac{\omega}{c}\right)
\end{cases}
\tag{3.25}
$$

$$
\left|\begin{aligned}
&-(c_{13}+c_{44})\mathrm{i}k_x\frac{\partial\bar{\bar{\bar{u}}}}{\partial z}-(c_{13}+c_{44})\mathrm{i}k_y\frac{\partial\bar{\bar{\bar{v}}}}{\partial z}+\left[\rho\omega^2-c_{44}\left(k_x^2+k_y^2\right)\right]\bar{\bar{\bar{w}}}+c_{33}\frac{\partial^2\bar{\bar{\bar{w}}}}{\partial z^2}\\
&=-\frac{p_{z0}\exp(\mathrm{i}k_x z\cot\theta)}{(2\pi)^2 c}\delta\left(k_y-\frac{\omega}{c}\right)
\end{aligned}\right.
$$

通过观察式（3.25），记方程的一组特解为

$$
\begin{cases}
\bar{\bar{\bar{u}}}^{\mathrm{p}}\left(k_x,k_y,z,\omega\right)=\dfrac{a_1}{(2\pi)^2 c}\exp(\mathrm{i}k_x z\cot\theta)\delta\left(k_y-\dfrac{\omega}{c}\right)\\
\bar{\bar{\bar{v}}}^{\mathrm{p}}\left(k_x,k_y,z,\omega\right)=\dfrac{a_2}{(2\pi)^2 c}\exp(\mathrm{i}k_x z\cot\theta)\delta\left(k_y-\dfrac{\omega}{c}\right)\\
\bar{\bar{\bar{w}}}^{\mathrm{p}}\left(k_x,k_y,z,\omega\right)=\dfrac{a_3}{(2\pi)^2 c}\exp(\mathrm{i}k_x z\cot\theta)\delta\left(k_y-\dfrac{\omega}{c}\right)
\end{cases}
\tag{3.26}
$$

将式（3.26）代入式（3.25）并令特解的常数项相等，可得关于特解的常系数方程组：

$$
\boldsymbol{A}\left[\,a_1,a_2,a_3\,\right]^{\mathrm{T}}=\left[\,p_{x0},p_{y0},p_{z0}\,\right]^{\mathrm{T}}
\tag{3.27}
$$

求解式（3.27）可得到 a_1、a_2 和 a_3。$\boldsymbol{A}$ 中元素及 a_i（i=1，2，3）的具体表达式详见文献［2］。将 z=0 和 z=d 代入式（3.26），便可求得固定层顶面（节点 1）和底面（节点 2）的位移特解幅值为

$$
\begin{cases}
\bar{\bar{\bar{u}}}_1^{\mathrm{p}}=\bar{\bar{\bar{u}}}^{\mathrm{p}}(0)=\dfrac{a_1}{(2\pi)^2 c}\delta\left(k_y-\dfrac{\omega}{c}\right),\ \bar{\bar{\bar{u}}}_2^{\mathrm{p}}=\bar{\bar{\bar{u}}}^{\mathrm{p}}(d)=\dfrac{a_1}{(2\pi)^2 c}\exp(\mathrm{i}k_x d\cot\theta)\delta\left(k_y-\dfrac{\omega}{c}\right)\\
\bar{\bar{\bar{v}}}_1^{\mathrm{p}}=\bar{\bar{\bar{v}}}^{\mathrm{p}}(0)=\dfrac{a_2}{(2\pi)^2 c}\delta\left(k_y-\dfrac{\omega}{c}\right),\ \bar{\bar{\bar{v}}}_2^{\mathrm{p}}=\bar{\bar{\bar{v}}}^{\mathrm{p}}(d)=\dfrac{a_2}{(2\pi)^2 c}\exp(\mathrm{i}k_x d\cot\theta)\delta\left(k_y-\dfrac{\omega}{c}\right)\\
\bar{\bar{\bar{w}}}_1^{\mathrm{p}}=\bar{\bar{\bar{w}}}^{\mathrm{p}}(0)=\dfrac{a_3}{(2\pi)^2 c}\delta\left(k_y-\dfrac{\omega}{c}\right),\ \bar{\bar{\bar{w}}}_2^{\mathrm{p}}=\bar{\bar{\bar{w}}}^{\mathrm{p}}(d)=\dfrac{a_3}{(2\pi)^2 c}\exp(\mathrm{i}k_x d\cot\theta)\delta\left(k_y-\dfrac{\omega}{c}\right)
\end{cases}
\tag{3.28}
$$

结合 TI 弹性介质本构方程可得到应力特解。再令 z=0 和 z=d，即可得层顶部［$\bar{\bar{\bar{p}}}_{x1}^{\mathrm{p}}=-\bar{\bar{\bar{\tau}}}_{zx}^{\mathrm{p}}(0)$、$\bar{\bar{\bar{p}}}_{y1}^{\mathrm{p}}=-\bar{\bar{\bar{\tau}}}_{zy}^{\mathrm{p}}(0)$、$\bar{\bar{\bar{p}}}_{z1}^{\mathrm{p}}=-\bar{\bar{\bar{\sigma}}}_{z}^{\mathrm{p}}(0)$］和底部［$\bar{\bar{\bar{p}}}_{x1}^{\mathrm{p}}=\bar{\bar{\bar{\tau}}}_{zx}^{\mathrm{p}}(d)$、$\bar{\bar{\bar{p}}}_{y1}^{\mathrm{p}}=\bar{\bar{\bar{\tau}}}_{zy}^{\mathrm{p}}(d)$、$\bar{\bar{\bar{p}}}_{z1}^{\mathrm{p}}=\bar{\bar{\bar{\sigma}}}_{z}^{\mathrm{p}}(d)$］的反力特解为

$$
\begin{cases}
\bar{\bar{\bar{p}}}_{x1}^{\mathrm{p}}=-\bar{\bar{\bar{\tau}}}_{zx}^{\mathrm{p}}(0)=-\dfrac{\mathrm{i}c_{44}}{(2\pi)^2 c}\left(a_1k\cot\theta-a_3k_x\right)\delta\left(k_y-\dfrac{\omega}{c}\right)\\
\bar{\bar{\bar{p}}}_{y1}^{\mathrm{p}}=-\bar{\bar{\bar{\tau}}}_{zy}^{\mathrm{p}}(0)=-\dfrac{\mathrm{i}c_{44}}{(2\pi)^2 c}\left(a_2k\cot\theta-a_3k_y\right)\delta\left(k_y-\dfrac{\omega}{c}\right)\\
\bar{\bar{\bar{p}}}_{z1}^{\mathrm{p}}=-\bar{\bar{\bar{\sigma}}}_{z}^{\mathrm{p}}(0)=\dfrac{\mathrm{i}}{(2\pi)^2 c}\left[c_{13}\left(k_xa_1+k_ya_2\right)-c_{33}a_3p_1\right]\delta\left(k_y-\dfrac{\omega}{c}\right)
\end{cases}
\tag{3.29a}
$$

$$\begin{cases}\bar{\bar{\tilde{p}}}_{x2}^{\mathrm{p}}=\bar{\bar{\tilde{\tau}}}_{zx}^{\mathrm{p}}(d)=\dfrac{\mathrm{i}c_{44}}{(2\pi)^2c}\left(a_1k\cot\theta-a_3k_x\right)\exp(\mathrm{i}k_xd\cot\theta)\delta\left(k_y-\dfrac{\omega}{c}\right)\\ \bar{\bar{\tilde{p}}}_{y2}^{\mathrm{p}}=\bar{\bar{\tilde{\tau}}}_{zy}^{\mathrm{p}}(d)=\dfrac{\mathrm{i}c_{44}}{(2\pi)^2c}\left(a_2k\cot\theta-a_3k_y\right)\exp(\mathrm{i}k_xd\cot\theta)\delta\left(k_y-\dfrac{\omega}{c}\right)\\ \bar{\bar{\tilde{p}}}_{z2}^{\mathrm{p}}=\bar{\bar{\tilde{\sigma}}}_{z}^{\mathrm{p}}(d)=-\dfrac{\mathrm{i}}{(2\pi)^2c}\left[c_{13}\left(k_xa_1+k_ya_2\right)-c_{33}a_3p_1\right]\exp(\mathrm{i}k_xd\cot\theta)\delta\left(k_y-\dfrac{\omega}{c}\right)\end{cases}\tag{3.29b}$$

为了使荷载作用层上下端面固定，特解必须加上相应的齐次解，则固定层顶部（$\bar{\bar{\tilde{p}}}_{x1}^{\mathrm{h}}$、$\bar{\bar{\tilde{p}}}_{y1}^{\mathrm{h}}$和$\bar{\bar{\tilde{p}}}_{z1}^{\mathrm{h}}$）和底部（$\bar{\bar{\tilde{p}}}_{x2}^{\mathrm{h}}$、$\bar{\bar{\tilde{p}}}_{y2}^{\mathrm{h}}$和$\bar{\bar{\tilde{p}}}_{z2}^{\mathrm{h}}$）的反力齐次解可表示为

$$\left[\bar{\bar{\tilde{p}}}_{x1}^{\mathrm{h}},\bar{\bar{\tilde{p}}}_{y1}^{\mathrm{h}},\mathrm{i}\bar{\bar{\tilde{p}}}_{z1}^{\mathrm{h}},\bar{\bar{\tilde{p}}}_{x2}^{\mathrm{h}},\bar{\bar{\tilde{p}}}_{y2}^{\mathrm{h}},\mathrm{i}\bar{\bar{\tilde{p}}}_{z2}^{\mathrm{h}}\right]^{\mathrm{T}}=\boldsymbol{S}_{\mathrm{qP\text{-}qSV\text{-}SH}}^{\mathrm{L}}\left[-\bar{\bar{\tilde{u}}}_1^{\mathrm{p}},-\bar{\bar{\tilde{v}}}_1^{\mathrm{p}},-\mathrm{i}\bar{\bar{\tilde{w}}}_1^{\mathrm{p}},-\bar{\bar{\tilde{u}}}_2^{\mathrm{p}},-\bar{\bar{\tilde{v}}}_2^{\mathrm{p}},-\mathrm{i}\bar{\bar{\tilde{w}}}_2^{\mathrm{p}}\right]^{\mathrm{T}}\tag{3.30}$$

式中，$\boldsymbol{S}_{\mathrm{qP\text{-}qSV\text{-}SH}}^{\mathrm{L}}$为三维层动力刚度矩阵。

由此可得到整个层状半空间的固定端面反力为

$$\begin{cases}\bar{\bar{\tilde{p}}}_{xi}=-\bar{\bar{\tilde{p}}}_{xi}^{\mathrm{p}}-\bar{\bar{\tilde{p}}}_{xi}^{\mathrm{h}}\quad(i=1\sim2)\\ \bar{\bar{\tilde{p}}}_{yi}=-\bar{\bar{\tilde{p}}}_{yi}^{\mathrm{p}}-\bar{\bar{\tilde{p}}}_{yi}^{\mathrm{h}}\quad(i=1\sim2)\\ \bar{\bar{\tilde{p}}}_{zi}=-\bar{\bar{\tilde{p}}}_{zi}^{\mathrm{p}}-\bar{\bar{\tilde{p}}}_{zi}^{\mathrm{h}}\quad(i=1\sim2)\end{cases}\tag{3.31}$$

假定移动荷载作用在第 l 层，将式（3.31）代入式（2.47），则由反力引起的每一层的位移幅值可表示为

$$\boldsymbol{D}^{\mathrm{r}}=\boldsymbol{S}_{\mathrm{qP\text{-}qSV\text{-}SH}}{}^{-1}\left[0,0,\cdots,\bar{\bar{\tilde{p}}}_{xl},\bar{\bar{\tilde{p}}}_{yl},\mathrm{i}\bar{\bar{\tilde{p}}}_{zl},\bar{\bar{\tilde{p}}}_{x(l+1)},\bar{\bar{\tilde{p}}}_{y(l+1)},\mathrm{i}\bar{\bar{\tilde{p}}}_{z(l+1)},\cdots,0,0\right]^{\mathrm{T}}\tag{3.32}$$

式中，$\boldsymbol{D}^{\mathrm{r}}=\left[\bar{\bar{\tilde{u}}}_1^{\mathrm{r}},\bar{\bar{\tilde{v}}}_1^{\mathrm{r}},\mathrm{i}\bar{\bar{\tilde{w}}}_1^{\mathrm{r}},\bar{\bar{\tilde{u}}}_2^{\mathrm{r}},\bar{\bar{\tilde{v}}}_2^{\mathrm{r}},\mathrm{i}\bar{\bar{\tilde{w}}}_2^{\mathrm{r}},\cdots,\bar{\bar{\tilde{u}}}_{N+1}^{\mathrm{r}},\bar{\bar{\tilde{v}}}_{N+1}^{\mathrm{r}},\mathrm{i}\bar{\bar{\tilde{w}}}_{N+1}^{\mathrm{r}}\right]^{\mathrm{T}}$，上标 r 代表由固定层反力引起的动力响应。以上公式的推导均是在频率-波数域里进行的，将结果进行 Fourier 逆变换便可得到时间-空间域的结果。

3.2.2　弹性半空间中移动斜线均布荷载动力格林函数验证

为验证该方法的正确性，与 de Barros 等[3]中移动点荷载作用下均匀各向同性半空间的时域结果进行对比。将移动斜线荷载格林函数的荷载作用层取成无限小便可退化为移动点荷载格林函数。材料参数如下：c_{s}=1000m/s，c_{p}=1732m/s，ρ=2000kg/m^3，阻尼比 ζ=0.01。图 3-7 中定义无量纲位移 $u_y^*=u_y(G_0a/p_{y0})$和 $w_y^*=w_y(G_0a/p_{y0})$，无量纲时间 $t^*=tc_{\mathrm{s}}/z$，其中 G_0=2.0GPa，a=10m。从图 3-7 中可以看出，本节的计算结果与 de Barros 等[3]给出的结果吻合良好。

3.2.3　算例与分析

本节以均匀和正序、逆序层状 TI 半空间为例研究了荷载移动速度对位移动力

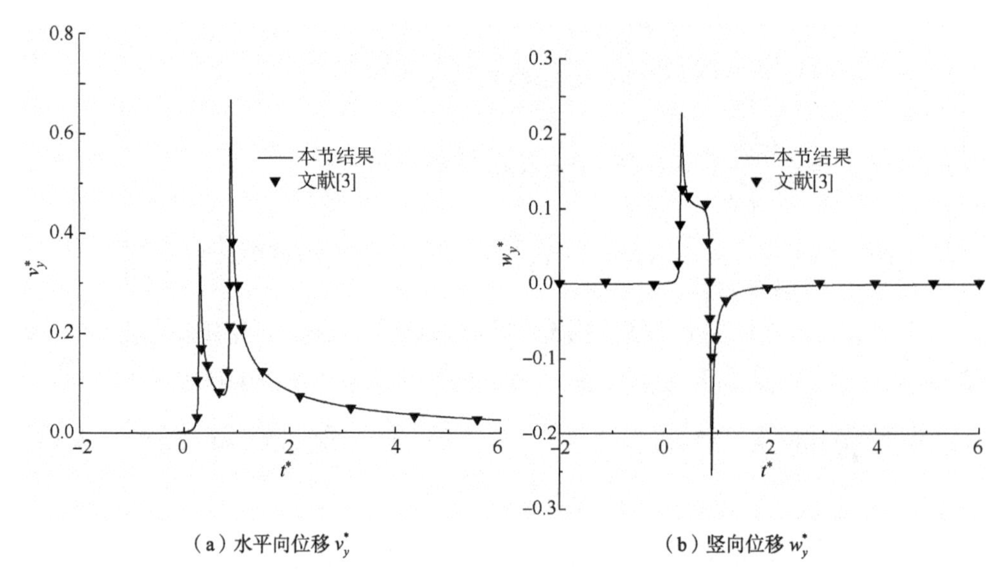

（a）水平向位移 v_y^*　　（b）竖向位移 w_y^*

图 3-7　本节与文献［3］中移动点荷载作用下均匀半空间的地表位移结果对比

响应的影响（图 3-8）。斜线荷载与 x 向所呈夹角 θ 均为 45°，荷载作用层的厚度均为 a，图 3-8 中点 1 对应的坐标为(0, 0, 2a)，点 2 对应的坐标为(a, 0, 3a)。3 种模型的材料参数列于表 3-2 中，图 3-9 给出了荷载移动速度 c^*=0.6 和 2.0 时，地表位移随时间 t^*变化的曲线，t^*=0 表示荷载移动到 y=0 处。

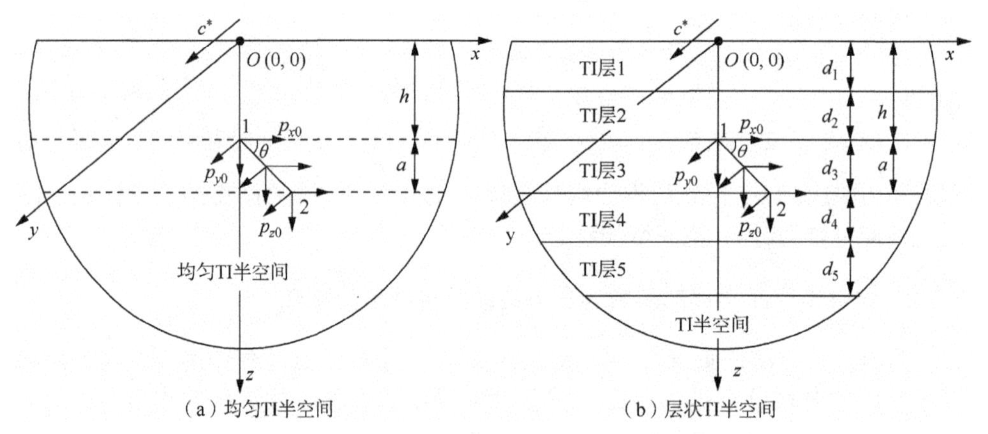

（a）均匀TI半空间　　（b）层状TI半空间

图 3-8　TI 弹性半空间中移动斜线荷载格林函数模型

表 3-2　介质层和半空间材料参数（1）

材料		E_h/MPa	E_v/MPa	G_v/MPa	ν_{vh}	ν_h	ρ/（kg/m^3）
正序层状 TI 半空间	TI 层 1	50	100	30	0.25	0.25	2000
	TI 层 2	60	120	40	0.25	0.25	2200

续表

材料		E_h/MPa	E_v/MPa	G_v/MPa	ν_{vh}	ν_h	ρ/（kg/m³）
正序 层状 TI 半空间	TI 层 3	80	160	50	0.25	0.25	2400
	TI 层 4	100	200	60	0.25	0.25	2600
	TI 层 5	120	240	80	0.25	0.25	2800
	下卧半空间	240	480	160	0.25	0.25	3000
逆序 层状 TI 半空间	TI 层 1	120	240	80	0.25	0.25	2800
	TI 层 2	100	200	60	0.25	0.25	2600
	TI 层 3	80	160	50	0.25	0.25	2400
	TI 层 4	60	120	40	0.25	0.25	2200
	TI 层 5	50	100	30	0.25	0.25	2000
	下卧半空间	240	480	160	0.25	0.25	3000
均匀 TI 半空间	半空间	80	160	50	0.25	0.25	2400

从图 3-9 中可以看出，当荷载以低速 c^*=0.6 移动时，两种层状 TI 半空间的动力响应明显小于均匀半空间的动力响应。当荷载以高速 c^*=2.0 移动时，地表位移随时间的变化规律更加复杂，尤其是对于两种层状 TI 半空间情况。波在不同介质层中的上下传播使得两种层状 TI 半空间中地表位移在荷载远离观测点(0, 0, 0)后，振动更加剧烈；同时，正序排列的层状半空间的地表位移幅值大于另外两种半空间，这说明当荷载高速移动时，地表位移幅值主要受到第一介质层性质的影响。

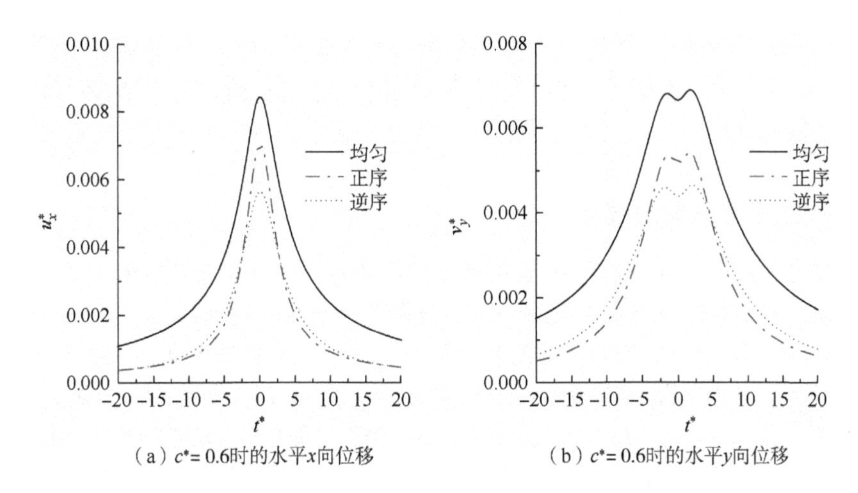

（a）c^*= 0.6时的水平x向位移　（b）c^*= 0.6时的水平y向位移

图 3-9　3 种 TI 半空间中移动斜线均布荷载引起的地表位移时程曲线

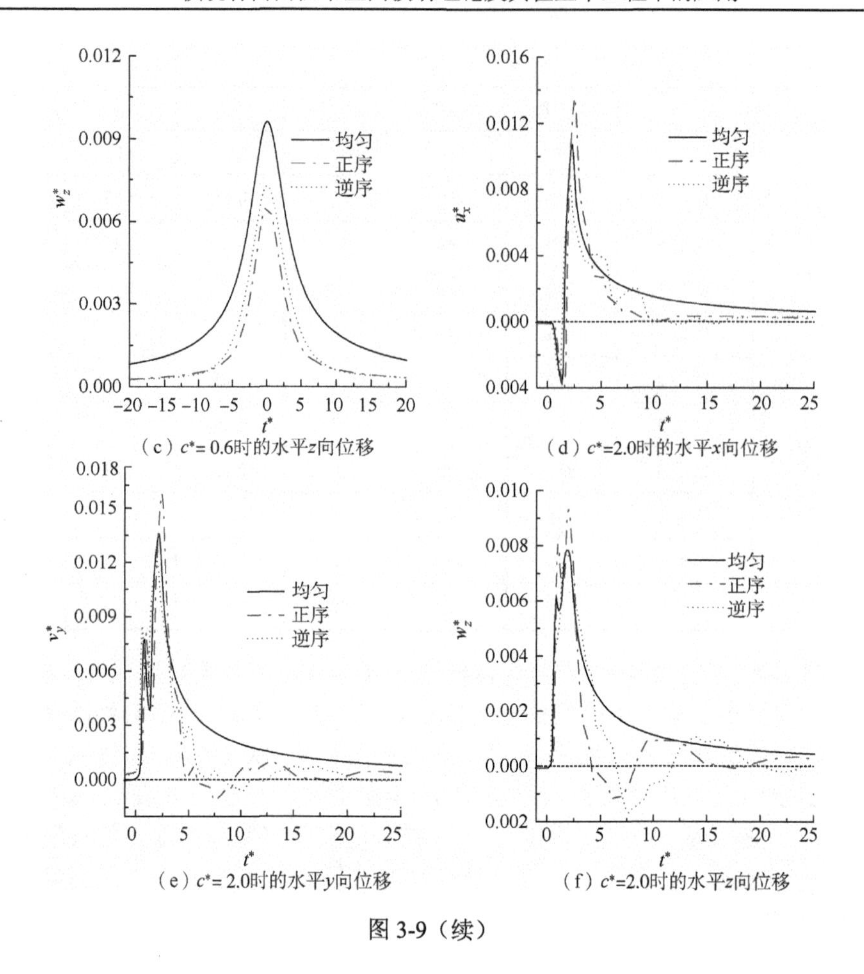

（c）$c^*=0.6$时的水平z向位移　（d）$c^*=2.0$时的水平x向位移

（e）$c^*=2.0$时的水平y向位移　（f）$c^*=2.0$时的水平z向位移

图 3-9（续）

3.3　层状 TI 弹性半空间中斜面均布荷载动力格林函数

3.3.1　格林函数求解过程

如图 3-10 所示，在三维层状 TI 弹性半空间中存在一任意形状的斜面单元 $ODEF$（$OF//DE$），在斜面单元上施加沿 x、y 和 z 方向的均布荷载，荷载幅值为 $p_{j0}(j=x, y, z)$。如图 3-11 所示，将施加均布荷载的斜面从层状半空间中分离出来，并建立局部三维直角坐标系，其中 z 为距层顶面的距离。设层厚度为 d，斜面单元 $ODEF$ 各点坐标为 $O(0, 0, 0)$、$D(x_1, y_1, d)$、$E(x_2, y_2, d)$和 $F(x_3, y_3, 0)$，斜面单元 $ODEF$ 所在平面的方程为 $Ax+By+Cz=0$［其中$(A, B, C)^{\mathrm{T}}$ 为平面的法向量］。设斜面单元上施加的均布荷载幅值集度在 x、y 和 z 方向的分量分别为 p_{x0}、p_{y0} 和 p_{z0}，则时间空间域的均布荷载幅值 $p_x(x, y, z)$、$p_y(x, y, z)$和 $p_z(x, y, z)$可表示为

$$\begin{cases} p_x(x,y,z,t) = p_{x0}\delta(Ax+By+Cz) \\ p_y(x,y,z,t) = p_{y0}\delta(Ax+By+Cz) \\ p_z(x,y,z,t) = p_{z0}\delta(Ax+By+Cz) \end{cases} \tag{3.33}$$

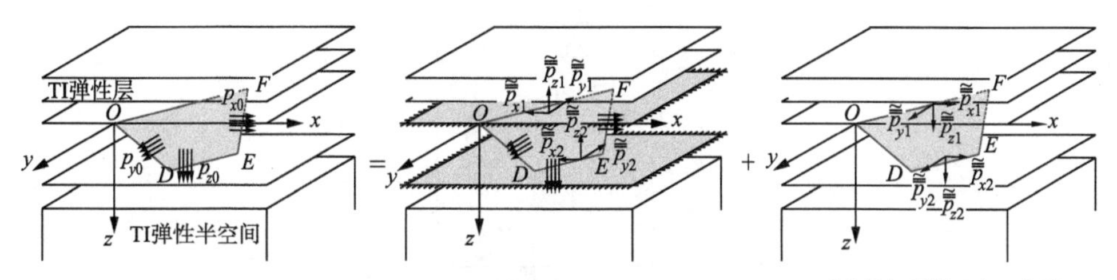

图 3-10　层状 TI 弹性半空间中斜面均布荷载动力格林函数求解

现以斜面单元上施加 x 向水平均布荷载 p_x 为例（$B\neq0$）来说明推导过程。如图 3-11 所示，做辅助平面 z 截面，其与斜面单元的交线端点在 x 方向上的投影可简记为 $f_1(z)=x_1z/d$，$f_2(z)=x_3+(x_2-x_3)z/d$。将均布荷载 $p_x(x,y,z)$在水平面内展开为关于 $\exp(-\mathrm{i}k_xx)\exp(-\mathrm{i}k_yy)$的 Fourier 积分，则荷载幅值在频率-波数域（k_x,k_y,z,ω）内可表示为

$$\begin{aligned} \tilde{\tilde{p}}_x\left(k_x,k_y,z,\omega\right) &= \frac{\tilde{\tilde{p}}_{x0}}{4\pi^2}\int_{-\infty}^{\infty}\int_{-\infty}^{\infty}\delta\left(Ax+By+Cz\right)\exp\left(\mathrm{i}k_xx\right)\exp\left(\mathrm{i}k_yy\right)\mathrm{d}x\mathrm{d}y \\ &= \frac{\tilde{\tilde{p}}_{x0}}{4\pi^2}\int_{f_1}^{f_2}\exp\left(\mathrm{i}k_xx\right)\exp\left[-\mathrm{i}k_y\left(Ax+Cz\right)/B\right]\mathrm{d}x \\ &= \frac{\tilde{\tilde{p}}_{x0}}{4\mathrm{i}\pi^2\left(k_x-Ak_y/B\right)}\exp\left[\mathrm{i}\left(k_x-Ak_y/B\right)x_3\right]\exp\{\mathrm{i}[(k_x-Ak_y/B)(x_2-x_3)/d \\ &\quad -Ck_y/B]z\} - \frac{\tilde{\tilde{p}}_{x0}}{4\mathrm{i}\pi^2\left(k_x-Ak_y/B\right)}\exp\left\{\mathrm{i}\left[\left(k_x-Ak_y/B\right)x_1/d\left(-Ck_y/B\right)\right]z\right\} \\ &= \frac{\tilde{\tilde{p}}_{x0}}{4\pi^2}q_1\exp\left(\mathrm{i}p_1z\right)+\frac{\tilde{\tilde{p}}_{x0}}{4\pi^2}q_2\exp\left(\mathrm{i}p_2z\right) \end{aligned} \tag{3.34}$$

式中

$$\begin{cases} q_1 = -\mathrm{i}\exp\left[\mathrm{i}\left(k_x-Ak_y/B\right)x_3\right]/\left(k_x-Ak_y/B\right) \\ q_2 = \mathrm{i}/\left(k_x-Ak_y/B\right) \\ p_1 = \left(k_x-Ak_y/B\right)\left(x_2-x_3\right)/d-Ck_y/B \\ p_2 = \left(k_x-Ak_y/B\right)x_1/d-Ck_y/B \end{cases} \tag{3.35}$$

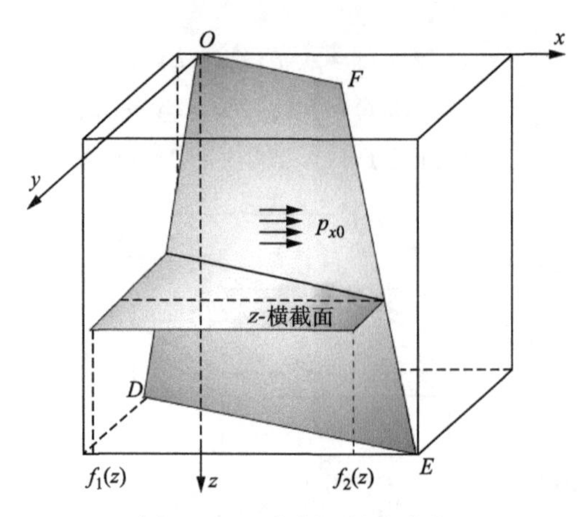

图 3-11　x 向斜面均布荷载

以上推导基于 $B\neq 0$。当 $B=0$（$A\neq 0$）时，可先对 x 进行积分，再对 y 进行积分，依据上述计算步骤，也可推得如式（3.35）所示的均布荷载幅值在频率-波数域内的表达形式，只是此时：

$$\begin{cases} q_1 = -\mathrm{i}\exp\left[\mathrm{i}\left(k_y - Bk_x/A\right)y_3\right]\Big/\left(k_y - Bk_x/A\right) \\ q_2 = \mathrm{i}\Big/\left(k_y - Bk_x/A\right) \\ p_1 = \left(k_y - Bk_x/A\right)\left(y_2 - y_3\right)\Big/d - Ck_x/A \\ p_2 = \left(k_y - Bk_x/A\right)y_1\Big/d - Ck_x/A \end{cases} \tag{3.36}$$

同理，可推导 $\bar{\bar{\bar{p}}}_y(x, y, z, t)$和 $\bar{\bar{\bar{p}}}_z(x, y, z, t)$，则 x、y 和 z 方向的外加荷载幅值在频率-波数域内的表达式为

$$\begin{cases} \bar{\bar{\bar{p}}}_x\left(k_x,k_y,z,\omega\right) = \dfrac{\bar{\bar{\bar{p}}}_{x0}}{4\pi^2}q_1\exp\left(\mathrm{i}p_1z\right) + \dfrac{\bar{\bar{\bar{p}}}_{x0}}{4\pi^2}q_2\exp\left(\mathrm{i}p_2z\right) \\ \bar{\bar{\bar{p}}}_y\left(k_x,k_y,z,\omega\right) = \dfrac{\bar{\bar{\bar{p}}}_{y0}}{4\pi^2}q_1\exp\left(\mathrm{i}p_1z\right) + \dfrac{\bar{\bar{\bar{p}}}_{y0}}{4\pi^2}q_2\exp\left(\mathrm{i}p_2z\right) \\ \bar{\bar{\bar{p}}}_z\left(k_x,k_y,z,\omega\right) = \dfrac{\bar{\bar{\bar{p}}}_{z0}}{4\pi^2}q_1\exp\left(\mathrm{i}p_1z\right) + \dfrac{\bar{\bar{\bar{p}}}_{z0}}{4\pi^2}q_2\exp\left(\mathrm{i}p_2z\right) \end{cases} \tag{3.37}$$

设位移表达式为

$$\begin{cases} \bar{\bar{\bar{u}}} = \bar{\bar{\bar{u}}}\left(k_x,k_y,z,\omega\right)\exp\left(-\mathrm{i}k_xx\right)\exp\left(-\mathrm{i}k_yy\right) \\ \bar{\bar{\bar{v}}} = \bar{\bar{\bar{v}}}\left(k_x,k_y,z,\omega\right)\exp\left(-\mathrm{i}k_xx\right)\exp\left(-\mathrm{i}k_yy\right) \\ \bar{\bar{\bar{w}}} = \bar{\bar{\bar{w}}}\left(k_x,k_y,z,\omega\right)\exp\left(-\mathrm{i}k_xx\right)\exp\left(-\mathrm{i}k_yy\right) \end{cases} \tag{3.38}$$

则斜面均布荷载作用下，TI 弹性介质频率-波数域内的动力平衡方程为

$$\begin{cases}-\left(c_{11}k_x^2+c_{66}k_y^2\right)\tilde{\tilde{\bar{u}}}+c_{44}\tilde{\tilde{\bar{u}}},_{zz}-\left(c_{11}-c_{66}\right)k_xk_y\tilde{\tilde{\bar{v}}}-\mathrm{i}k_x\left(c_{13}+c_{44}\right)\tilde{\tilde{\bar{w}}},_z=-\rho\omega^2\tilde{\tilde{\bar{u}}}-\tilde{\tilde{\bar{p}}}_x\\-\left(c_{11}k_x^2+c_{66}k_y^2\right)\tilde{\tilde{\bar{v}}}+c_{44}\tilde{\tilde{\bar{v}}},_{zz}-\left(c_{11}-c_{66}\right)k_xk_y\tilde{\tilde{\bar{u}}}-\mathrm{i}k_y\left(c_{13}+c_{44}\right)\tilde{\tilde{\bar{w}}},_z=-\rho\omega^2\tilde{\tilde{\bar{v}}}-\tilde{\tilde{\bar{p}}}_y\\-c_{44}\left(k_x^2+k_y^2\right)\tilde{\tilde{\bar{w}}}+c_{33}\tilde{\tilde{\bar{w}}},_{zz}-\mathrm{i}\left(c_{13}+c_{44}\right)\left(k_x\tilde{\tilde{\bar{u}}},_z+k_y\tilde{\tilde{\bar{v}}},_z\right)=-\rho\omega^2\tilde{\tilde{\bar{w}}}-\tilde{\tilde{\bar{p}}}_z\end{cases}\tag{3.39}$$

通过观察，设位移特解形式为

$$\begin{cases}\tilde{\tilde{\bar{u}}}^{\mathrm{p}}=\dfrac{1}{4\pi^2}\left[a_1q_1\exp\left(\mathrm{i}p_1z\right)+b_1q_2\exp\left(\mathrm{i}p_2z\right)\right]\\\tilde{\tilde{\bar{v}}}^{\mathrm{p}}=\dfrac{1}{4\pi^2}\left[a_2q_1\exp\left(\mathrm{i}p_1z\right)+b_2q_2\exp\left(\mathrm{i}p_2z\right)\right]\\\tilde{\tilde{\bar{w}}}^{\mathrm{p}}=\dfrac{1}{4\pi^2}\left[a_3q_1\exp\left(\mathrm{i}p_1z\right)+b_3q_2\exp\left(\mathrm{i}p_2z\right)\right]\end{cases}\tag{3.40}$$

将式（3.40）代入式（3.39），并令特解常数项相等，可得两个关于 a_1～a_3 和 b_1～b_3 的常系数方程组：

$$\begin{cases}\begin{bmatrix}a_{11}&a_{12}&a_{13}\\a_{21}&a_{22}&a_{23}\\a_{31}&a_{32}&a_{33}\end{bmatrix}\begin{bmatrix}a_1\\a_2\\a_3\end{bmatrix}=\begin{bmatrix}-\tilde{\tilde{\bar{p}}}_{x0}\\-\tilde{\tilde{\bar{p}}}_{y0}\\-\tilde{\tilde{\bar{p}}}_{z0}\end{bmatrix}\\\begin{bmatrix}b_{11}&b_{12}&b_{13}\\b_{21}&b_{22}&b_{23}\\b_{31}&b_{32}&b_{33}\end{bmatrix}\begin{bmatrix}b_1\\b_2\\b_3\end{bmatrix}=\begin{bmatrix}-\tilde{\tilde{\bar{p}}}_{x0}\\-\tilde{\tilde{\bar{p}}}_{y0}\\-\tilde{\tilde{\bar{p}}}_{z0}\end{bmatrix}\end{cases}\tag{3.41}$$

式中，系数矩阵元素 a_{11}～a_{33} 和 b_{11}～b_{33} 按照下列各式计算：

$$\begin{cases}a_{11}=\rho\omega^2-c_{11}k_x^2-c_{66}k_y^2-c_{44}p_1^2\\a_{22}=\rho\omega^2-c_{66}k_x^2-c_{11}k_y^2-c_{44}p_1^2\\a_{33}=\rho\omega^2-c_{44}(k_x^2+k_y^2)-c_{33}p_1^2\\a_{12}=a_{21}=(c_{66}-c_{11})k_xk_y\\a_{13}=a_{31}=(c_{13}+c_{44})k_xp_1\\a_{23}=a_{32}=(c_{13}+c_{44})k_yp_1\end{cases}\tag{3.42}$$

$$\begin{cases}b_{11}=\rho\omega^2-c_{11}k_x^2-c_{66}k_y^2-c_{44}p_2^2\\b_{22}=\rho\omega^2-c_{66}k_x^2-c_{11}k_y^2-c_{44}p_2^2\\b_{33}=\rho\omega^2-c_{44}(k_x^2+k_y^2)-c_{33}p_2^2\\b_{12}=b_{21}=(c_{66}-c_{11})k_xk_y\\b_{13}=b_{31}=(c_{13}+c_{44})k_xp_2\\b_{23}=b_{32}=(c_{13}+c_{44})k_yp_2\end{cases}\tag{3.43}$$

求解式（3.41），可得待定系数 $a_1 \sim a_3$ 和 $b_1 \sim b_3$：

$$\begin{cases} j_1 = -\dfrac{p_{x0}\left(j_{23}^2 - j_{22}j_{33}\right) + p_{y0}\left(j_{12}j_{33} - j_{13}j_{23}\right) + p_{z0}\left(j_{13}j_{22} - j_{12}j_{23}\right)}{j_{11}\left(j_{23}^2 - a_{22}a_{33}\right) + j_{12}\left(j_{12}a_{33} - j_{13}j_{23}\right) + j_{13}\left(j_{13}a_{22} - j_{12}a_{23}\right)} \\ j_2 = -\dfrac{p_{x0}\left(j_{12}j_{33} - j_{13}j_{23}\right) + p_{y0}\left(j_{13}^2 - j_{11}j_{33}\right) + p_{z0}\left(j_{11}j_{23} - j_{12}j_{13}\right)}{j_{12}\left(j_{12}j_{33} - j_{13}j_{23}\right) + j_{22}\left(j_{13}^2 - j_{11}j_{33}\right) + j_{23}\left(j_{11}j_{23} - j_{12}j_{13}\right)} \\ j_3 = -\dfrac{p_{x0}\left(j_{13}j_{22} - j_{12}j_{23}\right) + p_{y0}\left(j_{11}j_{23} - j_{12}j_{13}\right) + p_{z0}\left(j_{12}^2 - j_{11}j_{22}\right)}{j_{13}\left(j_{13}j_{22} - j_{12}j_{23}\right) + j_{23}\left(j_{11}j_{23} - j_{12}j_{13}\right) + j_{33}\left(j_{12}^2 - j_{11}j_{22}\right)} \end{cases} \quad (j = a, b) \tag{3.44}$$

分别将 z=0 和 z=d 代入式（3.40），可得层顶面和底面的位移特解，进一步求得应力特解的表达式为

$$\begin{cases} \bar{\bar{\tau}}_{zx}^{\mathrm{p}} = c_{44}\left(\dfrac{\partial \bar{\bar{w}}^{\mathrm{p}}}{\partial x} + \dfrac{\partial \bar{\bar{u}}^{\mathrm{p}}}{\partial z}\right) = \dfrac{\mathrm{i}c_{44}}{4\pi^2}\left[\left(a_1 p_1 q_1 - k_x a_3 q_1\right)\exp\left(\mathrm{i}p_1 z\right) + \left(b_1 p_2 q_2 - k_x b_3 q_2\right)\exp\left(\mathrm{i}p_2 z\right)\right] \\ \bar{\bar{\tau}}_{zy}^{\mathrm{p}} = c_{44}\left(\dfrac{\partial \bar{\bar{v}}^{\mathrm{p}}}{\partial z} + \dfrac{\partial \bar{\bar{w}}^{\mathrm{p}}}{\partial y}\right) = \dfrac{\mathrm{i}c_{44}}{4\pi^2}\left[\left(a_2 p_1 q_1 - k_y a_3 q_1\right)\exp\left(\mathrm{i}p_1 z\right) + \left(b_2 p_2 q_2 - k_y b_3 q_2\right)\exp\left(\mathrm{i}p_2 z\right)\right] \\ \bar{\bar{\tau}}_{xy}^{\mathrm{p}} = c_{66}\left(\dfrac{\partial \bar{\bar{u}}^{\mathrm{p}}}{\partial y} + \dfrac{\partial \bar{\bar{v}}^{\mathrm{p}}}{\partial x}\right) = \dfrac{-\mathrm{i}c_{66}}{4\pi^2}\left[\left(k_y a_1 q_1 + k_x a_2 q_1\right)\exp\left(\mathrm{i}p_1 z\right) + \left(k_y b_1 q_2 - k_x b_2 q_2\right)\exp\left(\mathrm{i}p_2 z\right)\right] \end{cases}$$

$$\begin{cases} \bar{\bar{\sigma}}_x^{\mathrm{p}} = c_{11}\dfrac{\partial \bar{\bar{u}}^{\mathrm{p}}}{\partial x} + c_{12}\dfrac{\partial \bar{\bar{v}}^{\mathrm{p}}}{\partial y} + c_{13}\dfrac{\partial \bar{\bar{w}}^{\mathrm{p}}}{\partial z} = \dfrac{-\mathrm{i}}{4\pi^2}\left[\left(c_{11}k_x a_1 q_1 + c_{12}k_y a_2 q_1 - c_{13}a_3 p_1 q_1\right)\exp\left(\mathrm{i}p_1 z\right)\right. \\ \qquad \left. + \left(c_{11}k_x b_1 q_2 + c_{12}k_y b_2 q_2 - c_{13}b_3 p_2 q_2\right)\exp\left(\mathrm{i}p_2 z\right)\right] \\ \bar{\bar{\sigma}}_y^{\mathrm{p}} = c_{12}\dfrac{\partial \bar{\bar{u}}^{\mathrm{p}}}{\partial x} + c_{11}\dfrac{\partial \bar{\bar{v}}^{\mathrm{p}}}{\partial y} + c_{13}\dfrac{\partial \bar{\bar{w}}^{\mathrm{p}}}{\partial z} = \dfrac{-\mathrm{i}}{4\pi^2}\left[\left(c_{12}k_x a_1 q_1 + c_{11}k_y a_2 q_1 - c_{13}a_3 p_1 q_1\right)\exp\left(\mathrm{i}p_1 z\right)\right. \\ \qquad \left. + \left(c_{12}k_x b_1 q_2 + c_{11}k_y b_2 q_2 - c_{13}b_3 p_2 q_2\right)\exp\left(\mathrm{i}p_2 z\right)\right] \\ \bar{\bar{\sigma}}_z^{\mathrm{p}} = c_{13}\dfrac{\partial \tilde{u}^{\mathrm{p}}}{\partial x} + c_{13}\dfrac{\partial \bar{\bar{v}}^{\mathrm{p}}}{\partial y} + c_{33}\dfrac{\partial \bar{\bar{w}}^{\mathrm{p}}}{\partial z} = \dfrac{-\mathrm{i}}{4\pi^2}\left\{\left[c_{13}\left(k_x a_1 q_1 + k_y a_2 q_1\right) - c_{33}a_3 p_1 q_1\right]\exp\left(\mathrm{i}p_1 z\right)\right. \\ \qquad \left. + \left[c_{13}\left(k_x b_1 q_2 + k_y b_2 q_2\right) - c_{33}b_3 p_2 q_2\right]\exp\left(\mathrm{i}p_2 z\right)\right\} \end{cases} \tag{3.45}$$

将 z=0 和 z=d 代入式（3.45），并引入 $\bar{\bar{p}}_{x1}^{\mathrm{p}} = -\bar{\bar{\tau}}_{zx}^{\mathrm{p}}(0)$、$\bar{\bar{p}}_{y1}^{\mathrm{p}} = -\bar{\bar{\tau}}_{zy}^{\mathrm{p}}(0)$和 $\bar{\bar{p}}_{z1}^{\mathrm{p}} = -\bar{\bar{\sigma}}_z^{\mathrm{p}}(0)$，以及 $\bar{\bar{p}}_{x2}^{\mathrm{p}} = \bar{\bar{\tau}}_{zx}^{\mathrm{p}}(d)$、$\bar{\bar{p}}_{y2}^{\mathrm{p}} = \bar{\bar{\tau}}_{zy}^{\mathrm{p}}(d)$和 $\bar{\bar{p}}_{z2}^{\mathrm{p}} = \bar{\bar{\sigma}}_z^{\mathrm{p}}(d)$，各外荷载特解按照下式计算：

$$\begin{cases} \bar{\bar{p}}_{x1}^{\mathrm{p}} = -\bar{\bar{\tau}}_{zx}^{\mathrm{p}}(0) = \dfrac{\mathrm{i}c_{44}}{4\pi^2}\left(k_x a_3 q_1 - a_1 p_1 q_1 + k_x b_3 q_2 - b_1 p_2 q_2\right) \\ \bar{\bar{p}}_{y1}^{\mathrm{p}} = -\bar{\bar{\tau}}_{zy}^{\mathrm{p}}(0) = \dfrac{\mathrm{i}c_{44}}{4\pi^2}\left(k_y a_3 q_1 - a_2 p_1 q_1 + k_y b_3 q_2 - b_2 p_2 q_2\right) \end{cases}$$

$$\left\{\bar{\bar{\bar{p}}}_{z1}^{\mathrm{p}}=-\bar{\bar{\bar{\sigma}}}_{z}^{\mathrm{p}}(0)=\frac{\mathrm{i}}{4\pi^{2}}\left(c_{13}k_{x}a_{1}q_{1}+c_{13}k_{y}a_{2}q_{1}-c_{33}a_{3}p_{1}q_{1}+c_{13}k_{x}b_{1}q_{2}+c_{13}k_{y}b_{2}q_{2}-c_{33}b_{3}p_{2}q_{2}\right)\right.$$

$$\begin{cases}\bar{\bar{\bar{p}}}_{x2}^{\mathrm{p}}=\bar{\bar{\bar{\tau}}}_{zx}^{\mathrm{p}}(d)=\dfrac{\mathrm{i}c_{44}}{4\pi^{2}}\left[\left(a_{1}p_{1}q_{1}-k_{x}a_{3}q_{1}\right)\exp(\mathrm{i}p_{1}d)+\left(b_{1}p_{2}q_{2}-k_{x}b_{3}q_{2}\right)\exp(\mathrm{i}p_{2}d)\right]\\ \bar{\bar{\bar{p}}}_{y2}^{\mathrm{p}}=\bar{\bar{\bar{\tau}}}_{zy}^{\mathrm{p}}(d)=\dfrac{\mathrm{i}c_{44}}{4\pi^{2}}\left[\left(a_{2}p_{1}q_{1}-k_{y}a_{3}q_{1}\right)\exp(\mathrm{i}p_{1}d)+\left(b_{2}p_{2}q_{2}-k_{y}b_{3}q_{2}\right)\exp(\mathrm{i}p_{2}d)\right]\\ \bar{\bar{\bar{p}}}_{z2}^{\mathrm{p}}=\bar{\bar{\bar{\sigma}}}_{z}^{\mathrm{p}}(d)=\dfrac{-\mathrm{i}}{4\pi^{2}}\left[\left(c_{13}k_{x}a_{1}q_{1}+c_{13}k_{y}a_{2}q_{1}-c_{33}a_{3}p_{1}q_{1}\right)\exp(\mathrm{i}p_{1}d)\right.\\ \qquad\left.+\left(c_{13}k_{x}b_{1}q_{2}+c_{13}k_{y}b_{2}q_{2}-c_{33}b_{3}p_{2}q_{2}\right)\exp(\mathrm{i}p_{2}d)\right]\end{cases}\tag{3.46}$$

为使层固定，特解必须加上相应的齐次解。外荷载齐次解可以由位移齐次解 $\left[\bar{\bar{\bar{u}}}_{1}^{\mathrm{h}},\bar{\bar{\bar{v}}}_{1}^{\mathrm{h}},\mathrm{i}\bar{\bar{\bar{w}}}_{1}^{\mathrm{h}},\bar{\bar{\bar{u}}}_{2}^{\mathrm{h}},\bar{\bar{\bar{v}}}_{2}^{\mathrm{h}},\mathrm{i}\bar{\bar{\bar{w}}}_{2}^{\mathrm{h}}\right]^{\mathrm{T}}$ 和层的动力刚度矩阵 $\boldsymbol{S}_{\mathrm{qP\text{-}qSV\text{-}SH}}^{\mathrm{L}}$ 采用直接刚度法按照下式求得：

$$\left[\bar{\bar{\bar{p}}}_{x1}^{\mathrm{h}},\bar{\bar{\bar{p}}}_{y1}^{\mathrm{h}},\mathrm{i}\bar{\bar{\bar{p}}}_{z1}^{\mathrm{h}},\bar{\bar{\bar{p}}}_{x2}^{\mathrm{h}},\bar{\bar{\bar{p}}}_{y2}^{\mathrm{h}},\mathrm{i}\bar{\bar{\bar{p}}}_{z2}^{\mathrm{h}}\right]^{\mathrm{T}}=\boldsymbol{S}_{\mathrm{qP\text{-}qSV\text{-}SH}}^{\mathrm{L}}\left[\bar{\bar{\bar{u}}}_{1}^{\mathrm{h}},\bar{\bar{\bar{v}}}_{1}^{\mathrm{h}},\mathrm{i}\bar{\bar{\bar{w}}}_{1}^{\mathrm{h}},\bar{\bar{\bar{u}}}_{2}^{\mathrm{h}},\bar{\bar{\bar{v}}}_{2}^{\mathrm{h}},\mathrm{i}\bar{\bar{\bar{w}}}_{2}^{\mathrm{h}}\right]^{\mathrm{T}}\tag{3.47}$$

总外加荷载可以表示为

$$\begin{cases}\bar{\bar{\bar{p}}}_{x1}=-\bar{\bar{\bar{p}}}_{x1}^{\mathrm{p}}-\bar{\bar{\bar{p}}}_{x1}^{\mathrm{h}};\ \bar{\bar{\bar{p}}}_{y1}=-\bar{\bar{\bar{p}}}_{y1}^{\mathrm{p}}-\bar{\bar{\bar{p}}}_{y1}^{\mathrm{h}};\ \mathrm{i}\bar{\bar{\bar{p}}}_{z1}=-\mathrm{i}\bar{\bar{\bar{p}}}_{z1}^{\mathrm{p}}-\mathrm{i}\bar{\bar{\bar{p}}}_{z1}^{\mathrm{h}}\\ \bar{\bar{\bar{p}}}_{x2}=-\bar{\bar{\bar{p}}}_{x2}^{\mathrm{p}}-\bar{\bar{\bar{p}}}_{x2}^{\mathrm{h}};\ \bar{\bar{\bar{p}}}_{y2}=-\bar{\bar{\bar{p}}}_{y2}^{\mathrm{p}}-\bar{\bar{\bar{p}}}_{y2}^{\mathrm{h}};\ \mathrm{i}\bar{\bar{\bar{p}}}_{z2}=-\mathrm{i}\bar{\bar{\bar{p}}}_{z2}^{\mathrm{p}}-\mathrm{i}\bar{\bar{\bar{p}}}_{z2}^{\mathrm{h}}\end{cases}\tag{3.48}$$

将式（3.48）代入式（2.47）荷载向量中的对应第 l 层的元素中，其他元素取为 0，可得各层交界面的位移幅值向量 $\left[\bar{\bar{\bar{u}}}_{1},\bar{\bar{\bar{v}}}_{1},\mathrm{i}\bar{\bar{\bar{w}}}_{1},\bar{\bar{\bar{u}}}_{2},\bar{\bar{\bar{v}}}_{2},\mathrm{i}\bar{\bar{\bar{w}}}_{2},\cdots,\bar{\bar{\bar{u}}}_{n+1},\bar{\bar{\bar{v}}}_{n+1},\mathrm{i}\bar{\bar{\bar{w}}}_{n+1}\right]^{\mathrm{T}}$。根据各层顶面和底面的位移幅值，可以求得各层中来波和去波的幅值系数 A_{qP}、B_{qP}、A_{qSV}、B_{qSV}、A_{SH} 和 B_{SH}，进而可求得各层中任意点的位移和应力。对于荷载作用层，还要考虑斜面荷载引起的位移和应力响应。

通过以上计算，可得格林函数（包括位移格林函数和应力格林函数）在频域-波数域内的表达式 $\bar{\bar{g}}\,(k_x,k_y,z,\omega)$；进行 Fourier 逆变换，可得格林函数在频域内的表达式 $\tilde{g}\,(x,y,z,\omega)$。

3.3.2　弹性半空间中斜面均布荷载动力格林函数验证

为验证该方法的正确性，与 Khojasteh 等[4]中层状 TI 弹性半空间中点源荷载格林函数结果进行对比。当斜面单元的尺寸足够小时，可以将斜面荷载视为点源荷载。验证模型如图 3-12 所示，层状 TI 弹性半空间由 3 个 TI 层和其下的半空间组成。点源荷载位于 z 轴与半空间表面交点处，模型参数设置见表 3-3。图 3-13 分别给出无量纲频率 η_{k_0h}=0.5、2.0 和 4.0 时，水平和竖直方向集中荷载作用下的位移和应力分布曲线。从图 3-13 中可以看出，本节的计算结果与 Khojasteh 等[4]给出的结果吻合良好。

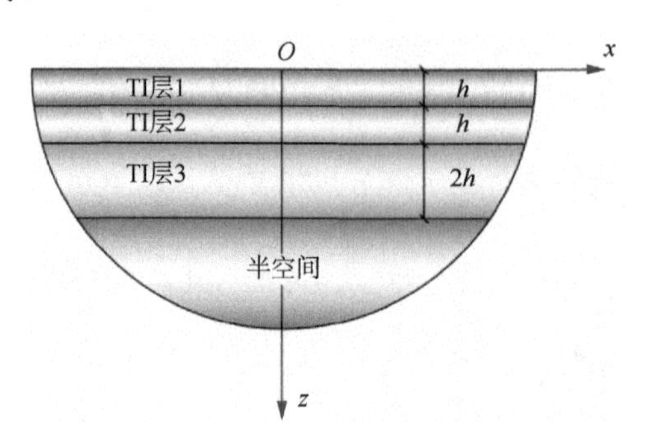

图 3-12　3 层 TI 半空间中斜面荷载退化点源荷载格林函数验证模型

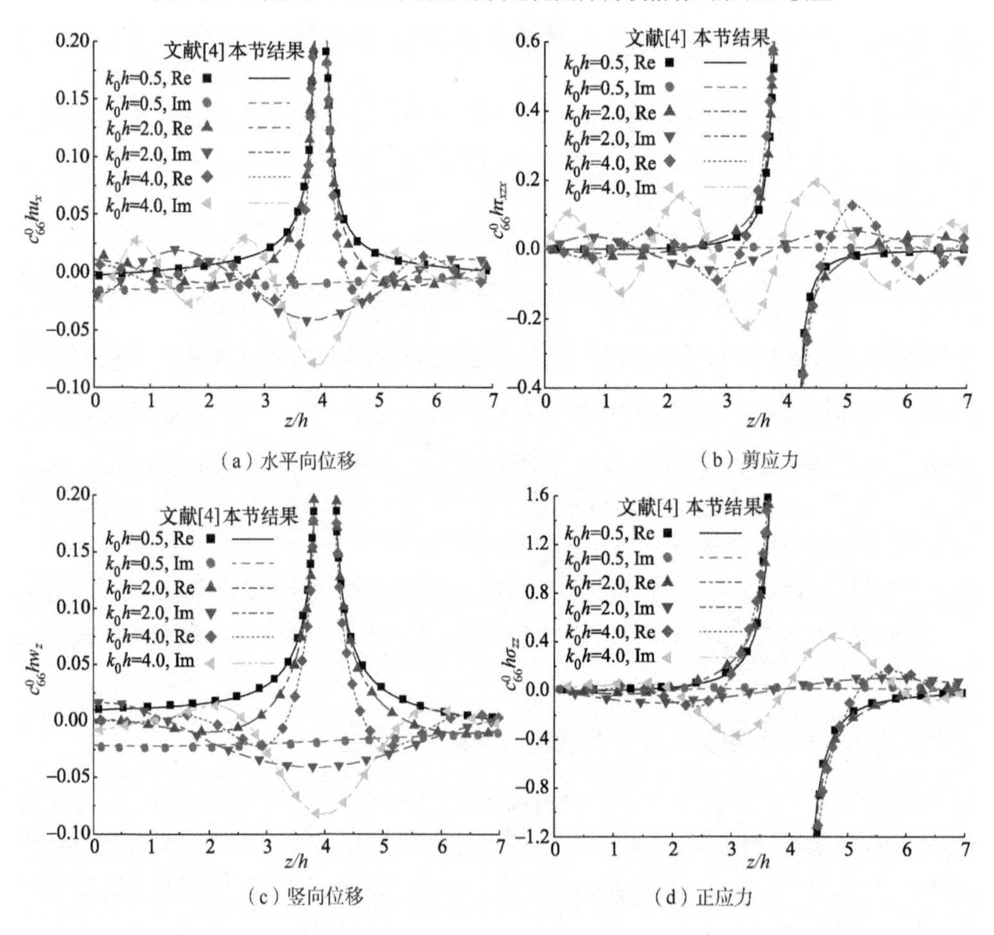

(a) 水平向位移　(b) 剪应力

(c) 竖向位移　(d) 正应力

图 3-13　本节与 Khojasteh 等[4]中层状 TI 弹性半空间中点源荷载格林函数结果对比

表 3-3　介质层和半空间材料参数（2）

材料	E_h/E_0	E_v/E_0	G_v/G_0	ν_h	ν_{vh}	ρ/ρ_0	ζ
介质层 1	2.5	3.0	1.0	0.25	0.25	1.0	0.001
介质层 2	3.0	3.0	1.4	0.25	0.25	1.1	0.001
介质层 3	5.0	5.0	2.0	0.25	0.25	1.3	0.001
半空间	7.5	6.0	2.5	0.25	0.25	1.5	0.001

3.3.3　算例与分析

本节以单层 TI 弹性半空间为例，计算了不同频率水平荷载作用下的水平位移和剪应力，并研究了 TI 参数和荷载频率的影响。设置 3 种不同材料的介质层，层和半空间材料参数见表 3-4，层厚度取 d=2m。荷载作用斜面单元尺寸 a=b=0.5m。设斜面单元的中心点为 c(0.75m,0.75m)，中心点在地表的投影点为 c'。定义无量纲频率 $\eta=\omega\big/\sqrt{c_{44}^{\mathrm{L}}/\rho^{\mathrm{L}}}$、无量纲位移 $u_x^*=c_{44}^{\mathrm{L}}u_x\big/(p_{x0}S)$ 和无量纲应力 $\tau_{xzx}^*=\tau_{xzx}\big/(p_{x0}S)$（以下简称位移和应力），其中 S 为斜面的面积。图 3-14 给出了在荷载频率 η=0.5、2.0 和 5.0 情况下斜面单元附近区域的位移和应力分布云图，从上至下 3 行分别对应 η=0.5、2.0 和 5.0，从左到右 3 列分别对应介质层 1、2 和 3。

表 3-4　介质层和半空间材料参数（3）

材料	E_h/GPa	E_v/GPa	G_v/GPa	ν_h	ν_{vh}	ρ/（kg/m^3）	ζ
介质层 1	0.50	1.00	0.3	0.25	0.25	2100.0	0.05
介质层 2	0.75	0.75	0.3	0.25	0.25	2100.0	0.05
介质层 3	1.00	0.50	0.3	0.25	0.25	2100.0	0.05
半空间	18.75	18.75	7.5	0.25	0.25	3000.0	0.02

从图 3-14 中可以看出，由于半空间刚度的影响，半空间内部的位移值几乎瞬间减小为零。随着荷载频率的逐渐增大，位移分布情况也越加复杂，这主要是因为层内部形成了复杂的叠加波场，容易出现较大位移。另外，对于不同的 TI 层，其位移和应力云图分布存在着显著差别，这表明介质层的 TI 特性会显著改变其动力特性，并且随着荷载频率的增大，这种差异性还会被进一步放大，使得介质层中的位移和应力的分布进一步复杂化。

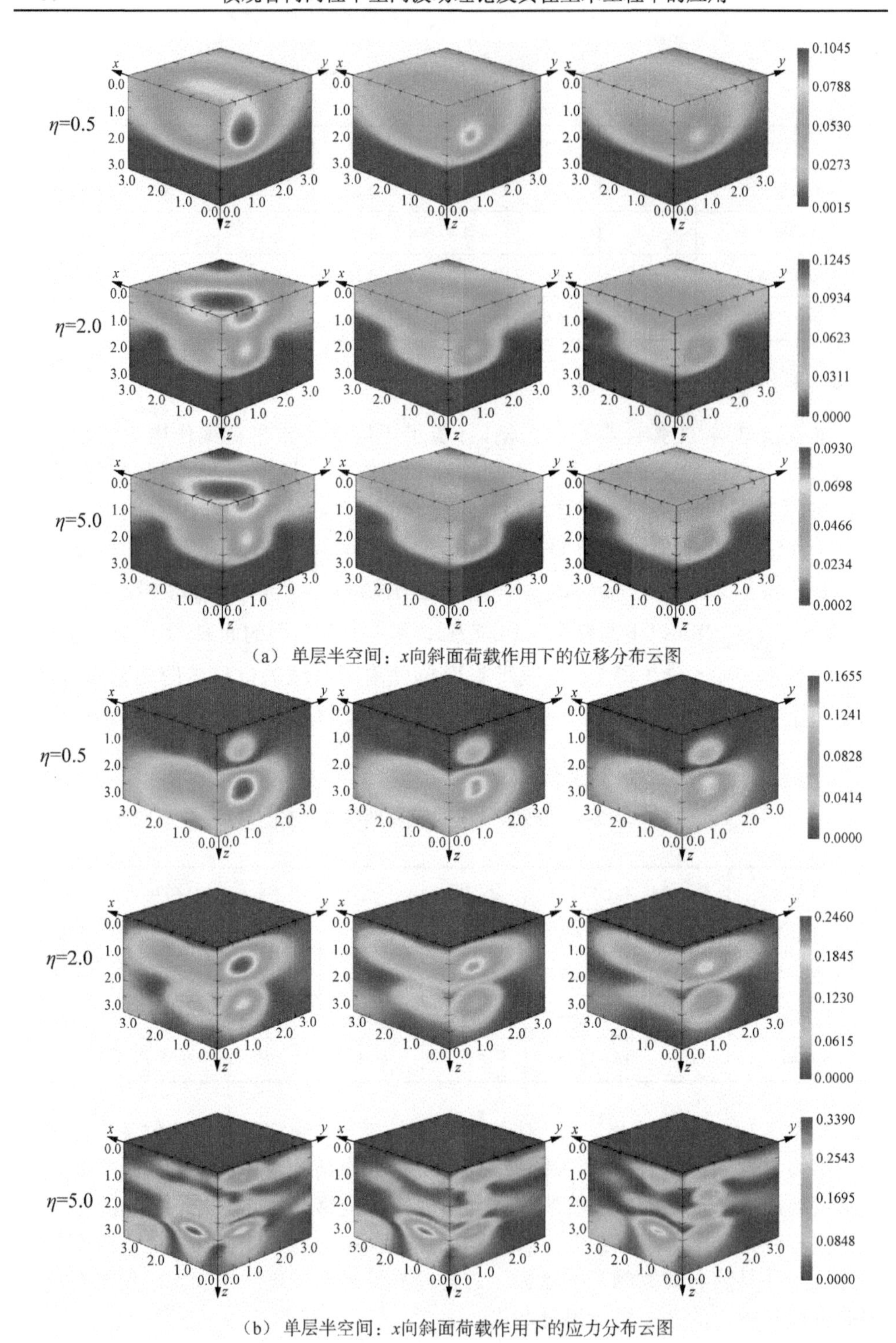

（a）单层半空间：x向斜面荷载作用下的位移分布云图

（b）单层半空间：x向斜面荷载作用下的应力分布云图

图 3-14　x 向斜面均布荷载作用下的位移和应力分布云图

3.4　层状 TI 饱和半空间中斜线均布荷载及孔压动力格林函数

3.4.1　格林函数求解过程

如图 3-15 所示，斜线均布荷载和孔压作用于层状 TI 饱和半空间内部。对于平面内运动，时间–空间域内的均布荷载 $p_x(x, z, t)$和 $p_z(x, z, t)$及孔压 $p_p(x, z, t)$可分别表示为

$$
\begin{cases}
p_x(x,z,t) = p_{x0}\delta(z - x\tan\theta) \\
p_z(x,z,t) = p_{z0}\delta(z - x\tan\theta) \\
p_p(x,z,t) = p_{p0}\delta(z - x\tan\theta)
\end{cases}
\tag{3.49}
$$

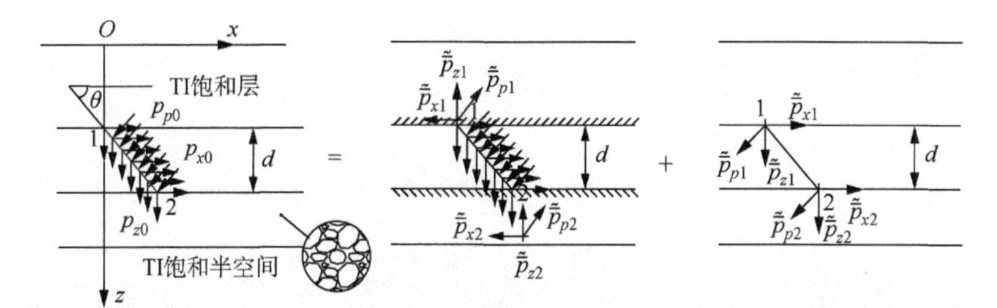

图 3-15　层状 TI 饱和半空间中斜线均布荷载及孔压动力格林函数求解

将荷载转换到频率–波数域内，按 exp(−ikx)形式展开，其荷载幅值为

$$
\begin{cases}
\tilde{\tilde{p}}_x(k,z,\omega) = \dfrac{1}{2\pi}\displaystyle\int_{-\infty}^{\infty} p_x(x,z)\exp(\mathrm{i}kx)\mathrm{d}x \\
\qquad = \dfrac{p_{x0}}{2\pi}\exp(\mathrm{i}k\cot\theta z) \\
\tilde{\tilde{p}}_z(k,z,\omega) = \dfrac{1}{2\pi}\displaystyle\int_{-\infty}^{\infty} p_z(x,z)\exp(\mathrm{i}kx)\mathrm{d}x \\
\qquad = \dfrac{p_{z0}}{2\pi}\exp(\mathrm{i}k\cot\theta z) \\
\tilde{\tilde{p}}_p(k,z,\omega) = \dfrac{1}{2\pi}\displaystyle\int_{-\infty}^{\infty} p_{p0}\delta(z - x\tan\theta)\exp(\mathrm{i}kx)\mathrm{d}x \\
\qquad = \dfrac{p_{p0}}{2\pi}\exp(\mathrm{i}kz\cot\theta)
\end{cases}
\tag{3.50}
$$

设位移（包括流体相对于固体骨架位移）表达式为

$$\begin{cases}\tilde{\tilde{u}}_x(k,z,\omega)=\tilde{\tilde{u}}_x\exp(-\mathrm{i}kx)\\\tilde{\tilde{u}}_z(k,z,\omega)=\tilde{\tilde{u}}_z\exp(-\mathrm{i}kx)\\\tilde{\tilde{w}}_x(k,z,\omega)=\tilde{\tilde{w}}_x\exp(-\mathrm{i}kx)\\\tilde{\tilde{w}}_z(k,z,\omega)=\tilde{\tilde{w}}_z\exp(-\mathrm{i}kx)\end{cases}\tag{3.51}$$

式中，$u_j(j=x, z)$和 $w_j(j=x, z)$分别为固体骨架 j 向位移和流体相对于固体骨架的 j 向位移。

在斜线均布荷载作用下，TI 饱和介质频率-波数域内的动力平衡方程为

$$\begin{cases}-k^2A_{11}\tilde{\tilde{u}}_x+A_{44}\dfrac{\partial^2\tilde{\tilde{u}}_x}{\partial z^2}-\mathrm{i}k\left(A_{13}+A_{44}\right)\dfrac{\partial\tilde{\tilde{u}}_z}{\partial z}+k^2M_1\tilde{\tilde{w}}_x+\mathrm{i}kM_1\dfrac{\partial\tilde{\tilde{w}}_z}{\partial z}\\=-\rho\omega^2\tilde{\tilde{u}}_x-\rho_l\omega^2\tilde{\tilde{w}}_x-\tilde{\tilde{p}}_x\\-\mathrm{i}k\left(A_{13}+A_{44}\right)\dfrac{\partial\tilde{\tilde{u}}_x}{\partial z}-k^2A_{44}\tilde{\tilde{u}}_z+kA_{33}\dfrac{\partial^2\tilde{\tilde{u}}_z}{\partial z^2}+\mathrm{i}kM_3\dfrac{\partial\tilde{\tilde{w}}_x}{\partial z}-M_3\dfrac{\partial^2\tilde{\tilde{w}}_z}{\partial z^2}\\=-\rho\omega^2\tilde{\tilde{u}}_z-\rho_l\omega^2\tilde{\tilde{w}}_z-\tilde{\tilde{p}}_z\end{cases}\tag{3.52a}$$

$$\begin{cases}k^2M_1\tilde{u}_x+\mathrm{i}kM_3\dfrac{\partial\tilde{\tilde{u}}_z}{\partial z}-k^2M\tilde{\tilde{w}}_x-\mathrm{i}kM\dfrac{\partial\tilde{\tilde{w}}_z}{\partial z}\\=-\rho_l\omega^2\tilde{u}_x-m_1\omega^2\tilde{\tilde{w}}_x+\mathrm{i}r_1\omega\tilde{\tilde{w}}_x\\\mathrm{i}kM_1\dfrac{\partial\tilde{\tilde{u}}_x}{\partial z}-M_3\dfrac{\partial^2\tilde{\tilde{u}}_z}{\partial z^2}-\mathrm{i}kM\dfrac{\partial\tilde{\tilde{w}}_x}{\partial z}+M\dfrac{\partial^2\tilde{\tilde{w}}_z}{\partial z^2}\\=-\rho_l\omega^2\tilde{\tilde{u}}_z-m_3\omega^2\tilde{\tilde{w}}_z+\mathrm{i}r_3\omega\tilde{\tilde{w}}_z\end{cases}\tag{3.52b}$$

式中，A_{11}、A_{13}、A_{33}、A_{44} 和 M、M_1、M_3 为固体骨架的弹性系数，其具体表达式参考文献[5]。若荷载为孔压作用，令式(3.52a)中的 $\tilde{\tilde{p}}_x=\alpha_1\tilde{\tilde{p}}_p\sin\theta$，$\tilde{\tilde{p}}_z=-\alpha_3\tilde{\tilde{p}}_p\cos\theta$，式（3.52b）中两式等号右端分别加上孔压对应项 $\tilde{\tilde{p}}_p\sin\theta$ 和 $-\tilde{\tilde{p}}_p\cos\theta$。设位移特解形式为

$$\begin{cases}\tilde{\tilde{u}}_x^{\mathrm{p}}\left(k,z,\omega\right)=a_1/2\pi\exp\left(\mathrm{i}kz\cot\theta\right)\\\tilde{\tilde{u}}_z^{\mathrm{p}}\left(k,z,\omega\right)=b_1/2\pi\exp\left(\mathrm{i}kz\cot\theta\right)\\\tilde{\tilde{w}}_x^{\mathrm{p}}\left(k,z,\omega\right)=c_1/2\pi\exp\left(\mathrm{i}kz\cot\theta\right)\\\tilde{\tilde{w}}_z^{\mathrm{p}}\left(k,z,\omega\right)=d_1/2\pi\exp\left(\mathrm{i}kz\cot\theta\right)\end{cases}\tag{3.53}$$

将式（3.53）代入式（3.52）可得

$$\begin{bmatrix}k_{11}&k_{12}&k_{13}&k_{14}\\k_{21}&k_{22}&k_{23}&k_{24}\\k_{31}&k_{32}&k_{33}&k_{34}\\k_{41}&k_{42}&k_{43}&k_{44}\end{bmatrix}\begin{bmatrix}a_1\\b_1\\c_1\\d_1\end{bmatrix}=-\begin{bmatrix}p_{x0}^{\mathrm{s}}\\p_{z0}^{\mathrm{s}}\\p_{x0}^{\mathrm{l}}\\p_{z0}^{\mathrm{l}}\end{bmatrix}\tag{3.54}$$

式中，矩阵元素 k_{ij} $(i, j=1, 2, 3, 4)$详见文献［5］；上标 s 和 l 分别表示固体骨架和流体受到的等效外荷载。

在斜线均布荷载作用下，有$\left[p_{x0}^{\mathrm{s}}, p_{z0}^{\mathrm{s}}, p_{x0}^{\mathrm{l}}, p_{z0}^{\mathrm{l}}\right]^{\mathrm{T}}=\left[p_{x0}, p_{z0}, 0, 0\right]^{\mathrm{T}}$；在孔压荷载作用下，有$\left[p_{x0}^{\mathrm{s}}, p_{z0}^{\mathrm{s}}, p_{x0}^{\mathrm{l}}, p_{z0}^{\mathrm{l}}\right]^{\mathrm{T}}=\left[\alpha_1 p_{p0}\sin\theta, -\alpha_3 p_{p0}\cos\theta, -p_{p0}\sin\theta, p_{p0}\cos\theta\right]^{\mathrm{T}}$。

求解式（3.54），可得到常系数 a_1、b_1、c_1 和 d_1 的具体表达式。分别将 $z=0$ 和 $z=d$ 代入式（3.53），可得荷载作用层顶面和底面的位移幅值$\tilde{\bar{u}}_{x1}^{\mathrm{p}}$、$\tilde{\bar{u}}_{x2}^{\mathrm{p}}$、$\tilde{\bar{u}}_{z1}^{\mathrm{p}}$和$\tilde{\bar{u}}_{z2}^{\mathrm{p}}$及$\tilde{\bar{w}}_{x1}^{\mathrm{p}}$、$\tilde{\bar{w}}_{x2}^{\mathrm{p}}$、$\tilde{\bar{w}}_{z1}^{\mathrm{p}}$和$\tilde{\bar{w}}_{z2}^{\mathrm{p}}$。将荷载作用层顶面和底面位移幅值代入 TI 饱和介质本构方程，可得孔压和应力特解为

$$\begin{cases}\tilde{\bar{p}}_p^{\mathrm{p}}(k,z)=\dfrac{\mathrm{i}k}{2\pi}\left(-a_1M_1+b_1M_3\cot\theta+c_1M-d_1M\cot\theta\right)\exp(\mathrm{i}kz\cot\theta)\\ \tilde{\bar{\sigma}}_x^{\mathrm{p}}(k,z)=\dfrac{\mathrm{i}k}{2\pi}\left(-a_1A_{11}+b_1A_{13}\cot\theta+c_1M_1-d_1M_1\cot\theta\right)\exp(\mathrm{i}kz\cot\theta)\\ \tilde{\bar{\sigma}}_z^{\mathrm{p}}(k,z)=\dfrac{\mathrm{i}k}{2\pi}\left(-a_1A_{13}+b_1A_{33}\cot\theta+c_1M_3-d_1M_3\cot\theta\right)\exp(\mathrm{i}kz\cot\theta)\\ \tilde{\bar{\tau}}_{zx}^{\mathrm{p}}(k,z)=\dfrac{\mathrm{i}kc_{44}}{2\pi}\left(a_1\cot\theta-b_1\right)\exp(\mathrm{i}kz\cot\theta)\end{cases}\tag{3.55}$$

分别将 $z=0$ 和 $z=d$ 代入式（3.55）并引入$\tilde{\bar{p}}_{x1}^{\mathrm{p}}=-\tilde{\bar{\tau}}_{zx}^{\mathrm{p}}(k,0)$、$\tilde{\bar{p}}_{x2}^{\mathrm{p}}=\tilde{\bar{\tau}}_{zx}^{\mathrm{p}}(k,d)$、$\tilde{\bar{p}}_{z1}^{\mathrm{p}}=-\tilde{\bar{\sigma}}_z^{\mathrm{p}}(k,0)$、$\tilde{\bar{p}}_{z2}^{\mathrm{p}}=\tilde{\bar{\sigma}}_z^{\mathrm{p}}(k,d)$、$\tilde{\bar{p}}_{p1}^{\mathrm{p}}=\tilde{\bar{p}}_p^{\mathrm{p}}(k,0)$和$\tilde{\bar{p}}_{p2}^{\mathrm{p}}=-\tilde{\bar{p}}_p^{\mathrm{p}}(k,d)$，可求得层上下端面反力特解。为使层固定，特解还必须加上与负的$[\tilde{\bar{u}}_{x1}^{\mathrm{p}},\tilde{\bar{u}}_{z1}^{\mathrm{p}},\tilde{\bar{w}}_{z1}^{\mathrm{p}},\tilde{\bar{u}}_{x2}^{\mathrm{p}},\tilde{\bar{u}}_{z2}^{\mathrm{p}},\tilde{\bar{w}}_{z2}^{\mathrm{p}}]^{\mathrm{T}}$相应的齐次解(齐次解部分以上标 h 表示)。外荷载齐次解$\tilde{\bar{p}}_{x1}^{\mathrm{h}}$、$\tilde{\bar{p}}_{z1}^{\mathrm{h}}$、$\tilde{\bar{p}}_{p1}^{\mathrm{h}}$和$\tilde{\bar{p}}_{x2}^{\mathrm{h}}$、$\tilde{\bar{p}}_{z2}^{\mathrm{h}}$、$\tilde{\bar{p}}_{p2}^{\mathrm{h}}$可通过固定层的精确动力刚度矩阵（见本书 2.4.1 节）求得

$$\left[\tilde{\bar{p}}_{x1}^{\mathrm{h}},\mathrm{i}\tilde{\bar{p}}_{z1}^{\mathrm{h}},\mathrm{i}\tilde{\bar{p}}_{p1}^{\mathrm{h}},\tilde{\bar{p}}_{x2}^{\mathrm{h}},\mathrm{i}\tilde{\bar{p}}_{z2}^{\mathrm{h}},\mathrm{i}\tilde{\bar{p}}_{p2}^{\mathrm{h}}\right]^{\mathrm{T}}=\boldsymbol{K}_{\text{qP1-qP2-qSV}}^{\mathrm{L}}\left[-\tilde{\bar{u}}_{x1}^{\mathrm{p}},-\mathrm{i}\tilde{\bar{u}}_{z1}^{\mathrm{p}},-\mathrm{i}\tilde{\bar{w}}_{z1}^{\mathrm{p}},-\tilde{\bar{u}}_{x2}^{\mathrm{p}},-\mathrm{i}\tilde{\bar{u}}_{z2}^{\mathrm{p}},-\mathrm{i}\tilde{\bar{w}}_{z2}^{\mathrm{p}}\right]^{\mathrm{T}}\tag{3.56}$$

由特解和齐次解可求得总外荷载幅值为

$$\begin{cases}\tilde{\bar{p}}_{xj}=-\tilde{\bar{p}}_{xj}^{\mathrm{p}}-\tilde{\bar{p}}_{xj}^{\mathrm{h}}\\ \tilde{\bar{p}}_{zj}=-\tilde{\bar{p}}_{zj}^{\mathrm{p}}-\tilde{\bar{p}}_{zj}^{\mathrm{h}}\quad(j=1,2)\\ \tilde{\bar{p}}_{pj}=-\tilde{\bar{p}}_{pj}^{\mathrm{p}}-\tilde{\bar{p}}_{pj}^{\mathrm{h}}\end{cases}\tag{3.57}$$

根据 2.4.3 节给出的平面内 TI 饱和半空间整体精确动力刚度矩阵，波数域内层状 TI 饱和半空间平面内的离散动平衡方程可以表示为

$$\boldsymbol{Q}=\boldsymbol{K}_{\text{qP1-qP2-qSV}}\boldsymbol{U}\tag{3.58}$$

式中，$\boldsymbol{Q}=\left[\tilde{\bar{p}}_{x1},\mathrm{i}\tilde{\bar{p}}_{z1},\mathrm{i}\tilde{\bar{p}}_{p1},\cdots,\tilde{\bar{p}}_{x(N+1)},\mathrm{i}\tilde{\bar{p}}_{z(N+1)},\mathrm{i}\tilde{\bar{p}}_{p(N+1)}\right]^{\mathrm{T}}$，为作用在层交界面上的外荷载幅值向量；$\boldsymbol{K}_{\mathrm{qP1\text{-}qP2\text{-}qSV}}$ 为集整 TI 饱和层与半空间的整体平面内刚度矩阵；$\boldsymbol{U}=\left[\tilde{\bar{u}}_{x1},\mathrm{i}\tilde{\bar{u}}_{z1},\mathrm{i}\tilde{\bar{w}}_{z1},\cdots,\tilde{\bar{u}}_{x(N+1)},\mathrm{i}\tilde{\bar{u}}_{z(N+1)},\mathrm{i}\tilde{\bar{w}}_{z(N+1)}\right]^{\mathrm{T}}$，为层交界面上的位移幅值向量。

将式（3.57）代入式（3.58），可求得固定端面反力产生的位移响应 $\tilde{\bar{u}}_x^{\mathrm{r}}(k,z)$、$\tilde{\bar{u}}_z^{\mathrm{r}}(k,z)$ 和 $\tilde{\bar{w}}_z^{\mathrm{r}}(k,z)$；相应的应力响应 $\tilde{\bar{\sigma}}_x^{\mathrm{r}}(k,z)$、$\tilde{\bar{\sigma}}_z^{\mathrm{r}}(k,z)$、$\tilde{\bar{\tau}}_{zx}^{\mathrm{r}}(k,z)$ 和 $\tilde{\bar{p}}_p^{\mathrm{p}}(k,z)$ 可由求得的位移响应代入 TI 饱和介质的本构方程求得。上标 r 表示固定端面反力产生的响应。值得注意的是，本节在推导 TI 饱和介质中的动力格林函数时，采用第 2 章的刚度矩阵应根据不同地表排水条件选用相应的刚度矩阵。同样，可通过 Fourier 逆变换将结果变换到空间域。

3.4.2 饱和半空间中斜线均布荷载动力格林函数验证

为验证该方法的正确性，首先与 Liang 等[6]介绍的 3 层各向同性饱和半空间中格林函数结果进行对比。各饱和介质层厚度相同，取为 a=5m，斜线均布荷载作用于第二层。各饱和介质层与半空间参数取为 $G^{\mathrm{L}}:2G^{\mathrm{L}}:3G^{\mathrm{L}}:G^{\mathrm{R}}=1:2:3:4$，$G^{\mathrm{L}}$=125MPa；各介质层其他参数相同：$\nu$=0.25，$\rho_{\mathrm{s}}=2\rho_{\mathrm{f}}$=2000kg/m^3，$\zeta$=0.001，$k_{\mathrm{d}}=10^{-3}$m/s，$k_{\mathrm{l}}$=2100MPa，$\phi$=0.4 和 α=1.0。斜线均布荷载幅值 q_0=1000N/m^2，斜线倾角 θ=45°。频率 η 中的参考值取半空间的参数，无量纲水平和竖向位移分别定义为 $u^*(0,z)=G^{\mathrm{L}}u(0,z)/(p_0a)$和 $w^*(0,z)=G^{\mathrm{L}}w(0,z)/(p_0a)$。半空间表面完全透水。取 η=0.5 和 2.0。图 3-16（a）～（d）给出了分别施加均布水平和竖向荷载时，相应的水平和竖向位移格林函数实部和虚部。可以看出，本节结果与 Liang 等[6]给出的结果吻合良好。

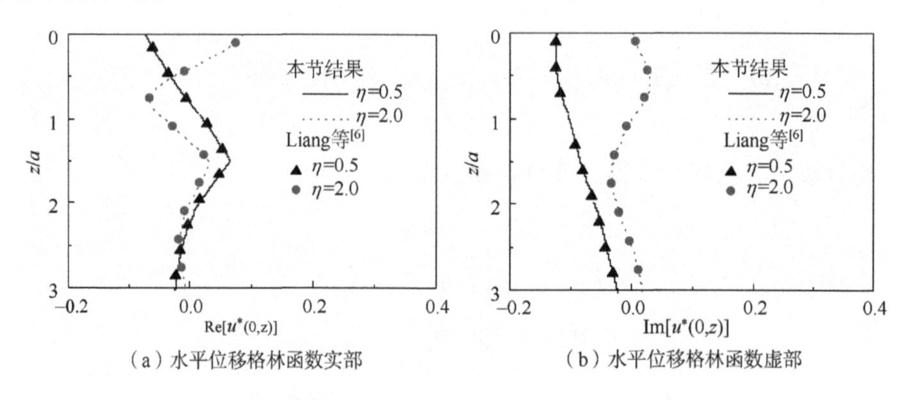

（a）水平位移格林函数实部　　（b）水平位移格林函数虚部

图 3-16　本节与 Liang 等[6]介绍的 3 层各向同性饱和半空间中格林函数实部和虚部结果对比

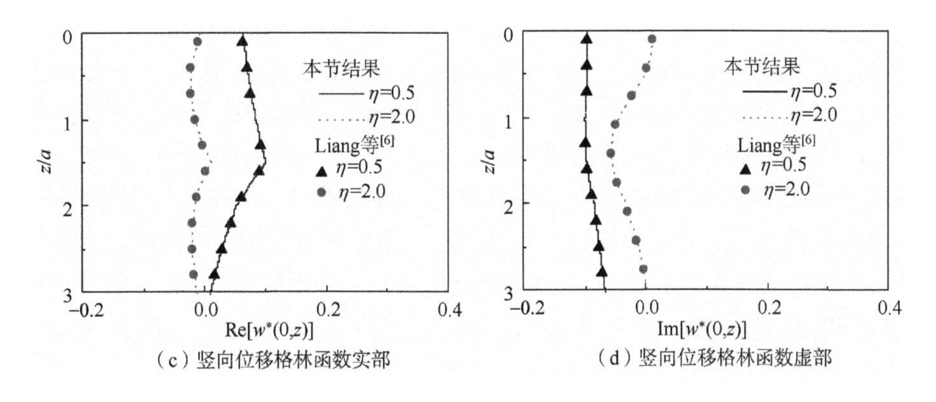

（c）竖向位移格林函数实部　（d）竖向位移格林函数虚部

图 3-16（续）

其次，与 Yang 等[7]中均匀 TI 弹性半空间中表面竖向条形均布荷载格林函数结果进行对比。当取相应饱和参数为零时（实际计算中，取 $m_j=r_j=\alpha_j=k_l=\rho_l=\phi=0.0001, j=1,3$），TI 饱和介质可退化为 TI 弹性介质。半空间材料参数为 $n=E_h/E_v=1.0$、2.0 和 3.0，$m=G_v/E_v=0.3$，$\nu_h=\nu_{vh}=0.25$，$\rho=2000\text{kg/m}^3$，$\zeta=0.01$。无量纲固体骨架竖向位移定义为 $u_z^*=u_zG_v/(p_{z0}a)$，其中 $a=0.1\text{m}$，为竖向均布荷载的半宽；p_{z0} 为竖向均布荷载幅值。图 3-17 给出了 $\eta=1.0$ 时，竖向均布荷载作用下竖向位移的实部和虚部沿 z 轴的变化曲线。从图 3-17 中可以看出，本节的计算结果与 Yang 等[7]给出的结果吻合良好。

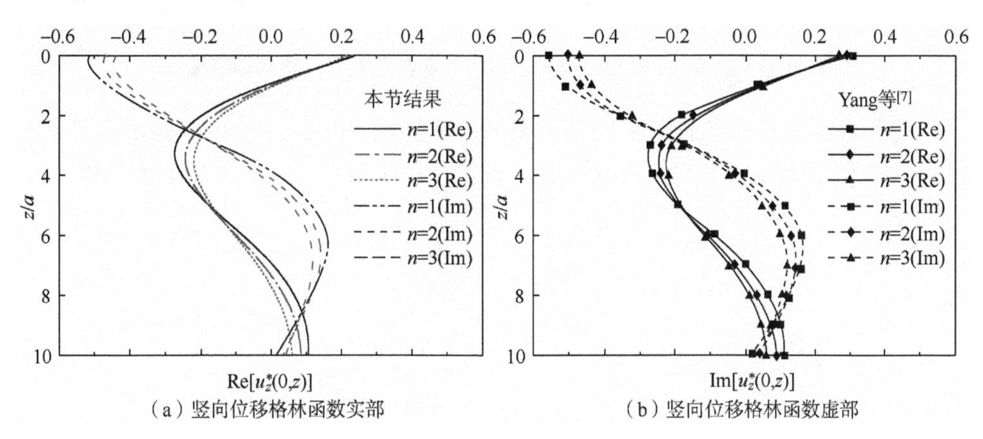

（a）竖向位移格林函数实部　（b）竖向位移格林函数虚部

图 3-17　本节与 Yang 等[7]中均匀 TI 弹性半空间中表面竖向条形均布荷载格林函数的实部和虚部结果对比

3.4.3　算例与分析

如图 3-18 所示，本节以均匀 TI 饱和半空间为例研究了地表排水条件和渗透率对动力响应的影响，饱和模型相应的单相材料可将饱和参数取为零得到（$m_1=m_3=$

$r_1=r_3=\alpha_1=\alpha_3=k_l=\rho_l=0.0001$）。半空间参数取为 $E_h=2E_v=123.3\text{MPa}$、$G_v=37\text{MPa}$，$\rho_s=2000\text{kg/m}^3$、$\rho_l=1000\text{kg/m}^3$、$\nu_h=\nu_{vh}=0.25$、$\zeta=0.001$、$k_s=360\text{MPa}$、$k_l=20\text{MPa}$，$a_1=a_3=2.167$，$\eta_l=0.001\text{Pa}\cdot\text{s}$，$\phi=0.3$，$k_1=k_3=10^3\text{m}^2$。荷载和孔压均作用于半空间 $h=a$ 处，竖向投影长度为 a 的斜线单元上（斜线与水平夹角 $\theta=45°$）。频率 η 的参数中 $G_0=37\text{MPa}$，$\rho_0=1700\text{kg/m}^3$。当作用水平均布荷载时，无量纲水平位移和剪切应力分别定义为 $u_{xx}^*=u_xG_0/(p_{x0}a)$ 和 $\tau_{zxx}^*=\tau_{zx}/p_{x0}$；当作用竖向均布荷载时，无量纲竖向位移和正应力分别为 $u_{zz}^*=u_zG_0/(p_{z0}a)$ 和 $\sigma_{zz}{}^*=\sigma_z/p_{z0}$；作用孔压时，无量纲竖向位移和孔压分别为 $u_{zp}^*=u_zG_0/(p_{p0}a)$ 和 $p_p{}^*=p_p/p_{p0}$。u_{xx}^*、τ_{zxx}^*、u_{zz}^*、σ_{zz}^*、u_{zp}^* 和 p_p^* 的最后一个下标表示施加均布荷载的方向。

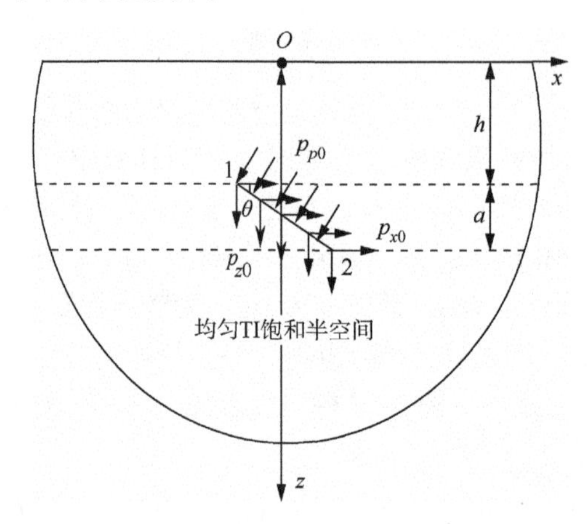

图 3-18　均匀 TI 饱和半空间中斜线均布荷载及孔压格林函数模型

为研究地表排水条件对半空间动力响应的影响，图 3-19 给出了排水边界、不排水边界和相应等效单相材料情况时地表位移结果对比，计算时取 $\eta=0.5$ 和 2.0。

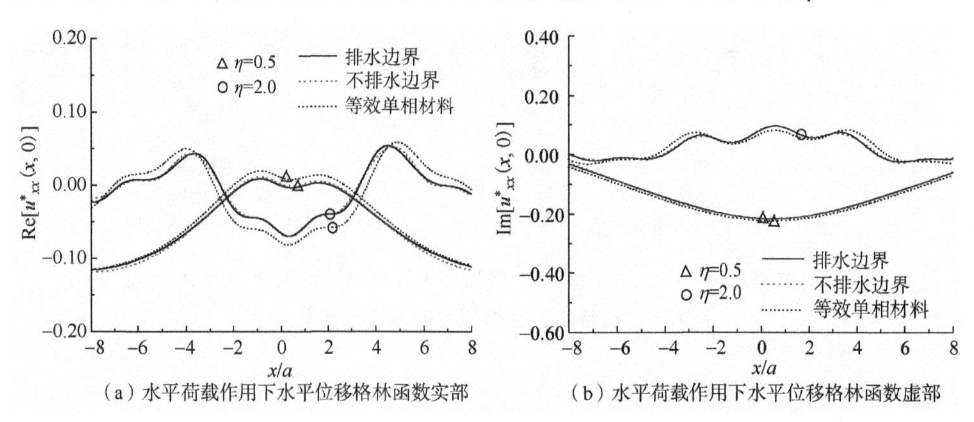

（a）水平荷载作用下水平位移格林函数实部　（b）水平荷载作用下水平位移格林函数虚部

图 3-19　斜线荷载下 TI 饱和半空间的无量纲地表位移

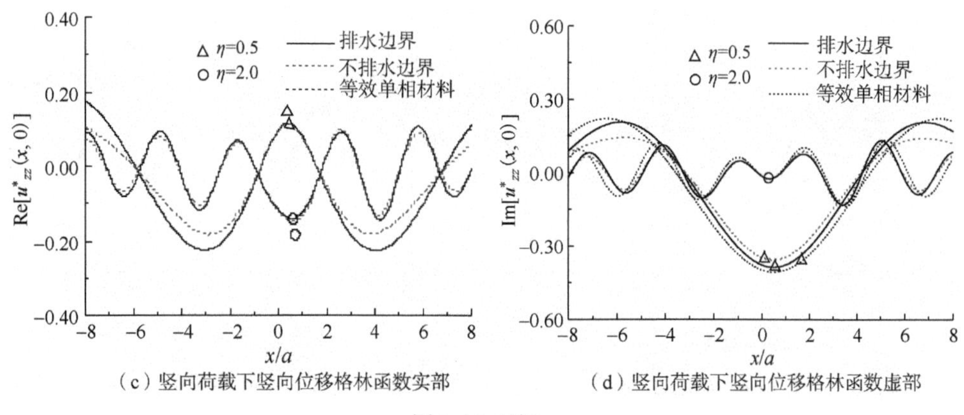

（c）竖向荷载下竖向位移格林函数实部　　（d）竖向荷载下竖向位移格林函数虚部

图 3-19（续）

从图 3-19 中可以看出，饱和与弹性半空间之间的地表位移存在一定差异，同时地表排水条件对动力响应也有一定的影响。$u^*_{zz}(x,0)$受孔隙中是否充满流体及地表是否透水的影响较为显著，而$u^*_{xx}(x,0)$则几乎不受地表排水条件的影响。这是因为作用水平荷载主要引起剪切波，而作用竖向荷载主要产生压缩波。$u^*_{zz}(x,0)$在单相材料情况下最大，在不排水情况下最小，同时对应 3 种情况的$u^*_{zz}(x,0)$也存在一定的相位漂移。

为了研究渗透率对动力响应的影响，图 3-20 给出了 η=0.5 和 2.0 时，斜线均布荷载和孔压作用于均匀 TI 饱和半空间（图 3-18）的地表位移结果。考虑渗透率 $k_1=k_3=\infty$（计算中取 10^3）、10^{-9} 和 10^{-10} 3 种情况。实际上，渗透率为 $k_1=k_3=\infty$可表示无黏性流体介质。半空间表面为排水条件。

从图 3-20 中可以看出，渗透率的作用类似于材料阻尼。随着渗透率的减小，3 种渗透率对应的$u^*_{xx}(x,0)$和$u^*_{zz}(x,0)$逐渐减小，但总体上受渗透率的影响较小。相较$u^*_{xx}(x,0)$和$u^*_{zz}(x,0)$，$u^*_{zp}(x,0)$受渗透率的影响较大，变化情况也更为复杂。这说明渗透率对孔压作用下的动力响应影响要比水平和竖向斜线荷载作用下的动力响应更为显著。

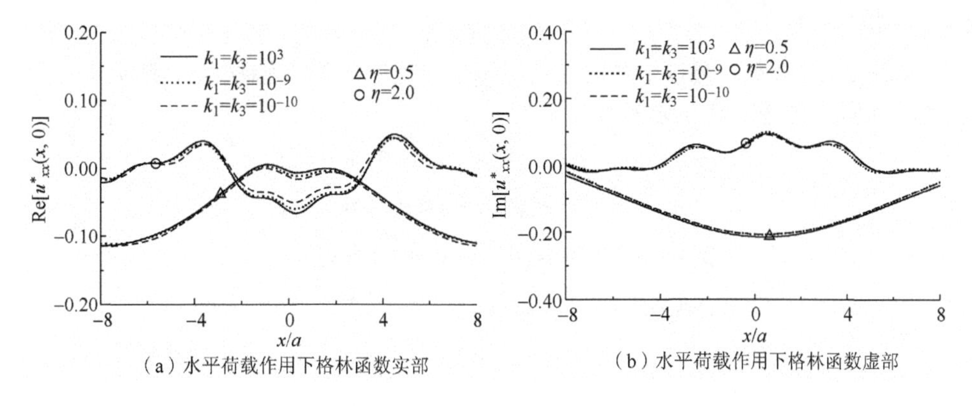

（a）水平荷载作用下格林函数实部　　（b）水平荷载作用下格林函数虚部

图 3-20　作用斜线荷载和孔压时 TI 饱和半空间的地表位移

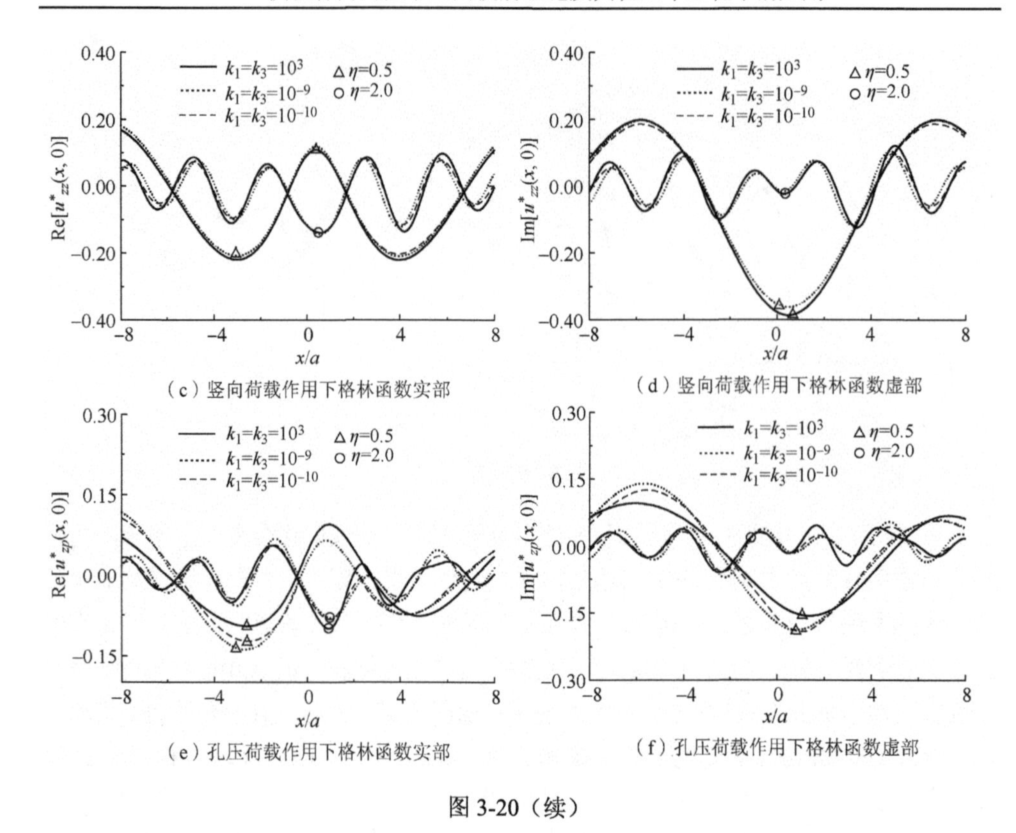

（c）竖向荷载作用下格林函数实部　（d）竖向荷载作用下格林函数虚部

（e）孔压荷载作用下格林函数实部　（f）孔压荷载作用下格林函数虚部

图 3-20（续）

3.5　层状 TI 饱和半空间中移动斜线均布荷载及孔压动力格林函数

3.5.1　格林函数求解过程

如图 3-21 所示，假设斜线均布荷载以恒定速度 c 沿 y 轴移动，则时间-空间域的移动斜线荷载和孔压幅值可表示为

$$\begin{cases} p_x(x,y,z,t)=p_{x0}\delta(z-x\tan\theta)\delta(y-ct) \\ p_y(x,y,z,t)=p_{y0}\delta(z-x\tan\theta)\delta(y-ct) \\ p_z(x,y,z,t)=p_{z0}\delta(z-x\tan\theta)\delta(y-ct) \\ p_p(x,y,z,t)=p_{p0}\delta(z-x\tan\theta)\delta(y-ct) \end{cases} \tag{3.59}$$

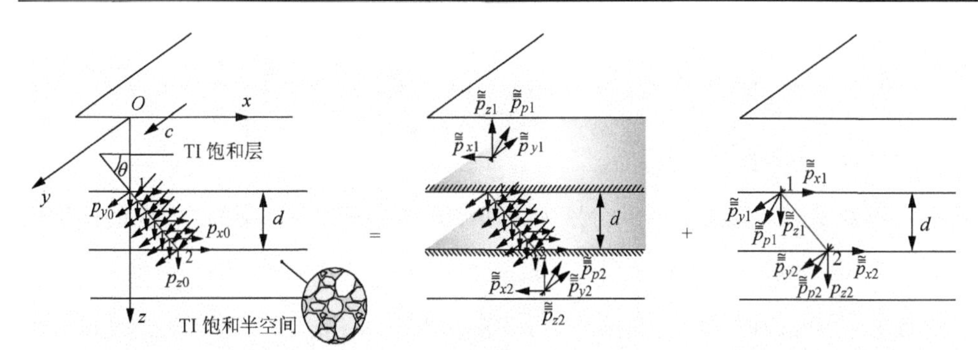

图 3-21 层状 TI 饱和半空间中移动斜线均布荷载及孔压动力格林函数求解

对式（3.59）进行三重 Fourier 变换可得

$$\begin{bmatrix} \bar{\bar{\tilde{p}}}_x \\ \bar{\bar{\tilde{p}}}_y \\ \bar{\bar{\tilde{p}}}_z \\ \bar{\bar{\tilde{p}}}_p \end{bmatrix} = \frac{1}{(2\pi)^3}\iiint \begin{bmatrix} p_x \\ p_y \\ p_z \\ p_p \end{bmatrix} \exp(\mathrm{i}k_x x + \mathrm{i}k_y y - \mathrm{i}\omega t)\mathrm{d}x\mathrm{d}y\mathrm{d}t = \frac{\delta\left(k_y - \omega/c\right)\exp(\mathrm{i}k_x z\cot\theta)}{(2\pi)^2 c}\begin{bmatrix} p_{x0} \\ p_{y0} \\ p_{z0} \\ p_{p0} \end{bmatrix} \tag{3.60}$$

则移动斜线均布荷载作用下，TI 饱和介质频率-波数域内的动力平衡方程为

$$\begin{cases} \left[\rho\omega^2 - \left(2B_1 + B_2\right)k_x^2 - B_1 k_y^2 + B_5\dfrac{\partial^2}{\partial z^2}\right]\bar{\bar{\tilde{u}}}_x - k_x k_y\left(B_1 + B_2\right)\bar{\bar{\tilde{u}}}_y - \mathrm{i}k_x\left(B_3 + B_5\right)\dfrac{\partial \bar{\bar{\tilde{u}}}_z}{\partial z} \\ +\left(\rho_l\omega^2 + B_6 k_x^2\right)\bar{\bar{\tilde{w}}}_x + B_6 k_x k_y \bar{\bar{\tilde{w}}}_y + \mathrm{i}k_x B_6\dfrac{\partial \bar{\bar{\tilde{w}}}_z}{\partial z} = -\bar{\bar{\tilde{p}}}_x \\ \left[\rho\omega^2 - B_1 k_x^2 - \left(2B_1 + B_2\right)k_y^2 + B_5\dfrac{\partial^2}{\partial z^2}\right]\bar{\bar{\tilde{u}}}_y - k_x k_y\left(B_1 + B_2\right)\bar{\bar{\tilde{u}}}_x - \mathrm{i}k_y\left(B_3 + B_5\right)\dfrac{\partial \bar{\bar{\tilde{u}}}_z}{\partial z} \\ +\left(\rho_l\omega^2 + B_6 k_y^2\right)\bar{\bar{\tilde{w}}}_y + B_6 k_x k_y \bar{\bar{\tilde{w}}}_x + \mathrm{i}k_y B_6\dfrac{\partial \bar{\bar{\tilde{w}}}_z}{\partial z} = -\bar{\bar{\tilde{p}}}_y \end{cases} \tag{3.61}$$

$$\begin{cases} \left(\rho_l\omega^2 + B_6 k_x^2\right)\bar{\bar{\tilde{u}}}_x + B_6 k_x k_y \bar{\bar{\tilde{u}}}_y + \mathrm{i}B_7 k_x\dfrac{\partial \bar{\bar{\tilde{u}}}_z}{\partial z} - B_8 k_x^2 \bar{\bar{\tilde{w}}}_x - B_8 k_x k_y \bar{\bar{\tilde{w}}}_y - \mathrm{i}B_8 k_x\dfrac{\partial \bar{\bar{\tilde{w}}}_z}{\partial z} \\ +\left(m_1\omega^2 - ir_1\omega\right)\bar{\bar{\tilde{w}}}_x = -\bar{\bar{\tilde{p}}}_{px} \\ \left(\rho_l\omega^2 + B_6 k_y^2\right)\bar{\bar{\tilde{u}}}_y + B_6 k_x k_y \bar{\bar{\tilde{u}}}_x + \mathrm{i}B_7 k_y\dfrac{\partial \bar{\bar{\tilde{u}}}_z}{\partial z} - B_8 k_y^2 \bar{\bar{\tilde{w}}}_y - B_8 k_x k_y \bar{\bar{\tilde{w}}}_x - \mathrm{i}B_8 k_y\dfrac{\partial \bar{\bar{\tilde{w}}}_z}{\partial z} \\ +\left(m_1\omega^2 - ir_1\omega\right)\bar{\bar{\tilde{w}}}_y = -\bar{\bar{\tilde{p}}}_{py} \end{cases} \tag{3.62}$$

$$\begin{cases} \mathrm{i}B_6k_x\dfrac{\partial\bar{\bar{u}}_x}{\partial z}+\mathrm{i}B_6k_y\dfrac{\partial\bar{\bar{u}}_y}{\partial z}+\left(\rho_l\omega^2-B_7\dfrac{\partial^2}{\partial z^2}\right)\bar{\bar{u}}_z-\mathrm{i}B_8k_x\dfrac{\partial\bar{\bar{w}}_x}{\partial z}-\mathrm{i}B_8k_y\dfrac{\partial\bar{\bar{w}}_y}{\partial z}+B_8\dfrac{\partial^2\bar{\bar{w}}_z}{\partial z^2} \\ +\left(m_3\omega^2-ir_3\omega\right)\bar{\bar{w}}_z=-\bar{\bar{p}}_{pz} \end{cases}$$

式中，$\bar{\bar{p}}_j$ 和 $\bar{\bar{p}}_{pj}$（j =x，y，z）分别为施加在固体骨架和流体上的 j 方向的外荷载幅值。

若仅作用孔压时，$\left[\bar{\bar{p}}_x,\bar{\bar{p}}_y,\bar{\bar{p}}_z\right]=\left[\alpha_1l_x\bar{\bar{p}}_p,\alpha_1l_y\bar{\bar{p}}_p,\alpha_3l_z\bar{\bar{p}}_p\right]$，其中$(l_x,l_y,l_z)$是孔压作用方向的方向向量。设位移特解为

$$\begin{cases} \bar{\bar{u}}_j^{\mathrm{p}}=\dfrac{\delta\left(k_y-\omega/c\right)\exp(\mathrm{i}k_xz\cot\theta)}{(2\pi)^2c}a_j \\ \bar{\bar{w}}_j^{\mathrm{p}}=\dfrac{\delta\left(k_y-\omega/c\right)\exp(\mathrm{i}k_xz\cot\theta)}{(2\pi)^2c}b_j \end{cases}\quad(j=x,y,z) \tag{3.63}$$

将式（3.63）代入式（3.61）和式（3.62），可得到关于系数 a_j 和 b_j 的方程组

$$\boldsymbol{M}\left[a_x,a_y,a_z,b_x,b_y,b_z\right]^{\mathrm{T}}=-\left[\bar{\bar{p}}_x,\bar{\bar{p}}_y,\bar{\bar{p}}_z,\bar{\bar{p}}_{px},\bar{\bar{p}}_{py},\bar{\bar{p}}_{pz}\right]^{\mathrm{T}} \tag{3.64}$$

矩阵 $\boldsymbol{M}$ 中各元素详见文献［8］。解方程组（3.64），可求出系数 a_j 和 b_j。将 z=0 和 z=d 代入式（3.63），可得荷载作用层顶面和底面的位移特解幅值：

$$\begin{cases} \bar{\bar{u}}_{j1}^{\mathrm{p}}=\dfrac{a_j\delta\left(k_y-\omega/c\right)}{(2\pi)^2c},\quad \bar{\bar{u}}_{j2}^{\mathrm{p}}=\dfrac{a_j\delta\left(k_y-\omega/c\right)}{(2\pi)^2c}\mathrm{e}^{\mathrm{i}k_xd\cot\theta} \\ \bar{\bar{w}}_{j1}^{\mathrm{p}}=\dfrac{b_j\delta\left(k_y-\omega/c\right)}{(2\pi)^2c},\quad \bar{\bar{w}}_{j2}^{\mathrm{p}}=\dfrac{b_j\delta\left(k_y-\omega/c\right)}{(2\pi)^2c}\mathrm{e}^{\mathrm{i}k_xd\cot\theta} \end{cases}\quad(j=x,y,z) \tag{3.65}$$

通过 TI 饱和介质本构关系可得应力特解幅值。分别令 z=0、z=d，可得荷载作用层顶面和底面的反力特解幅值：

$$\begin{cases} \bar{\bar{p}}_{x1}^{\mathrm{p}}=-\bar{\bar{\tau}}_{zx1}^{\mathrm{p}}=-B_5\left(\mathrm{i}k_x\cot\theta a_x-\mathrm{i}k_xa_z\right)\dfrac{\delta\left(k_y-\omega/c\right)}{(2\pi)^2c} \\ \bar{\bar{p}}_{y1}^{\mathrm{p}}=-\bar{\bar{\tau}}_{yz1}^{\mathrm{p}}=-B_5\left(\mathrm{i}k_x\cot\theta a_y-\mathrm{i}k_ya_z\right)\dfrac{\delta\left(k_y-\omega/c\right)}{(2\pi)^2c} \\ \bar{\bar{p}}_{z1}^{\mathrm{p}}=-\bar{\bar{\sigma}}_{z1}^{\mathrm{p}}=-\begin{pmatrix}-\mathrm{i}B_3k_xa_x-\mathrm{i}B_3k_ya_y+\mathrm{i}B_4k_x\cot\theta a_z \\ +\mathrm{i}B_7k_xb_x+\mathrm{i}B_7k_yb_y-\mathrm{i}B_7k_x\cot\theta b_z\end{pmatrix}\dfrac{\delta\left(k_y-\omega/c\right)}{(2\pi)^2c} \end{cases} \tag{3.66}$$

$$\begin{cases}\bar{\bar{\bar{p}}}_{p1}^{\mathrm{p}}=\bar{\bar{\bar{p}}}_{1}^{\mathrm{p}}=\begin{pmatrix}-\mathrm{i}B_6k_xa_x-\mathrm{i}B_6k_ya_y+iB_7k_x\cot\theta a_y\\+\mathrm{i}B_8k_xb_x+\mathrm{i}B_8k_yb_y-\mathrm{i}B_8k_x\cot\theta b_z\end{pmatrix}\dfrac{\delta\left(k_y-\omega/c\right)}{(2\pi)^2c}\\ \bar{\bar{\bar{p}}}_{x2}^{\mathrm{p}}=\bar{\bar{\bar{\tau}}}_{zx2}^{\mathrm{p}}=-\bar{\bar{\bar{R}}}_{x1}^{\mathrm{p}}\mathrm{e}^{\mathrm{i}k_xd\cot\theta},\quad \bar{\bar{\bar{p}}}_{y2}^{\mathrm{p}}=\bar{\bar{\bar{\tau}}}_{yz2}^{\mathrm{p}}=-\bar{\bar{\bar{R}}}_{y1}^{\mathrm{p}}\mathrm{e}^{\mathrm{i}k_xd\cot\theta}\\ \bar{\bar{\bar{p}}}_{z2}^{\mathrm{p}}=\bar{\bar{\bar{\sigma}}}_{z2}^{\mathrm{p}}=-\bar{\bar{\bar{R}}}_{z1}^{\mathrm{p}}\mathrm{e}^{\mathrm{i}k_xd\cot\theta},\quad \bar{\bar{\bar{p}}}_{p2}^{\mathrm{p}}=-\bar{\bar{\bar{p}}}_{p2}^{\mathrm{p}}=-\bar{\bar{\bar{R}}}_{p1}^{\mathrm{p}}\mathrm{e}^{\mathrm{i}k_xd\cot\theta}\end{cases}$$

为固定荷载作用层，特解还必须加上 $-\bar{\bar{\bar{u}}}_{j1}^{\mathrm{p}}$、$-\bar{\bar{\bar{w}}}_{j1}^{\mathrm{p}}$ 和 $-\bar{\bar{\bar{u}}}_{j2}^{\mathrm{p}}$、$-\bar{\bar{\bar{w}}}_{j2}^{\mathrm{p}}$ 相应的齐次解，然后利用直接刚度法可求出反力齐次解（上标为 h）幅值为

$$\left[\bar{\bar{\bar{p}}}_{x1}^{\mathrm{h}},\bar{\bar{\bar{p}}}_{y1}^{\mathrm{h}},\mathrm{i}\bar{\bar{\bar{p}}}_{z1}^{\mathrm{h}},\mathrm{i}\bar{\bar{\bar{p}}}_{p1}^{\mathrm{h}},\bar{\bar{\bar{p}}}_{x2}^{\mathrm{h}},\bar{\bar{\bar{p}}}_{y2}^{\mathrm{h}},\mathrm{i}\bar{\bar{\bar{p}}}_{z2}^{\mathrm{h}},\mathrm{i}\bar{\bar{\bar{p}}}_{p2}^{\mathrm{h}}\right]^{\mathrm{T}}=-\boldsymbol{K}_{\text{qP1-qP2-qSV-SH}}^{\mathrm{L}}\left[\bar{\bar{\bar{u}}}_{x1}^{\mathrm{p}},\bar{\bar{\bar{u}}}_{y1}^{\mathrm{p}},\mathrm{i}\bar{\bar{\bar{u}}}_{z1}^{\mathrm{p}},\mathrm{i}\bar{\bar{\bar{w}}}_{z1}^{\mathrm{p}},\bar{\bar{\bar{u}}}_{x2}^{\mathrm{p}},\bar{\bar{\bar{u}}}_{y2}^{\mathrm{p}},\mathrm{i}\bar{\bar{\bar{u}}}_{z2}^{\mathrm{p}},\mathrm{i}\bar{\bar{\bar{w}}}_{z2}^{\mathrm{p}}\right]^{\mathrm{T}}\tag{3.67}$$

式中，$\boldsymbol{K}_{\text{qP1-qP2-qSV-SH}}^{\mathrm{L}}$ 为式（2.85）给出的 TI 饱和层的精确动力刚度矩阵。

接着可求出荷载作用层内的位移和应力齐次解幅值。叠加反力特解和齐次解，可得总的固端反力幅值为

$$\begin{cases}\bar{\bar{\bar{p}}}_{j1}=-\bar{\bar{\bar{p}}}_{j1}^{\mathrm{p}}-\bar{\bar{\bar{p}}}_{j1}^{\mathrm{h}},\quad \bar{\bar{\bar{p}}}_{j2}=-\bar{\bar{\bar{p}}}_{j2}^{\mathrm{p}}-\bar{\bar{\bar{p}}}_{j2}^{\mathrm{h}}\\ \bar{\bar{\bar{p}}}_{p1}=-\bar{\bar{\bar{p}}}_{p1}^{\mathrm{p}}-\bar{\bar{\bar{p}}}_{p1}^{\mathrm{h}},\quad \bar{\bar{\bar{p}}}_{p2}=-\bar{\bar{\bar{p}}}_{p2}^{\mathrm{p}}-\bar{\bar{\bar{p}}}_{p2}^{\mathrm{h}}\end{cases}\quad (j=x,y,z)\tag{3.68}$$

假定均布荷载作用在 TI 饱和层状半空间中的第 l 层，将式(3.68)代入式(2.91)中，可求出固端反力作用下各层交界面处的位移幅值为

$$\boldsymbol{U}^{\mathrm{r}}=\boldsymbol{K}_{\text{qP1-qP2-qSV-SH}}^{-1}\left[0,0,\cdots,\bar{\bar{\bar{p}}}_{x1}^{\mathrm{r}},\bar{\bar{\bar{p}}}_{y1}^{\mathrm{r}},\mathrm{i}\bar{\bar{\bar{p}}}_{z1}^{\mathrm{r}},\mathrm{i}\bar{\bar{\bar{p}}}_{p1}^{\mathrm{r}},\bar{\bar{\bar{p}}}_{x2}^{\mathrm{r}},\bar{\bar{\bar{p}}}_{y2}^{\mathrm{r}},\mathrm{i}\bar{\bar{\bar{p}}}_{z2}^{\mathrm{r}},\mathrm{i}\bar{\bar{\bar{p}}}_{p2}^{\mathrm{r}},\cdots,0,0\right]^{\mathrm{T}}\tag{3.69}$$

式中，$\boldsymbol{K}_{\text{qP1- qP2-qSV-SH}}$ 为层状 TI 饱和半空间的整体精确动力刚度矩阵，适用于地表透水条件；$\boldsymbol{U}^{\mathrm{r}}=\left[\bar{\bar{\bar{u}}}_{x1}^{\mathrm{r}},\bar{\bar{\bar{u}}}_{y1}^{\mathrm{r}},\mathrm{i}\,\bar{\bar{\bar{u}}}_{z1}^{\mathrm{r}},\mathrm{i}\,\bar{\bar{\bar{w}}}_{z1}^{\mathrm{r}},\cdots,\bar{\bar{\bar{u}}}_{x(N+1)}^{\mathrm{r}},\bar{\bar{\bar{u}}}_{y(N+1)}^{\mathrm{r}},\mathrm{i}\,\bar{\bar{\bar{u}}}_{z(N+1)}^{\mathrm{r}},\mathrm{i}\,\bar{\bar{\bar{w}}}_{z(N+1)}^{\mathrm{r}}\right]^{\mathrm{T}}$。

接着可以得到固端反力作用下整个半空间内的位移和应力幅值。上述表达式是在频率-波数域内推导的，而时间-空间域中的结果可通过 Fourier 逆变换。

3.5.2　饱和半空间中移动斜线均布荷载动力格林函数验证

为验证该方法的正确性，与 Ba 等[9]中均匀 TI 饱和半空间中水平均布荷载格林函数进行对比。取斜线夹角 θ 为零，可将斜线荷载退化为水平荷载。荷载分布长度为 $2a$，埋置深度 $z_0=2a$。3 种材料模型的参数取为 $E_{\mathrm{h}}/E_{\mathrm{v}}=0.5$、1.0 和 2.0，$G_{\mathrm{v}}=37\mathrm{MPa}$，$\nu_{\mathrm{h}}=\nu_{\mathrm{vh}}=0.25$，$\rho_{\mathrm{s}}=2000\mathrm{kg/m^3}$，$\rho_{\mathrm{l}}=1000\mathrm{kg/m^3}$，$k_{\mathrm{s}}=360\mathrm{MPa}$，$k_{\mathrm{l}}=20\mathrm{MPa}$，$\zeta=0.001$，孔隙流体黏滞系数 $\eta_l=0.001\mathrm{Pa\cdot s}$，$\phi=0.3$，$k_1=k_3=1000\mathrm{m}^2$，$a_{\infty1}=a_{\infty3}=2.167$。无量纲频率 $\eta=0.5$ 中参考值取 $G_0=37\mathrm{MPa}$，$\rho_0=1700\mathrm{kg/m^3}$。图 3-22 给出了孔压作

用下的无量纲竖向位移 $u_{zp}^*=u_zG_0/(p_{f0}a)$ 和孔压 $p_p^*=p/p_{f0}$ 沿深度的变化曲线，其中 $p_{f0}=1/a=1.0\text{N/m}$。从图 3-22 中可以看出，本节结果与 Ba 等[9]给出的结果吻合良好。

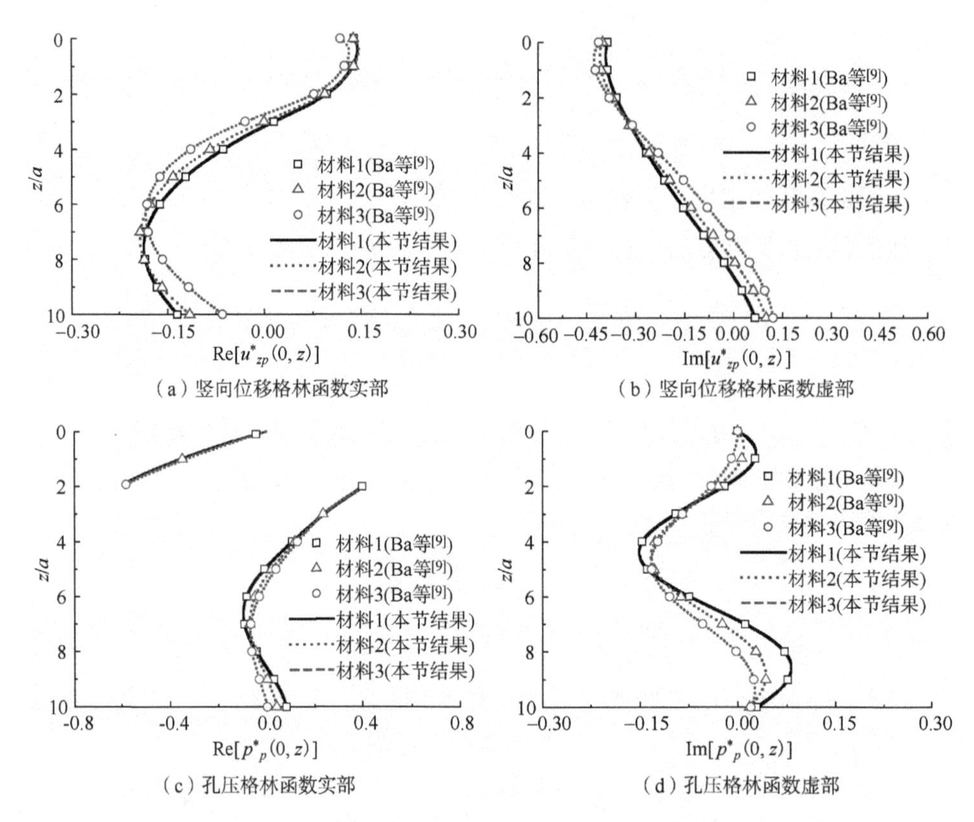

（a）竖向位移格林函数实部　（b）竖向位移格林函数虚部

（c）孔压格林函数实部　（d）孔压格林函数虚部

图 3-22　本节与 Ba 等[9]中均匀 TI 饱和半空间中水平均布孔压作用下沿深度的竖向位移和孔压格林函数结果对比（η=0.5）

3.5.3　算例与分析

本节以均匀和单层 TI 饱和半空间（图 3-23）为例，分析介质层厚度对移动斜线荷载格林函数的影响。TI 饱和介质层和半空间材料参数如表 3-5 所示，ζ=0.01，地表不透水。介质层的厚度分别取 d_1=3a、4a、5a 和∞，其中 d_1=∞时对应均匀 TI 饱和半空间。地表观察点位于坐标原点 $O(0,0,0)$，节点 1 坐标为（$-a/2,0,2a$），节点 2 坐标为（$a/2,0,3a$），移动斜线荷载与 x 轴夹角 θ 为 45°。定义无量纲荷载移动速度为 $c^*=c\sqrt{\rho_0/G_0}$，其中 G_0=37MPa，ρ_0=1700kg/m^3。定义 x 向荷载作用下无量纲位移为 $u_{xx}^*=G_0u_{xx}/p_{x0}$，剪应力为 $\tau_{zxx}^*=\tau_{zxx}/(p_{x0}/a)$；$y$ 向荷载作用下无量纲位移 $u_{yy}^*=G_0u_{yy}/p_{y0}$，剪应力 $\tau_{zyy}^*=\tau_{zyy}/(p_{y0}/a)$；$z$ 向荷载作用下无量纲位移

$$\begin{cases} p_z(x,y,z) = p_{z0}\delta(Ax+By+Cz) \\ p_p(x,y,z) = p_{p0}\delta(Ax+By+Cz) \end{cases}$$

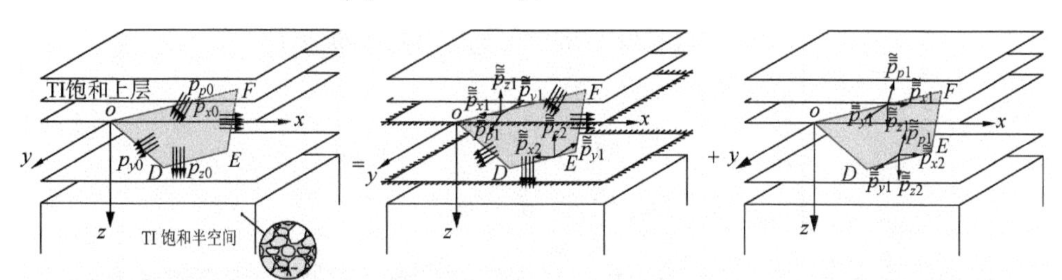

层状TI饱和半空间斜面均布荷载及孔压动力格林函数（总响应） = 求解荷载作用土层内部的动力响应以及固定端反力幅值 + 反向施加固端反力，求得固端反力引起的动力响应

图 3-25　层状 TI 饱和半空间中斜面均布荷载及孔压动力格林函数求解

以 $p_x(x,y,z)$（$B\neq0$）为例说明在频率-波数域内的展开过程，引入水平截面 z 作为辅助平面，其与斜面单元的交线端点在 x 方向上的投影可简记为 $f_1(z)=x_1z/d$，$f_2(z)=x_3+(x_2-x_3)z/d$。将斜面均布荷载 $p_x(x,y,z)$展开为关于 $\exp(-\mathrm{i}k_xx)\exp(-\mathrm{i}k_yy)$的 Fourier 积分，则荷载在频率-波数域内可表示为

$$\begin{aligned}
\bar{\bar{\tilde{p}}}_x\left(k_x,k_y,z,\omega\right) &= \frac{\bar{\bar{\tilde{p}}}_{x0}}{4\pi^2}\int_{-\infty}^{\infty}\int_{-\infty}^{\infty}\delta\left(Ax+By+Cz\right)\exp\left(\mathrm{i}k_xx\right)\exp\left(\mathrm{i}k_yy\right)\mathrm{d}x\mathrm{d}y \\
&= \frac{\bar{\bar{\tilde{p}}}_{x0}}{4\pi^2}\int_{f_1}^{f_2}\exp\left(\mathrm{i}k_xx\right)\exp\left[-\mathrm{i}k_y\left(Ax+Cz\right)/B\right]\mathrm{d}x \\
&= \frac{\bar{\bar{\tilde{p}}}_{x0}}{4\pi^2}\int_{x_1z/d}^{x_3+(x_2-x_3)z/d}\exp\left(\mathrm{i}k_xx\right)\exp\left[-\mathrm{i}k_y\left(Ax+Cz\right)/B\right]\mathrm{d}x \\
&= \frac{\bar{\bar{\tilde{p}}}_{x0}}{4\mathrm{i}\pi^2\left(k_x-Ak_y/B\right)}\exp\left[\mathrm{i}\left(k_x-Ak_y/B\right)x_3\right] \\
&\quad \exp\left\{\mathrm{i}\left[(k_x-Ak_y/B)(x_2-x_3)/d-Ck_y/B\right]z\right\} \\
&\quad -\frac{\bar{\bar{\tilde{p}}}_{x0}}{4\mathrm{i}\pi^2\left(k_x-Ak_y/B\right)}\exp\left\{\mathrm{i}\left[\left(k_x-Ak_y/B\right)x_1/d-Ck_y/B\right]z\right\} \\
&= \frac{\bar{\bar{\tilde{p}}}_{x0}}{4\pi^2}q_1\exp\left(\mathrm{i}p_1z\right)+\frac{\bar{\bar{\tilde{p}}}_{x0}}{4\pi^2}q_2\exp\left(\mathrm{i}p_2z\right)
\end{aligned} \tag{3.71}$$

式中

$$\begin{cases}
q_1 = -\mathrm{i}\exp\left[\mathrm{i}\left(k_x-Ak_y/B\right)x_3\right]/\left(k_x-Ak_y/B\right) \\
q_2 = \mathrm{i}/\left(k_x-Ak_y/B\right) \\
p_1 = \left(k_x-Ak_y/B\right)\left(x_2-x_3\right)/d-Ck_y/B \\
p_2 = \left(k_x-Ak_y/B\right)x_1/d-Ck_y/B
\end{cases} \tag{3.72}$$

以上推导基于 $B\neq0$。当 $B=0$（$A\neq0$）时，可调换积分顺序（先 x 后 y），也可求得如式（3.71）所示的均布荷载幅值在频率-波数域内的表达形式，只是此时：

$$\begin{cases}q_1=-\mathrm{i}\exp\left[\mathrm{i}\left(k_y-Bk_x/A\right)y_3\right]/\left(k_y-Bk_x/A\right)\\q_2=\mathrm{i}/\left(k_y-Bk_x/A\right)\\p_1=\left(k_y-Bk_x/A\right)\left(y_2-y_3\right)/d-Ck_x/A\\p_2=\left(k_y-Bk_x/A\right)y_1/d-Ck_x/A\end{cases}\tag{3.73}$$

同理，$\bar{\bar{\tilde{p}}}_y(x,y,z,t)$、$\bar{\bar{\tilde{p}}}_z(x,y,z,t)$和$\bar{\bar{\tilde{p}}}_p(x,y,z,t)$在频率-波数域内的表达式为

$$\begin{cases}\bar{\bar{\tilde{p}}}_x\left(k_x,k_y,z,\omega\right)=\dfrac{\bar{\bar{\tilde{p}}}_{x0}}{4\pi^2}q_1\exp\left(\mathrm{i}p_1z\right)+\dfrac{\bar{\bar{\tilde{p}}}_{x0}}{4\pi^2}q_2\exp\left(\mathrm{i}p_2z\right)\\\bar{\bar{\tilde{p}}}_y\left(k_x,k_y,z,\omega\right)=\dfrac{\bar{\bar{\tilde{p}}}_{y0}}{4\pi^2}q_1\exp\left(\mathrm{i}p_1z\right)+\dfrac{\bar{\bar{\tilde{p}}}_{y0}}{4\pi^2}q_2\exp\left(\mathrm{i}p_2z\right)\\\bar{\bar{\tilde{p}}}_z\left(k_x,k_y,z,\omega\right)=\dfrac{\bar{\bar{\tilde{p}}}_{z0}}{4\pi^2}q_1\exp\left(\mathrm{i}p_1z\right)+\dfrac{\bar{\bar{\tilde{p}}}_{z0}}{4\pi^2}q_2\exp\left(\mathrm{i}p_2z\right)\\\bar{\bar{\tilde{p}}}_p\left(k_x,k_y,z,\omega\right)=\dfrac{\bar{\bar{\tilde{p}}}_{p0}}{4\pi^2}q_1\exp\left(\mathrm{i}p_1z\right)+\dfrac{\bar{\bar{\tilde{p}}}_{p0}}{4\pi^2}q_2\exp\left(\mathrm{i}p_2z\right)\end{cases}\tag{3.74}$$

根据式（3.74）所示的荷载形式，设动力平衡方程的特解为

$$\begin{cases}\bar{\bar{\tilde{u}}}_x^{\mathrm{p}}=\dfrac{1}{4\pi^2}\left[a_1q_1\exp\left(\mathrm{i}p_1z\right)+b_1q_2\exp\left(\mathrm{i}p_2z\right)\right]\\\bar{\bar{\tilde{u}}}_y^{\mathrm{p}}=\dfrac{1}{4\pi^2}\left[a_2q_1\exp\left(\mathrm{i}p_1z\right)+b_2q_2\exp\left(\mathrm{i}p_2z\right)\right]\\\bar{\bar{\tilde{u}}}_z^{\mathrm{p}}=\dfrac{1}{4\pi^2}\left[a_3q_1\exp\left(\mathrm{i}p_1z\right)+b_3q_2\exp\left(\mathrm{i}p_2z\right)\right]\end{cases}\tag{3.75a}$$

$$\begin{cases}\bar{\bar{\tilde{w}}}_x^{\mathrm{p}}=\dfrac{1}{4\pi^2}\left[a_4q_1\exp\left(\mathrm{i}p_1z\right)+b_4q_2\exp\left(\mathrm{i}p_2z\right)\right]\\\bar{\bar{\tilde{w}}}_y^{\mathrm{p}}=\dfrac{1}{4\pi^2}\left[a_5q_1\exp\left(\mathrm{i}p_1z\right)+b_5q_2\exp\left(\mathrm{i}p_2z\right)\right]\\\bar{\bar{\tilde{w}}}_z^{\mathrm{p}}=\dfrac{1}{4\pi^2}\left[a_6q_1\exp\left(\mathrm{i}p_1z\right)+b_6q_2\exp\left(\mathrm{i}p_2z\right)\right]\end{cases}\tag{3.75b}$$

将位移特解代入式（2.52）和式（2.53）中，令特解常数项相等，可得两个关于 a_1～a_6 和 b_1～b_6 的常系数方程组

$$\begin{bmatrix} a_{11} & a_{12} & a_{13} & a_{14} & a_{15} & a_{16} \\ a_{21} & a_{22} & a_{23} & a_{24} & a_{25} & a_{26} \\ a_{31} & a_{32} & a_{33} & a_{34} & a_{35} & a_{36} \\ a_{41} & a_{42} & a_{43} & a_{44} & a_{45} & a_{46} \\ a_{51} & a_{52} & a_{53} & a_{54} & a_{55} & a_{56} \\ a_{61} & a_{62} & a_{63} & a_{64} & a_{65} & a_{66} \end{bmatrix} \begin{bmatrix} a_1 \\ a_2 \\ a_3 \\ a_4 \\ a_5 \\ a_6 \end{bmatrix} = \begin{bmatrix} -\overline{\overline{\tilde{p}}}_{x0} \\ -\overline{\overline{\tilde{p}}}_{y0} \\ -\overline{\overline{\tilde{p}}}_{z0} \\ 0 \\ 0 \\ 0 \end{bmatrix} \tag{3.76a}$$

$$\begin{bmatrix} b_{11} & b_{12} & b_{13} & b_{14} & b_{15} & b_{16} \\ b_{21} & b_{22} & b_{23} & b_{24} & b_{25} & b_{26} \\ b_{31} & b_{32} & b_{33} & b_{34} & b_{35} & b_{36} \\ b_{41} & b_{42} & b_{43} & b_{44} & b_{45} & b_{46} \\ b_{51} & b_{52} & b_{53} & b_{54} & b_{55} & b_{56} \\ b_{61} & b_{62} & b_{63} & b_{64} & b_{65} & b_{66} \end{bmatrix} \begin{bmatrix} b_1 \\ b_2 \\ b_3 \\ b_4 \\ b_5 \\ b_6 \end{bmatrix} = \begin{bmatrix} -\overline{\overline{\tilde{p}}}_{x0} \\ -\overline{\overline{\tilde{p}}}_{y0} \\ -\overline{\overline{\tilde{p}}}_{z0} \\ 0 \\ 0 \\ 0 \end{bmatrix} \tag{3.76b}$$

系数矩阵元素 a_{11}～a_{66} 和 b_{11}～b_{66} 按照下式计算：

$$\begin{cases} a_{11} = \rho\omega^2 - (2B_1 + B_2)k_x^2 - B_1 k_y^2 - B_5 p_1^2 \\ a_{12} = -k_x k_y (B_1 + B_2), \quad a_{13} = (B_3 + B_5)k_x p_1 \\ a_{14} = B_6 k_x^2 + \rho_l \omega^2, \quad a_{15} = B_6 k_x k_y, \quad a_{16} = -k_x p_1 B_6 \\ a_{21} = a_{12}, \quad a_{22} = \rho\omega^2 - B_1 k_x^2 - (2B_1 + B_2)k_y^2 - B_5 p_1^2 \\ a_{23} = (B_3 + B_5)k_y p_1, \quad a_{24} = B_6 k_x k_y, \quad a_{25} = \rho_l \omega^2 + B_6 k_y^2 \\ a_{26} = -k_y p_1 B_6, \quad a_{31} = a_{13}, \quad a_{32} = a_{23} \\ a_{33} = \rho\omega^2 - B_5 k_x^2 - B_5 k_y^2 - B_4 p_1^2, \quad a_{34} = -k_x B_7 p_1 \\ a_{35} = -k_y B_7 p_1, \quad a_{36} = \rho_l \omega^2 + B_7 p_1^2, \quad a_{41} = a_{14} \\ a_{42} = a_{24}, \quad a_{43} = a_{34}, \quad a_{44} = -B_8 k_x^2 + m_1 \omega^2 - \mathrm{i} r_1 \omega \\ a_{45} = -k_x k_y B_8, \quad a_{46} = B_8 k_x, \quad a_{51} = a_{15}, \quad a_{52} = a_{25} \\ a_{53} = a_{35}, \quad a_{54} = a_{45}, \quad a_{55} = -B_8 k_y^2 + m_1 \omega^2 - \mathrm{i} r_1 \omega \\ a_{56} = B_8 k_y p_1, \quad a_{61} = a_{16}, \quad a_{62} = a_{26}, \quad a_{63} = a_{36} \\ a_{64} = a_{46}, \quad a_{65} = a_{56}, \quad a_{66} = -B_8 p_1^2 + m_3 \omega^2 - \mathrm{i} r_3 \omega \end{cases} \tag{3.77a}$$

$$\begin{cases} b_{11} = \rho\omega^2 - (2B_1 + B_2)k_x^2 - B_1 k_y^2 - B_5 p_2^2 \\ b_{12} = -k_x k_y (B_1 + B_2), \quad b_{13} = (B_3 + B_5)k_x p_2 \\ b_{14} = B_6 k_x^2 + \rho_l \omega^2, \quad b_{15} = B_6 k_x k_y, \quad b_{16} = -k_x p_2 B_6 \\ b_{21} = b_{12}, \quad b_{22} = \rho\omega^2 - B_1 k_x^2 - (2B_1 + B_2)k_y^2 - B_5 p_2^2 \end{cases}$$

$$\begin{cases}
b_{23}=\left(B_3+B_5\right)k_y p_2, \quad b_{24}=B_6 k_x k_y, \quad b_{25}=\rho_l\omega^2+B_6 k_y^2\\
b_{26}=-k_y p_2 B_6, \quad b_{31}=b_{13}, \quad b_{32}=b_{23}\\
b_{33}=\rho\omega^2-B_5 k_x^2-B_5 k_y^2-B_4 p_2^2, \quad b_{34}=-k_x B_7 p_2\\
b_{35}=-k_y B_7 p_2, \quad b_{36}=\rho_l\omega^2+B_7 p_2^2, \quad b_{41}=b_{14}\\
b_{42}=b_{24}, \quad b_{43}=b_{34}, \quad b_{44}=-B_8 k_x^2+m_1\omega^2-\mathrm{i}r_1\omega\\
b_{45}=-k_x k_y B_8, \quad b_{46}=B_8 k_x, \quad b_{51}=b_{15}, \quad b_{52}=b_{25}\\
b_{53}=b_{35}, \quad b_{54}=b_{45}, \quad b_{55}=-B_8 k_y^2+m_1\omega^2-\mathrm{i}r_1\omega\\
b_{56}=B_8 k_y p_1, \quad b_{61}=b_{16}, \quad b_{62}=b_{26}, \quad b_{63}=b_{36}\\
b_{64}=b_{46}, \quad b_{65}=b_{56}, \quad b_{66}=-B_8 p_2^2+m_3\omega^2-\mathrm{i}r_3\omega
\end{cases} \tag{3.77b}$$

令位移表达式中的 z=0 和 z=d，可以得到层顶面和底面的位移特解。将位移特解代入式（2.49）和式（2.50）给出的 TI 饱和介质本构关系中，并令 z=0 和 z=d，可引入层顶面的外荷载特解 $\bar{\bar{p}}_{x1}^{\mathrm{p}}=-\bar{\bar{\tau}}_{zx}^{\mathrm{p}}(0)$、$\bar{\bar{p}}_{y1}^{\mathrm{p}}=-\bar{\bar{\tau}}_{yz}^{\mathrm{p}}(0)$、$\bar{\bar{p}}_{z1}^{\mathrm{p}}=-\bar{\bar{\sigma}}_{z}^{\mathrm{p}}(0)$和 $\bar{\bar{p}}_{p1}^{\mathrm{p}}=\bar{\bar{p}}_{p}^{\mathrm{p}}(0)$，以及层底面的外荷载特解 $\bar{\bar{p}}_{x2}^{\mathrm{p}}=\bar{\bar{\tau}}_{zx}^{\mathrm{p}}(d)$、$\bar{\bar{p}}_{y2}^{\mathrm{p}}=\bar{\bar{\tau}}_{yz}^{\mathrm{p}}(d)$、$\bar{\bar{p}}_{z2}^{\mathrm{p}}=\bar{\bar{\sigma}}_{z}^{\mathrm{p}}(d)$和 $\bar{\bar{p}}_{p2}^{\mathrm{p}}=-\bar{\bar{p}}_{p}^{\mathrm{p}}(d)$：

$$\begin{cases}
\bar{\bar{p}}_{x1}^{\mathrm{p}}=-\bar{\bar{\tau}}_{zx}^{\mathrm{p}}(0)=-B_5\left(\mathrm{i}p_1 a_1-\mathrm{i}k_x a_3\right)\dfrac{q_1}{(2\pi)^2}-B_5\left(\mathrm{i}p_1 b_1-\mathrm{i}k_x b_3\right)\dfrac{q_2}{(2\pi)^2}\\
\bar{\bar{p}}_{y1}^{\mathrm{p}}=-\bar{\bar{\tau}}_{yz}^{\mathrm{p}}(0)=-B_5\left(\mathrm{i}p_1 a_2-\mathrm{i}k_y a_3\right)\dfrac{q_1}{(2\pi)^2}-B_5\left(\mathrm{i}p_2 b_2-\mathrm{i}k_y b_3\right)\dfrac{q_2}{(2\pi)^2}\\
\bar{\bar{p}}_{z1}^{\mathrm{p}}=-\bar{\bar{\sigma}}_{z}^{\mathrm{p}}(0)=-\begin{pmatrix}-\mathrm{i}B_3 k_x a_1-\mathrm{i}B_3 k_y a_2+\mathrm{i}B_4 p_1 a_3\\+\mathrm{i}B_7 k_x a_4+\mathrm{i}B_7 k_y a_5-\mathrm{i}B_7 p_1 a_6\end{pmatrix}\dfrac{q_1}{(2\pi)^2}\\
\qquad-\begin{pmatrix}-\mathrm{i}B_3 k_x b_1-\mathrm{i}B_3 k_y b_2+\mathrm{i}B_4 p_2 b_3\\+\mathrm{i}B_7 k_x b_4+\mathrm{i}B_7 k_y b_5-\mathrm{i}B_7 p_2 b_6\end{pmatrix}\dfrac{q_2}{(2\pi)^2}\\
\bar{\bar{p}}_{p1}^{\mathrm{p}}=\bar{\bar{p}}_{p}^{\mathrm{p}}(0)=\begin{pmatrix}-\mathrm{i}B_6 k_x a_1-\mathrm{i}B_6 k_y a_2+\mathrm{i}B_7 p_1 a_3\\+\mathrm{i}B_8 k_x a_4+\mathrm{i}B_8 k_y a_5-\mathrm{i}B_8 p_1 a_6\end{pmatrix}\dfrac{q_1}{(2\pi)^2}\\
\qquad+\begin{pmatrix}-\mathrm{i}B_6 k_x a_1-\mathrm{i}B_6 k_y a_2+\mathrm{i}B_7 p_1 a_3\\+\mathrm{i}B_8 k_x a_4+\mathrm{i}B_8 k_y a_5-\mathrm{i}B_8 p_1 a_6\end{pmatrix}\dfrac{q_2}{(2\pi)^2}
\end{cases} \tag{3.78a}$$

$$\begin{cases}
\bar{\bar{p}}_{x2}^{\mathrm{p}}=\bar{\bar{\tau}}_{zx}^{\mathrm{p}}(d)=B_5\left(\mathrm{i}p_1 a_1-\mathrm{i}k_x a_3\right)\dfrac{q_1}{(2\pi)^2}\exp(\mathrm{i}p_1 d)+B_5\left(\mathrm{i}p_1 b_1-\mathrm{i}k_x b_3\right)\dfrac{q_2}{(2\pi)^2}\exp(\mathrm{i}p_2 d)\\
\bar{\bar{p}}_{y2}^{\mathrm{p}}=\bar{\bar{\tau}}_{yz}^{\mathrm{p}}(d)=B_5\left(\mathrm{i}p_1 a_2-\mathrm{i}k_y a_3\right)\dfrac{q_1}{(2\pi)^2}\exp(\mathrm{i}p_1 d)+B_5\left(\mathrm{i}p_2 b_2-\mathrm{i}k_y b_3\right)\dfrac{q_2}{(2\pi)^2}\exp(\mathrm{i}p_2 d)
\end{cases}$$

$$\left\{\begin{aligned}
\bar{\bar{\bar{p}}}_{z2}^{\mathrm{p}} &= \bar{\bar{\bar{\sigma}}}_{z}^{\mathrm{p}}(d) = \begin{pmatrix} -\mathrm{i}B_3k_xa_1 - \mathrm{i}B_3k_ya_2 + \mathrm{i}B_4p_1a_3 \\ +\mathrm{i}B_7k_xa_4 + \mathrm{i}B_7k_ya_5 - \mathrm{i}B_7p_1a_6 \end{pmatrix} \frac{q_1}{(2\pi)^2}\exp(\mathrm{i}p_1d) \\
&\quad + \begin{pmatrix} -\mathrm{i}B_3k_xb_1 - \mathrm{i}B_3k_yb_2 + \mathrm{i}B_4p_2b_3 \\ +\mathrm{i}B_7k_xb_4 + \mathrm{i}B_7k_yb_5 - \mathrm{i}B_7p_2b_6 \end{pmatrix} \frac{q_2}{(2\pi)^2}\exp(\mathrm{i}p_2d) \\
\bar{\bar{\bar{p}}}_{p2}^{\mathrm{p}} &= -\bar{\bar{\bar{p}}}_{p}^{\mathrm{p}}(d) = -\begin{pmatrix} -\mathrm{i}B_6k_xa_1 - \mathrm{i}B_6k_ya_2 + \mathrm{i}B_7p_1a_3 \\ +\mathrm{i}B_8k_xa_4 + \mathrm{i}B_8k_ya_5 - \mathrm{i}B_8p_1a_6 \end{pmatrix} \frac{q_1}{(2\pi)^2}\exp(\mathrm{i}p_1d) \\
&\quad - \begin{pmatrix} -\mathrm{i}B_6k_xb_1 - \mathrm{i}B_6k_yb_2 + \mathrm{i}B_7p_2b_3 \\ +\mathrm{i}B_8k_xb_4 + \mathrm{i}B_8k_yb_5 - \mathrm{i}B_8p_2b_6 \end{pmatrix} \frac{q_2}{(2\pi)^2}\exp(\mathrm{i}p_2d)
\end{aligned}\right. \tag{3.78b}$$

为使层固定，交界面处位移的特解需加上与位移特解负值相对应的齐次解。引入层状 TI 饱和层的动力刚度矩阵，可求得外荷载齐次解

$$\left[\bar{\bar{\bar{p}}}_{x1}^{\mathrm{h}},\bar{\bar{\bar{p}}}_{y1}^{\mathrm{h}},\mathrm{i}\bar{\bar{\bar{p}}}_{z1}^{\mathrm{h}},\mathrm{i}\bar{\bar{\bar{p}}}_{p1}^{\mathrm{h}},\bar{\bar{\bar{p}}}_{x2}^{\mathrm{h}},\bar{\bar{\bar{p}}}_{y2}^{\mathrm{h}},\mathrm{i}\bar{\bar{\bar{p}}}_{z2}^{\mathrm{h}},\mathrm{i}\bar{\bar{\bar{p}}}_{p2}^{\mathrm{h}}\right]^{\mathrm{T}} = \boldsymbol{K}_{\text{qP1-qP2-qSV-SH}}^{\mathrm{L}}\left[\bar{\bar{\bar{u}}}_{x1}^{\mathrm{h}},\bar{\bar{\bar{u}}}_{y1}^{\mathrm{h}},\mathrm{i}\bar{\bar{\bar{u}}}_{z1}^{\mathrm{h}},\mathrm{i}\bar{\bar{\bar{w}}}_{z1}^{\mathrm{h}},\bar{\bar{\bar{u}}}_{x2}^{\mathrm{h}},\bar{\bar{\bar{u}}}_{y2}^{\mathrm{h}},\mathrm{i}\bar{\bar{\bar{u}}}_{z2}^{\mathrm{h}},\mathrm{i}\bar{\bar{\bar{w}}}_{z2}^{\mathrm{h}}\right]^{\mathrm{T}} \tag{3.79}$$

固端反力值可以由外荷载齐次解和特解叠加而得

$$\left\{\begin{aligned}
&\bar{\bar{\bar{p}}}_{x1} = -\bar{\bar{\bar{p}}}_{x1}^{\mathrm{h}} - \bar{\bar{\bar{p}}}_{x1}^{\mathrm{p}},\ \bar{\bar{\bar{p}}}_{y1} = -\bar{\bar{\bar{p}}}_{y1}^{\mathrm{h}} - \bar{\bar{\bar{p}}}_{y1}^{\mathrm{p}},\ \bar{\bar{\bar{p}}}_{z1} = -\bar{\bar{\bar{p}}}_{z1}^{\mathrm{h}} - \bar{\bar{\bar{p}}}_{z1}^{\mathrm{p}},\ \bar{\bar{\bar{p}}}_{p1} = -\bar{\bar{\bar{p}}}_{p1}^{\mathrm{h}} - \bar{\bar{\bar{p}}}_{p1}^{\mathrm{p}} \\
&\bar{\bar{\bar{p}}}_{x2} = -\bar{\bar{\bar{p}}}_{x2}^{\mathrm{h}} - \bar{\bar{\bar{p}}}_{x2}^{\mathrm{p}},\ \bar{\bar{\bar{p}}}_{y2} = -\bar{\bar{\bar{p}}}_{y2}^{\mathrm{h}} - \bar{\bar{\bar{p}}}_{y2}^{\mathrm{p}},\ \bar{\bar{\bar{p}}}_{z2} = -\bar{\bar{\bar{p}}}_{z2}^{\mathrm{h}} - \bar{\bar{\bar{p}}}_{z2}^{\mathrm{p}},\ \bar{\bar{\bar{p}}}_{p2} = -\bar{\bar{\bar{p}}}_{p2}^{\mathrm{h}} - \bar{\bar{\bar{p}}}_{p2}^{\mathrm{p}}
\end{aligned}\right. \tag{3.80}$$

采用直接刚度法求解层间位移，将式（3.80）代入三维层状 TI 饱和半空间整体动力平衡方程式（2.91），可以得到各个层的层间位移：

$$\boldsymbol{U}^{\mathrm{r}} = \boldsymbol{K}_{\text{qP1-qP2-qSV-SH}}^{-1}\left[0,0,\cdots,\bar{\bar{\bar{p}}}_{x1}^{\mathrm{r}},\bar{\bar{\bar{p}}}_{y1}^{\mathrm{r}},\mathrm{i}\bar{\bar{\bar{p}}}_{z1}^{\mathrm{r}},\mathrm{i}\bar{\bar{\bar{p}}}_{p1}^{\mathrm{r}},\bar{\bar{\bar{p}}}_{x2}^{\mathrm{r}},\bar{\bar{\bar{p}}}_{y2}^{\mathrm{r}},\mathrm{i}\bar{\bar{\bar{p}}}_{z2}^{\mathrm{r}},\mathrm{i}\bar{\bar{\bar{p}}}_{p2}^{\mathrm{r}},\cdots,0,0\right]^{\mathrm{T}} \tag{3.81}$$

接着可以由层间位移得到各层内的位移和应力幅值，由此即可得到整个 TI 饱和半空间内任意一点波数域内的位移与应力。相应空间域中的格林函数可通过 Fourier 逆变换得到。

3.6.2 饱和半空间中斜面均布荷载动力格林函数验证

为验证该方法的正确性，与巴振宁[10]中层状各向同性饱和半空间中斜面荷载格林函数结果进行对比。层状饱和半空间的介质层参数为ϕ^{L}=0.3、G^{L}=37GPa、$\rho_{\mathrm{s}}^{\mathrm{L}}$=2650kg/m^3、$\rho_{\mathrm{f}}^{\mathrm{L}}$=1000kg/m^3、$M^{\mathrm{L}}$=6.072GPa、$\nu_{\mathrm{h}}=\nu_{\mathrm{vh}}$=0.25、$\alpha_1^{\mathrm{L}}=\alpha_3^{\mathrm{L}}$=0.8287、$\zeta^{\mathrm{L}}$=0.05；半空间参数为$\phi^{\mathrm{R}}$=0.3、$G^{\mathrm{R}}$=148GPa、$\rho_{\mathrm{s}}^{\mathrm{R}}$=2650kg/m^3、$\rho_{\mathrm{f}}^{\mathrm{R}}$=1000kg/m^3、$M^{\mathrm{R}}$=6.507GPa、$\nu_{\mathrm{h}}=\nu_{\mathrm{vh}}$=0.25、$\alpha_1^{\mathrm{R}}=\alpha_3^{\mathrm{R}}$=0.8287、$\zeta^{\mathrm{R}}$=0.02，上标 L 和 R 分别表示层和半空间相关的物理量。无量纲频率 η 定义中的参考值取为介质层的参数。图 3-26 给出了 η=0.5、2.0 和 5.0 下，x 方向斜面荷载和孔压荷载作用下剪应力

（τ_{xz}）和孔压（p_f）的结果。如图 3-26 所示，本节计算结果与巴振宁[10]给出的结果吻合良好。

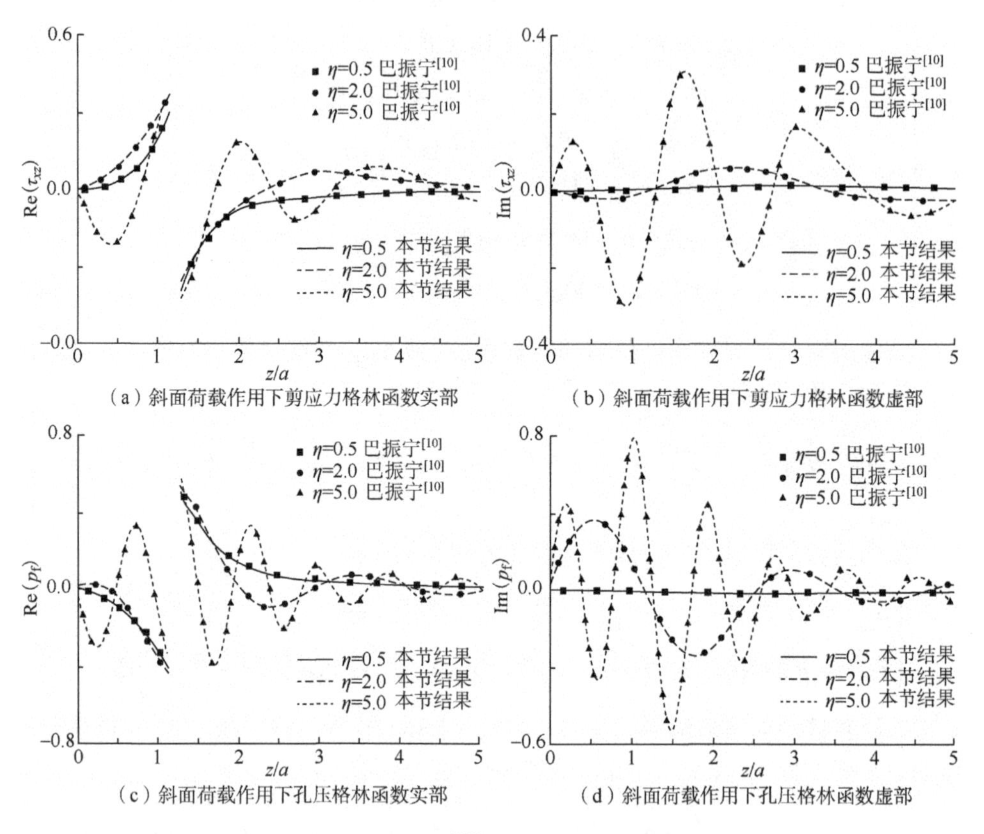

（a）斜面荷载作用下剪应力格林函数实部　（b）斜面荷载作用下剪应力格林函数虚部

（c）斜面荷载作用下孔压格林函数实部　（d）斜面荷载作用下孔压格林函数虚部

图 3-26　本节与巴振宁[10]中层状各向同性饱和半空间斜面荷载和孔压荷载格林函数结果对比

3.6.3　算例与分析

本节以单层 TI 饱和半空间为例研究了荷载埋置深度和层厚度对地表孔压响应的影响。介质层厚度为 3d，参数取为 $2E_h=E_v$=10MPa、G_v=3.0GPa、ρ_s=1815kg/m^3、ρ_l=1040kg/m^3、ϕ=0.2、η_l=0.001Pa · s、k_s=40GPa、k_l=2.5GPa、$a_1=a_3$=3.0、$k_1=k_3$=10^{3}m^2、ζ=0.05。各向同性饱和半空间参数取为 $E_h=E_v$=148MPa、G_v=59.2GPa、k_s=576GPa、ζ=0.02，其他参数与介质层相同。斜面荷载单元模型（图 3-11）的具体参数为 $O(0,0,0)$、$D(0,0.5d,0.5d)$、$E(0.5d,0.5d,0.5d)$和 $F(0.5d,0,0)$。频率 η 定义中的参考值取为 G_0=3.0GPa，ρ_0=1040kg/m^3。无量纲位移和应力分别定义为 $u_i^* = G_0 u_i /(p_{i0}S)$ $(i=x,y,z)$、$\tau_{iz}^* = \tau_{iz} /(p_{i0}S)$ $(i=x,y)$、$\sigma_z^* = \sigma_z /(p_{z0}S)$ 和 $p_p^* = p_p /(p_{p0}S)$。

图 3-27 表示的是不同埋置深度的孔压荷载作用下，频率 η 为 0.5、2.0 和 5.0 所对

应的层状 TI 饱和半空间地表孔压的分布情况。h_0/d 代表荷载作用位置，在每个图中都标出坐标原点（0,0,0）处的地表孔压并写明其绝对值（3 条曲线最大差异处）。整体上 3 条曲线的差距较为显著，荷载作用位置越接近于地表，其孔压幅值也就越大。

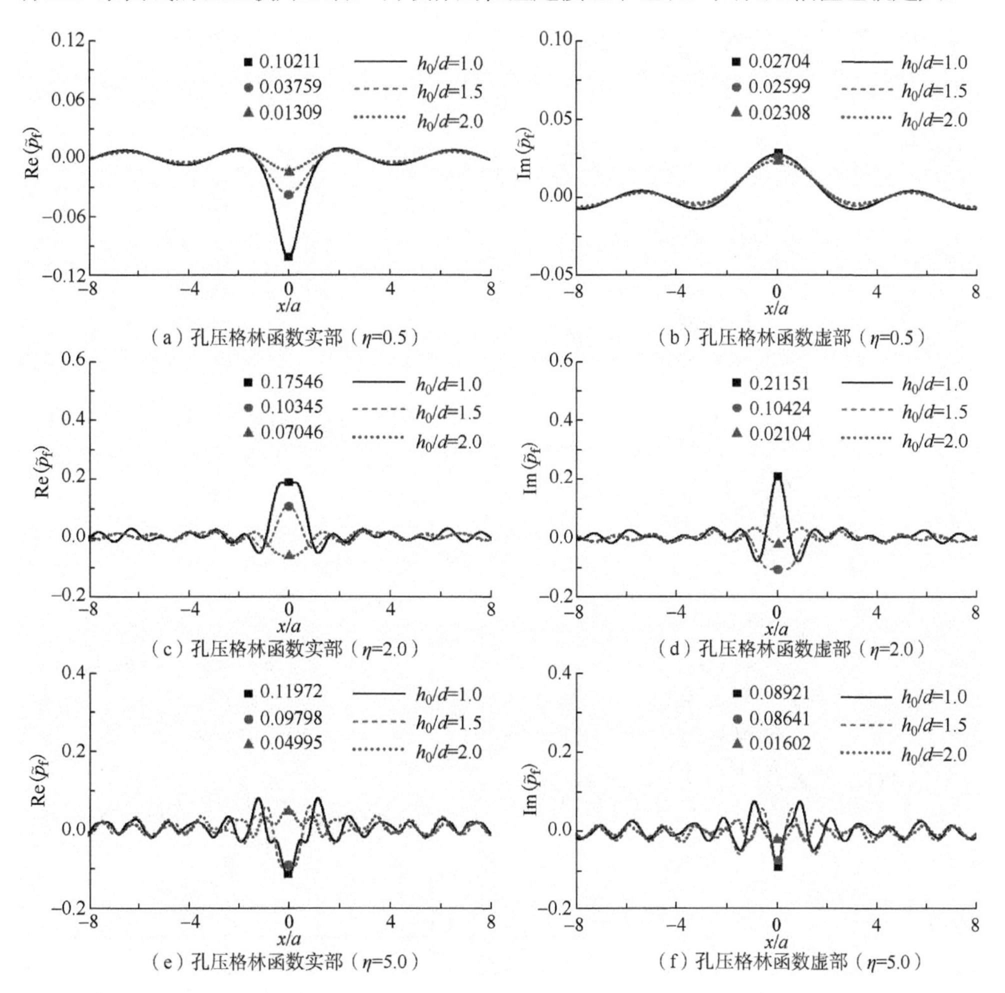

（a）孔压格林函数实部（η=0.5）　（b）孔压格林函数虚部（η=0.5）

（c）孔压格林函数实部（η=2.0）　（d）孔压格林函数虚部（η=2.0）

（e）孔压格林函数实部（η=5.0）　（f）孔压格林函数虚部（η=5.0）

图 3-27　单层 TI 饱和半空间中不同埋置深度孔压作用下的地表孔压分布

图 3-28 表示的是在孔压荷载作用下，不同介质层厚度所对应的层状 TI 饱和半空间地表孔压的分布情况。图 3-28 中，z_0 为层厚度（$2d$、$2.5d$ 和 $3d$），在每个图中都标出坐标原点（0,0,0）处的地表孔压及其绝对值（3 条曲线最大差异处）。从整体上看，介质层厚度越大，地表孔压曲线波动得越剧烈，即孔压分布情况越复杂。

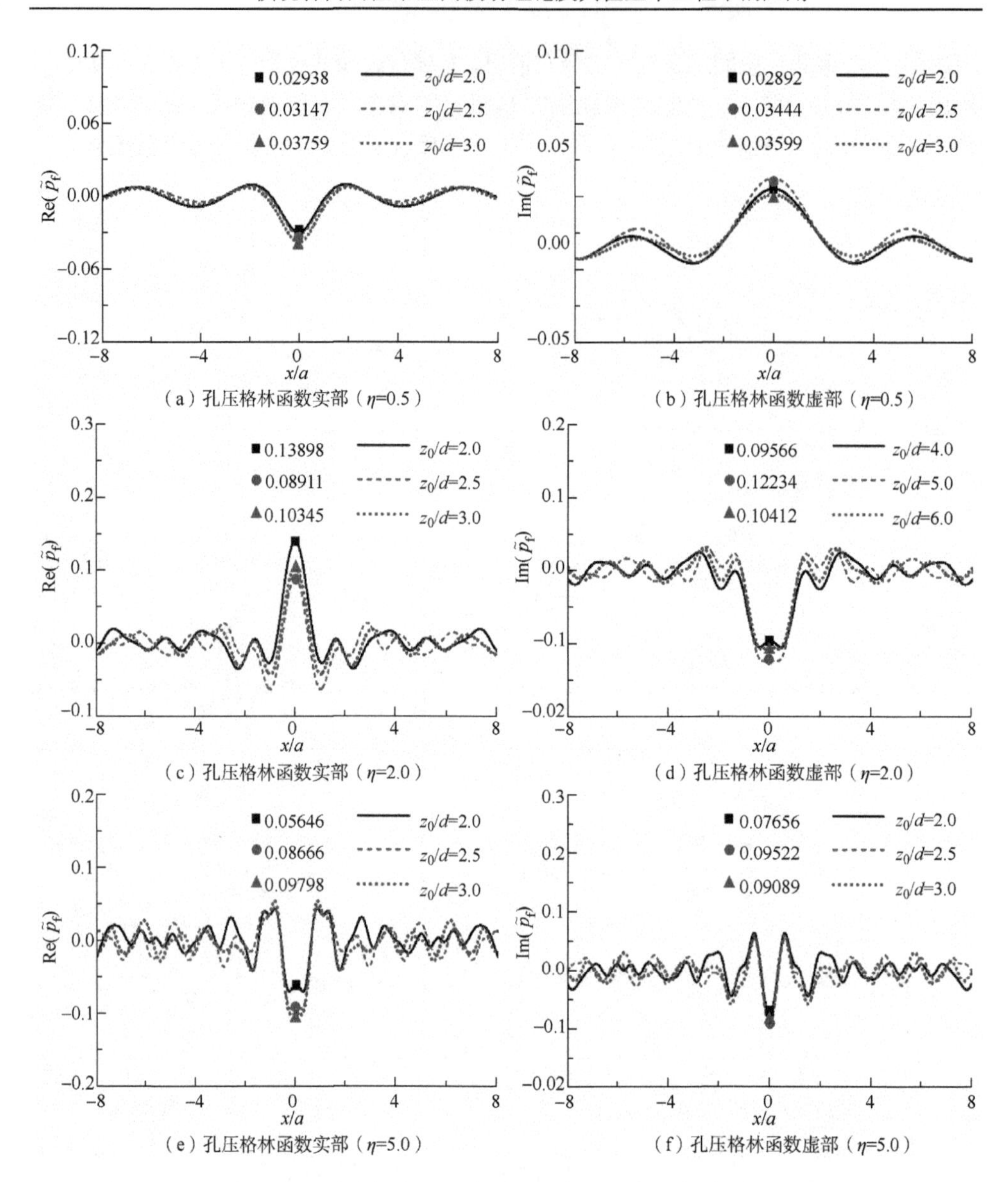

（a）孔压格林函数实部（η=0.5）　（b）孔压格林函数虚部（η=0.5）

（c）孔压格林函数实部（η=2.0）　（d）孔压格林函数虚部（η=2.0）

（e）孔压格林函数实部（η=5.0）　（f）孔压格林函数虚部（η=5.0）

图 3-28　层状 TI 饱和半空间中不同介质层厚度下的孔压作用下的地表孔压分布

本章更为详细的研究成果列于文献［2］、［5］、［8］、［9］、［11］～［19］中，可供读者参考。

参 考 文 献

［1］WOLF J P. Dynamic soil-structure interaction［M］. Englewood Cliffs：Prentice-Hall，1985.

[2] 陈昊维．层状 TI 半空间中凹陷和凸起地形对斜入射地震波的三维散射［D］．天津：天津大学，2017.
[3] DE BARROS F C P，LUCO J E．Response of a layered viscoelastic half-space to a moving point load［J］．Wave Motion，1994，19（2）：189-210.
[4] KHOJASTEH A，RAHIMIAN M，ESKANDARI M，et al．Three-dimensional dynamic Green's functions for a multilayered transversely isotropic half-space[J]．International Journal of Solids and Structures，2011，48（9）：1349-1361.
[5] 段化贞．层状 TI 饱和半空间中地下隧道地震响应分析研究［D］．天津：天津大学，2018.
[6] LIANG J W，YOU H B．Dynamic stiffness matrix of a poroelastic multi-layered site and its Green's functions［J］．Earthquake Engineering and Engineering Vibration，2004，3（2）：273-282.
[7] YANG J，SATO T．Interpretation of seismic vertical amplification at an array site［J］．Bulletin of the Seismological Society of America，2000，90（2）：275-285.
[8] 康泽青．TI 饱和介质 2.5 维动力格林函数及其间接边界元方法研究［D］．天津：天津大学，2018.
[9] BA Z N，KANG Z Q，LEE V W．Plane strain dynamic responses of a multi-layered transversely isotropic saturated half-space [J]．International Journal of Engineering Science，2017，119：55-77.
[10] 巴振宁．层状半空间动力格林函数和局部场地对弹性波的散射［D］．天津：天津大学，2008.
[11] BA Z N，LIANG J W，LEE V W．3D dynamic response of a multi-layered transversely isotropic half-space subjected to a moving point load along a horizontal straight line with constant speed[J]．International Journal of Solids and Structures，2016，100：427-445.
[12] BA Z N，WU M T，LIANG J W．3D dynamic responses of a multi-layered transversely isotropic saturated half-space under concentrated forces and pore pressure [J]．Applied Mathematical Modelling，2020，80：859-87.
[13] BA Z N，LIANG J W，LEE V W，Wave propagation of buried spherical SH-，P1-，P2- and SV-waves in a layered poroelastic half-space[J]．Soil Dynamics and Earthquake Engineering，2016，88：237-255.
[14] BA Z N，LEE V W，LIANG J W，et al．Dynamic 2.5D Green's functions for moving distributed loads acting on an inclined line in a multi-layered TI half-space [J]．Soil Dynamics and Earthquake Engineering，2017，99：172-188.
[15] BA Z N，LIANG J W．Fundamental solutions of a multi-layered transversely isotropic saturated half-space subjected to moving point forces and pore pressure[J]．Engineering Analysis with Boundary Elements，2017，76：40-58.
[16] LIANG J W，WU M T，BA Z N．Three-dimensional dynamic Green's functions for transversely isotropic saturated half-space subjected to buried loads [J]．Engineering Analysis with Boundary Elements，2019，108：301-320.
[17] BA Z N，KANG Z Q，LIANG J W．In-plane dynamic Green's functions for inclined and uniformly distributed loads in a multi-layered transversely isotropic half-space [J]．Earthquake Engineering and Engineering Vibration，2018，17（2）：293-309.
[18] 梁建文，吴孟桃，巴振宁．层状 TI 饱和场地中三维点源动力格林函数［J］．地震工程与工程振动，2020，40（5）：1-9.
[19] 巴振宁，段化贞，梁建文，等．层状 TI 饱和半空间均布斜线荷载及孔隙水压动力格林函数［J］．振动工程学报，2020，33（4）：784-795.

第4章　层状TI半空间自由场地震反应

本章采用直接刚度法求解层状TI半空间的自由场地震反应，假定入射波为平面波，输入位置选在基岩露头。求解的总体思路是：首先将基岩面固定，进行基岩半空间地震反应计算，求得固定端面反力；进而反向施加固定端面反力，结合建立的层状半空间精确动力刚度矩阵，由直接刚度法求得各土层交界面处的位移和应力响应，得到体波入射下层状TI弹性（饱和）场地的自由场频域结果。在频域自由场研究的基础上，通过卷积理论和快速Fourier逆变换叠加频域结果给出时域解答。研究成果揭示了地震波在TI弹性（饱和）介质层中的反射、透射和转换特性，阐明了材料的各向异性参数对层状半空间自振特性的影响规律。

4.1　层状TI弹性半空间自由场地震反应

4.1.1　计算模型与相应公式

平面波入射下的层状TI弹性半空间模型如图4-1所示。模型由N层水平土层及基岩半空间组成，土层和基岩半空间均可考虑为TI弹性介质。模型中各土层的厚度为d_j（j=1,2,⋯,N），土层和半空间性质可由5个工程常数（E_h、E_v、G_v、ν_h和ν_vh）及密度ρ和阻尼比ζ进行描述。设平面波（以qP波、qSV波和SH波为例）从基岩露头处入射，入射角分别为ψ_qP、ψ_qSV和ψ_SH。

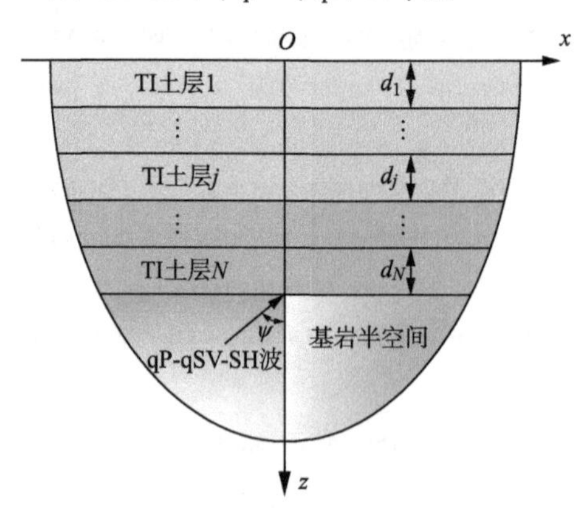

图4-1　平面波入射下的层状TI弹性半空间模型

1. 平面外响应

集整第 2 章给出的平面外各层动力刚度矩阵 $\boldsymbol{S}_{\mathrm{SH}}^{\mathrm{L}}$ 和基岩半空间动力刚度矩阵 $\boldsymbol{S}_{\mathrm{SH}}^{\mathrm{R}}$，得到层状 TI 弹性半空间整体动力刚度矩阵 $\boldsymbol{S}_{\mathrm{SH}}$ 为

$$\boldsymbol{S}_{\mathrm{SH}}=\begin{bmatrix} \boldsymbol{S}_{11}^{\mathrm{L}1} & \boldsymbol{S}_{12}^{\mathrm{L}1} & & & & \\ \boldsymbol{S}_{21}^{\mathrm{L}1} & \boldsymbol{S}_{22}^{\mathrm{L}1}+\boldsymbol{S}_{11}^{\mathrm{L}2} & \boldsymbol{S}_{12}^{\mathrm{L}2} & & & \\ & \boldsymbol{S}_{21}^{\mathrm{L}2} & \boldsymbol{S}_{22}^{\mathrm{L}2}+\boldsymbol{S}_{11}^{\mathrm{L}3} & & & \\ & & & \ddots & & \\ & & & & \boldsymbol{S}_{22}^{\mathrm{L}N-1}+\boldsymbol{S}_{11}^{\mathrm{L}N} & \boldsymbol{S}_{12}^{\mathrm{L}N} \\ & & & & \boldsymbol{S}_{21}^{\mathrm{L}N} & \boldsymbol{S}_{22}^{\mathrm{L}N}+\boldsymbol{S}_{\mathrm{SH}}^{\mathrm{R}} \end{bmatrix}_{(N+1)\times(N+1)} \tag{4.1}$$

进而系统的离散动力平衡方程可表示为

$$\left[Q_1,Q_2,\cdots,Q_{N+1}\right]^{\mathrm{T}}=\boldsymbol{S}_{\mathrm{SH}}\left[v_1,v_2,\cdots,v_{N+1}\right]^{\mathrm{T}} \tag{4.2}$$

式中，$\left[Q_1,Q_2,\cdots,Q_{N+1}\right]^{\mathrm{T}}$ 为作用在层交界面上的外荷载幅值向量；$\left[v_1,v_2,\cdots,v_{N+1}\right]^{\mathrm{T}}$ 为层交界面上的位移幅值向量。

假定 SH 波由基岩面入射，即选择基岩露头处为控制点，根据基岩半空间动力刚度矩阵求出基岩固定端面反力并反向施加到整个层状半空间，得到 Q_{N+1} 为

$$Q_{N+1}=-S_{\mathrm{SH}}^{\mathrm{R}}v_0=-\mathrm{i}G_{\mathrm{v}}^{\mathrm{R}*}\frac{\omega\sin\psi_{\mathrm{SH}}^{\mathrm{R}}}{c_{\mathrm{s}}^{\mathrm{R}*}}v_0 \tag{4.3}$$

式中，v_0 为基岩露头处位移。

令其他元素为零，即可得到外荷载幅值向量 $\left[Q_1,Q_2,\cdots,Q_{N+1}\right]^{\mathrm{T}}$。

2. 平面内响应

集整第 2 章给出的平面内各层动力刚度矩阵 $\boldsymbol{S}_{\mathrm{qP\text{-}qSV}}^{\mathrm{L}}$ 和基岩半空间动力刚度矩阵 $\boldsymbol{S}_{\mathrm{qP\text{-}qSV}}^{R}$，得到层状 TI 弹性半空间整体动力刚度矩阵 $\boldsymbol{S}_{\mathrm{qP\text{-}qSV}}$ 为

$$\boldsymbol{S}_{\mathrm{qP\text{-}qSV}}=\begin{bmatrix} \boldsymbol{S}_{11}^{\mathrm{L}1} & \boldsymbol{S}_{12}^{\mathrm{L}1} & & & & \\ \boldsymbol{S}_{21}^{\mathrm{L}1} & \boldsymbol{S}_{22}^{\mathrm{L}1}+\boldsymbol{S}_{11}^{\mathrm{L}2} & \boldsymbol{S}_{12}^{\mathrm{L}2} & & & \\ & \boldsymbol{S}_{21}^{\mathrm{L}2} & \boldsymbol{S}_{22}^{\mathrm{L}2}+\boldsymbol{S}_{11}^{\mathrm{L}3} & & & \\ & & & \ddots & & \\ & & & & \boldsymbol{S}_{22}^{\mathrm{L}N-1}+\boldsymbol{S}_{11}^{\mathrm{L}N} & \boldsymbol{S}_{12}^{\mathrm{L}N} \\ & & & & \boldsymbol{S}_{21}^{\mathrm{L}N} & \boldsymbol{S}_{22}^{\mathrm{L}N}+\boldsymbol{S}_{\mathrm{qP\text{-}qSV}}^{\mathrm{R}} \end{bmatrix}_{4(N+1)\times4(N+1)} \tag{4.4}$$

系统的离散动力平衡方程可表示为

$$\left[P_1,\mathrm{i}R_1,P_2,\mathrm{i}R_2,\cdots,P_{N+1},\mathrm{i}R_{N+1}\right]^{\mathrm{T}}=\boldsymbol{S}_{\mathrm{qP\text{-}qSV}}\left[u_1,\mathrm{i}w_1,u_2,\mathrm{i}w_2,\cdots,u_N,\mathrm{i}w_{N+1}\right]^{\mathrm{T}} \tag{4.5}$$

式中，$[P_1,\mathrm{i}R_1,P_2,\mathrm{i}R_2,\cdots,P_{N+1},\mathrm{i}R_{N+1}]^{\mathrm{T}}$ 为作用在层交界面上的外荷载幅值向量；$[u_1,\mathrm{i}w_1,u_2,\mathrm{i}w_2,\cdots,u_N,\mathrm{i}w_{N+1}]^{\mathrm{T}}$ 为层交界面上的位移幅值向量。

假定 qP 波和 qSV 波由基岩面入射，即选择基岩露头处为控制点，根据基岩半空间动力刚度矩阵求出基岩固定端面反力并反向施加到整个层状半空间，得到 P_{N+1} 和 $\mathrm{i}R_{N+1}$：

$$\begin{bmatrix} P_{N+1} \\ \mathrm{i}R_{N+1} \end{bmatrix} = -\boldsymbol{S}^{\mathrm{R}}_{\mathrm{qP\text{-}qSV}} \begin{bmatrix} u_0 \\ \mathrm{i}w_0 \end{bmatrix} \tag{4.6}$$

式中，u_0 和 w_0 为基岩露头处位移。

其他各层交界面处外加荷载为零，即得到外加荷载幅值向量 $[P_1,\mathrm{i}R_1,P_2,\mathrm{i}R_2,\cdots,P_{N+1},\mathrm{i}R_{N+1}]^{\mathrm{T}}$。

将外荷载幅值 $[Q_1,Q_2,\cdots,Q_{N+1}]^{\mathrm{T}}$ 和 $[P_1,\mathrm{i}R_1,P_2,\mathrm{i}R_2,\cdots,P_{N+1},\mathrm{i}R_{N+1}]^{\mathrm{T}}$ 分别代入式（4.2）和式（4.5），即可求出半空间的层交界面的位移幅值，进而根据 TI 介质的本构关系求出层交界面应力。接着根据层交界面位移求得层内部上、下行波幅值，进而根据波幅值求出层内部各点的位移和应力响应，即可得到层状 TI 弹性半空间的自由场频域结果。

3. 时域解答

以上分析都是在频域内进行的，可采用卷积理论和快速 Fourier 逆变换将频域结果叠加得到时域地震响应。文献［1］给出了离散 Fourier 变换及逆变换公式，即

$$C_k = \frac{1}{N}\sum_{m=0}^{N-1} x_m \exp[-\mathrm{i}(2\pi km/N)] \quad (k=0,1,2,\cdots,N-1) \tag{4.7}$$

$$x_m = \sum_{k=0}^{N-1} C_k \exp[\mathrm{i}(2\pi km/N)] \quad (m=0,1,2,\cdots,N-1) \tag{4.8}$$

式中，x_m 为离散采样值；N 为采样数；C_k 为复 Fourier 系数或复振幅。

快速 Fourier 变换是离散 Fourier 变换的快速算法，它利用式（4.7）和式（4.8）中指数因子的对称性和周期性删除重复计算，达到提高计算速度的目的。

若将复振幅 C_k 表示为 $(A_k-\mathrm{i}B_k)/2$（A_k 和 B_k 为实数），并利用欧拉公式 $\mathrm{e}^{\pm\mathrm{i}\theta}=\cos\theta\pm\mathrm{i}\sin\theta$ 及复振幅的共轭关系，可将式（4.8）变换为

$$\begin{aligned} x_m = {} & A_0/2 + \sum_{k=1}^{N/2-1}\left[A_k\cos\frac{2\pi km}{N} + B_k\sin\frac{2\pi km}{N}\right] \\ & + \frac{A_{N/2}}{2}\cos\frac{2\pi(N/2)m}{N} \quad (m=0,1,2,\cdots,N-1) \end{aligned} \tag{4.9}$$

取采样点间隔为 Δt，则第 m 个采样点的时刻为 $t=m\Delta t$，因而 $m=t/\Delta t$，代入式（4.9）可得到

$$x(t)=A_0/2+\sum_{k=1}^{N/2-1}\left[A_k\cos\frac{2\pi kt}{N\Delta t}+B_k\sin\frac{2\pi kt}{N\Delta t}\right]+\frac{A_{N/2}}{2}\cos\frac{2\pi(N/2)t}{N\Delta t} \tag{4.10}$$

令 $f_k=k/(N\Delta t)$，则式（4.10）可写为

$$x(t)=A_0/2+\sum_{k=1}^{N/2-1}[A_k\cos 2\pi f_k t+B_k\sin 2\pi f_k t]+\frac{A_{N/2}}{2}\cos 2\pi f_{N/2}t \tag{4.11}$$

式中，A_k 和 B_k 为有限 Fourier 系数。

利用式(4.11)，可将给定地震波分解为频率为 $f_1,\cdots,f_{N/2-1},f_{N/2}$ 共 $N/2$ 个成分波，且满足 $f_1<f_2<\cdots<f_{N/2-1}<f_{N/2}$。然后将已知的 N 个采样值 x_m 代入式（4.7）中，并结合共轭关系，可以求出这 $N/2$ 个频率成分波的复振幅 C_k，记为 $X_1(f)$。此外，将用刚度矩阵方法求出的这 $N/2$ 个频率对应的地表计算点位移放大幅值记为 $X_2(f)$。根据卷积的 Fourier 变换公式，若

$$x_1(t)\Leftrightarrow X_1(f),\ x_2(t)\Leftrightarrow X_2(f) \tag{4.12}$$

则有

$$x(t)=\int_0^t x_1(\tau)x_2(t-\tau)\mathrm{d}\tau\Leftrightarrow X(f)=X_1(f)X_2(f) \tag{4.13}$$

式中，“$\Leftrightarrow$”表示 Fourier 变换关系。

根据式（4.13）求得的 $x(t)$即为自由场地震反应的时域解答。

4.1.2　弹性半空间自由场验证

图 4-2 为本节与薛松涛等[2]给出的 SH 波入射时土层顶面放大系数和底面放大系数结果。图 4-3 给出了本节方法与薛松涛等[3]给出的土层在 qP 波和 qSV 波入射时水平和竖直方向位移放大系数结果，分别计算了 qP 波以 0°和 40°入射时的竖向位移放大系数，以及 qSV 波以 0°和 20°入射时的水平位移放大系数。计算模型的物理参数见文献［2］和文献［3］。从图 4-2 和图 4-3 中可以看出，本节方法计算的结果与文献［2］和文献［3］的结果十分吻合。

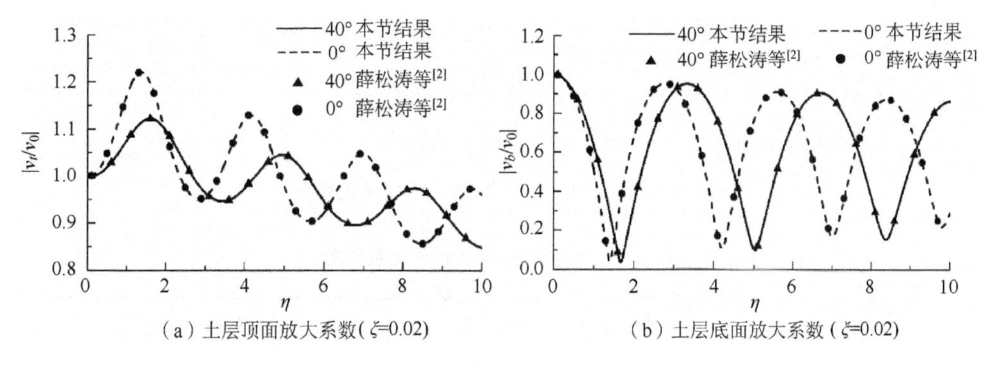

（a）土层顶面放大系数（ζ=0.02）　（b）土层底面放大系数（ζ=0.02）

图 4-2　本节与薛松涛等[2]给出的 SH 波入射时土层顶面放大系数和底面放大系数结果

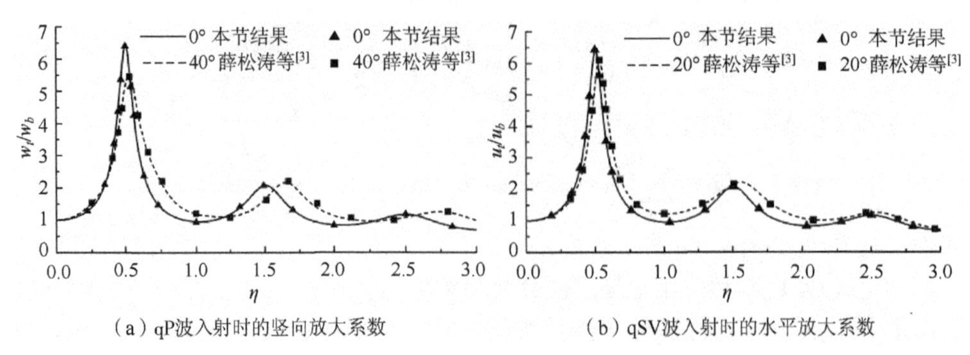

（a）qP波入射时的竖向放大系数　（b）qSV波入射时的水平放大系数

图 4-3　本节与薛松涛等[3]给出的土层在 qP 波和 qSV 波入射时水平和竖直方向位移放大系数结果

4.1.3　算例与分析

1. 频域结果

以各向同性基岩上的单一土层为例，对自由场频谱进行计算分析。图 4-4 给出了入射平面 SH 波时自由场频谱曲线，$|v/A_{\mathrm{SH}}|$为 SH 波的无量纲位移幅值。基岩和 3 种 TI 土层材料的计算参数如表 4-1 所示。计算时土层厚度 H=2m，无量纲频率$\eta=\omega H\sqrt{\rho/G_{\mathrm{v}}^{\mathrm{L}}}/\pi$（从 0 取到 6），平面 SH 波入射角度 ψ_{SH}=10°、45°和 80°。

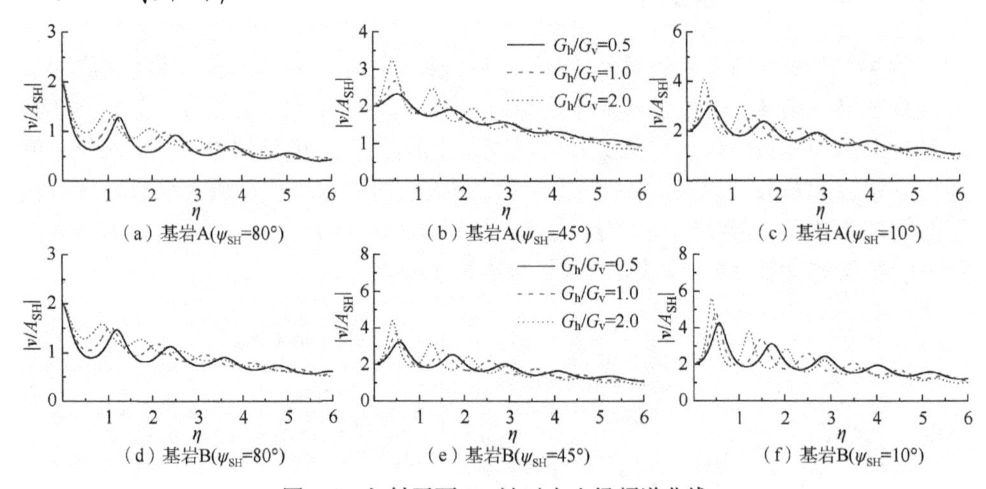

（a）基岩A(ψ_{SH}=80°)　（b）基岩A(ψ_{SH}=45°)　（c）基岩A(ψ_{SH}=10°)

（d）基岩B(ψ_{SH}=80°)　（e）基岩B(ψ_{SH}=45°)　（f）基岩B(ψ_{SH}=10°)

图 4-4　入射平面 SH 波时自由场频谱曲线

表 4-1　土层和基岩半空间计算参数

材料模型		G_h/MPa	G_v/MPa	$\nu_h=\nu_{vh}$	ρ/（kg/m³）	ζ
土层	材料 1	20.00	40.00	0.25	3000.00	0.05
	材料 2	30.00	30.00	0.25	3000.00	0.05
土层	材料 3	40.00	20.00	0.25	3000.00	0.05

续表

材料模型	G_h/MPa	G_v/MPa	$\nu_h=\nu_{vh}$	ρ/（kg/m^3）	ζ
基岩半空间 A	120.00	120.00	0.25	3000.00	0.02
基岩半空间 B	270.00	270.00	0.25	3000.00	0.02

从图 4-4 中可以看出，当无量纲频率较低时，自由场的放大效应比较明显，且当频率接近零时，位移幅值均接近于 2.0；TI 土层竖向与水平剪切模量比值对土层自身的动力特性有着显著的影响，随着土层 G_h/G_v 的增大，土层的固有频率 $\omega=2\pi\sqrt{G_v^L/\rho}(2j-1)\big/4H$ 逐渐减小（土层的各阶共振频率向左偏移），即固有周期增大，且共振频率点对应位移幅值逐渐增大。这说明，固有频率受竖向剪切模量控制，而峰值受水平剪切模量控制。SH 波掠入射（ψ_{SH}=80°）时位移幅值较小，而斜入射（ψ_{SH}=10°和 45°）时较大。另外，随着各向同性土层刚度的增大，SH 波掠入射（ψ_{SH}=80°）时位移幅值放大效应变化不显著，而斜入射（ψ_{SH}=10°和 45°）时移幅值放大效应变化却十分显著。这是因为入射角度越大，在水平 x 向辐射的能量越少，在水平 y 向的位移越大。

2. 时域结果

对各向同性基岩上单一土层半空间的自由场时程进行计算分析。图 4-5 和图 4-6 分别给出了入射 qP 波和 qSV 波时基岩上单一土层的自由场时程曲线，$|u/A_{qP}|$、$|w/A_{qP}|$、$|u/A_{qSV}|$和$|w/A_{qSV}|$为 qP 波和 qSV 波的无量纲位移幅值。基岩和 3 种 TI 土层材料的计算参数见表 4-2。计算时土层厚度 H=2m，平面 qP 波和 qSV 波入射角度包括 $\psi_{qP}=\psi_{qSV}$=10°、45°和 80°，入射点位置为（x=0, z=4H），自由表面计算点取为（x=4, z=0）。输入 Ricker 时程为 $v(\tau)=(2\pi^2\eta_c\tau^2-1)\exp(-\pi^2\eta_c\tau^2)$，$\eta_c$ 为特征频率，无量纲频率 $\eta=\omega H\sqrt{2\rho/(G_v^L+G_h^L)}\big/\pi$，无量纲时间 $\tau=t\sqrt{(G_v^L+G_h^L)/2\rho}\big/H$。以下计算中均取 η_c=1.5，τ=0～8，无量纲频率的计算范围取 η=0～6，共 136 个频率点。

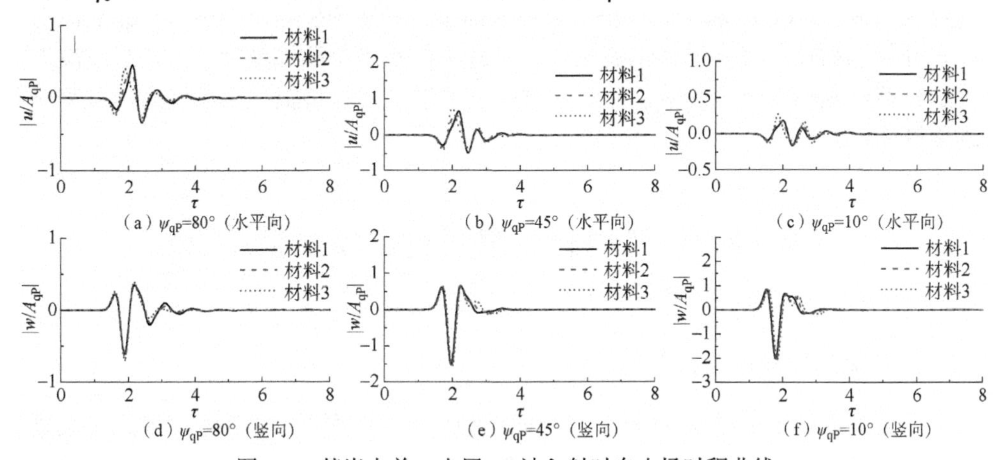

图 4-5　基岩上单一土层 qP 波入射时自由场时程曲线

表 4-2　土层和基岩半空间计算参数

材料模型		E_h/MPa	E_v/MPa	G_v/MPa	$\nu_h=\nu_{vh}$	ρ/（kg/m³）	ζ
土层	材料 1	50.00	100.00	30.00	0.05	3000.00	0.25
	材料 2	75.00	75.00	30.00	0.05	3000.00	0.25
	材料 3	100.00	50.00	30.00	0.05	3000.00	0.25
基岩半空间		300.00	300.00	120.00	0.25	3000.00	0.02

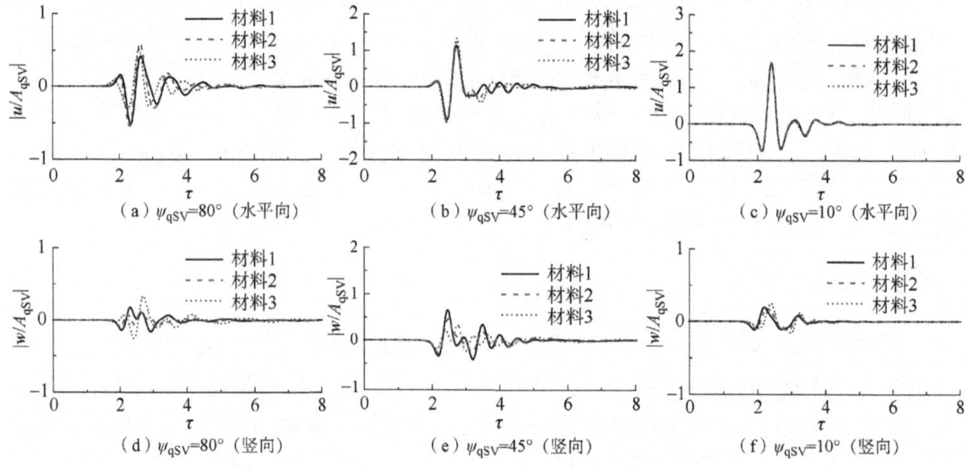

图 4-6　基岩上单一土层 qSV 波入射自由场时程曲线

对于基岩上单一土层，由于土层的存在使得 qP 波和 qSV 波在土层内来回反射，从而导致位移时程持续振动时间延长，较均匀半空间的情况更为复杂。当 qSV 波小角度入射（ψ_{qSV}=10°）时，3 种土层对应的水平位移时程曲线几乎重合。随入射角度的减小，qP 波水平位移幅值先增大后减小，竖向位移逐渐增大；qSV 波情况正好与之相反，竖向位移幅值先增大后减小，水平位移逐渐增大。基岩刚度对土层位移时程也有显著影响，随着基岩刚度的增大，位移幅值不断增大，位移时程逐渐超前。

4.2　层状 TI 饱和半空间自由场地震反应

4.2.1　计算模型与相应公式

平面波入射下的层状 TI 饱和半空间模型如图 4-7 所示。模型由 N 层水平土层及基岩半空间组成，土层和基岩半空间均可考虑为 TI 饱和介质。模型中各土层的

厚度为 d_j (j=1～N)，土层和半空间性质可由 5 个工程常数（E_{h}、E_{v}、G_{v}、ν_{h} 和 ν_{vh}）、饱和相关参数（m_1、m_3、α_1、α_3、k_1、k_3、η 和 ϕ）、密度 ρ 和阻尼比 ζ 进行描述。设平面波（以 qP1 波、qP2 波和 qSV 波为例）从基岩露头处入射，入射角分别为 ψ_{qP1}、ψ_{qP2} 和 ψ_{qSV}。

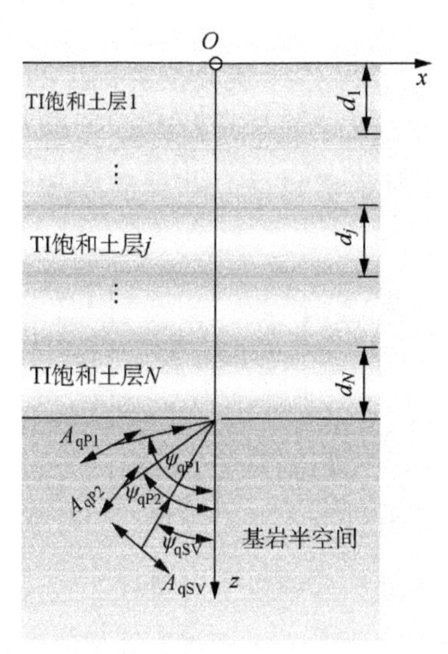

图 4-7　平面波入射下的层状 TI 饱和半空间模型

1. 集整动力刚度矩阵

集整第 2 章给出的 TI 饱和层刚度矩阵 $\boldsymbol{K}^{\mathrm{L}}_{\mathrm{qP1\text{-}qP2\text{-}qSV}}$ 和基岩半空间动力刚度矩阵 $\boldsymbol{K}^{\mathrm{R}}_{\mathrm{qP1\text{-}qP2\text{-}qSV}}$ 考虑相邻层交界面上的位移、应力和孔压连续条件，得到层状 TI 饱和半空间的整体动力刚度矩阵 $\boldsymbol{K}$ 为

$$\boldsymbol{K}=\begin{bmatrix} \boldsymbol{K}_{11}^{\mathrm{L1}} & \boldsymbol{K}_{12}^{\mathrm{L1}} & & & & \\ \boldsymbol{K}_{21}^{\mathrm{L1}} & \boldsymbol{K}_{22}^{\mathrm{L1}}+\boldsymbol{K}_{11}^{\mathrm{L2}} & \boldsymbol{K}_{12}^{\mathrm{L2}} & & & \\ & \boldsymbol{K}_{21}^{\mathrm{L2}} & \boldsymbol{K}_{22}^{\mathrm{L2}}+\boldsymbol{K}_{11}^{\mathrm{L3}} & & & \\ & & & \ddots & & \\ & & & & \boldsymbol{K}_{22}^{\mathrm{L}N-1}+\boldsymbol{K}_{11}^{\mathrm{L}N} & \boldsymbol{K}_{12}^{\mathrm{L}N} \\ & & & & \boldsymbol{K}_{21}^{\mathrm{L}N} & \boldsymbol{K}_{22}^{\mathrm{L}N}+\boldsymbol{K}^{\mathrm{R}} \end{bmatrix}_{3(N+1)\times 3(N+1)} \tag{4.14}$$

若地表不透水，则为确保孔隙流体相对于土骨架的竖向位移 w_z 为 0，整体动力刚度矩阵（4.14）中第 3 行和 3 列除了对角线以外的所有元素应为 0，对角线元素应为 1。

根据已知的 TI 饱和半空间整体精确动力刚度矩阵，采用直接刚度法，波数域

内层状 TI 饱和半空间的离散动平衡方程可表示为

$$\left[R_{x1},\mathrm{i}R_{z1},\mathrm{i}P_{f1},\cdots,R_{x(N+1)},\mathrm{i}R_{z(N+1)},\mathrm{i}P_{f(N+1)}\right]^{\mathrm{T}}=\boldsymbol{K}\left[u_{x1},\mathrm{i}u_{z1},\mathrm{i}w_{z1},\cdots,u_{x(N+1)},\mathrm{i}u_{z(N+1)},\mathrm{i}w_{z(N+1)}\right]^{\mathrm{T}} \tag{4.15}$$

式中，$\left[R_{x1},\mathrm{i}R_{z1},\mathrm{i}P_{f1},\cdots,R_{x(N+1)},\mathrm{i}R_{z(N+1)},\mathrm{i}P_{f(N+1)}\right]^{\mathrm{T}}$为作用在层交界面上的外荷载幅值；$\left[u_{x1},\mathrm{i}u_{z1},\mathrm{i}w_{z1},\cdots,u_{x(N+1)},\mathrm{i}u_{z(N+1)},\mathrm{i}w_{z(N+1)}\right]^{\mathrm{T}}$为层交界面上的位移幅值。

假定地震波由基岩面入射，即选择基岩露头处为控制点，根据基岩半空间动力刚度矩阵求出基岩固定端面反力并反向施加到整个层状半空间，得到$\left[R_{x(N+1)},\mathrm{i}R_{z(N+1)},\mathrm{i}P_{f(N+1)}\right]^{\mathrm{T}}$为

$$\begin{bmatrix} R_{x(N+1)} \\ \mathrm{i}R_{z(N+1)} \\ \mathrm{i}P_{f(N+1)} \end{bmatrix}=-\boldsymbol{K}_{\mathrm{qP1\text{-}qP2\text{-}qSV}}^{\mathrm{R}}\begin{bmatrix} u_{x0} \\ \mathrm{i}u_{z0} \\ \mathrm{i}w_{z0} \end{bmatrix} \tag{4.16}$$

式中，u_{x0}、u_{z0}、w_{z0}为基岩露头处位移。

其他各层交界面处外加荷载为零，即得到外加荷载幅值向量$\left[R_{x1},\mathrm{i}R_{z1},\mathrm{i}P_{f1},\cdots,R_{x(N+1)},\mathrm{i}R_{z(N+1)},\mathrm{i}P_{f(N+1)}\right]^{\mathrm{T}}$。将外加荷载幅值向量代入式（4.15），可求得层状半空间表面位移u_x、u_z和边界透水时孔隙流体相对于骨架的位移w_z。

2. 边界透水条件及临界角问题

研究波在饱和介质中的传播问题时，首先要确定合适的边界透水条件，然后对具体问题进行求解。边界条件建立时不但要考虑土体的性质，还需要考虑土体和流体间的彼此作用。当边界透水时，孔隙流体自由流动，地表竖向正应力、剪应力及孔压为零；当边界不透水时，孔隙流体在饱和多孔介质中无法自由流动，动荷载会引起孔压的增大乃至土体的液化，因而研究边界透水条件十分重要。

透水边界条件为

$$\begin{bmatrix} \sigma_z \\ \tau_{zx} \\ p \end{bmatrix}_{z=0}=\begin{bmatrix} 0 \\ 0 \\ 0 \end{bmatrix} \tag{4.17}$$

不透水边界条件为

$$\begin{bmatrix} \sigma_z \\ \tau_{zx} \\ w_z \end{bmatrix}_{z=0}=\begin{bmatrix} 0 \\ 0 \\ 0 \end{bmatrix} \tag{4.18}$$

TI 饱和半空间中入射波和反射波的幅值关系如下：

$$\begin{bmatrix} B_{qP1} \\ B_{qP2} \\ B_{qSV} \end{bmatrix} = \begin{bmatrix} M_7 & M_8 & M_9 \\ M_4 & M_5 & M_6 \\ M_1 & M_2 & M_3 \end{bmatrix} \begin{bmatrix} A_{qP1} \\ A_{qP2} \\ A_{qSV} \end{bmatrix} \tag{4.19}$$

式中，M_1～M_9 的值根据自由表面透水情况选取，具体表达式见文献［4］。

根据斯内尔（Snell）定理可知，自由表面处 3 种波的视速度为

$$c = \frac{c_{qSV}}{\sin\psi_{qSV}} = \frac{c_{qP1}}{\sin\psi_{qP1}} = \frac{c_{qP2}}{\sin\psi_{qP2}} \tag{4.20}$$

qP1 波速总是大于剪切波 qSV 的速度，因此当 qSV 波入射角超过某一临界值时，有 $\sin\psi_{qP1}=(c_{qP1}/c_{qSV})$，则此时反射 qP1 波的反射角将成为复数。由此可得到 qP1 波的临界角为

$$\psi_{cr1} = \sin^{-1}(c_{qSV} / c_{qP1}) \tag{4.21}$$

对 qP2 波而言，这一临界角 ψ_{cr2} 仅在软土中会出现，即当土骨架为未固结时，才有 $c_{qP2}/c_{qSV}>1$。

当 qSV 波入射角 $\psi_{qSV}\geqslant\psi_{cr1}$ 时，则 λ_{qP1} 变为 $-\lambda_{qP1}$；同样，当 qSV 波入射角 $\psi_{qSV}\geqslant\psi_{cr2}$ 时，则 λ_{qP2} 变为 $-\lambda_{qP2}$。由此可见，对剪切波而言，在 $0°\leqslant\psi_{qSV}\leqslant90°$ 范围内，λ_{qSV} 总是虚数，因此反射剪切波为简谐波。当 $\psi_{qSV}\geqslant\psi_{cr1}$ 时，λ_{qP1} 变为负实数，反射 qP1 波变为沿深度呈指数衰减的表面波。同理，反射 qP2 波也有类似的情况。

3. 地表动力响应

（1）位移

土骨架位移 u_x、u_z 和孔隙流体相对于固体骨架的位移 w_z 表达式如下：

$$u_x(k,z,x)=\Big[\chi_1\left(A_{qP1}e^{\lambda_{qP1}z} - B_{qP1}e^{-\lambda_{qP1}z}\right) + \chi_2\left(A_{qP2}e^{\lambda_{qP2}z} - B_{qP2}e^{-\lambda_{qP2}z}\right)$$

$$+\chi_3\left(A_{qSV}e^{\lambda_{qSV}z} - B_{qSV}e^{-\lambda_{qsv}z}\right)\Big]e^{-ikx} \tag{4.22a}$$

$$u_z(k,z,x)=\Big[\chi_4\left(A_{qP1}e^{\lambda_{qP1}z} + B_{qP1}e^{-\lambda_{qP1}z}\right) + \chi_5\left(A_{qP2}e^{\lambda_{qP2}z} + B_{qP2}e^{-\lambda_{qP2}z}\right)$$

$$+\chi_6\left(A_{qSV}e^{\lambda_{qSV}z} + B_{qSV}e^{-\lambda_{qSV}z}\right)\Big]e^{-ikx} \tag{4.22b}$$

$$w_z(k,z,x)=\Big[\delta_4\left(A_{qP1}e^{\lambda_{qP1}z} + B_{qP1}e^{-\lambda_{qP1}z}\right) + \delta_5\left(A_{qP2}e^{\lambda_{qP2}z} + B_{qP2}e^{-\lambda_{qP2}z}\right)$$

$$+\delta_6\left(A_{qSV}e^{\lambda_{qSV}z} + B_{qSV}e^{-\lambda_{qSV}z}\right)\Big]e^{-ikx} \tag{4.22c}$$

式中，λ_{qP1}、λ_{qP2} 和 λ_{qSV} 分别为 qP1 波、qP2 波和 qSV 波波长；χ_1～χ_6、δ_4～δ_6 表达式见文献［4］。

将式（4.19）代入式（4.22a）和式（4.22b），并令 z=0，可求得边界透水和不

透水时土骨架位移 u_x 和 u_z；将式（4.19）代入式（4.22c），并令 z=0，可求得边界透水时孔隙流体相对于土骨架的位移 w_z，而边界不透水时 w_z 为 0。

（2）应变

对式（4.22a）和式（4.22b）求偏导，可以求得任意一点的土骨架应变 r_x 和 r_z，即

$$
\begin{aligned}
r_x(k,z,x)=&\partial u_x/\partial x\\
=&\Big[\chi_1\left(A_{\mathrm{qP1}}\mathrm{e}^{\lambda_{\mathrm{qP1}}z}-B_{\mathrm{qP1}}\mathrm{e}^{-\lambda_{\mathrm{qP1}}z}\right)+\chi_2\left(A_{\mathrm{qP2}}\mathrm{e}^{\lambda_{\mathrm{qP2}}z}-B_{\mathrm{qP2}}\mathrm{e}^{-\lambda_{\mathrm{qP2}}z}\right)\\
&+\chi_3\left(A_{\mathrm{qSV}}\mathrm{e}^{\lambda_{\mathrm{qSV}}z}-B_{\mathrm{qSV}}\mathrm{e}^{-\lambda_{\mathrm{qSV}}z}\right)\Big](-\mathrm{i}k)\mathrm{e}^{-\mathrm{i}kx}
\end{aligned}
\tag{4.23a}
$$

$$
\begin{aligned}
r_z(k,z,x)=\partial u_z/\partial z=&\Big[\chi_4\lambda_{\mathrm{qP1}}\left(A_{\mathrm{qP1}}\mathrm{e}^{\lambda_{\mathrm{qP1}}z}-B_{\mathrm{qP1}}\mathrm{e}^{-\lambda_{\mathrm{qP1}}z}\right)\\
&+\chi_5\lambda_{\mathrm{qP2}}\left(A_{\mathrm{qP2}}\mathrm{e}^{\lambda_{\mathrm{qP2}}z}-B_{\mathrm{qP2}}\mathrm{e}^{-\lambda_{\mathrm{qP2}}z}\right)\\
&+\chi_6\lambda_{\mathrm{qSV}}\left(A_{\mathrm{qSV}}\mathrm{e}^{\lambda_{\mathrm{qSV}}z}-B_{\mathrm{qSV}}\mathrm{e}^{-\lambda_{\mathrm{qSV}}z}\right)\Big]\mathrm{e}^{-\mathrm{i}kx}
\end{aligned}
\tag{4.23b}
$$

将式（4.19）代入式（4.23a）和式（4.23b），并令 z=0，可求得边界透水和不透水时土骨架应变 r_x 和 r_z。

（3）自由表面转动

层状半空间表面转动 ψ_{xz} 为

$$
\begin{aligned}
\psi_{xz}=\frac{1}{2}\left(\frac{\partial u_x}{\partial z}-\frac{\partial u_z}{\partial x}\right)=&\frac{1}{2}\Big[\left(\mathrm{i}k\chi_4+\lambda_{\mathrm{qP1}}\chi_1\right)\left(A_{\mathrm{qP1}}\mathrm{e}^{\lambda_{\mathrm{qP1}}z}+B_{\mathrm{qP1}}\mathrm{e}^{-\lambda_{\mathrm{qP1}}z}\right)\\
&+\left(\mathrm{i}k\chi_5+\lambda_{\mathrm{qP2}}\chi_2\right)\left(A_{\mathrm{qP2}}\mathrm{e}^{\lambda_{\mathrm{qP2}}z}+B_{\mathrm{qP2}}\mathrm{e}^{-\lambda_{\mathrm{qP2}}z}\right)\\
&+\left(\mathrm{i}k\chi_6+\lambda_{\mathrm{qSV}}\chi_3\right)\left(A_{\mathrm{qSV}}\mathrm{e}^{\lambda_{\mathrm{qSV}}z}+B_{\mathrm{qSV}}\mathrm{e}^{-\lambda_{\mathrm{qSV}}z}\right)\Big]\mathrm{e}^{-\mathrm{i}kx}
\end{aligned}
\tag{4.24}
$$

将式（4.19）代入式（4.24），并令 z=0，可求得边界透水和不透水时的转动 ψ_{xz}。忽略时间因子，对转动进行无量纲化。

qP1 波为

$$
\xi_{xz}=\frac{2\psi_{xz}\lambda^*}{\mathrm{i}k_{\mathrm{qP1}}\lambda_{\mathrm{P1}}}=-2\mathrm{i}\frac{\psi_{xz}c^*}{\omega}
\tag{4.25a}
$$

qSV 波为

$$
\xi_{xz}=\frac{2\psi_{xz}\lambda^*}{\mathrm{i}k_{\mathrm{qSV}}\lambda_{\mathrm{SV}}}=-2\mathrm{i}\frac{\psi_{xz}c^*}{\omega}
\tag{4.25b}
$$

（4）应力

无论 TI 饱和均匀半空间表面是否透水，土骨架应力 σ_x 和 τ_{zx} 皆为 0。孔压 p 表达式为

$$p(k,z,x)=\left[\chi_7\left(A_{\mathrm{qP1}}\mathrm{e}^{\lambda_{\mathrm{qP1}}z}-B_{\mathrm{qP1}}\mathrm{e}^{-\lambda_{\mathrm{qP1}}z}\right)+\chi_8\left(A_{\mathrm{qP2}}\mathrm{e}^{\lambda_{\mathrm{qP2}}z}-B_{\mathrm{qP2}}\mathrm{e}^{-\lambda_{\mathrm{qP2}}z}\right)\right.$$
$$\left.+\chi_9\left(A_{\mathrm{qSV}}\mathrm{e}^{\lambda_{\mathrm{qSV}}z}-B_{\mathrm{qSV}}\mathrm{e}^{-\lambda_{\mathrm{qSV}}z}\right)\right]\mathrm{e}^{-\mathrm{i}kx} \tag{4.26}$$

边界透水时孔压 p 为 0；边界不透水时孔压 p 可通过联立式(4.19)和式(4.26)，并令 z=0 得到。

4.2.2　饱和半空间自由场验证

将 TI 介质退化为各向同性介质，和已有的各向同性结果对比来验证方法的正确性。图 4-8（a）～（f）分别为本节方法与 Lin 等[5]给出的地表透水和不透水两种情况下 P1 波、SV 波入射时自由表面位移、应变和转动结果。计算模型参数与文献［5］中相同，取流体密度 ρ_{f}=1000kg/m^3、土颗粒密度 ρ_{s}=2650kg/m^3、孔隙率 ϕ=0.3、泊松比 ν=0.2、阻尼比 ζ=0.001 和剪切模量 G=4.625GPa，以及两相介质相关参数 α=0.8287、M=60.72GPa、m=7222kg/m^3 和 b=0。从图 4-8 中可以看出，本节结果与文献［5］吻合很好。

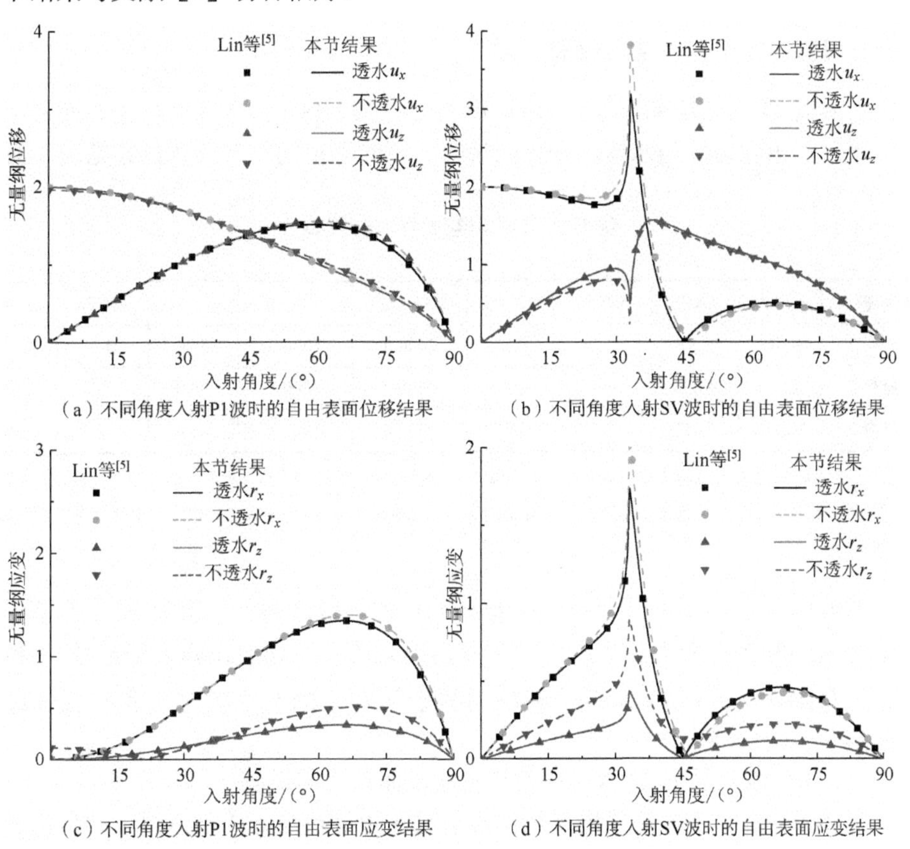

（a）不同角度入射P1波时的自由表面位移结果

（b）不同角度入射SV波时的自由表面位移结果

（c）不同角度入射P1波时的自由表面应变结果

（d）不同角度入射SV波时的自由表面应变结果

图 4-8　本节方法与 Lin 等[5]给出的结果

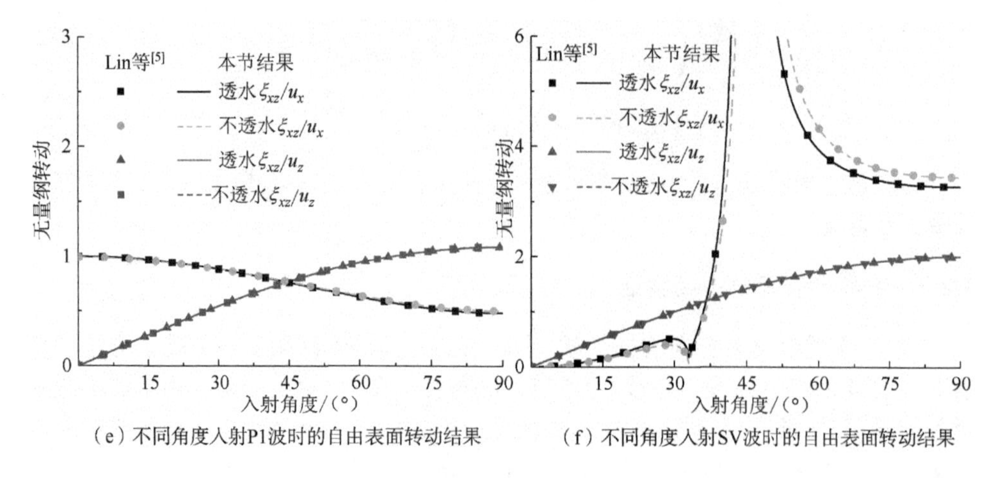

（e）不同角度入射P1波时的自由表面转动结果 （f）不同角度入射SV波时的自由表面转动结果

图 4-8（续）

4.2.3 算例与分析

1. 均匀 TI 饱和半空间结果

本节以 TI 均匀饱和半空间为例，研究 qP1 波、qSV 波入射时自由表面自由场反应随入射角和边界透水情况变化的规律。不同半空间材料计算参数见表 4-3。

表 4-3 不同半空间材料计算参数

材料模型	E_h/GPa	E_v/GPa	G_v/GPa	$\nu_h=\nu_{vh}$	ρ_s/（kg/m³）	ρ_f/（kg/m³）	k_s/GPa	k_f/GPa	$a_1=a_3$
材料 1	6.617	12.330	3.7	0.25	2650.0	1000.0	36.0	2.0	2.167
材料 2	9.250	9.250	3.7	0.25	2650.0	1000.0	36.0	2.0	2.167
材料 3	12.330	6.617	3.7	0.25	2650.0	1000.0	36.0	2.0	2.167

注：如无特别说明，阻尼比取 0.001，a_1 和 a_3 通过 Berryman[6] 给出的方程 $a_j=(1+1/\phi)/2$（j=1，3）计算得来，孔隙流体的动力黏滞系数 η_f=0.001Pa·s，孔隙率 ϕ=0.3，渗透率为 $k_1=k_3=10^3\text{m}^2$；相应干土材料是将饱和参数取零得到的。

下列计算中，$u_x^*=|u_x/A|$ 和 $u_z^*=|u_z/A|$（A 为入射波幅值）分别表示对实际位移 u_x 和 u_z 进行无量纲化，$r_x^*=r_xc^*/\omega$ 和 $r_z^*=r_zc^*/\omega$ 分别表示对实际应变 r_x 和 r_z 进行无量纲化，$\sigma_x^*=\sigma_x/G_0$ 和 $p^*=p/G_0$ 分别表示对实际水平应力 σ_x 和孔压 p 进行无量纲化。

（1）qP1 波入射下 TI 饱和均匀半空间表面自由场反应

图 4-9～图 4-11 分别给出了边界透水时 3 种材料在 qP1 波入射下的自由表面位移、应变和转动与入射角度的关系。

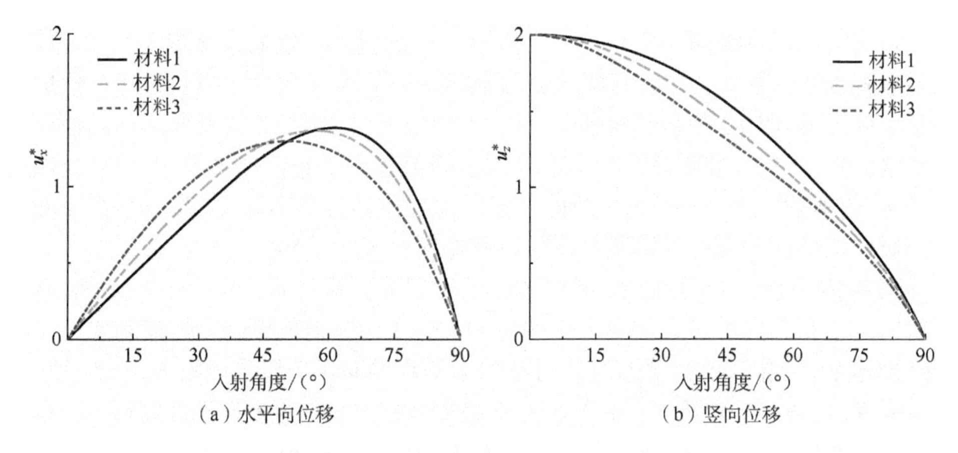

图 4-9　自由表面位移和 qP1 波入射角度的关系

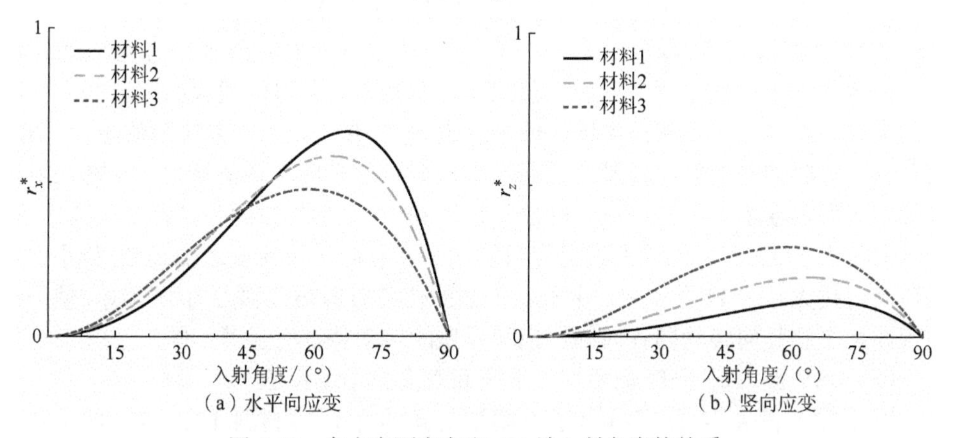

图 4-10　自由表面应变和 qP1 波入射角度的关系

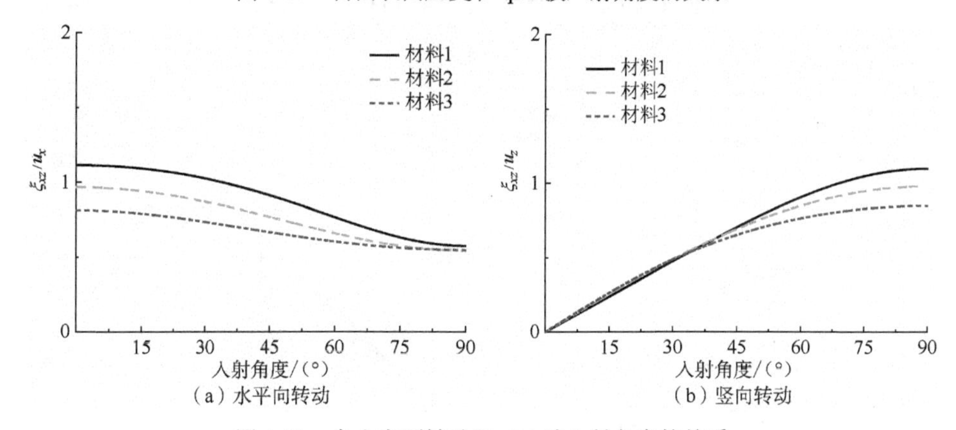

图 4-11　自由表面转动和 qP1 波入射角度的关系

图 4-9 表明，TI 介质（材料 1 和材料 3）和各向同性介质（材料 2）对应的位移有显著差异，但变化规律大致相同。竖向位移 u_z 在 qP1 波垂直入射时最大，随

入射角的增大而逐渐减小到 0；同一角度时 E_h/E_v 越小，竖向位移越大。水平位移在垂直和水平入射时为 0，且都从 0 开始增大，在某一角度达到最大值，然后开始减小；TI 介质的水平位移峰值（分别为 1.383 和 1.296）和位置同各向同性介质的峰值（1.365）有着明显不同。水平位移峰值要小于竖向位移峰值。TI 介质的 E_h 和 E_v 数值的不同，使得 qP1 波的传播方向与位移方向不共线，导致自由表面水平和竖向位移同各向同性饱和介质的位移特征有很大差异。

图 4-10 表明，介质的各向异性对应变有着重要的影响。qP1 波在水平和垂直入射时，水平方向和竖直方向应变均为 0，且水平方向应变变化规律和水平位移变化规律基本相同。同一角度时，材料的水平和竖向杨氏模量之比 E_h/E_v 越大，竖向应变越大。在 TI 介质中，由于 qP1 波的传播方向与位移方向不共线，使得自由表面水平和竖向应变同各向同性饱和介质的应变特征有很大差异。

图 4-11 表明，介质的各向异性对水平和竖向的转动有着重要的影响，但两方向的转动变化规律相似。3 种材料在 qP1 波垂直入射时的水平方向转动值最大，而水平入射时的水平方向转动值最小，且随入射角度的增大而逐渐减小；同一角度时，材料的水平和竖向杨氏模量之比 E_h/E_v 越小，水平向转动值越大。qP1 波垂直入射时的竖向转动值最小，而水平入射时的竖向转动值最大，且随入射角度的增大而逐渐增大。在低入射角时（小于 30°），3 种材料的竖向转动值很接近；当入射角大于 30°时，同一角度时材料的水平和竖向杨氏模量之比 E_h/E_v 越小，竖向转动值越大。在 TI 介质中，由于 qP1 波的传播方向与位移方向不共线，使得自由表面水平和竖向转动同各向同性饱和介质的转动特征有显著不同。

（2）qSV 波入射下 TI 饱和均匀半空间表面自由场反应

图 4-12～图 4-14 分别给出了不同边界透水条件时材料 1 在 qSV 波入射下的自由表面位移、应变和转动与 qSV 波入射角度的关系，并和干土的结果进行了对比。

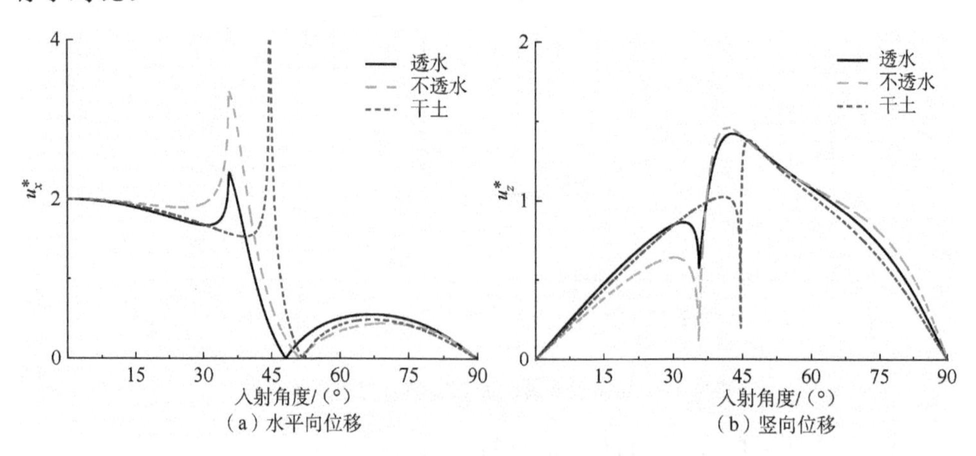

图 4-12　自由表面位移和 qSV 波入射角度的关系

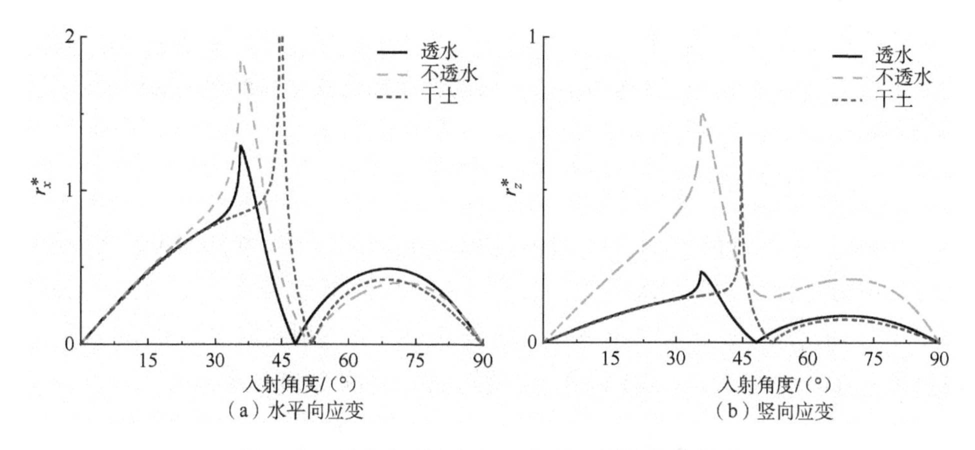

图 4-13　自由表面应变和 qSV 波入射角度的关系

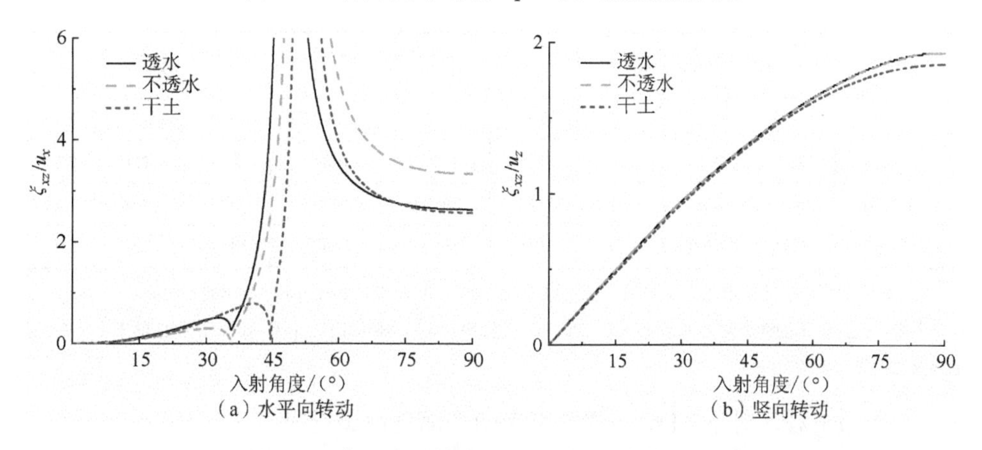

图 4-14　自由表面转动和 qSV 波入射角度的关系

图 4-12 表明，干土、透水和不透水情况下自由表面位移幅值存在差异，饱和情况下的水平位移峰值点和竖向位移极小值点位置相同，但和干土情况明显不同。干土情况下水平位移峰值较透水和不透水分别增大 126%和 57.8%。qSV 波入射时存在临界角问题，干土、透水和不透水情况下位移幅值在临界角附近相差较大。由于饱和土和干土的波速差异，使得干土和饱和土的自由表面位移有很大不同；透水和不透水时的位移幅值变化和饱和土的性质及受力条件有关。

图 4-13 表明，水平应变变化规律和水平位移变化规律基本相同；透水及干土时竖向应变变化规律和水平应变相似，但不透水时竖向应变有显著不同。由于饱和土和干土的波速差异，使得干土和饱和土的自由表面应变有很大不同；透水和不透水时的应变幅值变化和饱和土的性质及受力条件有关。

图 4-14 表明，干土、边界透水和不透水时，转动在某角度为一定值，水平位移在此处为零，则转动与水平位移之比出现极大值。转动与竖直位移之比会随入射角的增大而逐渐增大，在 qSV 波水平入射时达到最大值。透水条件对水平转动

的影响较竖向转动要大得多。由于饱和土和干土的波速差异，使得干土和饱和土的水平转动有明显不同；透水和不透水时的转动幅值变化和饱和土的性质及受力条件有关。

2. 层状 TI 饱和半空间结果

以基岩上单一 TI 饱和土层为模型，研究介质的各向异性和波的入射角度等因素对自由场地动力特性的影响。TI 土层和基岩半空间计算参数见表 4-4。无量纲频率$\eta=\omega a\sqrt{\rho_s/G_v}/\pi$，其中 a=5m，qP1 波和 qSV 波入射角取 0°、30°和 60°。无量纲频率 $0.01\leqslant\eta\leqslant3.0$ 时 qP1 波和 qSV 波地表位移的频谱结果。

表 4-4　TI 土层和基岩半空间计算参数

材料模型		E_h/GPa	E_v/GPa	G_v/GPa	$\nu_h=\nu_{vh}$	ρ_s/(kg/m^3)	ρ_f/(kg/m^3)	k_s/GPa	k_f/GPa	$a_1=a_3$
土层	材料 1	6.617	12.33	3.7	0.25	2650.0	1000.0	36.0	2.0	2.167
	材料 2	9.25	9.25	3.7	0.25	2650.0	1000.0	36.0	2.0	2.167
	材料 3	12.33	6.617	3.7	0.25	2650.0	1000.0	36.0	2.0	2.167
基岩半空间		37.0	37.0	14.8	0.25	2650.0	1000.0	144.0	2.0	2.167

注：如无特别说明，土层阻尼比取 0.001，基岩阻尼比取 0.05，a_1 和 a_3 通过 Berryman[6]给出的方程 $a_j=(1+1/\phi)/2(j=1,3)$ 计算得来，孔隙流体的动力黏滞系数 $\eta_f=0.001$Pa·s，孔隙率 $\phi=0.3$，渗透率为 $k_1=k_3=10^3$m^2；相应的干土材料是将饱和参数取零得到的。

（1）qP1 波入射下 TI 饱和均匀半空间表面自由场反应

从图 4-15 中可以看出，介质的各向异性对于层状场地的动力特性有着显著影响。当 qP1 波入射时，不同介质场地的竖向位移共振频率点的峰值和位置存在明显差异，且垂直入射时竖向位移达到最大值。随着 E_h/E_v 的增大，竖向位移共振频率的位置会向左发生漂移，且位移峰值有所增大。qP1 波入射频率的增大也会导致竖向位移各共振频率点的峰值逐渐减小，入射波频率越高，不同 TI 饱和介质的竖向位移共振频率点漂移越明显。此外，随着入射波角度的增大，竖向位移频谱曲线趋向不规律，各共振频率点的位置不会发生变化，但峰值会逐渐变小，这说明入射角度改变只会影响竖向位移共振频率点的峰值。

（2）qSV 波入射下 TI 饱和均匀半空间表面自由场反应

从图 4-16 中可以看出，当 qSV 波垂直入射时，水平位移最大，但介质的各向异性对于层状场地的动力特性影响较小。入射的 qSV 波存在临界角（30°附近）的问题，波在临界角附近角度入射作用下的自由场地震反应要复杂得多。当波入射角度小于临界角时，随着 E_h/E_v 的增大，水平位移共振频率位置的峰值有所增大；当入射角度超过临界角时，水平位移峰值频谱曲线变得复杂起来。

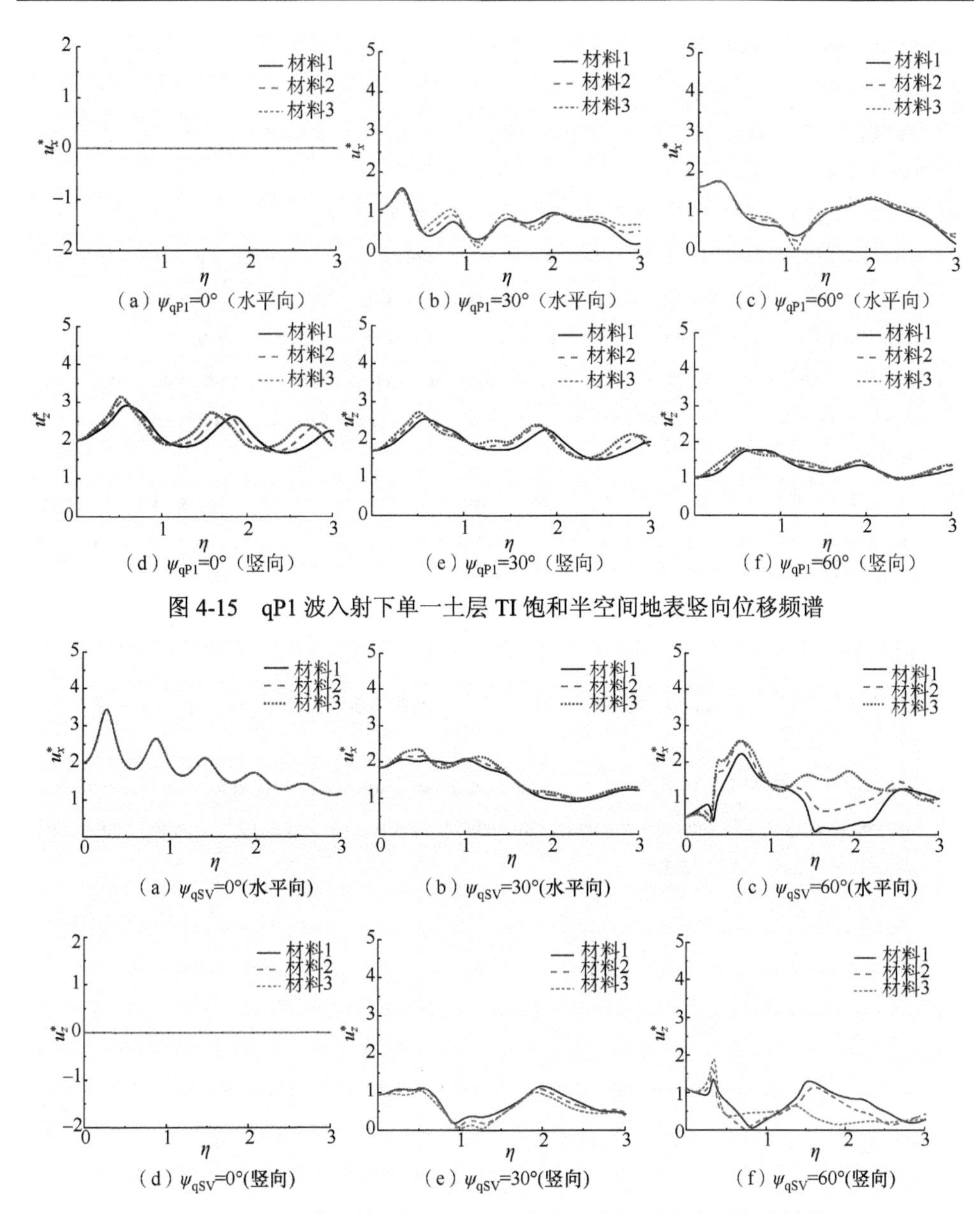

（a）ψ_{qP1}=0°（水平向）　（b）ψ_{qP1}=30°（水平向）　（c）ψ_{qP1}=60°（水平向）

（d）ψ_{qP1}=0°（竖向）　（e）ψ_{qP1}=30°（竖向）　（f）ψ_{qP1}=60°（竖向）

图 4-15　qP1 波入射下单一土层 TI 饱和半空间地表竖向位移频谱

（a）ψ_{qSV}=0°(水平向)　（b）ψ_{qSV}=30°(水平向)　（c）ψ_{qSV}=60°(水平向)

（d）ψ_{qSV}=0°(竖向)　（e）ψ_{qSV}=30°(竖向)　（f）ψ_{qSV}=60°(竖向)

图 4-16　qSV 波入射下单一土层 TI 饱和半空间地表水平位移频谱

本章更为详细的研究成果列于文献［7-11］中，可供读者参考。

参 考 文 献

［1］大崎顺彦．地震动的谱分析入门［M］．吕敏申，谢礼立，译．北京：地震出版社，1980.

[2] 薛松涛，谢丽宇，陈镕，等. 平面 P-SV 波入射时 TI 层状自由场地的响应 [J]. 岩石力学与工程学报，2004，23（7）：1163-1168.

[3] 薛松涛，谢丽宇，陈镕，等. 有阻尼横观各向同性层状场地对入射 SH 波的响应分析 [J]. 工程力学，2001（增刊）：576-580.

[4] 段化贞. 层状 TI 饱和半空间中地下隧道地震响应分析研究 [D]. 天津：天津大学，2018.

[5] LIN C H，LEE V W，TRIFUNAC M D. The reflection of plane waves in a poroelastic half-space saturated with inviscid fluid [J]. Soil Dynamics and Earthquake Engineering，2005，25（3）：205-223.

[6] BERRYMAN J G. Confirmation of Biot's theory [J]. Applied Physics Letters，1980，37（4）：382-384.

[7] BA Z N，LIANG J W，LEE V W，et al. Free-field response of a transversely isotropic saturated half-space subjected to incident plane qP1-and qSV-waves [J]. Soil Dynamics and Earthquake Engineering，2019，125：105-702.

[8] LIANG J W，WU M T，BA Z N，et al. Transfer matrix solution to free-field response of a multi-layered transversely isotropic poroelastic half-plane [J]. Soil Dynamics and Earthquake Engineering，2020，134：106-168.

[9] 梁建文，潘坤，巴振宁. 层状横观各向同性场地地震反应分析 [J]. 地震工程与工程振动，2017，37（4）：1-14.

[10] 巴振宁，张家玮，梁建文，等. 地震波斜入射下层状 TI 饱和场地地震反应分析 [J]. 工程力学，2020，37（5）：166-177.

[11] LIANG J W，WU M T，BA Z N，et al. A reflection-transmission matrix method for time-history response analysis of a layered TI saturated site under obliquely incident seismic waves [J]. Applied Mathematical Modelling，2021，97：206-225.

第 5 章　基于 TI 介质模型的典型局部地形对地震波的散射

本章将更为符合实际的层状 TI 弹性介质模型引入复杂场地地震效应研究中，揭示层状 TI 场地和典型局部地形对地震动的综合影响机理，阐明土体的各向异性参数对地震动（峰值、频谱和持时）和地震反应谱的影响规律，推动场地效应研究在横观各向同性介质方面的发展。采用 IBEM 方法并结合“分区契合”技术求解典型局部场地对地震波散射，其求解总体思路如下：将总波场分解为自由场和散射场分别求解，然后叠加求得总波场；自由场定义为无局部地形存在的层状 TI 场地在地震波入射下的动力响应，自由场通过直接刚度法进行求解（详见第 4 章）；散射场定义为由于局部地形的存在而产生的附加波场，散射场通过在边界上施加虚拟均布荷载产生的动力响应来模拟，即格林函数法（详见第 3 章）；虚拟荷载密度可由局部地形与半空间的边界连续性条件求得。本章研究内容包括层状 TI 弹性半空间中局部地形对平面 SH 波的二维散射、层状 TI 弹性半空间中局部地形对平面 qP 波和 qSV 波的二维散射、层状 TI 弹性半空间中局部地形对平面波的 2.5 维散射、层状 TI 弹性半空间中局部地形对平面波的三维散射。

本章求解方法的优势在于：均布荷载的引入成功解决了奇异性问题，且斜线或斜面单元能更为精确地离散复杂边界，因而方法具有较高精度；刚度矩阵的引入则避免了土层交界面及自由地表的离散，因而方法最大限度地降低了求解自由度。研究成果可为层状 TI 半无限介质中波场模拟提供新的方法思路；为场地条件复杂地区震害预测、地震区划和重大工程抗震设防等工作奠定理论基础，尤其为场地土各向异性显著地区地震动参数的精确确定提供理论依据。

5.1　典型局部地形对 SH 波的二维散射

5.1.1　计算模型与相应公式

1. 计算模型

如图 5-1 所示，任意截面形状的局部地形（凹陷、沉积或凸起）位于层状半空间中，层状半空间由任意层水平土层和其下的基岩半空间组成，土层和基岩半空间可由 5 个独立的工程常数（E_h、E_v、G_v、ν_h和ν_{vh}）、密度ρ和阻尼比ζ确定。凹陷或沉积与层状半空间的交界面为 S；凸起与层状半空间的交界面为 S_1，凸起自由表面边界为 S_2，凸起地形的全部闭合边界为 S。平面 SH 波由基岩面入射，入射方向与 x 轴夹角为 ψ_{SH}。

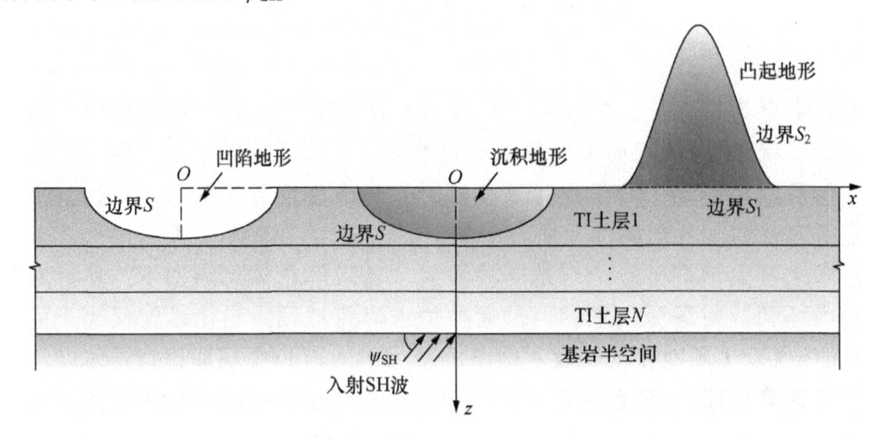

图 5-1　层状 TI 半空间中局部地形计算模型

2. 散射场模拟

采用层状 TI 半空间中斜线均布荷载动力格林函数模拟散射场。散射场引起的位移和牵引力可以通过在局部地形边界上施加斜线均布荷载求得，即

$$v_g(x) = \boldsymbol{g}_v(x)\boldsymbol{p} \tag{5.1}$$

$$t_g(x) = \boldsymbol{g}_t(x)\boldsymbol{p} \tag{5.2}$$

式中，$\boldsymbol{g}_v(x)$ 和 $\boldsymbol{g}_t(x)$ 分别为位移和的格林函数，详见第 3 章；$\boldsymbol{p}$ 为施加在边界上的虚拟斜线均布荷载。

3. 边界条件与总响应

（1）凹陷地形

凹陷边界 S 上的零牵引力条件可表示为

$$\int_S t_y(s)\mathrm{d}s + t_f(s) = 0 \tag{5.3}$$

式中，$t_y(s)$为散射场引起的凹陷边界上的牵引力；$t_f(s)$为自由场引起的凹陷边界上的牵引力。

凹陷地形表面位移响应为

$$v(x) = v_f(x) + \boldsymbol{g}_v(x)\boldsymbol{p} \tag{5.4}$$

（2）沉积地形

沉积与层状半空间交界面 S 上的位移和牵引力连续性条件可表示为

$$\int_S t_{\mathrm{y}}^{\mathrm{L}}(s)\mathrm{d}s + t_{\mathrm{f}}(s) = \int_S t_{\mathrm{y}}^{\mathrm{V}}(s)\mathrm{d}s \quad （牵引力连续） \tag{5.5}$$

$$\int_S v^{\mathrm{L}}(s)\mathrm{d}s + v_{\mathrm{f}}(s) = \int_S v^{\mathrm{V}}(s)\mathrm{d}s \quad （位移连续） \tag{5.6}$$

式中，$t_{\mathrm{y}}^{\mathrm{L}}(s)$、$t_{\mathrm{y}}^{\mathrm{V}}(s)$、$v^{\mathrm{L}}(s)$、$v^{\mathrm{V}}(s)$ 分别为散射场引起的层状半空间和沉积谷地边界的牵引力和位移；$t_{\mathrm{f}}(s)$和 $v_{\mathrm{f}}(s)$为自由场引起的沉积边界上的牵引力和位移，详见第 4 章。

沉积地形表面位移响应为

$$v(x) = v_{\mathrm{f}}(x) + \boldsymbol{g}_{\mathrm{v}}^{\mathrm{L}}(x)\boldsymbol{p}_1 \quad （沉积外部） \tag{5.7}$$

$$v(x) = \boldsymbol{g}_{\mathrm{v}}^{\mathrm{V}}(x)\boldsymbol{p}_2 \quad （沉积内部） \tag{5.8}$$

式中，$\boldsymbol{p}_1$ 和 $\boldsymbol{p}_2$ 分别为施加在沉积外部与沉积内部的虚拟均布荷载向量。

（3）凸起地形

凸起地形边界连续条件包括凸起自由表面 S_2 上的零牵引力边界条件，以及凸起与层状半空间交界面 S_1 上的位移和牵引力连续条件。

凸起自由表面 S_2 上的零牵引力边界条件为

$$\int_{S_2} t_{\mathrm{y},2}(x)\mathrm{d}s = 0 \quad （n=1\sim K_2） \tag{5.9}$$

凸起与层状半空间交界面 S_1 的上位移和牵引力连续条件为

$$\int_{S_1} v_1(x)\mathrm{d}s - v_2(x)\mathrm{d}s = 0 \quad （n=1\sim K_1） \tag{5.10}$$

$$\int_{S_1} t_{\mathrm{y},1}(x)\mathrm{d}s - t_{\mathrm{y},2}(x)\mathrm{d}s = 0 \quad （n=1\sim K_1） \tag{5.11}$$

凸起地形表面位移响应为

$$v(x) = v_{\mathrm{f}}(x) + \boldsymbol{g}_{\mathrm{v}}^{\mathrm{L}}(x)\boldsymbol{p}_1 \quad （凸起外部） \tag{5.12}$$

$$v(x) = \boldsymbol{g}_{\mathrm{v}}^{\mathrm{H}}(x)\boldsymbol{p}_2 \quad （凸起内部） \tag{5.13}$$

5.1.2　局部地形对 SH 波的二维散射验证

将 TI 介质退化为各向同性介质，并与各向同性介质模型下典型局部地形对 SH 波的散射结果进行对比，来验证本节方法的正确性和精度。图 5-2 给出了本节方法与 Vogt 等[1]给出的 SH 波入射下层状各向同性半空间中梯形凹陷附近地表位移幅值结果对比。图 5-3 给出了本节方法与 Chen 等[2]给出的 SH 波入射下层状各向同性半空间中半圆形沉积附近地表位移幅值结果对比。图 5-4 给出了本节方法与梁建文等[3]给出的 SH 波入射下单一土层中凸起地形附近地表位移幅值结果对比。具体计算参数详见文献［1］～文献［3］。可以看出本节结果与文献［1］～文献［3］给出的结果十分吻合，从而验证了本节方法的正确性和计算精度。

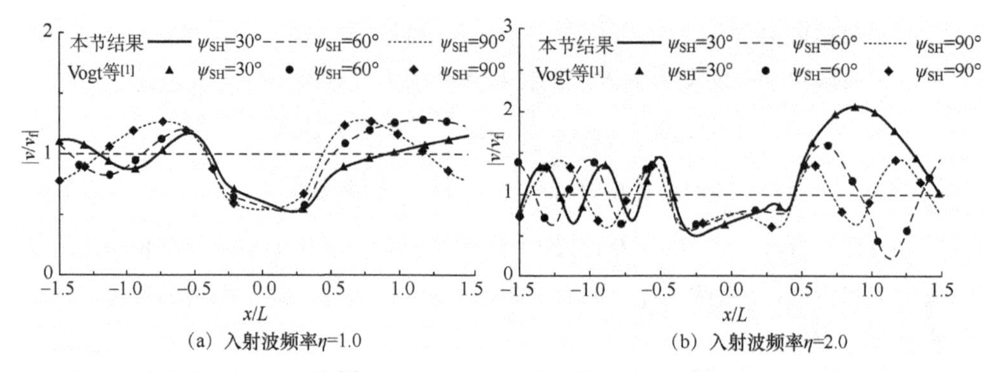

图 5-2　本节方法与 Vogt 等[1]给出的 SH 波入射下梯形凹陷附近地表位移幅值结果对比

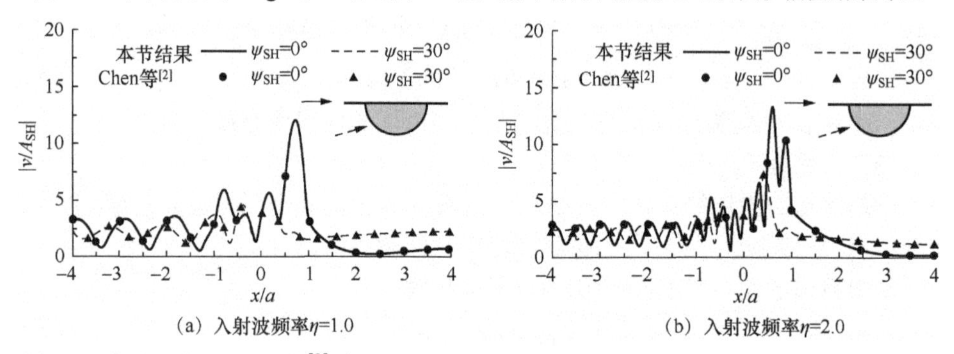

图 5-3　本节方法与 Chen 等[2]给出的 SH 波入射下半圆形沉积附近地表位移幅值结果对比

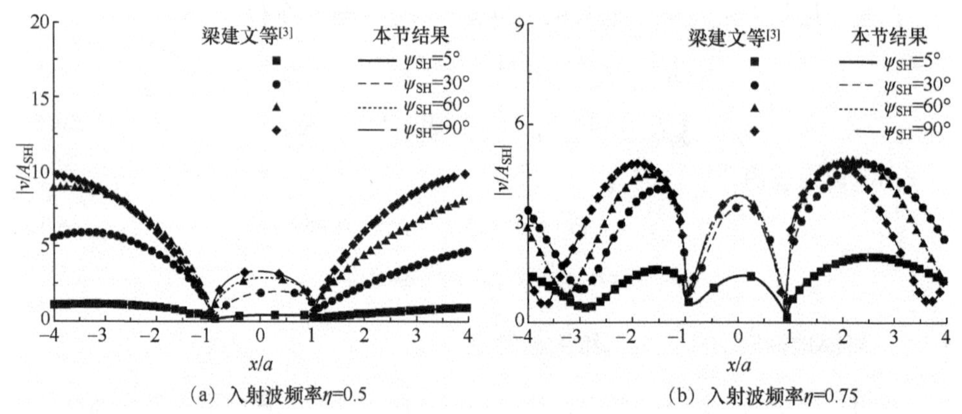

图 5-4　本节方法与梁建文等[3]给出的 SH 波入射下凸起地形附近地表位移幅值结果对比

5.1.3　算例与分析

1. 基岩上单一土层中半圆形凹陷对 SH 波的散射

以基岩上单一 TI 土层中半圆形凹陷地形为例，计算 SH 波入射下凹陷场地附近地表位移幅值。图 5-5 给出了 SH 波入射下凹陷场地附近地表无量纲位移幅值

$|v/A_{SH}|$的分布。土层和基岩半空间计算参数如下：G_v^L/G_h^L=1/3、1/2 和 1.0（G_v^L/G_h^L=1.0 代表各向同性土层），土层阻尼比 $\zeta_h^L=\zeta_v^L=0.05$，土层厚度与凸起半宽的比值 H/a=2.0。基岩剪切模量 $G_h^R=G_v^R=5G_h^L$，基岩阻尼比 $\zeta_h^R=\zeta_v^R=0.02$，基岩与土层比 ρ^R/ρ^L=1.0。无量纲频率 η=0.5、1.0 和 2.0，SH 波入射角度 ψ_{SH}=5°、45°和 90°。

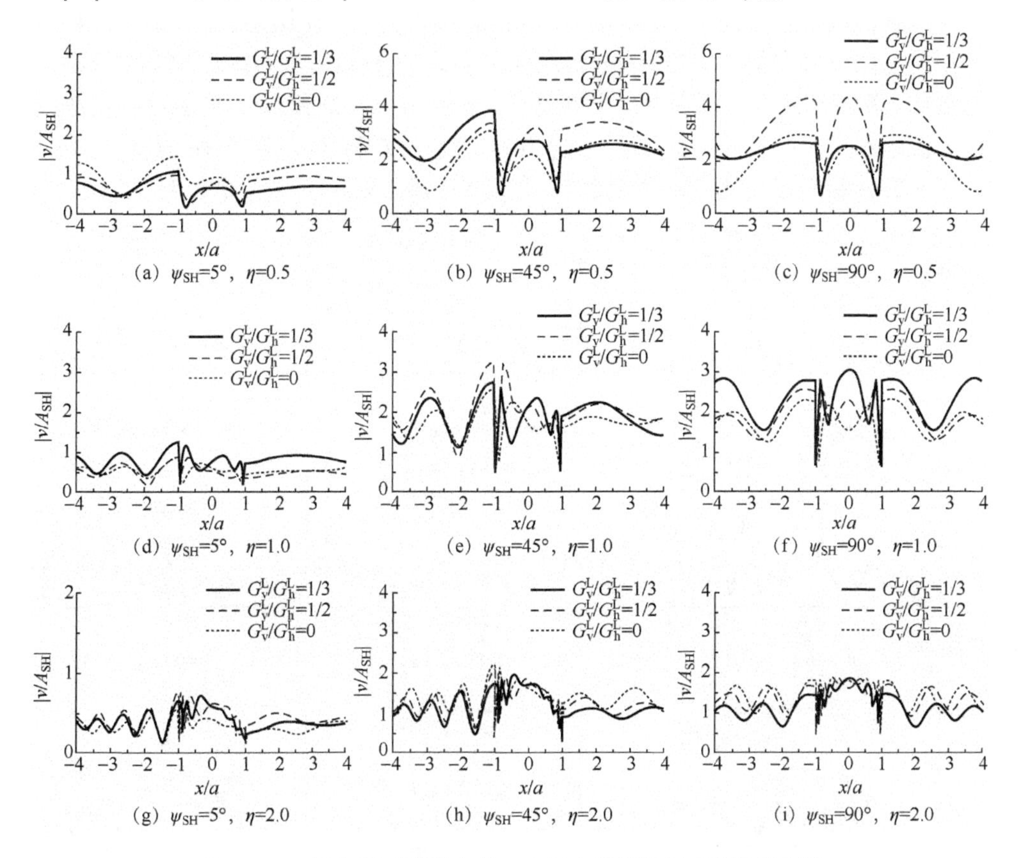

（a）ψ_{SH}=5°，η=0.5　（b）ψ_{SH}=45°，η=0.5　（c）ψ_{SH}=90°，η=0.5

（d）ψ_{SH}=5°，η=1.0　（e）ψ_{SH}=45°，η=1.0　（f）ψ_{SH}=90°，η=1.0

（g）ψ_{SH}=5°，η=2.0　（h）ψ_{SH}=45°，η=2.0　（i）ψ_{SH}=90°，η=2.0

图 5-5　SH 波入射下基岩上单一土层中凹陷地形表面位移幅值

从图 5-5 中可以看出，TI 介质相较于各向同性介质场地表面位移幅值变得更加复杂，两者在位移幅值峰值和相位上都有着显著的差别。TI 弹性土层与各向同性土层的自身动力特性存在较大差异[4]。不同竖向与水平剪切模量比值的土层对应的动力特性也不同，使得场地表面位移响应更为复杂。当 SH 波垂直入射（ψ=90°）且入射频率 η=0.5 时，G_v^L/G_h^L=1/2 对应的地表位移幅值显著大于 G_v^L/G_h^L=1/3 和 G_v^L/G_h^L=1.0 对应的位移幅值，这是因为 η=0.5 接近土层剪切模量比 G_v^L/G_h^L=1/2 时场地的第二阶固有频率（基岩上单一土层场地共振圆频率 $\omega=2\pi c_s^L(2j-1)/4H$，对于土层剪切模量比 G_v^L/G_h^L=1/2，第二阶固有频率换算为无量纲形式为 $\eta\approx0.5$）。同样，由于 η=1.0 接近土层剪切模量比 G_v^L/G_h^L=1/3 场地的第四阶固有频率，SH 波以该频率垂直入射（ψ_{SH}=90°）时，G_v^L/G_h^L=1/3 情况对应的地表位移幅值显著大于 G_v^L/G_h^L=1/2 和 G_v^L/G_h^L=1.0 对应的位移幅值。

2. 半空间中半圆形沉积对 SH 波的散射

以各向同性半空间中半圆形 TI 介质沉积地形为例，计算 SH 波入射下沉积附近不同点的位移幅值放大谱。为分析沉积土层的 TI 参数对沉积附近地表位移幅值的影响，图 5-6 给出了沉积表面不同位置（x/a=−0.8、0.0 和 0.8）的位移幅值放大谱。沉积和半空间计算参数如下：G_v^L/G_h^L=1/2、1.0 和 2.0，$(G_v^V/G_h^V)/2G^L$=1/6，ρ^V/ρ^H=2/3，材料阻尼比 $\zeta^V=\zeta^H$=0.001。平面 SH 波入射角度 ψ_{SH}=0°、45°和 90°。

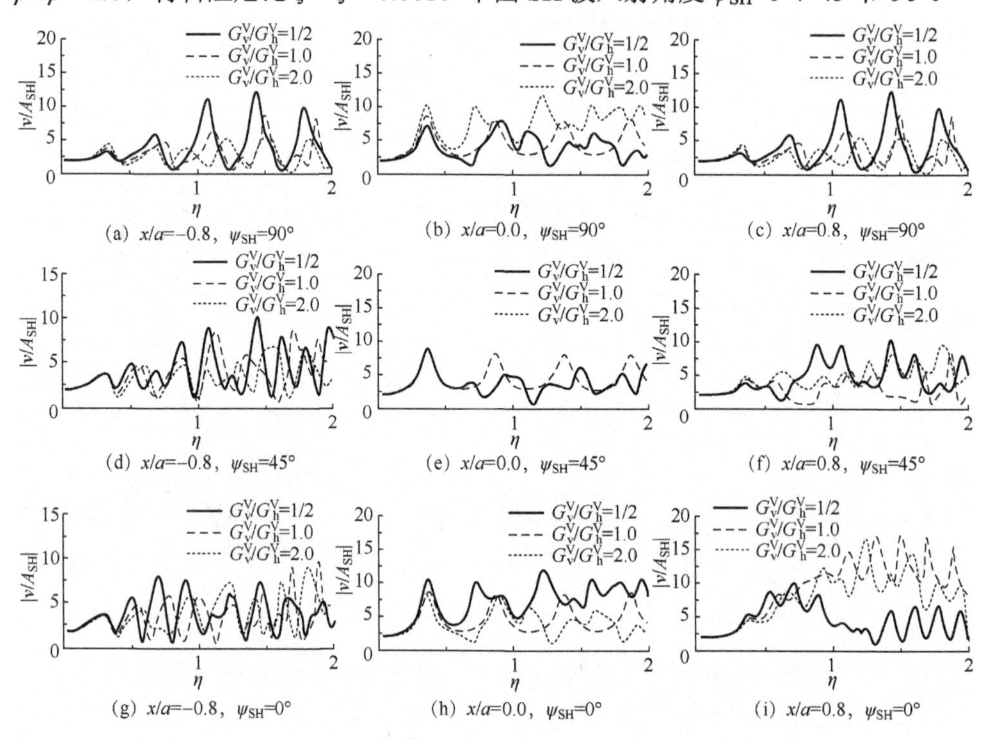

图 5-6　各向同性半空间中 TI 沉积谷地表面位移幅值放大谱

从图 5-6 中可以看出，TI 沉积（G_v^V/G_h^V=1/2 和 2.0）与各向同性沉积（G_v^V/G_h^V=1.0）及不同剪切模量比值的计算点位移幅值放大谱的峰值和峰值频率存在显著差异，且差异随着入射角度和计算点的不同而不同。对于频率大于 1.0 的频段，SH 波掠入射时，G_v^V/G_h^V=1/2 对应的沉积右侧位置点（x/a=0.8）的放大谱值显著小于另外两种沉积的放大谱值；而 SH 波垂直入射时，G_v^V/G_h^V=1/2 对应的沉积两侧位置（x/a=±0.8）的放大谱值则显著大于另外两种沉积的放大谱值且峰值频率出现偏移。以上分析表明，沉积的 TI 参数对沉积的自身动力特性有着重要影响，将 TI 介质模型引入局部地形地震效应研究是非常必要的。

3. 基岩上单一土层中半圆形凸起地形对 SH 波的散射

以基岩上单一 TI 土层中半圆凸起为例，求解凸起地形在 Ricker 时程输入下的动力响应，土层厚度与凸起半宽的比值 H/a=4.0。图 5-7 给出了不同时刻各向同性基岩上单一 TI 土层中凸起附近位移幅值云图。输入 Ricker 时程为 $v(t)=(2\pi^2\eta_c^2\tau^2-1)\exp(-\pi^2\eta_c^2\tau^2)$，其中特征频率 $\eta_c=\omega a/(\pi c_s^*)$，$c_s^*=\sqrt{(G_v^L+G_h^L)/2\rho^L}$，无量纲时间 $\tau=tc_s^*/a$。凸起和基岩半空间计算参数如下：$G_v^L/G_h^L=2.0$，$G_v^R=G_h^R=2(G_v^L+G_h^L)$，$\rho^R/\rho^L$=1.0，$\zeta^R=\zeta^L$=0.02。计算中取 η_c=1.5，无量纲频率的计算范围为 η=0.0～6.0，共 128 个频率点。SH 波的入射角度为 ψ_{SH}=90°。波的输入位置选取在点（–4.0a，4.0a）处，即 τ=0 时刻波传播到 x=–4.0a 和 z=4.0a 处。

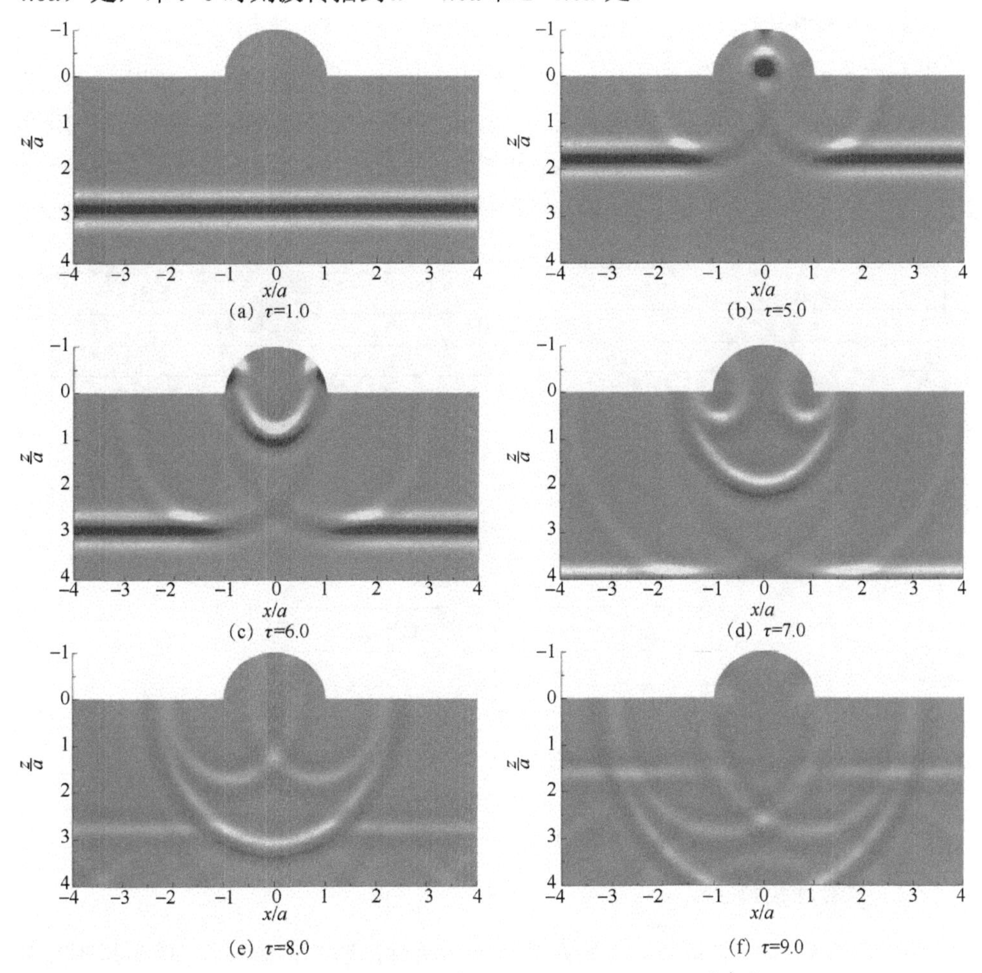

图 5-7　基岩上单一 TI 土层凸起附近位移幅值云图（G_v^L/G_h^L=2.0）

从图 5-7 中可以清晰地看出入射波、透射波（折射波）、反射波和散射波的传播过程，SH 波由基岩面入射，部分透射进入 TI 土层，透射波在到达自由地表和凸起自由表面后产生反射波，进而遇到凸起两角点形成散射波，且反射波和散射波在到达基岩面后部分被反射回到 TI 土层。SH 波在土层中的往复传播，使得场地具有了自身动力特性，进而与散射波相互作用，使得层状场地情况凸起地形附近动力响应更加复杂。

5.2　典型局部地形对 qP 波和 qSV 波的二维散射

5.2.1　计算模型与相应公式

1. 计算模型

如图 5-8 所示，由 N 层水平 TI 弹性土层和基岩组成的层状 TI 半空间中，存在任意截面形状的凹陷地形、沉积地形或凸起地形，凹陷或沉积地形与层状半空间的交界面为 S，凸起地形与层状半空间的交界面为 S_1，凸起自由表面边界为 S_2，凸起地形的全部闭合边界为 S。平面 qP 波和 qSV 波由基岩入射，与水平方向的夹角为 ψ_{qP} 和 ψ_{qSV}。

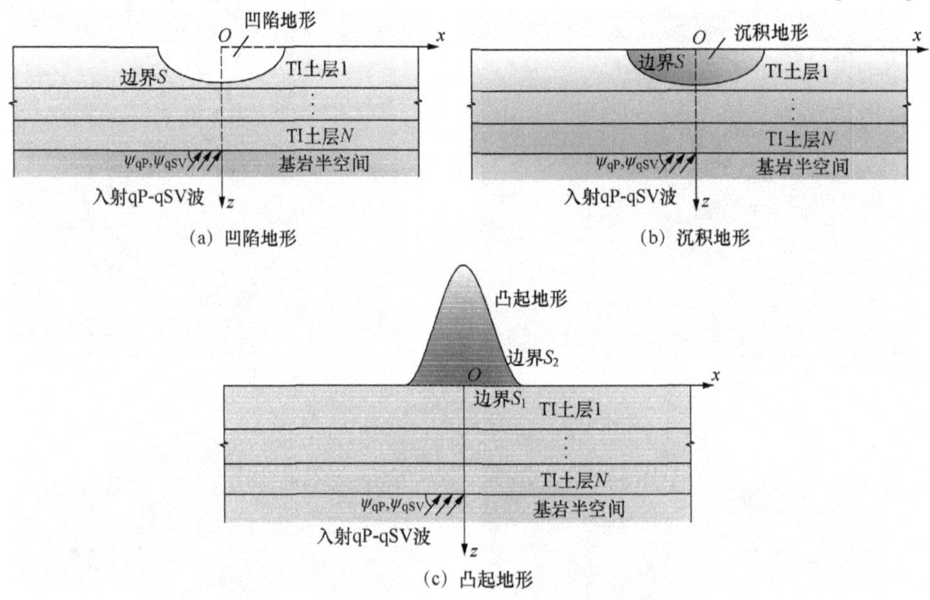

图 5-8　层状 TI 半空间中典型局部地形模型

2. 散射场模拟

采用层状 TI 半空间中斜线均布荷载动力格林函数模拟散射场，散射场引起的位移和牵引力可以通过在局部地形边界上施加斜线均布荷载求得，即

$$\begin{bmatrix} u_{\mathrm{g}}(x) \\ w_{\mathrm{g}}(x) \end{bmatrix} = \boldsymbol{g}_{\mathrm{u}}(x) \begin{bmatrix} \boldsymbol{p} \\ \boldsymbol{r} \end{bmatrix}^{\mathrm{T}} \tag{5.14a}$$

$$\begin{bmatrix} t_{\mathrm{x}}^{\mathrm{g}}(x) \\ t_{\mathrm{z}}^{\mathrm{g}}(x) \end{bmatrix} = \boldsymbol{g}_{\mathrm{t}}(x) \begin{bmatrix} \boldsymbol{p} \\ \boldsymbol{r} \end{bmatrix}^{\mathrm{T}} \tag{5.14b}$$

式中，$\boldsymbol{g}_{\mathrm{u}}(x)$和 $\boldsymbol{g}_{\mathrm{t}}(x)$分别为位移和牵引力格林函数；$[\boldsymbol{p},\boldsymbol{r}]$为施加在边界上的 x 和 y 向虚拟荷载向量。

3. 边界条件与总响应

（1）凹陷地形

凹陷地形的边界条件可表示为凹陷自由表面边界零牵引力条件：

$$\int_S \begin{bmatrix} t_x(s) \\ t_z(s) \end{bmatrix} \mathrm{d}s + \begin{bmatrix} t_x^{\mathrm{f}}(s) \\ t_z^{\mathrm{f}}(s) \end{bmatrix} = 0 \tag{5.15}$$

式中，$t_x(s)$和 $t_z(s)$为散射场引起的凹陷边界 x 和 z 方向的牵引力；$t_x^{\mathrm{f}}(s)$ 和 $t_x^{\mathrm{f}}(s)$ 分别为自由场引起的 x 和 z 方向牵引力，详见第 4 章。

凹陷地形表面位移响应为

$$\begin{bmatrix} u(x) \\ w(x) \end{bmatrix} = \begin{bmatrix} u^{\mathrm{f}}(x) \\ w^{\mathrm{f}}(x) \end{bmatrix} + \boldsymbol{g}_{\mathrm{u}}(x) \begin{bmatrix} \boldsymbol{p} \\ \boldsymbol{r} \end{bmatrix} \tag{5.16}$$

（2）沉积地形

沉积地形的边界条件可表示为层状半空间与沉积谷地的交界面 S 上的位移与牵引力连续条件：

$$\int_S \begin{bmatrix} u^{\mathrm{L}}(s) \\ w^{\mathrm{L}}(s) \end{bmatrix} \mathrm{d}s = \int_S \begin{bmatrix} u^{\mathrm{V}}(s) \\ w^{\mathrm{V}}(s) \end{bmatrix} \mathrm{d}s \tag{5.17}$$

$$\int_S \begin{bmatrix} t_x^{\mathrm{L}}(s) \\ t_z^{\mathrm{L}}(s) \end{bmatrix} \mathrm{d}s = \int_S \begin{bmatrix} t_x^{\mathrm{V}}(s) \\ t_z^{\mathrm{V}}(s) \end{bmatrix} \mathrm{d}s \tag{5.18}$$

沉积地形层状半空间开口域（上标 L）内的位移和牵引力响应为

$$\begin{bmatrix} u^{\mathrm{L}}(x) \\ w^{\mathrm{L}}(x) \end{bmatrix} = \begin{bmatrix} u^{\mathrm{f}}(x) \\ w^{\mathrm{f}}(x) \end{bmatrix} + \boldsymbol{g}_{\mathrm{u}}^{\mathrm{L}}(x) \begin{bmatrix} \boldsymbol{p}_1 \\ \boldsymbol{r}_1 \end{bmatrix} \tag{5.19}$$

$$\begin{bmatrix} t_x^{\mathrm{L}}(x) \\ t_z^{\mathrm{L}}(x) \end{bmatrix} = \begin{bmatrix} t_x^{\mathrm{f}}(x) \\ t_z^{\mathrm{f}}(x) \end{bmatrix} + \boldsymbol{g}_{\mathrm{t}}^{\mathrm{L}}(x) \begin{bmatrix} \boldsymbol{p}_1 \\ \boldsymbol{r}_1 \end{bmatrix} \tag{5.20}$$

式中，$\boldsymbol{g}_{\mathrm{u}}^{\mathrm{L}}(x)$ 和 $\boldsymbol{g}_{\mathrm{t}}^{\mathrm{L}}(x)$ 分别为层状半空间对应的位移和牵引力格林函数；$\boldsymbol{p}_1$ 和 $\boldsymbol{r}_1$ 为施加在边界上的虚拟均布荷载向量。

沉积闭合域（上标 V）内的位移和牵引力响应为

$$\begin{bmatrix} u^{\mathrm{V}}(x) \\ w^{\mathrm{V}}(x) \end{bmatrix} = \boldsymbol{g}_{\mathrm{u}}^{\mathrm{V}}(x) \begin{bmatrix} \boldsymbol{p}_2 \\ \boldsymbol{r}_2 \end{bmatrix} \tag{5.21}$$

$$\begin{bmatrix} t_x^{\mathrm{V}}(x) \\ t_z^{\mathrm{V}}(x) \end{bmatrix} = \boldsymbol{g}_{\mathrm{t}}^{\mathrm{V}}(x) \begin{bmatrix} \boldsymbol{p}_2 \\ \boldsymbol{r}_2 \end{bmatrix} \tag{5.22}$$

式中，$\boldsymbol{g}_{\mathrm{u}}^{\mathrm{V}}(x)$ 和 $\boldsymbol{g}_{\mathrm{t}}^{\mathrm{V}}(x)$ 分别为沉积域对应的位移和牵引力格林函数；$\boldsymbol{p}_2$ 和 $\boldsymbol{r}_2$ 为施加在边界上的虚拟均布荷载向量。

（3）凸起地形

凸起地形的边界条件为凸起与层状半空间交界处边界 S_1 上的位移和牵引力连续条件，以及凸起自由表面边界 S_2 上的零牵引力条件。边界 S_1 上的位移和牵引力连续条件表示为

$$\int_{S_1} \begin{bmatrix} u^{\mathrm{L}}(s) \\ w^{\mathrm{L}}(s) \end{bmatrix} \mathrm{d}s + \begin{bmatrix} u^{\mathrm{f}}(s) \\ w^{\mathrm{f}}(s) \end{bmatrix} = \int_{S_1} \begin{bmatrix} u^{\mathrm{H}}(s) \\ w^{\mathrm{H}}(s) \end{bmatrix} \mathrm{d}s \tag{5.23}$$

$$\int_{S_1} \begin{bmatrix} t_x^{\mathrm{L}}(s) \\ t_z^{\mathrm{L}}(s) \end{bmatrix} \mathrm{d}s + \begin{bmatrix} t_x^{\mathrm{f}}(s) \\ t_z^{\mathrm{f}}(s) \end{bmatrix} = \int_{S_1} \begin{bmatrix} t_x^{\mathrm{H}}(s) \\ t_z^{\mathrm{H}}(s) \end{bmatrix} \mathrm{d}s \tag{5.24}$$

边界 S_2 上的零牵引力条件表示为

$$\begin{cases} \int_{S_2} t_x^{\mathrm{H}}(s) \mathrm{d}s = 0 \\ \int_{S_2} t_z^{\mathrm{H}}(s) \mathrm{d}s = 0 \end{cases} \tag{5.25}$$

凸起地形开口层状半空间位移和牵引力响应为

$$\begin{bmatrix} u_{\mathrm{g}}^{\mathrm{L}}(x) \\ w_{\mathrm{g}}^{\mathrm{L}}(x) \end{bmatrix} = \begin{bmatrix} u^{\mathrm{f}}(x) \\ w^{\mathrm{f}}(x) \end{bmatrix} + \boldsymbol{g}_{\mathrm{u}}^{\mathrm{L}}(x) \begin{bmatrix} \boldsymbol{p}_1 \\ \boldsymbol{r}_1 \end{bmatrix} \tag{5.26}$$

$$\begin{bmatrix} t_x^{\mathrm{L}}(x) \\ t_z^{\mathrm{L}}(x) \end{bmatrix} = \begin{bmatrix} t_x^{\mathrm{f}}(x) \\ t_z^{\mathrm{f}}(x) \end{bmatrix} + \boldsymbol{g}_{\mathrm{t}}^{\mathrm{L}}(x) \begin{bmatrix} \boldsymbol{p}_1 \\ \boldsymbol{r}_1 \end{bmatrix} \tag{5.27}$$

式中，$\boldsymbol{g}_{\mathrm{u}}^{\mathrm{L}}(x)$ 和 $\boldsymbol{g}_{\mathrm{t}}^{\mathrm{L}}(x)$ 分别为半空间域内斜线单元的位移和牵引力格林函数；$\boldsymbol{p}_1$ 和 $\boldsymbol{r}_1$ 分别为开口半空间域内施加在边界上的虚拟均布荷载向量。

闭合凸起域位移和牵引力响应为

$$\begin{bmatrix} u_g^{\mathrm{H}}(x) \\ w_g^{\mathrm{H}}(x) \end{bmatrix} = \boldsymbol{g}_{\mathrm{u}}^{\mathrm{H}}(x) \begin{bmatrix} \boldsymbol{p}_2 \\ \boldsymbol{r}_2 \end{bmatrix} \tag{5.28}$$

$$\begin{bmatrix} t_x^{\mathrm{H}}(x) \\ t_z^{\mathrm{H}}(x) \end{bmatrix} = \boldsymbol{g}_{\mathrm{t}}^{\mathrm{H}}(x) \begin{bmatrix} \boldsymbol{p}_2 \\ \boldsymbol{r}_2 \end{bmatrix} \tag{5.29}$$

式中，$\boldsymbol{g}_{\mathrm{u}}^{\mathrm{H}}(x)$ 和 $\boldsymbol{g}_{\mathrm{t}}^{\mathrm{H}}(x)$ 分别为凸起域内斜线单元的位移和牵引力格林函数；$\boldsymbol{p}_2$ 和 $\boldsymbol{r}_2$ 分别为凸起域内施加在边界上的虚拟均布荷载向量。

5.2.2　局部地形对qP波和qSV波的二维散射验证

将TI介质退化为各向同性介质，并与已有的各向同性介质模型下典型局部地形对P波和SV波的散射结果进行对比，验证方法的正确性和精度。图5-9给出了本节方法与Sánchez-Sesma等[5]给出的P波入射下层状各向同性半空间中半圆形凹陷附近地表位移幅值结果对比。图5-10给出了本节方法与巴振宁等[6]给出的SV波入射下各向同性均匀半空间中半圆形沉积附近地表位移幅值结果对比。图5-11给出了本节方法与Pederson等[7]和Álvarez-Rubio等[8]给出的P波入射下各向同性均匀半空间中半圆形凸起地形附近地表位移幅值结果对比。各计算参数见文献［5］～文献［8］。可以看出，本节结果与文献［5］～文献［8］给出的结果一致，从而验证了本节方法的正确性和计算精度。

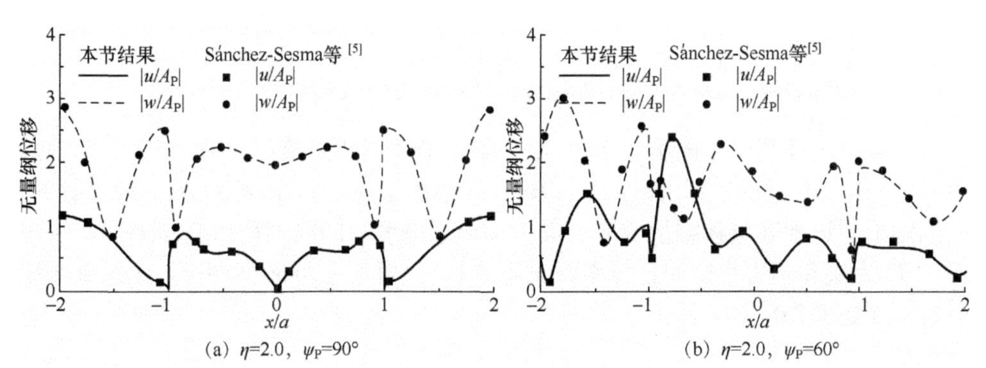

(a) η=2.0，ψ_{P}=90°　　(b) η=2.0，ψ_{P}=60°

图5-9　本节方法与Sánchez-Sesma等[5]给出的P波入射下凹陷附近地表位移幅值结果对比

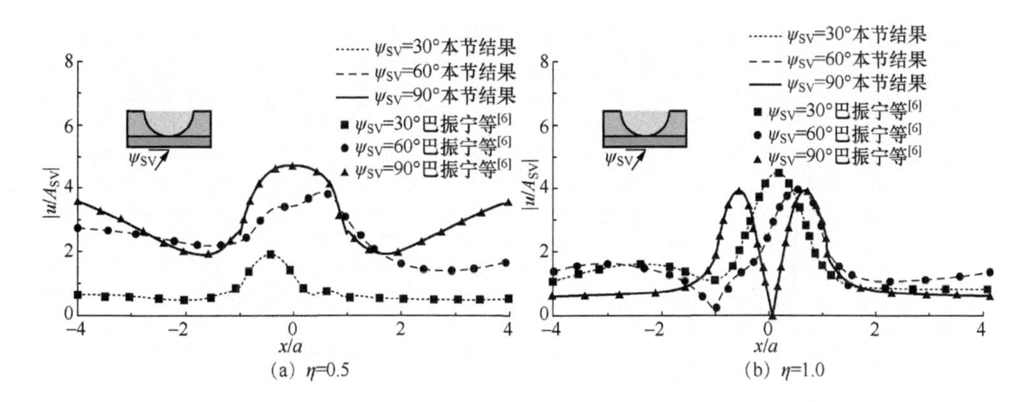

(a) η=0.5　　(b) η=1.0

图5-10　本节方法与巴振宁等[6]给出的SV波入射下沉积对比

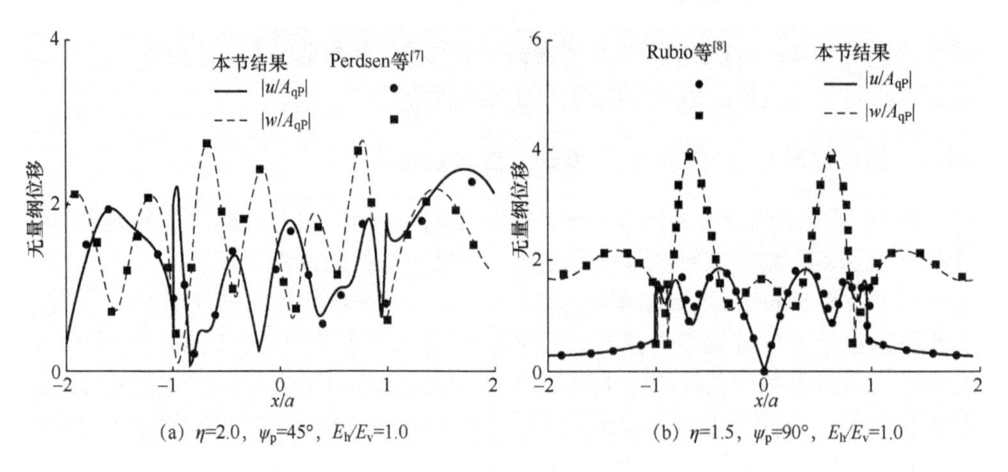

(a) η=2.0，ψ_p=45°，E_h/E_v=1.0 (b) η=1.5，ψ_p=90°，E_h/E_v=1.0

图 5-11 本节方法与 Perdsen 等 [7] 和 Rubio 等 [8] 给出的 P 波入射下凸起对比

5.2.3 算例与分析

1. 基岩上单一土层中凹陷地形对 qP 波和 qSV 波的散射

以各向同性基岩上的单一 TI 介质土层中半圆形凹陷地形为例，研究凹陷地形对 qP 波和 qSV 波的散射。图 5-12 和图 5-13 给出了在平面 qP 波和 qSV 波入射下，凹陷地形附近地表位移幅值响应。其中，土层厚度与凹陷半径比值 d/a=2.0，3 种单一 TI 土层和基岩半空间计算参数见表 5-1。入射角 ψ_{qP}=60°和 90°，无量纲频率 η=0.5、1.0 和 2.0。

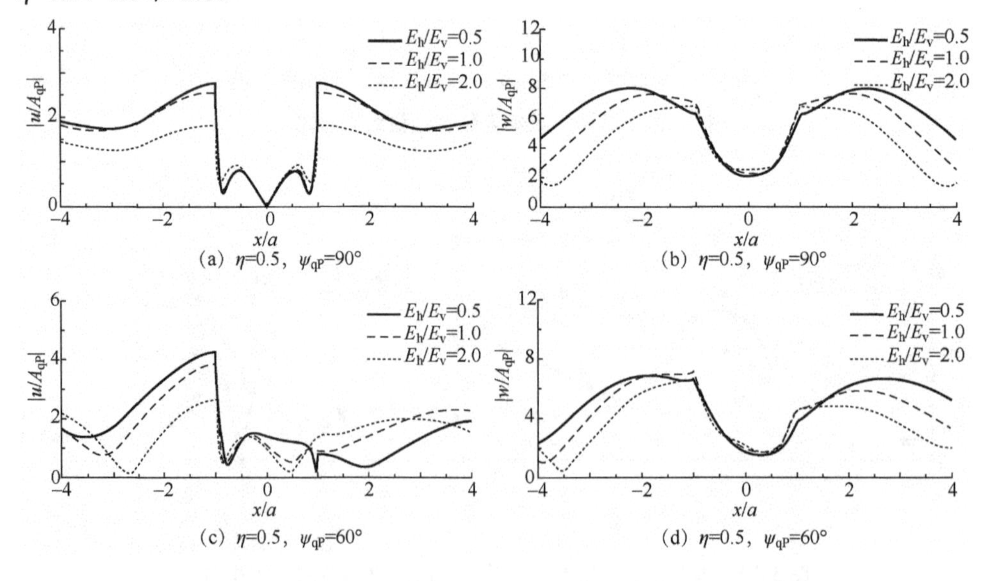

(a) η=0.5，ψ_{qP}=90° (b) η=0.5，ψ_{qP}=90°

(c) η=0.5，ψ_{qP}=60° (d) η=0.5，ψ_{qP}=60°

图 5-12 qP 波作用下基岩上单一土层中凹陷地形附近地表位移幅值

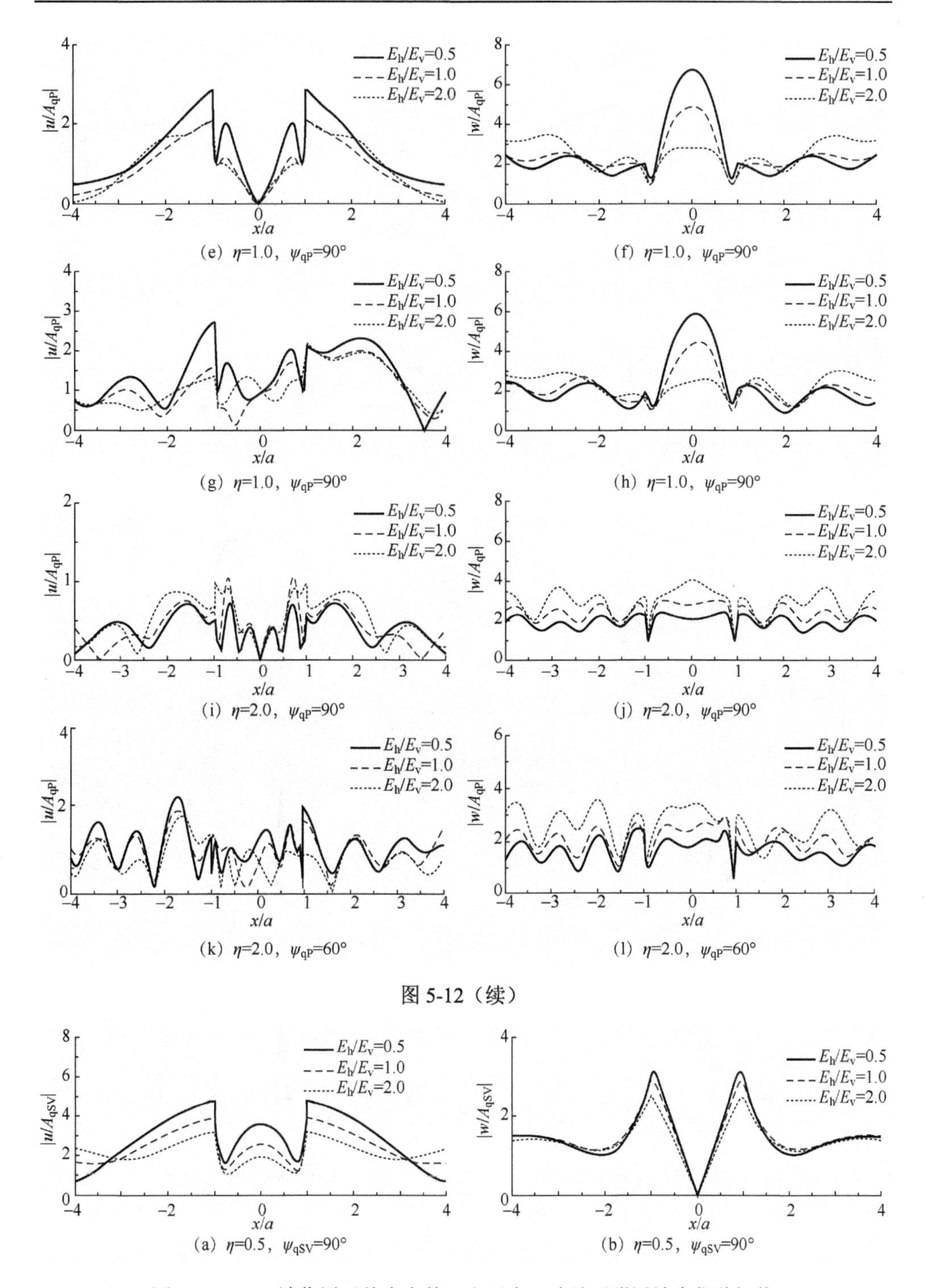

(e) η=1.0，ψ_{qP}=90°

(f) η=1.0，ψ_{qP}=90°

(g) η=1.0，ψ_{qP}=90°

(h) η=1.0，ψ_{qP}=90°

(i) η=2.0，ψ_{qP}=90°

(j) η=2.0，ψ_{qP}=90°

(k) η=2.0，ψ_{qP}=60°

(l) η=2.0，ψ_{qP}=60°

图 5-12（续）

(a) η=0.5，ψ_{qSV}=90°

(b) η=0.5，ψ_{qSV}=90°

图 5-13　qSV 波作用下基岩上单一土层中凹陷地形附近地表位移幅值

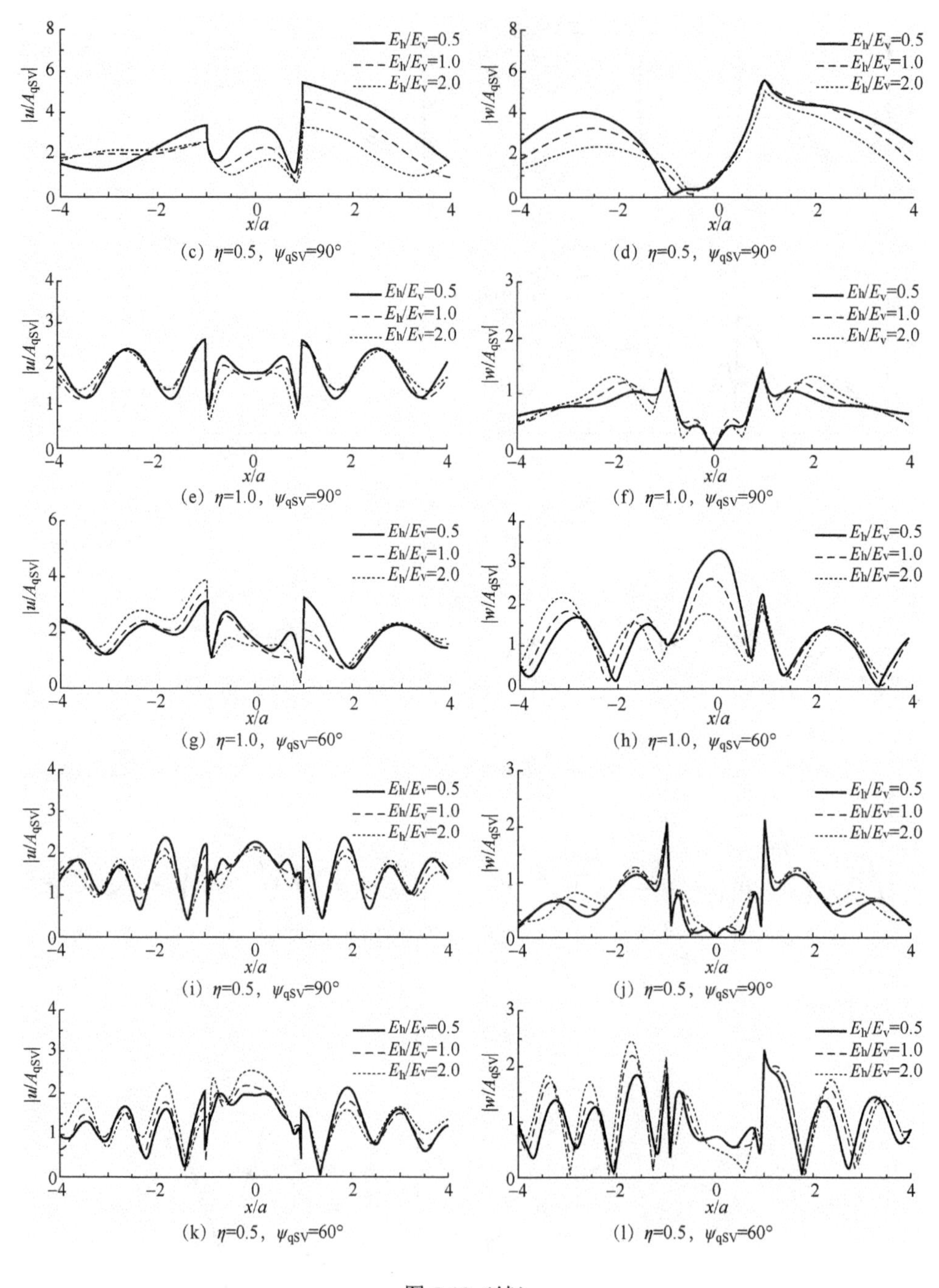

(c) η=0.5，ψ_{qSV}=90°　(d) η=0.5，ψ_{qSV}=90°
(e) η=1.0，ψ_{qSV}=90°　(f) η=1.0，ψ_{qSV}=90°
(g) η=1.0，ψ_{qSV}=60°　(h) η=1.0，ψ_{qSV}=60°
(i) η=0.5，ψ_{qSV}=90°　(j) η=0.5，ψ_{qSV}=90°
(k) η=0.5，ψ_{qSV}=60°　(l) η=0.5，ψ_{qSV}=60°

图 5-13（续）

从图 5-12 和图 5-13 中可以看出，在 qP、qSV 波以较低频率（η=0.5）入射时，凹陷场地附近地表位移幅值响应随地表位置变化较为简单；随着入射频率 η 的增

表 5-1　三种单一 TI 土层和基岩半空间计算参数

材料模型		E_h/E_0	E_v/E_0	G_v/E_0	$\nu_h=\nu_{vh}$	ρ/ρ_0	ζ
土层	材料 1	2/3	4/3	0.4	0.25	1.0	0.05
	材料 2	1.0	1.0	0.4	0.25	1.0	0.05
	材料 3	4/3	2/3	0.4	0.25	1.0	0.05
基岩半空间		16.0	16.0	6.4	0.25	1.0	0.02

大，凹陷场地附近地表位移幅值响应变得更加复杂。总体而言，凹陷地形的存在对场地地表位移幅值具有放大效应，这是由于局部凹陷的存在，TI 土层和凹陷产生动力相互作用，使得场地动力特性变得复杂。此外，层状土层 TI 性质对凹陷场地表面的位移依赖于 E_h/E_v 和无量纲频率 η。

2. 基岩上单一土层中等腰梯形沉积对 qP 波和 qSV 波的散射

以基岩上单一土层中等腰梯形截面沉积为模型，计算 qP 波和 qSV 波入射下沉积附近固定点的位移幅值放大谱。梯形沉积上底半宽、下底半宽和高度分别为 a、$0.5a$ 和 $0.5a$，土层的厚度 $H=a$。沉积谷地土体 E_h/E_v=0.5、1.0 和 2.0，土层和基岩半空间计算参数保持不变，沉积、土层和基岩半空间计算参数见表 5-2。图 5-14 和图 5-15 给出了 qP 波和 qSV 波入射下，沉积表面不同观测点位置（x/a= –0.8、0.0 和 0.8）的位移幅值放大谱。平面 qP 波和 qSV 波入射角 ψ=30°、60°和 90°。

表 5-2　TI 沉积、土层和基岩半空间计算参数

材料模型		E_h/MPa	E_v/MPa	G_v/MPa	$\nu_h=\nu_{vh}$	ρ/（kg/m³）	ζ
沉积	材料 1	100.0	50.0	30.0	0.25	2000.0	0.05
	材料 2	75.0	75.0	30.0	0.25	2000.0	0.05
	材料 3	50.0	100.0	30.0	0.25	2000.0	0.05
土层		300.0	300.0	120.0	0.25	2000.0	0.05
基岩半空间		1200.0	1200.0	480.0	0.25	3000.0	0.02

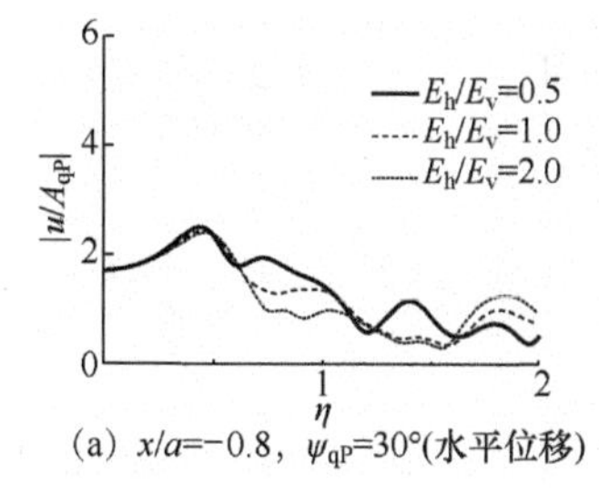

(a) x/a=–0.8，ψ_{qP}=30°(水平位移)

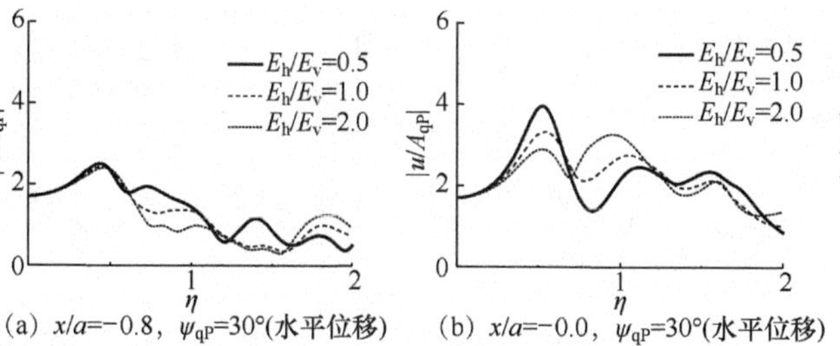

(b) x/a=–0.0，ψ_{qP}=30°(水平位移)

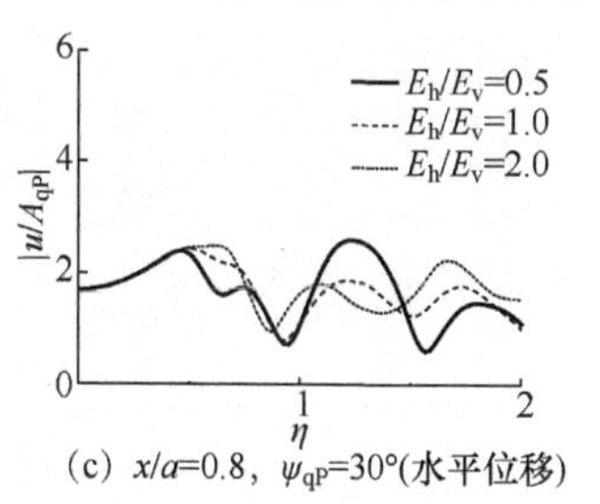

(c) x/a=0.8，ψ_{qP}=30°(水平位移)

图 5-14　qP 波入射时沉积表面位移幅值放大谱

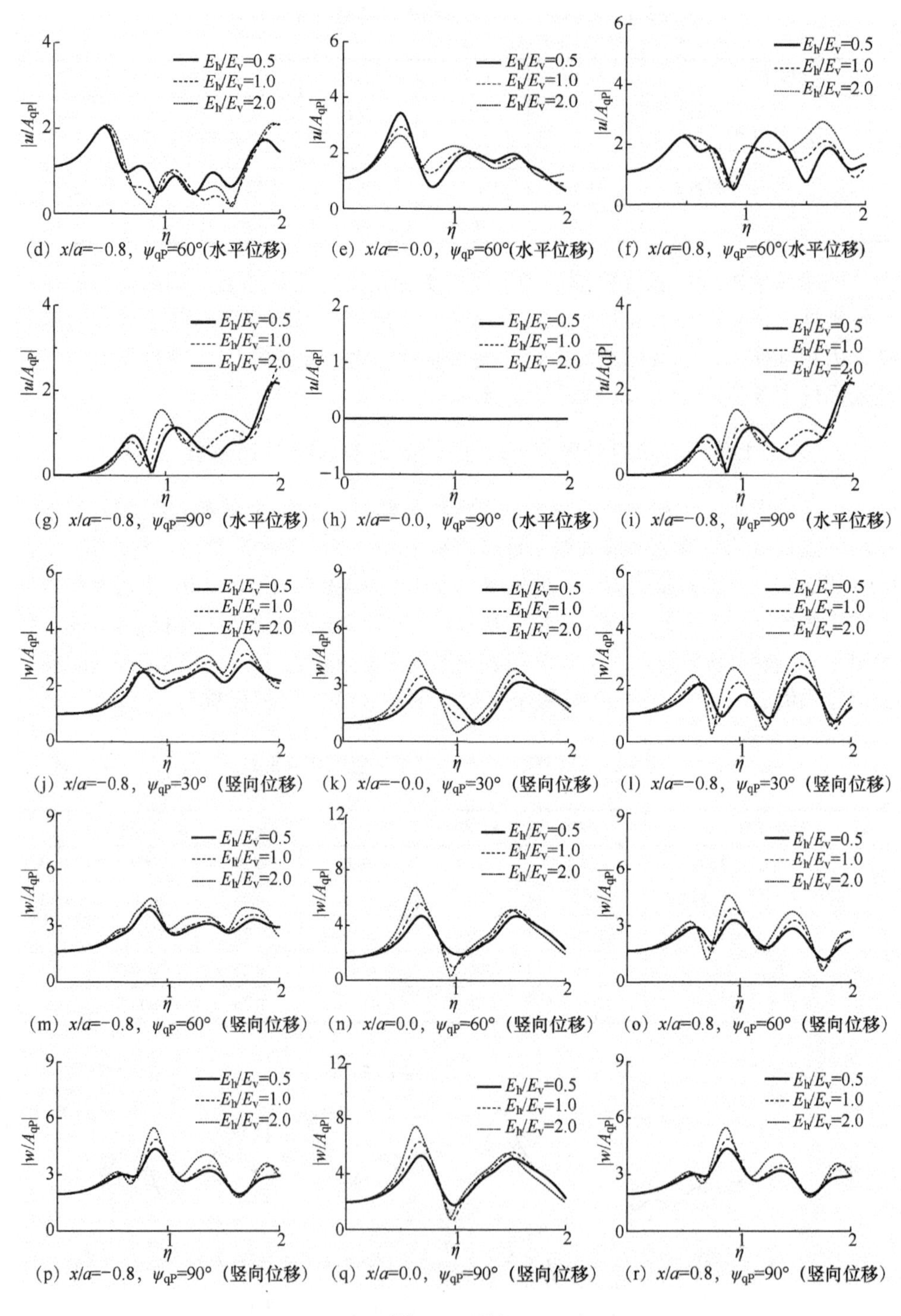

(d) x/a=−0.8，ψ_{qP}=60°(水平位移)　(e) x/a=−0.0，ψ_{qP}=60°(水平位移)　(f) x/a=0.8，ψ_{qP}=60°(水平位移)

(g) x/a=−0.8，ψ_{qP}=90°（水平位移）(h) x/a=−0.0，ψ_{qP}=90°（水平位移）(i) x/a=−0.8，ψ_{qP}=90°（水平位移）

(j) x/a=−0.8，ψ_{qP}=30°（竖向位移）(k) x/a=−0.0，ψ_{qP}=30°（竖向位移）(l) x/a=−0.8，ψ_{qP}=30°（竖向位移）

(m) x/a=−0.8，ψ_{qP}=60°（竖向位移）(n) x/a=0.0，ψ_{qP}=60°（竖向位移）(o) x/a=0.8，ψ_{qP}=60°（竖向位移）

(p) x/a=−0.8，ψ_{qP}=90°（竖向位移）(q) x/a=0.0，ψ_{qP}=90°（竖向位移）(r) x/a=0.8，ψ_{qP}=90°（竖向位移）

图 5-14（续）

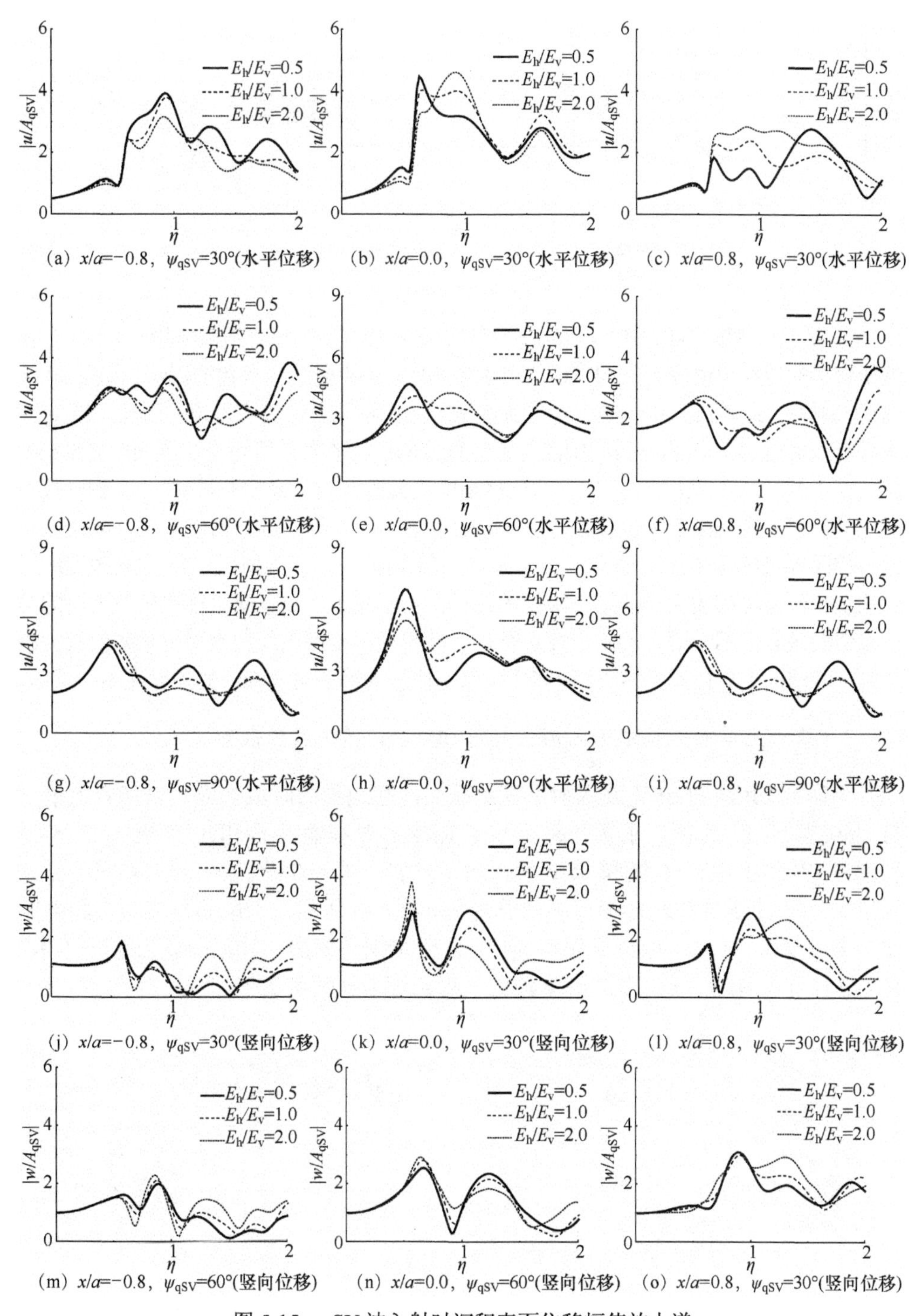

(a) x/a=−0.8，ψ_{qSV}=30°(水平位移)　(b) x/a=0.0，ψ_{qSV}=30°(水平位移)　(c) x/a=0.8，ψ_{qSV}=30°(水平位移)

(d) x/a=−0.8，ψ_{qSV}=60°(水平位移)　(e) x/a=0.0，ψ_{qSV}=60°(水平位移)　(f) x/a=0.8，ψ_{qSV}=60°(水平位移)

(g) x/a=−0.8，ψ_{qSV}=90°(水平位移)　(h) x/a=0.0，ψ_{qSV}=90°(水平位移)　(i) x/a=0.8，ψ_{qSV}=90°(水平位移)

(j) x/a=−0.8，ψ_{qSV}=30°(竖向位移)　(k) x/a=0.0，ψ_{qSV}=30°(竖向位移)　(l) x/a=0.8，ψ_{qSV}=30°(竖向位移)

(m) x/a=−0.8，ψ_{qSV}=60°(竖向位移)　(n) x/a=0.0，ψ_{qSV}=60°(竖向位移)　(o) x/a=0.8，ψ_{qSV}=30°(竖向位移)

图 5-15　qSV 波入射时沉积表面位移幅值放大谱

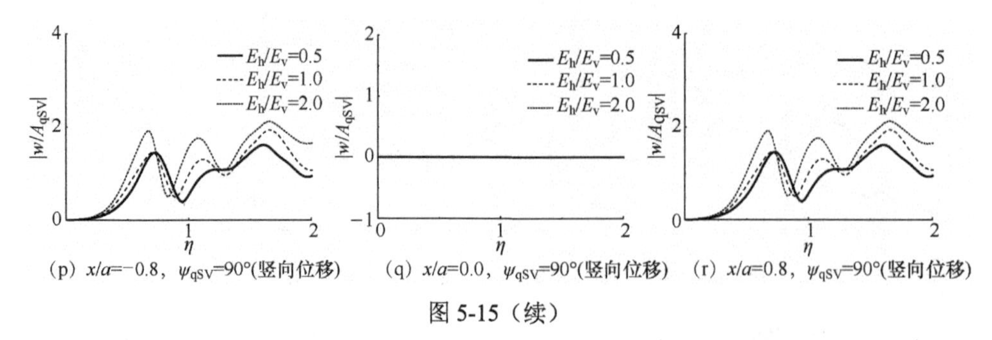

(p) x/a=−0.8，ψ_{qSV}=90°(竖向位移)　(q) x/a=0.0，ψ_{qSV}=90°(竖向位移)　(r) x/a=0.8，ψ_{qSV}=90°(竖向位移)

图 5-15（续）

从图 5-14 和图 5-15 中可以看出：①对于确定的入射角度，当频率趋于 0 时，3 种沉积材料的位移幅值放大谱均趋近于自由场响应，不再受沉积参数的影响。②当 qP 波垂直入射时，3 种沉积材料的中点位置水平方向位移放大谱值均为 0；同样，当 qSV 波垂直入射时，3 种沉积材料的中点位置竖直方向位移放大谱值均为 0。当 qP 波和 qSV 波垂直入射时，在 $x/a=\pm0.8$ 位置的位移幅值放大谱完全一致。不同的 TI 沉积参数所对应的沉积地表观测点的位移幅值放大谱有着显著的差异（放大谱值不同，峰值频率也不相同），且差异依赖于入射波的波形和入射角度。qP 波入射时，TI 参数改变所引起的水平位移幅值放大谱的第一峰值的差异在不断减小，而竖向位移幅值放大谱的第一峰值的差异在不断增大。qSV 波入射时，TI 参数改变所引起的水平位移幅值放大谱的第一峰值的差异在不断增大，而竖直位移幅值放大谱的第一峰值的差异在不断减小。

3. 基岩上单一土层中半圆形凸起对 qP 波和 qSV 波的散射

为研究 qP 波和 qSV 波入射下任意截面凸起地形的时域响应，以基岩上单一 TI 土层半圆凸起为例，求解凸起地形在 Ricker 时程输入下的动力响应。图 5-16 和图 5-17 给出了在 qP 波和 qSV 波入射下基岩上单一 TI 土层中动力响应的时域结果。3 种 TI 土层和基岩半空间计算参数如表 5-3 所示，土层的厚度与凸起半宽比为 H/a=2.0。计算中取特征频率 η_c=1.5，无量纲频率的计算范围 η 为 0.0～6.0，总共 144 个频率点。qP 波和 qSV 波的入射角度 ψ=60°和 90°。

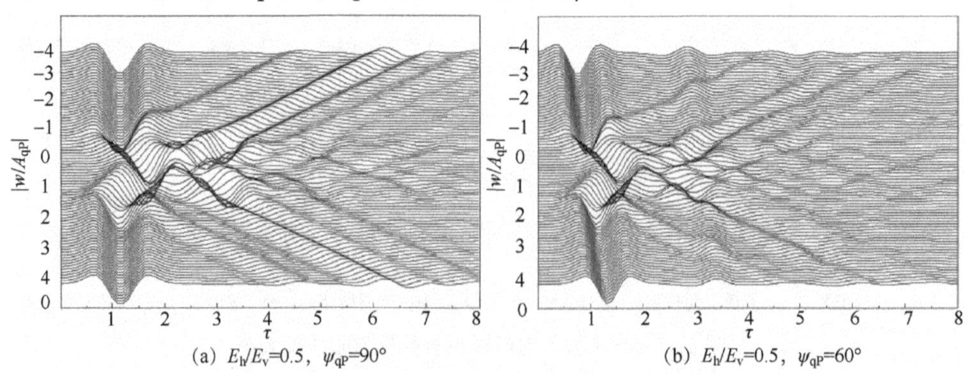

(a) E_h/E_v=0.5，ψ_{qP}=90°　(b) E_h/E_v=0.5，ψ_{qP}=60°

图 5-16 基岩上单一土层 qP 波入射时域结果

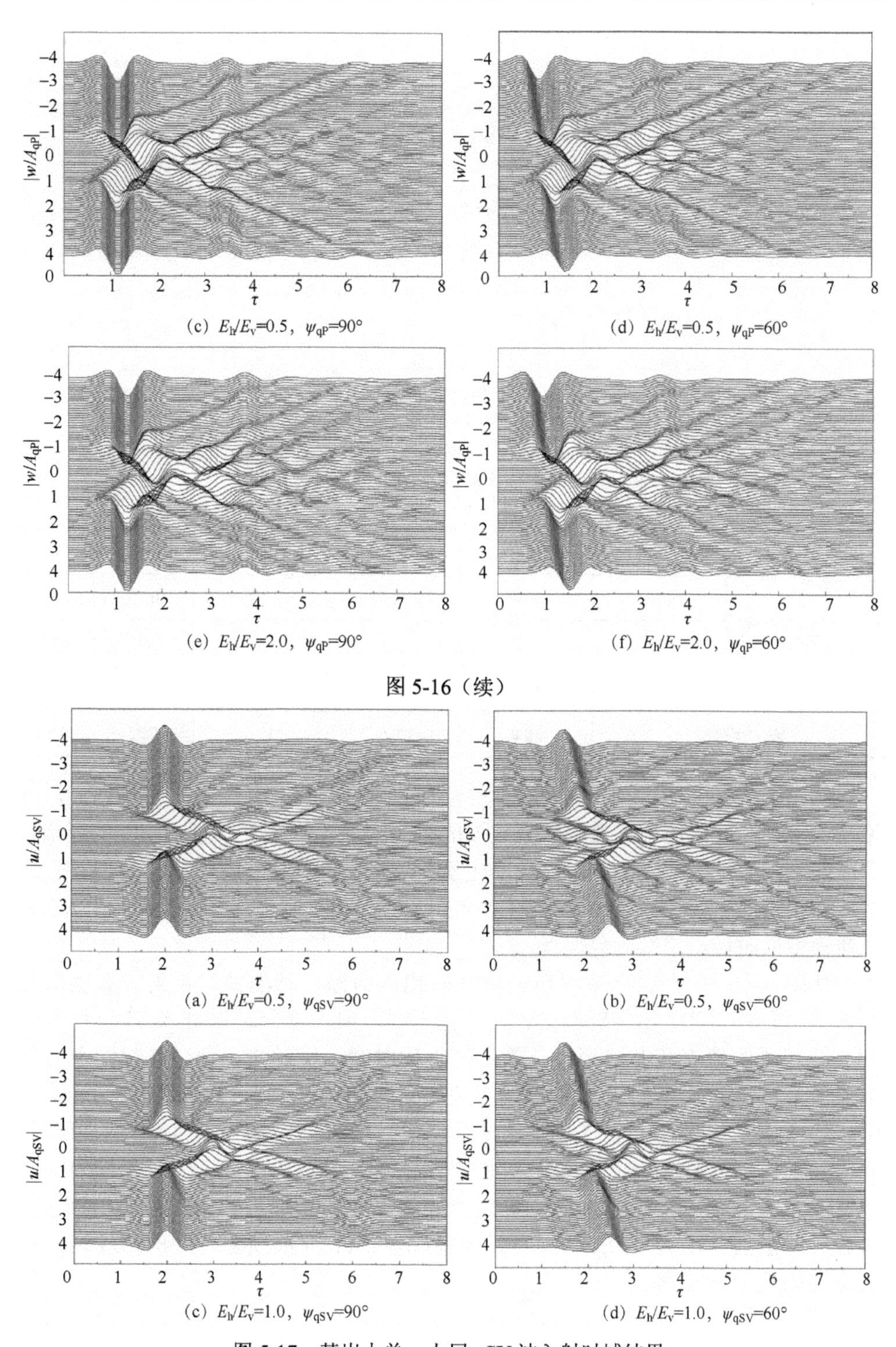

(c) E_h/E_v=0.5，ψ_{qP}=90°

(d) E_h/E_v=0.5，ψ_{qP}=60°

(e) E_h/E_v=2.0，ψ_{qP}=90°

(f) E_h/E_v=2.0，ψ_{qP}=60°

图 5-16（续）

(a) E_h/E_v=0.5，ψ_{qSV}=90°

(b) E_h/E_v=0.5，ψ_{qSV}=60°

(c) E_h/E_v=1.0，ψ_{qSV}=90°

(d) E_h/E_v=1.0，ψ_{qSV}=60°

图 5-17　基岩上单一土层 qSV 波入射时域结果

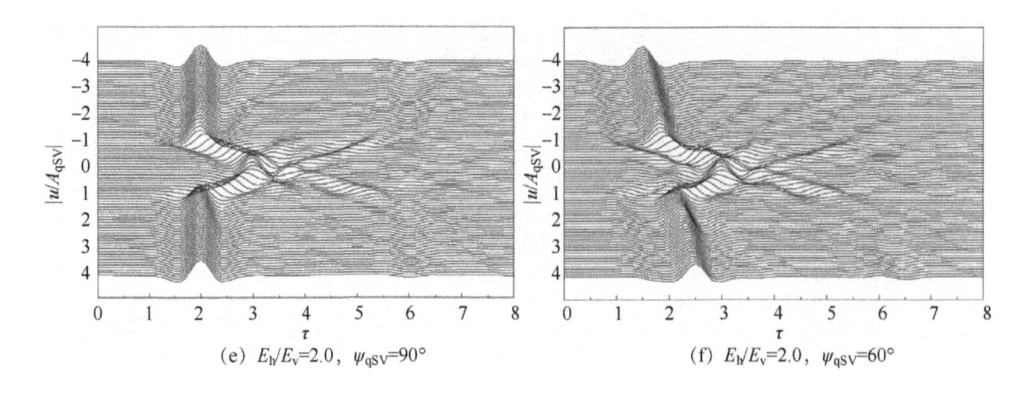

(e) E_h/E_v=2.0，ψ_{qSV}=90°　　(f) E_h/E_v=2.0，ψ_{qSV}=60°

图 5-17（续）

表 5-3　三种 TI 土层和基岩半空间计算参数

材料模型		E_h/GPa	E_v/GPa	G_v/GPa	$\nu_h=\nu_{vh}$	ζ
土层	材料 1	5.0	10.0	3.0	0.25	0.05
	材料 2	7.5	7.5	3.0	0.25	0.05
	材料 3	10.0	5.0	3.0	0.25	0.05
基岩半空间		30.0	30.0	12.0	0.25	0.02

从图 5-16 中可以看出，随着水平与竖向弹性模量比值 E_h/E_v 的逐渐增大，qP 波从入射到凸起两侧地表接收到直达波的时间间隔逐渐增大。随着 E_h/E_v 的逐渐增大，凸起两侧地表接收到透射波与产生反射波的时间间隔也在增大。

从图 5-17 中可以看出，当 qSV 波入射时，无论是垂直入射还是斜入射，3 种介质模型的时域结果都十分接近。

从图 5-16 和图 5-17 中可以清晰地看出入射波、透射波、反射波和散射波的传播过程：首先，qP 波和 qSV 波从基岩面入射，部分透射进入 TI 土层并且到达凸起两侧地表和凸起表面，随之产生反射波，反射波在到达凸起两角点时形成散射波，进而反射波和散射波在到达基岩面后又有部分被反射回 TI 土层中，形成往复传播。由于波的往复传播，使得层状场地具有了自身的动力特性并与散射波相互作用，使得层状场地中凸起地形地表动力响应相对于均匀半空间情况更为复杂。另外，由于土层 TI 介质参数的改变，导致土层中透射波（反射波）与散射波动力相互作用改变，使得不同 TI 介质模型对应的凸起地形地表位移幅值差异显著。

5.3　典型局部地形对 qP 波、qSV 波和 SH 波的 2.5 维散射

5.3.1　计算模型与相应公式

1. 计算模型

如图 5-18 所示，三维层状 TI 场地由多个土层和基岩半空间组成，在层状场地中存在一个截面为任意形状的无限长凹陷（凸起）地形，截面形状（图 5-19）沿 y 向保持不变，凹陷（凸起）边界为 S，凸起地形与层状半空间交界面为 S_1，凸起自由表面边界为 S_2，凸起地形的全部闭合边界为 S。设平面 qP、qSV 和 SH 波的入射位置在基岩露头处，作如图 5-18 所示的入射波平面，规定平面波的入射方向与 z 轴的夹角为 ψ_z，入射方向在水平面上的投影与 y 轴的夹角为 ψ_y，由 ψ_z 和 ψ_y 可确定唯一入射波方向。

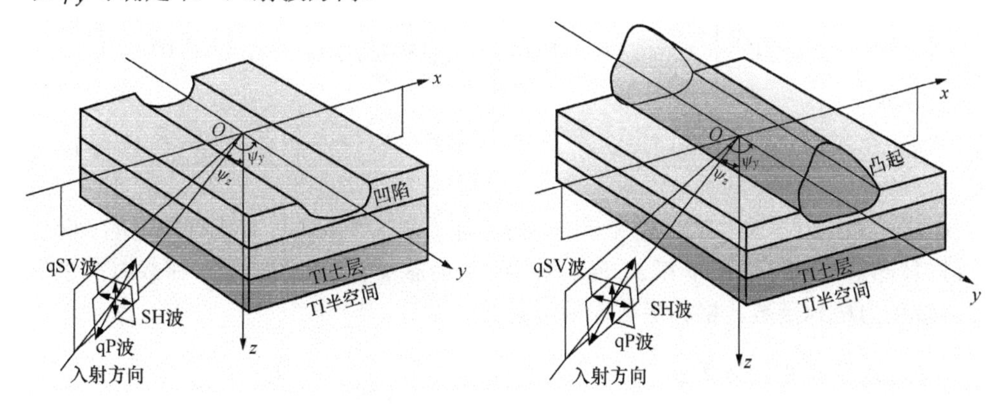

图 5-18　层状 TI 半空间中凹陷（凸起）地形

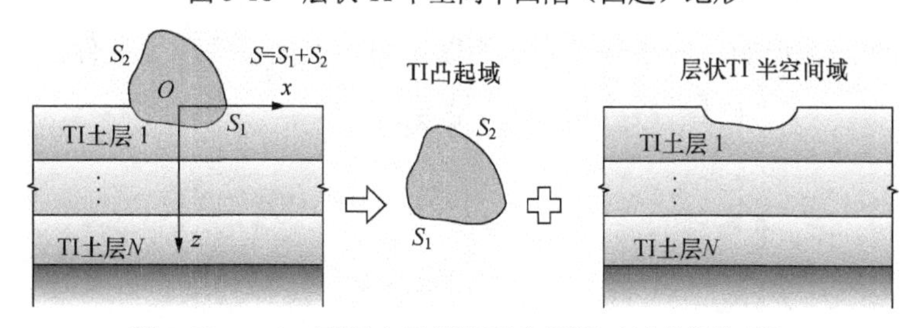

图 5-19　x-O-z 平面内局部地形分解图（以凸起为例）

2. 散射场模拟

凹陷（凸起）沿 y 向任意两个截面的响应完全相同，只是因位置不同而相差

一个相位，采用第 3 章推导的沿 y 向匀速移动的斜线均布荷载格林函数求解散射场。将交界面 S 离散 M 个单元，在每个单元上分别施加移动斜线均布荷载，$\boldsymbol{g}_{\mathrm{u}3\times3M}$ 和 $\boldsymbol{g}_{\mathrm{t}3\times3M}$ 表示位移和牵引力的移动斜线均布荷载格林函数矩阵，$\boldsymbol{P}=[p_x(\xi_1),\cdots,p_x(\xi_M),\ p_y(\xi_1),\cdots,p_y(\xi_M),p_z(\xi_1),\cdots,p_z(\xi_M)]^{\mathrm{T}}$ 为施加在边界 S 上的虚拟荷载矩阵，ξ_l（l=1～M）为荷载作用的单元，则任意一点 $x=(x,z)$ 的位移 $[u^{\mathrm{g}}(x),v^{\mathrm{g}}(x), w^{\mathrm{g}}(x)]^{\mathrm{T}}$ 和牵引力 $[t_x^{\mathrm{g}}(x),t_y^{\mathrm{g}}(x),t_z^{\mathrm{g}}(x)]^{\mathrm{T}}$ 可表示为

$$\begin{bmatrix} u^{\mathrm{g}}(x) \\ v^{\mathrm{g}}(x) \\ w^{\mathrm{g}}(x) \end{bmatrix} = \boldsymbol{g}_{\mathrm{u}3\times3M}\boldsymbol{P} = \begin{bmatrix} \sum_{l=1}^{M}\left[g_{ux}(x,\xi_l)p_x(\xi_l)+g_{uy}(x,\xi_l)p_y(\xi_l)+g_{uz}(x,\xi_l)p_z(\xi_l)\right] \\ \sum_{l=1}^{M}\left[g_{vx}(x,\xi_l)p_x(\xi_l)+g_{vy}(x,\xi_l)p_y(\xi_l)+g_{vz}(x,\xi_l)p_z(\xi_l)\right] \\ \sum_{l=1}^{M}\left[g_{wx}(x,\xi_l)p_x(\xi_l)+g_{wy}(x,\xi_l)p_y(\xi_l)+g_{wz}(x,\xi_l)p_z(\xi_l)\right] \end{bmatrix} \tag{5.30}$$

$$\begin{bmatrix} t_x^{\mathrm{g}}(x) \\ t_y^{\mathrm{g}}(x) \\ t_z^{\mathrm{g}}(x) \end{bmatrix} = \boldsymbol{g}_{\mathrm{t}3\times3M}\boldsymbol{P} = \begin{bmatrix} \sum_{l=1}^{M}\left[g_{txx}(x,\xi_l)p_x(\xi_l)+g_{txy}(x,\xi_l)p_y(\xi_l)+g_{txz}(x,\xi_l)p_z(\xi_l)\right] \\ \sum_{l=1}^{M}\left[g_{tyx}(x,\xi_l)p_x(\xi_l)+g_{tyy}(x,\xi_l)p_y(\xi_l)+g_{tyz}(x,\xi_l)p_z(\xi_l)\right] \\ \sum_{l=1}^{M}\left[g_{tzx}(x,\xi_l)p_x(\xi_l)+g_{tzy}(x,\xi_l)p_y(\xi_l)+g_{tzz}(x,\xi_l)p_z(\xi_l)\right] \end{bmatrix} \tag{5.31}$$

式中，g_{ij}（$i=u$、v 和 w，$j=x$、y 和 z）为施加 j 方向虚拟均布荷载时产生的 i 向位移格林函数；g_{tij}（$i=x$、y 和 z，$j=x$、y 和 z）为施加 j 方向虚拟均布荷载时产生的 i 向牵引力格林函数。格林函数求解详见第 3 章。

3. 边界条件与总反应

（1）凹陷地形

2.5 维凹陷地形的边界条件可表示为凹陷自由表面零牵引力条件：

$$\begin{cases} \int_{Sx_n}\left[t_{xn}^{\mathrm{f}}(x_n)+t_{xn}^{\mathrm{g}}(x_n)\right]\mathrm{d}Sx_n=0 \\ \int_{Sx_n}\left[t_{yn}^{\mathrm{f}}(x_n)+t_{yn}^{\mathrm{g}}(x_n)\right]\mathrm{d}Sx_n=0 \quad (n=1\sim M) \\ \int_{Sx_n}\left[t_{zn}^{\mathrm{f}}(x_n)+t_{zn}^{\mathrm{g}}(x_n)\right]\mathrm{d}Sx_n=0 \end{cases} \tag{5.32}$$

式中，$\int_{Sx_n}t_{in}^{\mathrm{g}}(x_n)\mathrm{d}Sx_n$（$i=x$、$y$ 和 z）为凹陷表面边界 S 上所有单元在边界 S 第 n 个单元上产生的 i 向牵引力之和；$\int_{Sx_n}t_{in}^{\mathrm{f}}(x_n)\mathrm{d}Sx_n$（$i$=$x$、$y$ 和 z）为入射波在边界 S 第 n 个单元上产生的 i 向牵引力，详见第 4 章。

层状 TI 半空间中凹陷地形表面任意一点 $x(x,z)$的总位移为

$$\left[u(x),v(x),w(x)\right]^{\mathrm{T}}=\left[u^{\mathrm{g}}(x),v^{\mathrm{g}}(x),w^{\mathrm{g}}(x)\right]^{\mathrm{T}}+\left[u^{\mathrm{f}}(x),v^{\mathrm{f}}(x),w^{\mathrm{f}}(x)\right]^{\mathrm{T}} \tag{5.33}$$

（2）凸起地形

2.5 维凸起地形的边界条件为交界面 S_1 上位移牵引力连续条件和凸起表面 S_2 上零牵引力条件。凸起交界面 S_1 上的位移牵引力连续条件为

$$\begin{cases}\int_{Sx_n}\begin{bmatrix}u_{gn}^{\mathrm{H}}(x_n)\\ v_{gn}^{\mathrm{H}}(x_n)\\ w_{gn}^{\mathrm{H}}(x_n)\end{bmatrix}\mathrm{d}Sx_n=\int_{Sx_n}\left\{\begin{bmatrix}u_{gn}^{\mathrm{L}}(x_n)\\ v_{gn}^{\mathrm{L}}(x_n)\\ w_{gn}^{\mathrm{L}}(x_n)\end{bmatrix}+\begin{bmatrix}u_{n}^{\mathrm{f}}(x_n)\\ v_{n}^{\mathrm{f}}(x_n)\\ w_{n}^{\mathrm{f}}(x_n)\end{bmatrix}\right\}\mathrm{d}Sx_n\\ \int_{Sx_n}\begin{bmatrix}t_{xgn}^{\mathrm{H}}(x_n)\\ t_{ygn}^{\mathrm{H}}(x_n)\\ t_{zgn}^{\mathrm{H}}(x_n)\end{bmatrix}\mathrm{d}Sx_n=\int_{Sx_n}\left\{\begin{bmatrix}t_{xgn}^{\mathrm{L}}(x_n)\\ t_{ygn}^{\mathrm{L}}(x_n)\\ t_{zgn}^{\mathrm{L}}(x_n)\end{bmatrix}+\begin{bmatrix}t_{xn}^{\mathrm{f}}(x_n)\\ t_{yn}^{\mathrm{f}}(x_n)\\ t_{zn}^{\mathrm{f}}(x_n)\end{bmatrix}\right\}\mathrm{d}Sx_n\end{cases}\quad (n=1\sim K) \tag{5.34}$$

凸起表面 S_2 上的零牵引力条件为

$$\int_{Sx_n}\begin{bmatrix}t_{xgn}^{\mathrm{H}}(x_n)\\ t_{ygn}^{\mathrm{H}}(x_n)\\ t_{zgn}^{\mathrm{H}}(x_n)\end{bmatrix}\mathrm{d}Sx_n=0\quad [n=(K_1+1)\sim K] \tag{5.35}$$

式中，$\int_{Sx_n}t_{ign}^{\mathrm{H}}(x_n)\mathrm{d}Sx_n$（$i$=$x$、$y$ 和 z）为 TI 凸起域边界 S_1 和 S_2 上所有单元在第 n 个单元上产生的 i 向牵引力之和；$\int_{Sx_n}U_{gn}^{\mathrm{H}}(x_n)\mathrm{d}Sx_n$ (U=u、v 和 w)为 TI 凸起域边界 S_1 和 S_2 上所有单元在第 n 个单元上产生的 U 向位移之和；$\int_{Sx_n}t_{ign}^{\mathrm{L}}(x_n)\mathrm{d}Sx_n$ (i= x、y 和 z)为层状 TI 空间域边界 S_1 上所有单元在第 n 个单元上产生的 i 向牵引力之和；$\int_{Sx_n}U_{gn}^{\mathrm{L}}(x_n)\mathrm{d}Sx_n$（$U$= u、v 和 w）为层状 TI 空间域边界 S_1 上所有单元在第 n 个单元上产生的 U 向位移之和；$\int_{Sx_n}t_{in}^{\mathrm{f}}(x_n)\mathrm{d}Sx_n$ (i= x、y 和 z)为入射波在第 n 个单元上产生的 i 向牵引力；$\int_{Sx_n}U_{n}^{\mathrm{f}}(x_n)\mathrm{d}Sx_n$ (U= u、v 和 w)为入射波在第 n 个单元上产生的 U 向位移。

层状 TI 半空间域内和 TI 凸起域内任意一点 $x(x,z)$的总位移为

$$\begin{cases}\left[u^{\mathrm{L}}(x),v^{\mathrm{L}}(x),w^{\mathrm{L}}(x)\right]^{\mathrm{T}}=\left[u^{\mathrm{f}}(x),v^{\mathrm{f}}(x),w^{\mathrm{f}}(x)\right]^{\mathrm{T}}+\left[u_g^{\mathrm{L}}(x),v_g^{\mathrm{L}}(x),w_g^{\mathrm{L}}(x)\right]^{\mathrm{T}}\\ \left[u^{\mathrm{H}}(x),v^{\mathrm{H}}(x),w^{\mathrm{H}}(x)\right]^{\mathrm{T}}=\left[u_g^{\mathrm{H}}(x),v_g^{\mathrm{H}}(x),w_g^{\mathrm{H}}(x)\right]^{\mathrm{T}}\end{cases} \tag{5.36}$$

5.3.2　局部地形对 qP 波、qSV 波和 SH 波的 2.5 维散射验证

将 TI 介质退化为各向同性介质，并与已知的各向同性介质模型下典型局部地

形对 qP 波、qSV 波和 SH 波的散射结果进行对比，验证本节方法的正确性和精度。图 5-20 给出了本节方法与 Luco 等[9]给出的层状各向同性半空间中半圆形凹陷对 P 波、SV 波和 SH 波 2.5 维散射的对比。图 5-21 给出了本节方法与 Pedersen 等[10]给出的各向同性均匀半空间中半圆形凸起对 P 波的 2.5 维散射的对比。计算参数详见文献［9］和文献［10］。可以看出本节结果与文献［9］和文献［10］给出的结果一致，从而验证了本节方法的正确性和计算精度。

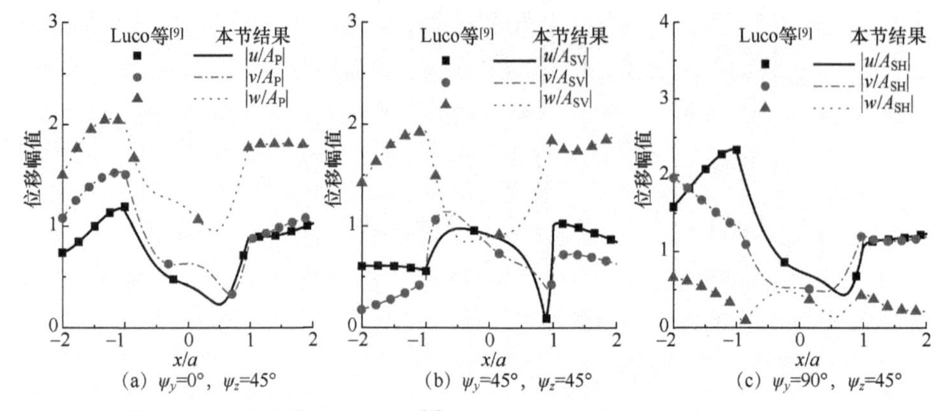

(a) ψ_y=0°，ψ_z=45°　(b) ψ_y=45°，ψ_z=45°　(c) ψ_y=90°，ψ_z=45°

图 5-20　本节方法与 Luco 等[9]地表位移幅值计算结果对比（η=0.5）

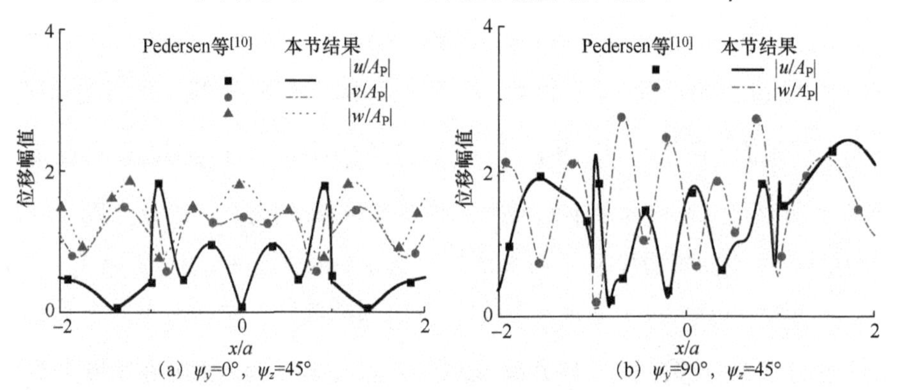

(a) ψ_y=0°，ψ_z=45°　(b) ψ_y=90°，ψ_z=45°

图 5-21　本节方法与 Pedersen 等[10]地表位移幅值计算结果对比（η=2.0）

5.3.3　算例与分析

1．基岩上单一 TI 土层中半圆形凹陷地形对 qP 波、qSV 波和 SH 波的 2.5 维散射

以基岩上单一 TI 土层中半圆形凹陷地形为例，计算分析凹陷地形附近地表位移幅值。图 5-22 给出了三种单一 TI 土层中半圆形凹陷情况下，qP 波、qSV 波和 SH 波入射下凹陷地形附近地表位移幅值。三种单一 TI 土层和基岩半空间计算参数见表 5-4。地表到基岩表面的距离与凹陷半径的比值 H/a=2，无量纲频率 η=0.5、1.0 和 3.0，入射角度 ψ_z=30°，ψ_y=60°。

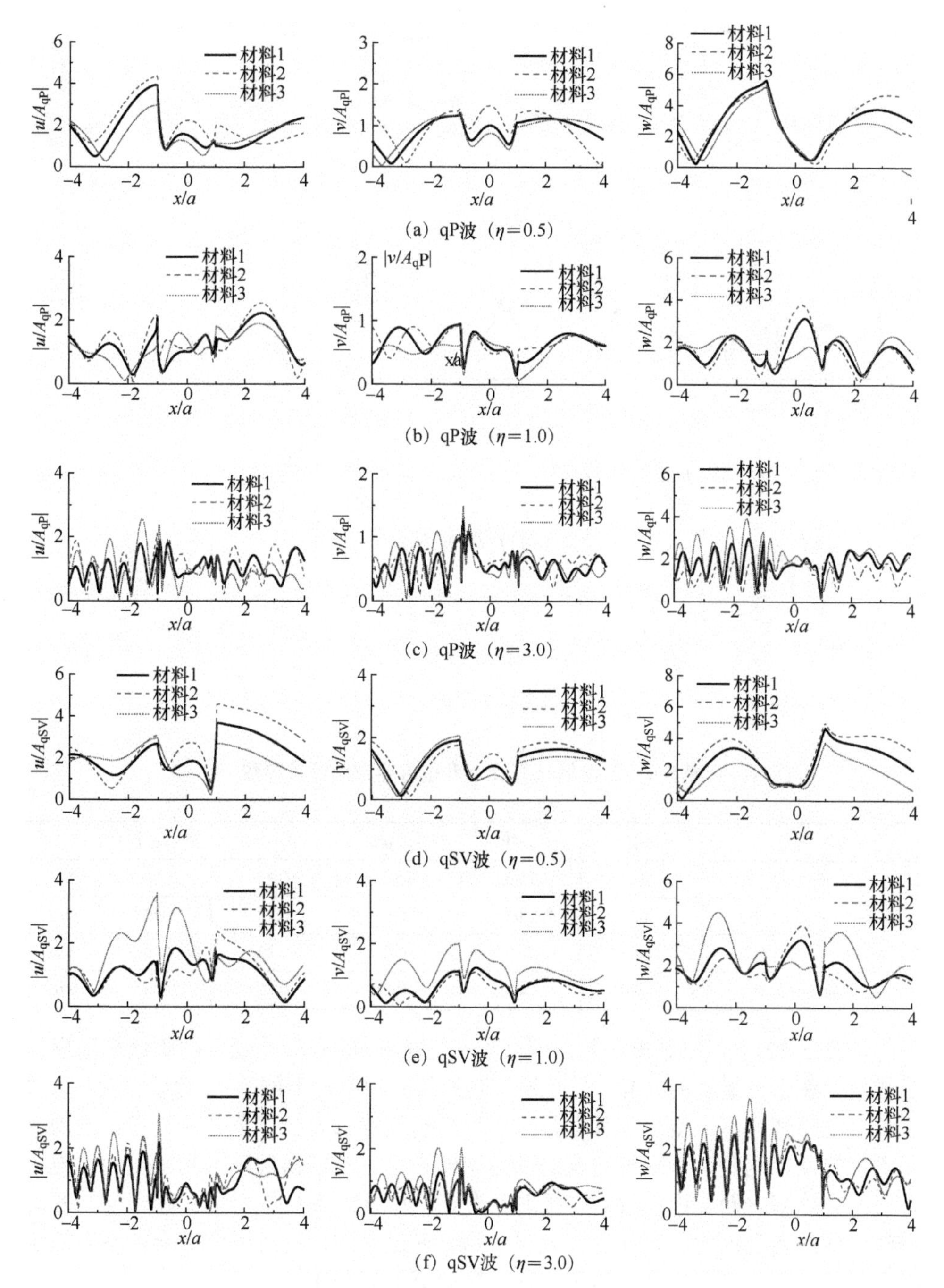

(a) qP波（η=0.5）

(b) qP波（η=1.0）

(c) qP波（η=3.0）

(d) qSV波（η=0.5）

(e) qSV波（η=1.0）

(f) qSV波（η=3.0）

图 5-22　qP 波、qSV 波和 SH 波入射下基岩上单一 TI 土层中凹陷地形附近地表位移幅值（ ψ_y=60°， ψ_z=30°）

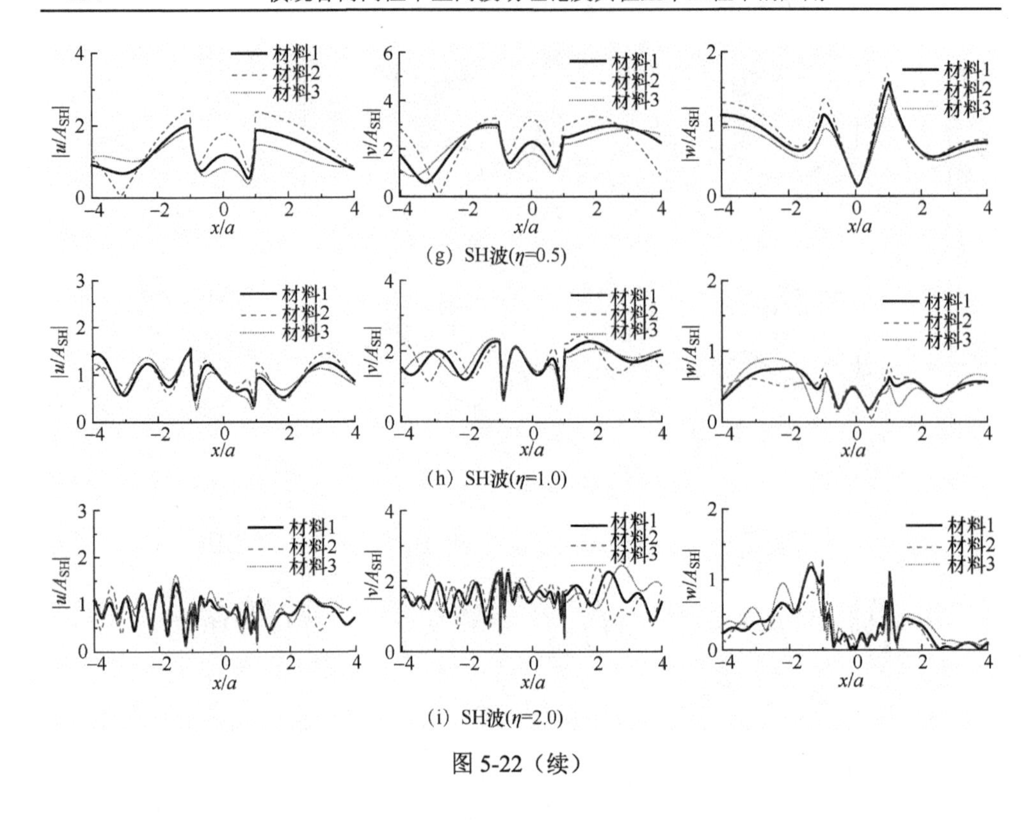

图 5-22（续）

表 5-4　三种单一 TI 土层和基岩半空间计算参数

材料模型		E_h/MPa	E_v/MPa	G_v/MPa	$\nu_h=\nu_{vh}$	ρ/（kg/m^3）	ζ
土层	材料 1	75.0	75.0	30.0	0.25	2000.0	0.05
	材料 2	50.0	100.0	30.0	0.25	2000.0	0.05
	材料 3	100.0	50.0	30.0	0.25	2000.0	0.05
基岩半空间		750.0	750.0	300.0	0.25	2000.0	0.02

从图 5-22 中可以看出，各向同性单一土层和 TI 单一土层中凹陷地形地表位移幅值存在十分显著的差异，且差异与波的入射频率及土层的 TI 性质有关。基岩上单一土层情况下，地表位移幅值大小和振动规律都发生了显著的改变，振动变得更加复杂。这是因为场地自身的动力特性在单一土层情况下得到明显的体现，入射波到达基岩面会出现反射和折射，改变了波的传播方向，同时 TI 土层与各向同性土层的自身动力特性又存在差异，这样通过基岩面的折射波又会在不同的情况下引起不同的响应，使得地表位移的振动更加复杂化。

2. 基岩上单一 TI 土层中半圆形凸起地形对 qP 波、qSV 波和 SH 波的 2.5 维散射

以基岩上单一 TI 土层中半圆凸起地形为例，求解在 Ricker 时程输入下的地

表位移幅值，分析研究凸起地形对 qP 波、qSV 波和 SH 波的散射。凸起、TI 土层和基岩半空间计算参数见表 5-5，凸起介质参数与单一土层相同，地表到基岩表面的距离与凸起半径比值 $H/a=1$，入射角度 $\psi_z=30°$、$\psi_y=60°$。地表及凸起表面在 $-4a \leqslant x \leqslant 4a$ 的范围内均匀分布 81 个观测点。以下计算中均取 $\eta_c=1.5$，无量纲时间 $\tau=0\sim12$，无量纲频率的计算范围为 $\eta=0\sim6$，共 600 个频率点。

表 5-5　凸起、TI 土层和基岩半空间计算参数

材料模型		E_h/MPa	E_v/MPa	G_v/MPa	$\nu_h=\nu_{vh}$	ρ/（kg/m^3）	ζ
凸起和土层	材料 1	75.0	75.0	30.0	0.25	2000.0	0.02
	材料 2	50.0	100.0	30.0	0.25	2000.0	0.02
	材料 3	100.0	50.0	30.0	0.25	2000.0	0.02
基岩半空间		750.0	750.0	300.0	0.25	2000.0	0.02

图 5-23 给出了 3 种基岩上单一 TI 土层情况下半圆凸起地形附近地表位移幅值时程曲线。凸起地形附近的 Ricker 波时程较为复杂，这是因为 TI 单一土层半空间中的时程曲线不仅受到 TI 凸起地形的动力特性的影响，同时还受到 TI 场地的自身动力特性的影响，以及 TI 凸起地形与 TI 场地间的动力相互作用的影响。qP 波通过基岩折射出 qP 波和 qSV 波，因为两种波的波速不同，导致到达地表的时间不同，造成地表会出现两次波动，两次波动到达凸起左角点会再分别发生散射，一部分散射回凸起左侧，一部分越过凸起到达凸起右角点又发生散射，同时由基岩散射的 qP 波和 qSV 波到达凸起右角点也发生散射，这就会造成凸起内部的波动比均匀半空间要复杂得多。另外，TI 场地与各向同性场地的动力特性存在着巨大差异，TI 凸起地形与 TI 场地间的动力相互作用也各不相同，因此导致单一土层 TI 半空间与单一土层各向同性半空间存在的差异性更大，而且 TI 单一土层与各向同性单一土层对不同类型的波的位移时程有着不同的影响规律。

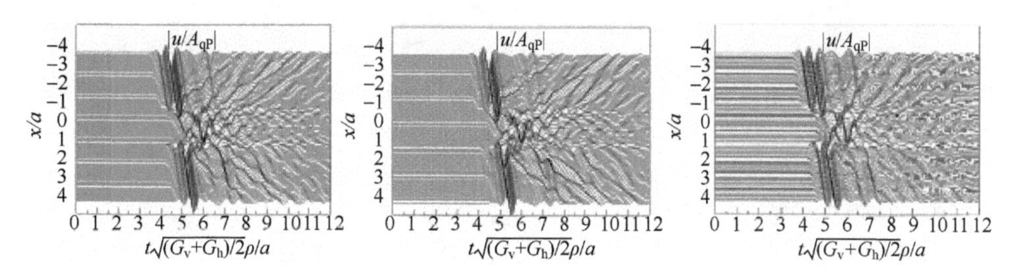

图 5-23　qP 波、qSV 波和 SH 波入射下单一 TI 土层中半圆形凸起地形附近表面位移幅值时程曲线

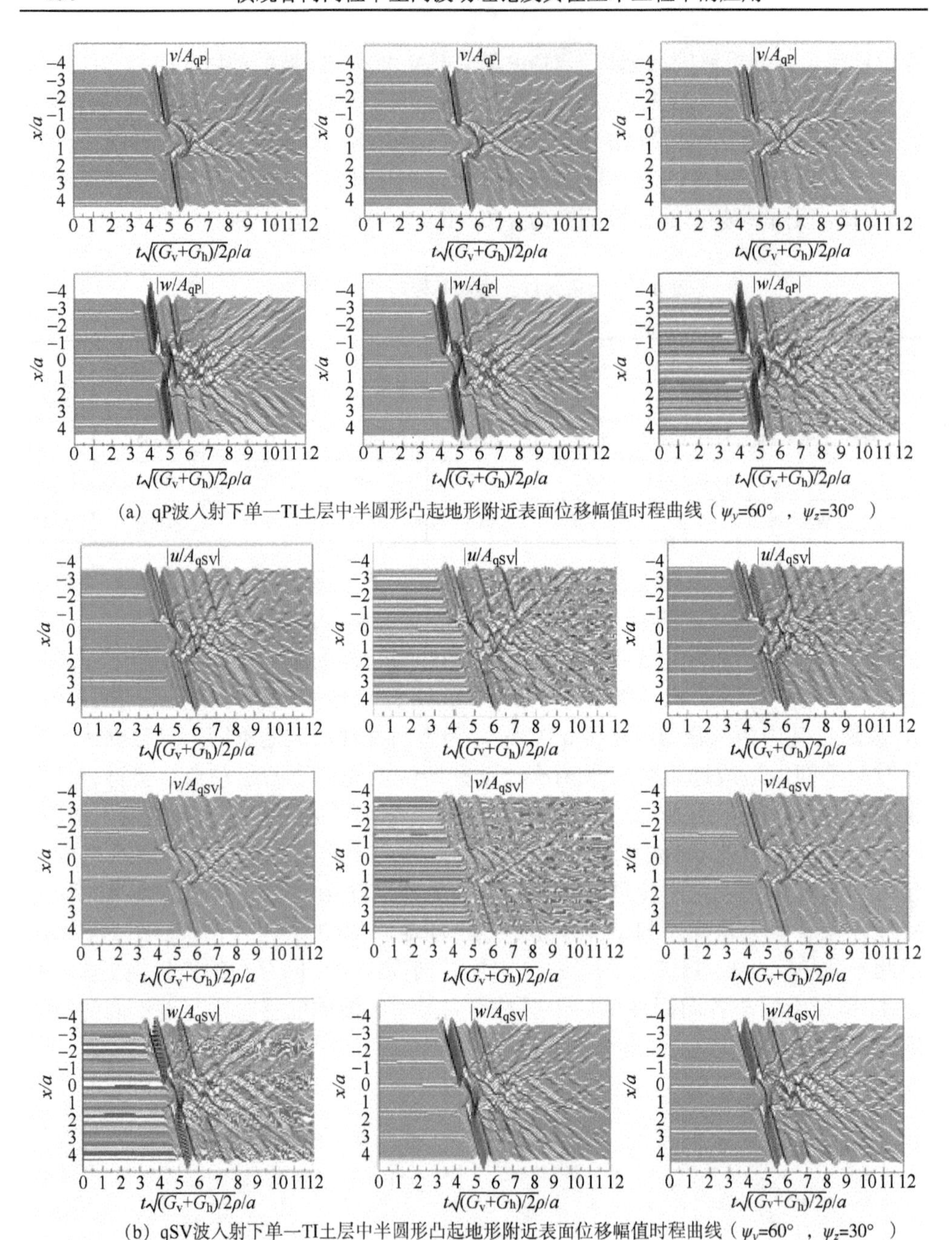

(a) qP波入射下单一TI土层中半圆形凸起地形附近表面位移幅值时程曲线（ψ_y=60°，ψ_z=30°）

(b) qSV波入射下单一TI土层中半圆形凸起地形附近表面位移幅值时程曲线（ψ_y=60°，ψ_z=30°）

图 5-23（续）

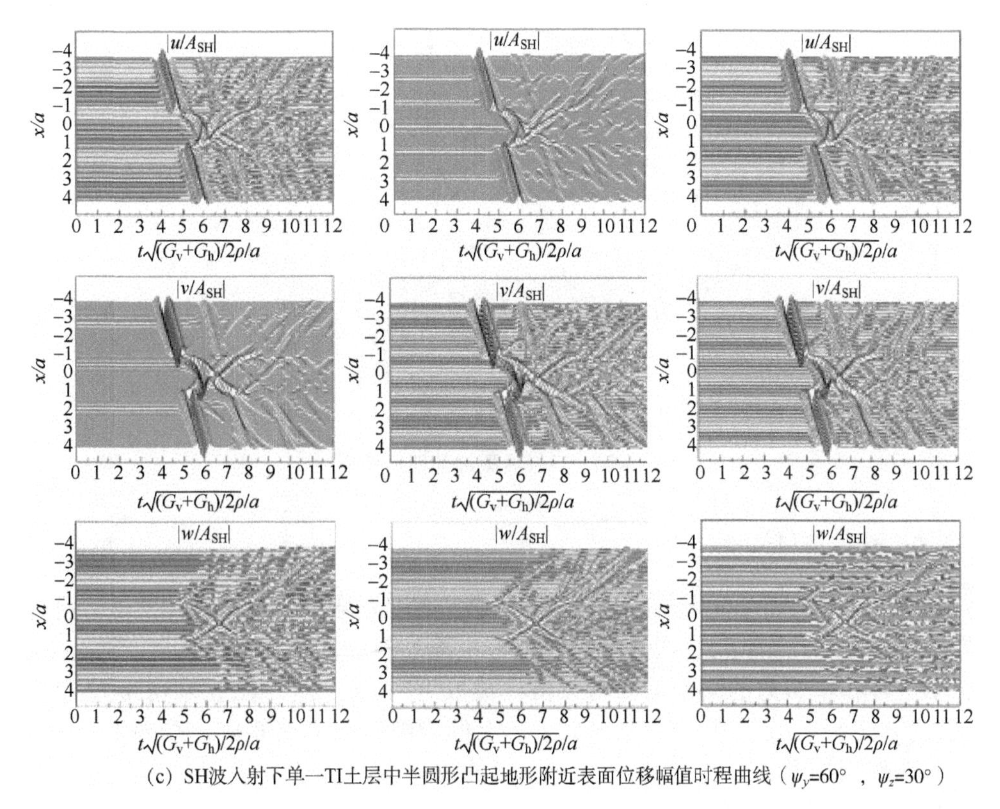

(c) SH波入射下单一TI土层中半圆形凸起地形附近表面位移幅值时程曲线（ψ_y=60°，ψ_z=30°）

图 5-23（续）

5.4　典型局部地形对 qP 波、qSV 波和 SH 波的三维散射

5.4.1　计算模型与相应公式

1. 计算模型

如图 5-24 所示，三维层状 TI 场地由 N 层 TI 土层和基岩半空间组成，在层状半空间场地上存在一个任意形状的凹陷（沉积盆地或凸起山体），以凹陷（沉积盆地或凸起山体）中心为坐标原点，建立三维直角坐标系。设平面 qP 波、qSV 波和 SH 波的入射位置为基岩露头处，规定平面波的入射方向与 z 轴的夹角为 ψ_z，入射方向在水平面上的投影与 y 轴的夹角为 ψ_y，由 ψ_z 和 ψ_y 可确定平面波的唯一入射方向。

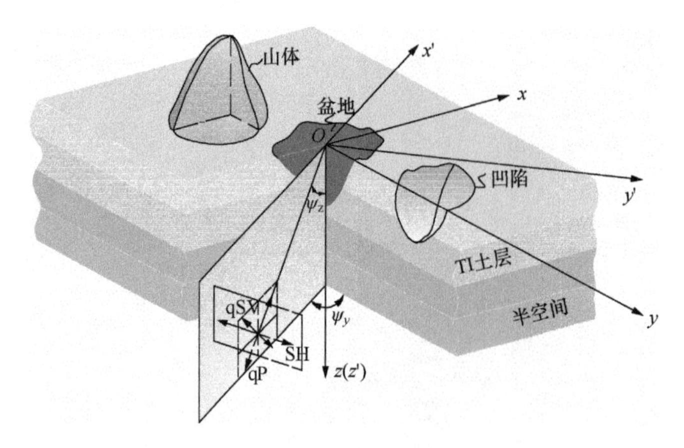

图 5-24　三维典型局部地形模型

2. 散射场模拟

通过在各斜面单元上施加均布斜面荷载来模拟散射场，即格林函数法。将边界 S 离散成 M 个单元，在每个单元上分别施加斜面均布荷载，$\boldsymbol{g}_{\mathrm{u}3\times3M}$ 和 $\boldsymbol{g}_{\mathrm{t}3\times3M}$ 表示位移和牵引力的斜面均布荷载格林函数矩阵，$\boldsymbol{P}=[p_x(\xi_1),\cdots,p_x(\xi_M), p_y(\xi_1),\cdots, p_y(\xi_M),p_z(\xi_1),\cdots,p_z(\xi_M)]^{\mathrm{T}}$ 为施加在边界 S 上的虚拟荷载幅值矩阵，ξ_l（l=1,2,⋯,M）为荷载作用的单元，则任意一点 $x=(x,z)$ 的位移 $[u^{\mathrm{g}}(x),v^{\mathrm{g}}(x),w^{\mathrm{g}}(x)]^{\mathrm{T}}$ 和牵引力 $[t_x^{\mathrm{g}}(x),t_y^{\mathrm{g}}(x),t_z^{\mathrm{g}}(x)]^{\mathrm{T}}$ 可表示为

$$\begin{bmatrix} u^{\mathrm{g}}(x) \\ v^{\mathrm{g}}(x) \\ w^{\mathrm{g}}(x) \end{bmatrix} = \boldsymbol{g}_{\mathrm{u}3\times3M}\boldsymbol{P} = \begin{Bmatrix} \sum_{l=1}^{M}\left[g_{ux}(x,\xi_l)p_x(\xi_l)+g_{uy}(x,\xi_l)p_y(\xi_l)+g_{uz}(x,\xi_l)p_z(\xi_l)\right] \\ \sum_{l=1}^{M}\left[g_{vx}(x,\xi_l)p_x(\xi_l)+g_{vy}(x,\xi_l)p_y(\xi_l)+g_{vz}(x,\xi_l)p_z(\xi_l)\right] \\ \sum_{l=1}^{M}\left[g_{wx}(x,\xi_l)p_x(\xi_l)+g_{wy}(x,\xi_l)p_y(\xi_l)+g_{wz}(x,\xi_l)p_z(\xi_l)\right] \end{Bmatrix} \tag{5.37}$$

$$\begin{bmatrix} t_x^{\mathrm{g}}(x) \\ t_y^{\mathrm{g}}(x) \\ t_z^{\mathrm{g}}(x) \end{bmatrix} = \boldsymbol{g}_{\mathrm{t}3\times3M}\boldsymbol{P} = \begin{bmatrix} \sum_{l=1}^{M}\left[g_{txx}(x,\xi_l)p_x(\xi_l)+g_{txy}(x,\xi_l)p_y(\xi_l)+g_{txz}(x,\xi_l)p_z(\xi_l)\right] \\ \sum_{l=1}^{M}\left[g_{tyx}(x,\xi_l)p_x(\xi_l)+g_{tyy}(x,\xi_l)p_y(\xi_l)+g_{tyz}(x,\xi_l)p_z(\xi_l)\right] \\ \sum_{l=1}^{M}\left[g_{tzx}(x,\xi_l)p_x(\xi_l)+g_{tzy}(x,\xi_l)p_y(\xi_l)+g_{tzz}(x,\xi_l)p_z(\xi_l)\right] \end{bmatrix} \tag{5.38}$$

式中，g_{ij}（i=u、v 和 w，j=x、y 和 z）为施加 j 方向虚拟均布斜面荷载时产生的 i 向位移格林函数；g_{tij}（i= x、y 和 z，j= x、y 和 z）为施加 j 方向虚拟均布斜面荷载

时产生的 i 向牵引力格林函数，格林函数求解详见第 3 章。

3. 边界条件与总响应

（1）凹陷地形

凹陷地形的边界条件可表示为凹陷自由表面（边界 S）零牵引力条件：

$$\begin{cases}\int_{Sx_n}\left[t_{xn}^{\mathrm{f}}(x_n)+t_{xn}^{\mathrm{g}}(x_n)\right]\mathrm{d}Sx_n=0 & (n=1\sim M)\\ \int_{Sx_n}\left[t_{yn}^{\mathrm{f}}(x_n)+t_{yn}^{\mathrm{g}}(x_n)\right]\mathrm{d}Sx_n=0 & (n=1\sim M)\\ \int_{Sx_n}\left[t_{zn}^{\mathrm{f}}(x_n)+t_{zn}^{\mathrm{g}}(x_n)\right]\mathrm{d}Sx_n=0 & (n=1\sim M)\end{cases} \tag{5.39}$$

式中，$\int_{Sx_n}t_{in}^{\mathrm{g}}(x_n)\mathrm{d}Sx_n$（$i$=$x$、$y$ 和 z）为凹陷边界 S 上所有单元在第 n 个单元上产生的 i 向牵引力之和；$\int_{Sx_n}t_{in}^{\mathrm{f}}(x_n)\mathrm{d}Sx_n$（$i$=$x$、$y$ 和 z）为入射波在边界 S 第 n 个单元上产生的 i 向牵引力，详见第 4 章。

凹陷地形表面位移幅值为

$$\left[u(x),v(x),w(x)\right]^{\mathrm{T}}=\left[u^{\mathrm{g}}(x),v^{\mathrm{g}}(x),w^{\mathrm{g}}(x)\right]^{\mathrm{T}}+\left[u^{\mathrm{f}}(x),v^{\mathrm{f}}(x),w^{\mathrm{f}}(x)\right]^{\mathrm{T}} \tag{5.40}$$

（2）沉积地形

沉积地形与层状半空间的半球形边界应满足位移和牵引力连续边界条件。

位移连续边界条件为

$$\int_{Sx_n}\begin{bmatrix}u_{gn}^{\mathrm{V}}(x_n)\\ v_{gn}^{\mathrm{V}}(x_n)\\ w_{gn}^{\mathrm{V}}(x_n)\end{bmatrix}\mathrm{d}Sx_n=\int_{Sx_n}\left\{\begin{bmatrix}u_{gn}^{\mathrm{L}}(x_n)\\ v_{gn}^{\mathrm{L}}(x_n)\\ w_{gn}^{\mathrm{L}}(x_n)\end{bmatrix}+\begin{bmatrix}u_{n}^{\mathrm{f}}(x_n)\\ v_{n}^{\mathrm{f}}(x_n)\\ w_{n}^{\mathrm{f}}(x_n)\end{bmatrix}\right\}\mathrm{d}Sx_n\quad(n=1\sim K) \tag{5.41}$$

牵引力连续边界条件为

$$\int_{Sx_n}\begin{bmatrix}t_{xgn}^{\mathrm{V}}(x_n)\\ t_{ygn}^{\mathrm{V}}(x_n)\\ t_{zgn}^{\mathrm{V}}(x_n)\end{bmatrix}\mathrm{d}Sx_n=\int_{Sx_n}\left\{\begin{bmatrix}t_{xgn}^{\mathrm{L}}(x_n)\\ t_{ygn}^{\mathrm{L}}(x_n)\\ t_{zgn}^{\mathrm{L}}(x_n)\end{bmatrix}+\begin{bmatrix}t_{xn}^{\mathrm{f}}(x_n)\\ t_{yn}^{\mathrm{f}}(x_n)\\ t_{zn}^{\mathrm{f}}(x_n)\end{bmatrix}\right\}\mathrm{d}Sx_n\quad(n=1\sim K) \tag{5.42}$$

式中，$\int_{Sx_n}t_{ign}^{\mathrm{V}}(x_n)\mathrm{d}Sx_n$（$i$=$x$、$y$ 和 z）为沉积域边界 S_2 上所有单元在第 n 个单元上产生的 i 向牵引力之和；$\int_{Sx_n}U_{gn}^{\mathrm{V}}(x_n)\mathrm{d}Sx_n$（$U$=$u$、$v$ 和 w）为沉积域边界 S_2 上所有单元在第 n 个单元上产生的 U 向位移之和；$\int_{Sx_n}t_{ign}^{\mathrm{L}}(x_n)\mathrm{d}Sx_n$（$i$=$x$、$y$ 和 z）为层状半空间域边界 S_1 上所有单元在第 n 个单元上产生的 i 向牵引力之和；$\int_{Sx_n}U_{gn}^{\mathrm{L}}(x_n)\mathrm{d}Sx_n$（$U$=$u$、$v$ 和 w）为层状半空间域边界 S_1 上所有单元在第 n 个单元上产生的 U 向位移之和；$\int_{Sx_n}t_{in}^{\mathrm{f}}(x_n)\mathrm{d}Sx_n$（$i$=$x$、$y$ 和 z）为入射波在第 n 个单元上产生的 i 向牵引力；

$\int_{Sx_n} U_n^{\mathrm{f}}(x_n)\mathrm{d}Sx_n$ （U=u、v 和 w）为入射波在第 n 个单元上产生的 U 向位移。

沉积地形内任意一点 x=(x,y,z)的位移幅值：层状半空间域内为

$$\left[u^{\mathrm{L}}(x),v^{\mathrm{L}}(x),w^{\mathrm{L}}(x)\right]^{\mathrm{T}}=\left[u^{\mathrm{f}}(x),v^{\mathrm{f}}(x),w^{\mathrm{f}}(x)\right]^{\mathrm{T}}+\left[u_g^{\mathrm{L}}(x),v_g^{\mathrm{L}}(x),w_g^{\mathrm{L}}(x)\right]^{\mathrm{T}} \quad (5.43)$$

沉积域内为

$$\left[u^{\mathrm{V}}(x),v^{\mathrm{V}}(x),w^{\mathrm{V}}(x)\right]^{\mathrm{T}}=\left[u_g^{\mathrm{V}}(x),v_g^{\mathrm{V}}(x),w_g^{\mathrm{V}}(x)\right]^{\mathrm{T}} \quad (5.44)$$

（3）凸起地形

凸起山体边界条件可表述为凸起山体自由表面（上边界 S_{a}）零牵引力条件及凸起山体和层状半空间的交界面（下边界 S_{b}）的位移牵引力连续条件。将上边界面 S_{a} 划分成 M 个单元，下边界面 S_{b} 划分成 N 个单元，假设积分在每个单元均可独立进行。

凸起山体自由表面 S_{a} 处的第 m 个单元上的零牵引力边界条件可表示为

$$\int_{S_{\mathrm{a}}}\left[t_i^{\mathrm{H}}(x_m)\right]\mathrm{d}S_{\mathrm{a}}=0 \quad \left(x_m\in S_{\mathrm{a}},\ m=1,\ 2,\cdots,M\right) \quad (5.45)$$

式中，t_i^{H} 表示凸起山体闭合域的散射场。

凸起山体和层状半空间交界面 S_{b} 处第 n 个单元上的位移与牵引力连续条件可表示为

$$\begin{cases}\int_{S_{\mathrm{b}}}\left[u_i^{\mathrm{L}}(x_n)+u_i^{\mathrm{f}}(x_n)\right]\mathrm{d}S_{\mathrm{b}}=\int_{S_{\mathrm{b}}}\left[u_i^{\mathrm{H}}(x_n)\right]\mathrm{d}S_{\mathrm{b}}\\ \int_{S_{\mathrm{b}}}\left[t_i^{\mathrm{L}}(x_n)+t_i^{\mathrm{f}}(x_n)\right]\mathrm{d}S_{\mathrm{b}}=\int_{S_{\mathrm{b}}}\left[t_i^{\mathrm{H}}(x_n)\right]\mathrm{d}S_{\mathrm{b}}\end{cases} \left(x_n\in S_{\mathrm{b}},\ n=1,\ 2,\cdots,N\right) \quad (5.46)$$

山体及周围地表的位移幅值为

$$u_i(y_k)=U_{ij}^{\mathrm{L}}(x_m,x_n)\cdot F_j^{\mathrm{L}}(x_n)+u_i^{\mathrm{f}}(y_k)\text{（水平地表）} \quad (5.47)$$

$$u_i(y_k)=U_{ij}^{\mathrm{H}}(x_m,x_n)\cdot F_j^{\mathrm{H}}(x_n)\text{（凸起山体）} \quad (5.48)$$

5.4.2 局部地形对 qP 波、qSV 波和 SH 波的三维散射验证

将 TI 介质退化为各向同性介质，并与已知的各向同性介质模型下典型局部地形对 P 波、SV 波和 SH 波的散射进行对比，验证方法的正确性和精度。图 5-25 给出了本节方法与 Mossessian 等[11]给出的 P 波和 SH 波入射时层状各向同性半空间中半球形凹陷地形附近地表位移幅值结果对比。图 5-26 给出了本节方法与 Liang 等[12]给出的 SV 波入射时各向同性均匀半空间中半球形沉积附近地表位移幅值结果对比。图 5-27 给出了本节方法与 Sánchez-Sesma[13]给出的 P 波垂直入射下均匀半空间中三维高斯形凸起地形对地震波散射结果对比。计算参数详见文献［11］～文献［13］。可以看出本节结果与文献［11］～文献［13］给出的结果一致，验证了本节方法的正确性和计算精度。

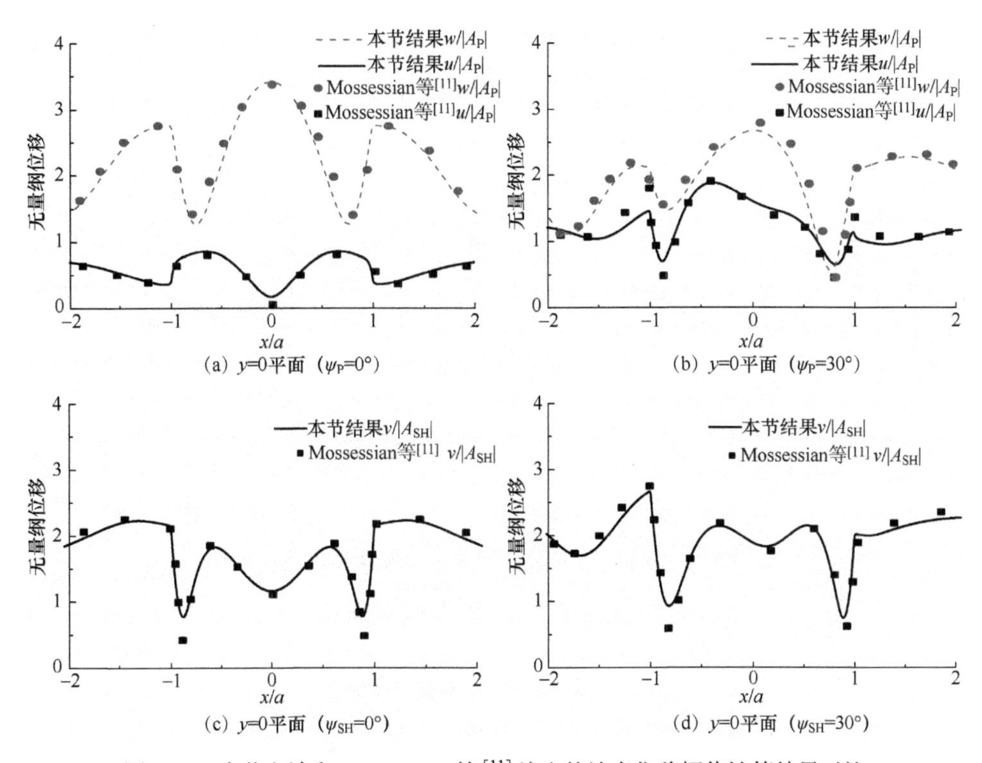

(a) y=0 平面（ψ_P=0°） (b) y=0 平面（ψ_P=30°）

(c) y=0 平面（ψ_{SH}=0°） (d) y=0 平面（ψ_{SH}=30°）

图 5-25 本节方法和 Mossessian 等[11] 给出的地表位移幅值计算结果对比

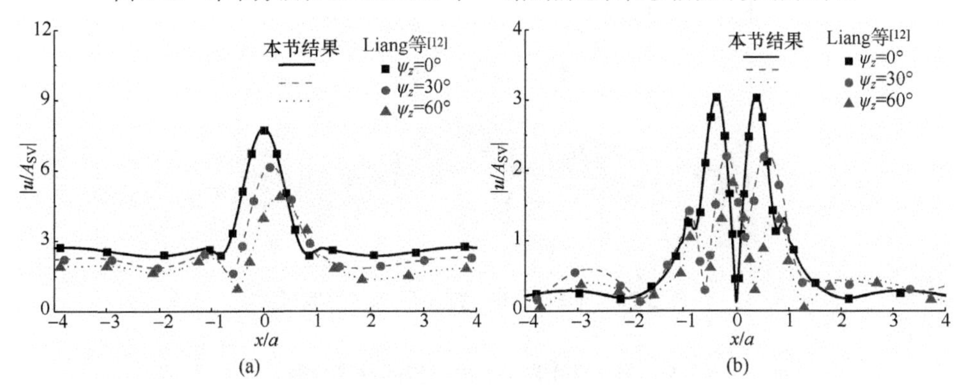

(a) (b)

图 5-26 本节方法和 Liang 等[12] 给出的 SV 波入射时各向同性均匀半空间中半球形凹积附近地表位移幅值计算结果对比［截面 A（平面 xoz），η=0.75，ψ_y=90°］

5.4.3 算例与分析

1. 基岩上单一土层中凹陷地形对 qP 波、qSV 波和 SH 波的三维散射

以基岩半空间上单一土层中三维半球形凹陷地形为例，研究凹陷地形对 qP 波、qSV 波和 SH 波的三维散射。如图 5-28 所示，各向同性基岩半空间上单一 TI

土层中存在一个半球形凹陷，凹陷半径为 a，土层厚度 $H=2a$。本节中设置了 3 种不同材料的 TI 介质土层，TI 土层和基岩半空间计算参数见表 5-6。

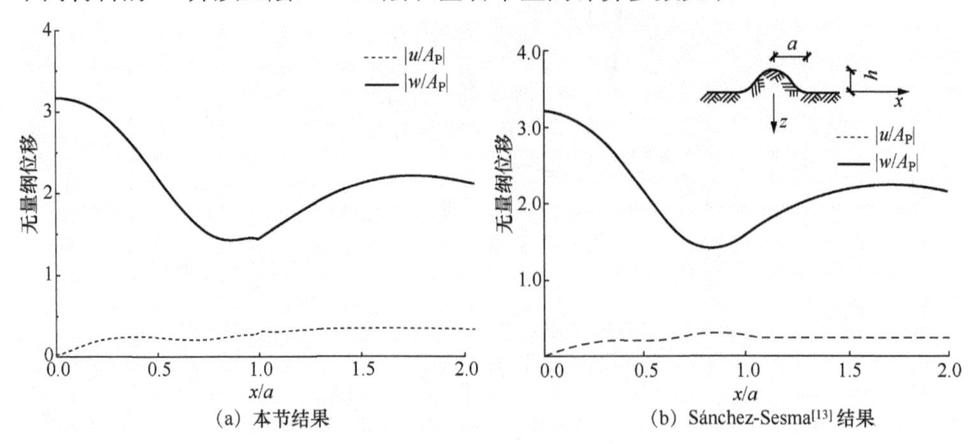

(a) 本节结果　　(b) Sánchez-Sesma[13] 结果

图 5-27　本节方法和 Sánchez-Sesma[13] 给出的地表位移幅值计算结果对比（P 波，截面 A，$\eta=0.935$，$\psi_z=90°$）

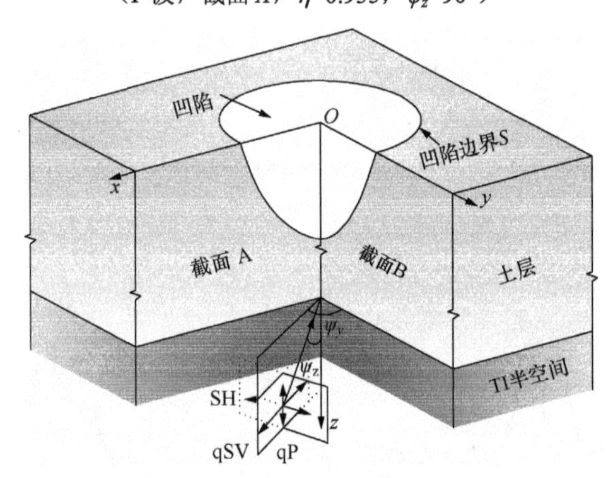

图 5-28　基岩上单一 TI 土层中凹陷地形

表 5-6　TI 土层和基岩半空间计算参数

材料模型		E_h/MPa	E_v/MPa	G_v/MPa	$\nu_h=\nu_{vh}$	ρ/（kg/m^3）	ζ
土层	材料 1	50.0	100.0	30.0	0.25	2000.0	0.05
	材料 2	75.0	75.0	30.0	0.25	2000.0	0.05
	材料 3	100.0	50.0	30.0	0.25	2000.0	0.05
基岩半空间		750.0	750.0	300.0	0.25	3000.0	0.02

如图 5-29 所示，三维半球形边界为 S，将边界 S 离散成一系列的斜面单元（包

括梯形单元和三角形单元），其中在深度方向上（正视图），不同土层以不同颜色表示，每一个土层又可根据厚度分成若干小土层；在水平面投影方向上（俯视图），按角度进行离散。在单元离散过程中，斜面单元的划分应考虑实际土层的分布情况，不应使斜面单元横跨土层分界面。在各斜面单元上施加均布斜面荷载。

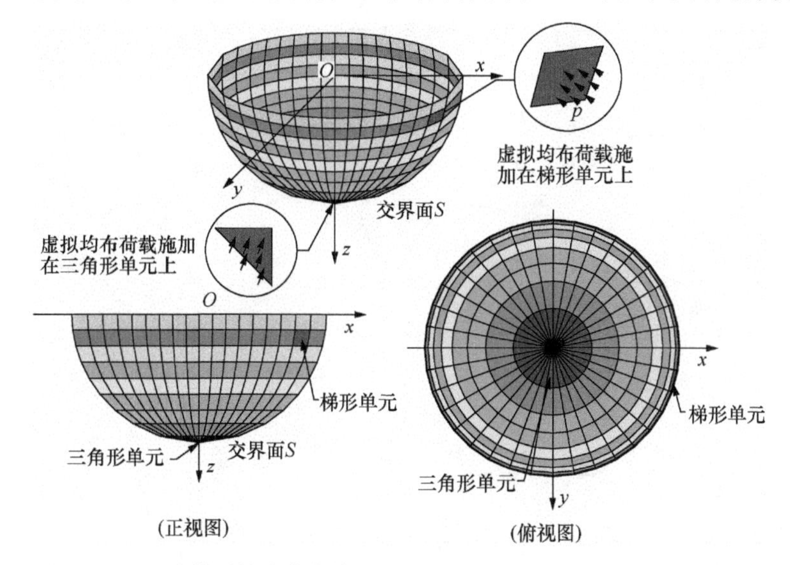

图 5-29　三维模型均布荷载施加及边界单元划分（以凹陷地形为例）

图 5-30 给出了频率 η=0.5 的平面 qP 波、qSV 波和 SH 波以不同角度 ψ_y=90°，ψ_z=0°、30°和 60°入射时，基岩半空间上 3 种不同的 TI 土层中半球形凹陷场地附近（沿 x 轴方向）的地表位移幅值变化曲线（u、v 和 w 分别为 x、y 和 z 轴方向位移）。

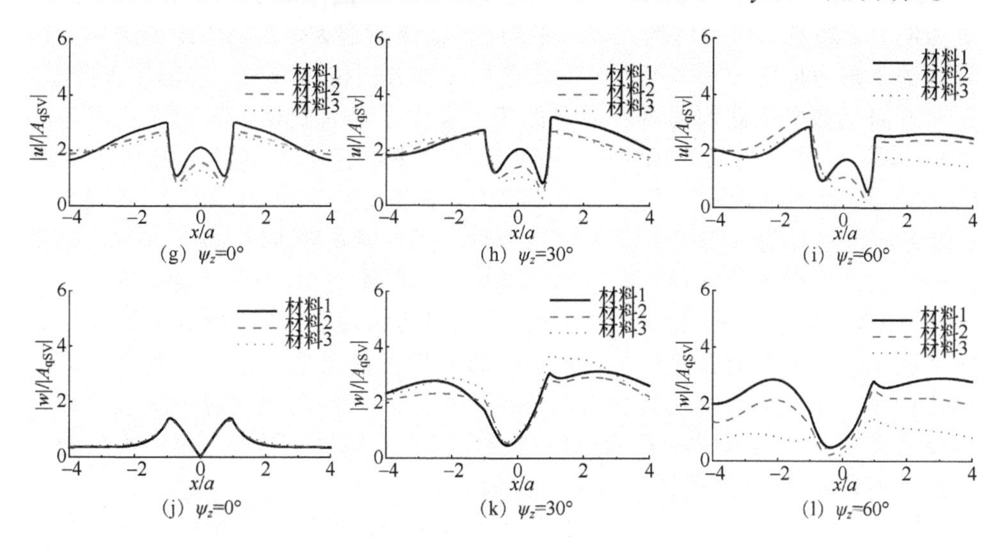

图 5-30　基岩上单一土层中三维凹陷场地附近（x 轴方向）地表位移幅值变化曲线（ψ_y=90°）

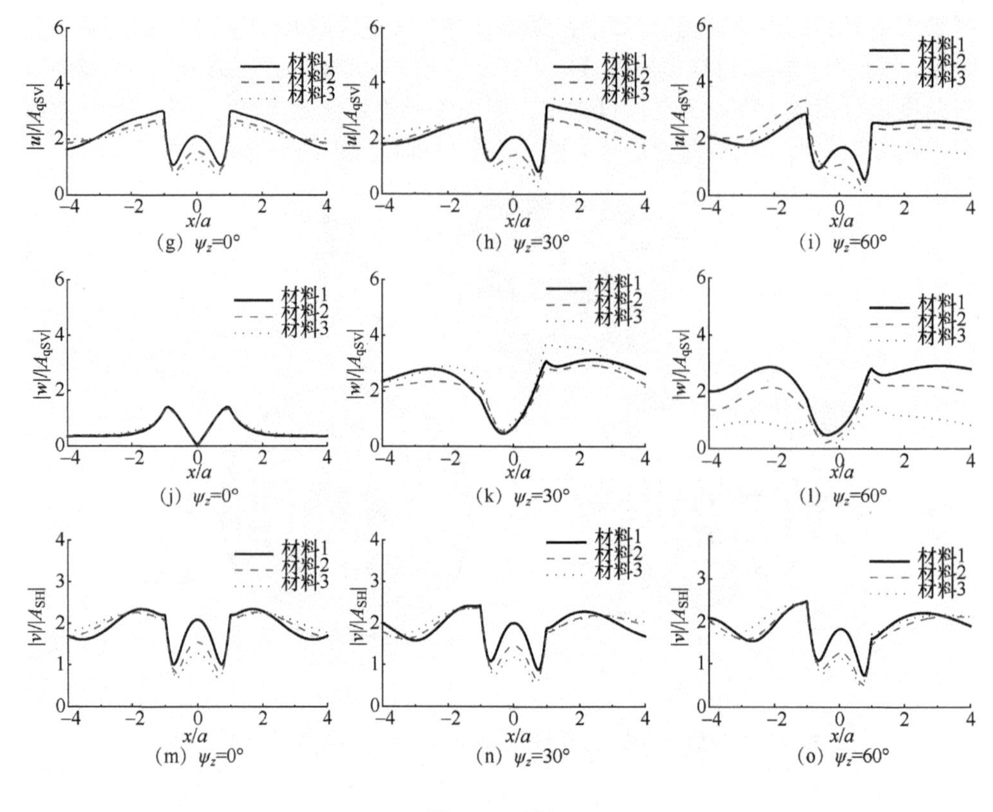

(g) ψ_z=0°　(h) ψ_z=30°　(i) ψ_z=60°
(j) ψ_z=0°　(k) ψ_z=30°　(l) ψ_z=60°
(m) ψ_z=0°　(n) ψ_z=30°　(o) ψ_z=60°

图 5-30（续）

从图 5-30 中可以看出，当 qP 波垂直入射时，凹陷对于平面 qP 波的散射更为明显。随着入射角的增大，x 轴方向位移逐渐增大，凹陷边缘 x/a=−1（靠近波的入射方向的一侧）附近区域出现了 x 轴方向位移峰值，局部震害严重。z 轴方向位移变化曲线随着入射角的增大发生了显著变化，幅值变化剧烈。qSV 波入射时，当 ψ_z=30°时，x 轴方向位移显著增大。当入射角较大时（ψ_z=60°），此时的地表 x 轴方向位移很大，凹陷边缘 x/a=−1 附近出现较大的 x 轴方向位移峰值。当 SH 波垂直入射时，当入射角较大时（ψ_z=60°），在凹陷内部会产生较大的 y 轴方向位移。随着入射角的增大，z 轴方向位移有所减小，z 轴方向位移较大的区域主要分布在凹陷边缘附近。当入射波的频率较低时（η=0.5），由于土层的存在，地表位移响应曲线发生了很大的变化，局部震害严重区域的分布情况也会有所不同。此外，入射角变化对于地表位移有着显著的影响，TI 性质的不同也对地表位移有着显著的影响，单一土层的存在使入射角和 TI 性质的影响被进一步放大。

图 5-31 进一步给出了基岩上单一土层中三维凹陷场地附近位移分布云图。从图 5-31 可以看出，qP 波入射时，凹陷内部的 z 轴方向位移幅值较小，

凹陷边缘以外的区域位移较大，震害严重区域以凹陷为中心呈放射环状分布。由于土层的存在，z 轴方向位移显著增大，且 3 种不同 TI 场地的地表位移之间的差异也更加显著。这是因为土层的存在显著地改变了场地的动力特性，不同的 TI 土层其动力特性也有差异，并最终导致地表位移响应的差异。此外，入射角对地表位移响应也具有显著的影响。

2. 基岩上单一土层中沉积地形对 qP 波、qSV 波和 SH 波的三维散射

以基岩半空间上单一土层中三维沉积盆地为例，研究沉积盆地对地震波的三维散射问题。将沉积设置成不同的 TI 介质，土层和基岩半空间设置为各向同性介质，基岩上单一土层中沉积地形计算模型如图 5-32 所示。本节中设置了 3 种不同的 TI 沉积材料，沉积半径为 a，土层厚度为 H=2a，TI 沉积、土层和基岩半空间计算参数见表 5-7。

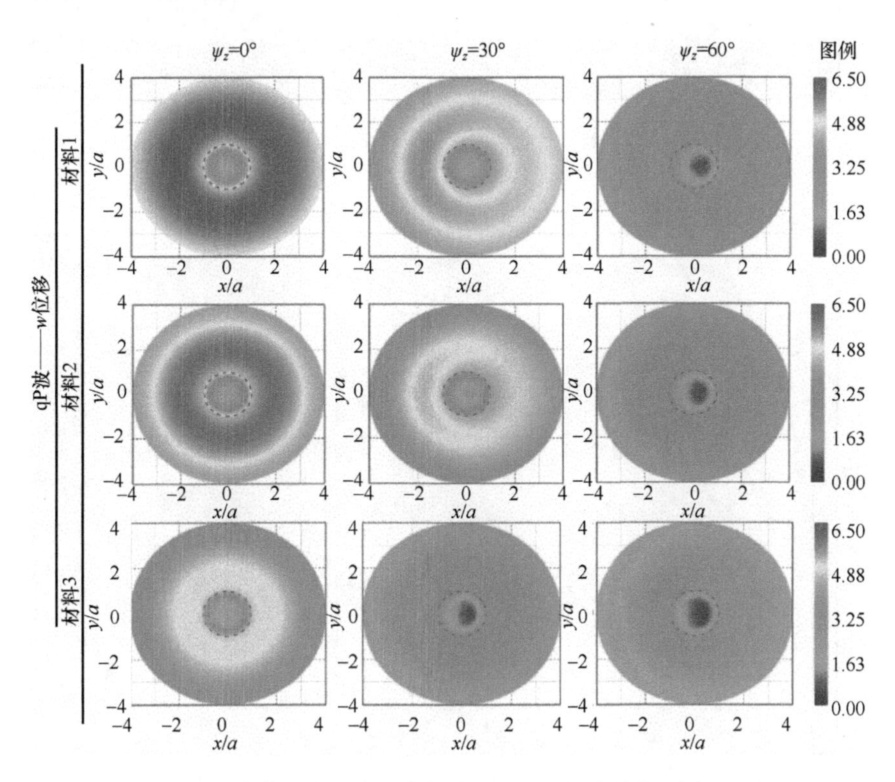

图 5-31　基岩上单一土层中三维凹陷场地附近位移分布云图（η=0.5）

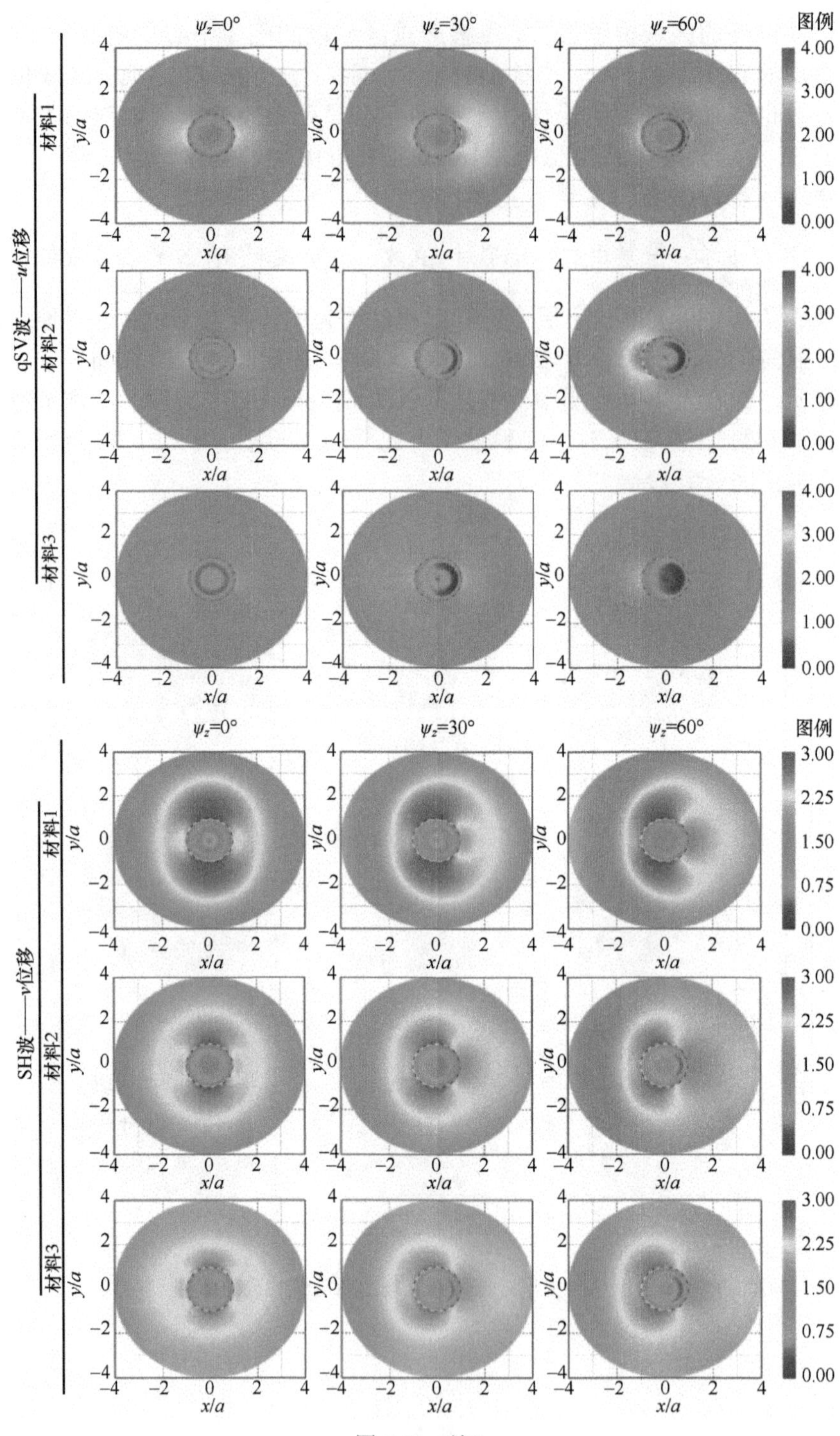

ψ_z=0°
ψ_z=30°
ψ_z=60°
图例
qSV波——u位移
材料1
材料2
材料3
SH波——v位移
x/a
y/a
4.00
3.00
2.00
1.00
0.00
2.25
1.50
0.75

图 5-31（续）

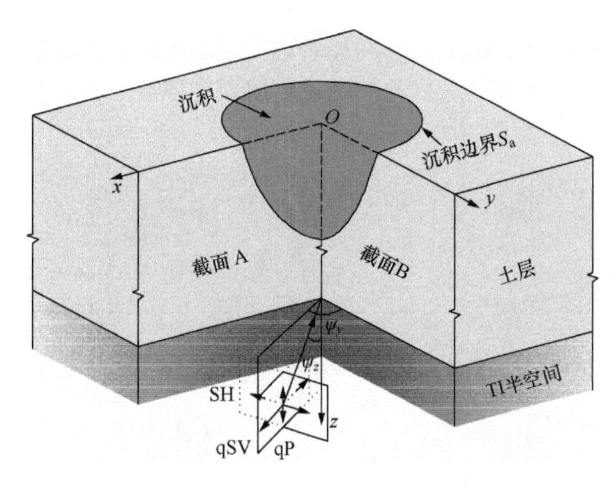

图 5-32　基岩上单一土层中沉积地形计算模型

表 5-7　TI 沉积、土层和基岩半空间计算参数

材料模型		E_h/MPa	E_v/MPa	G_v/MPa	$\nu_h=\nu_{vh}$	ρ/（kg/m^3）	ζ
沉积	材料 1	50.0	100.0	30.0	0.25	2000.0	0.05
	材料 2	75.0	75.0	30.0	0.25	2000.0	0.05
	材料 3	100.0	50.0	30.0	0.25	2000.0	0.05
土层		300.0	300.0	120.0	0.25	2000.0	0.05
基岩半空间		1200.0	1200.0	480.0	0.25	3000.0	0.02

图 5-33 给出了频率η=0.5 的平面中 qP 波、qSV 波和 SH 波以不同角度（ψ_y=90°，ψ_z=0°、30°和 60°）入射时，基岩上单一土层中沉积盆地附近（沿 x 轴）的地表位移幅值变化曲线。当 qP 波垂直入射时，随着入射角的增大，位移幅值逐渐减小；不同 TI 沉积盆地附近地表位移存在显著差异，并且这种差异由于土层的存在而被进一步放大。qSV 波以较大入射角入射时（ψ_z=60°），此时的地表 u 位移很大，沉积内部的震害十分严重。当 SH 波入射角较大时（ψ_z=60°），在沉积内部会出现较大的 y 方向位移。综上可知，当入射波的频率较低时（η=0.5），由于土层的存在，地表位移响应曲线发生了很大的变化，局部震害严重区域的分布情况也会有所不同；另外，入射角变化对于地表位移有着显著的影响，TI 性质的不同也对于地表位移有着显著的影响，而单一土层的存在可能使入射角和 TI 性质的影响被进一步放大。

图 5-34 进一步给出了地表位移分布云图。通过云图可知，当 qP 波入射时，由于土层的存在，z 方向位移显著增大，局部震害严重的区域主要在沉积内部。当 qSV 波入射角较大时（ψ_z=60°），单一土层场地的地表位移则显著增大，局部震害十分严重。当 SH 波入射时，单一土层的 y 方向位移变化曲线和均匀半空间

类似。由以上分析可知，土层的存在显著改变了场地的动力特性，并最终导致地表位移响应的差异。此外，入射角的变化对地表位移响应也具有显著的影响。

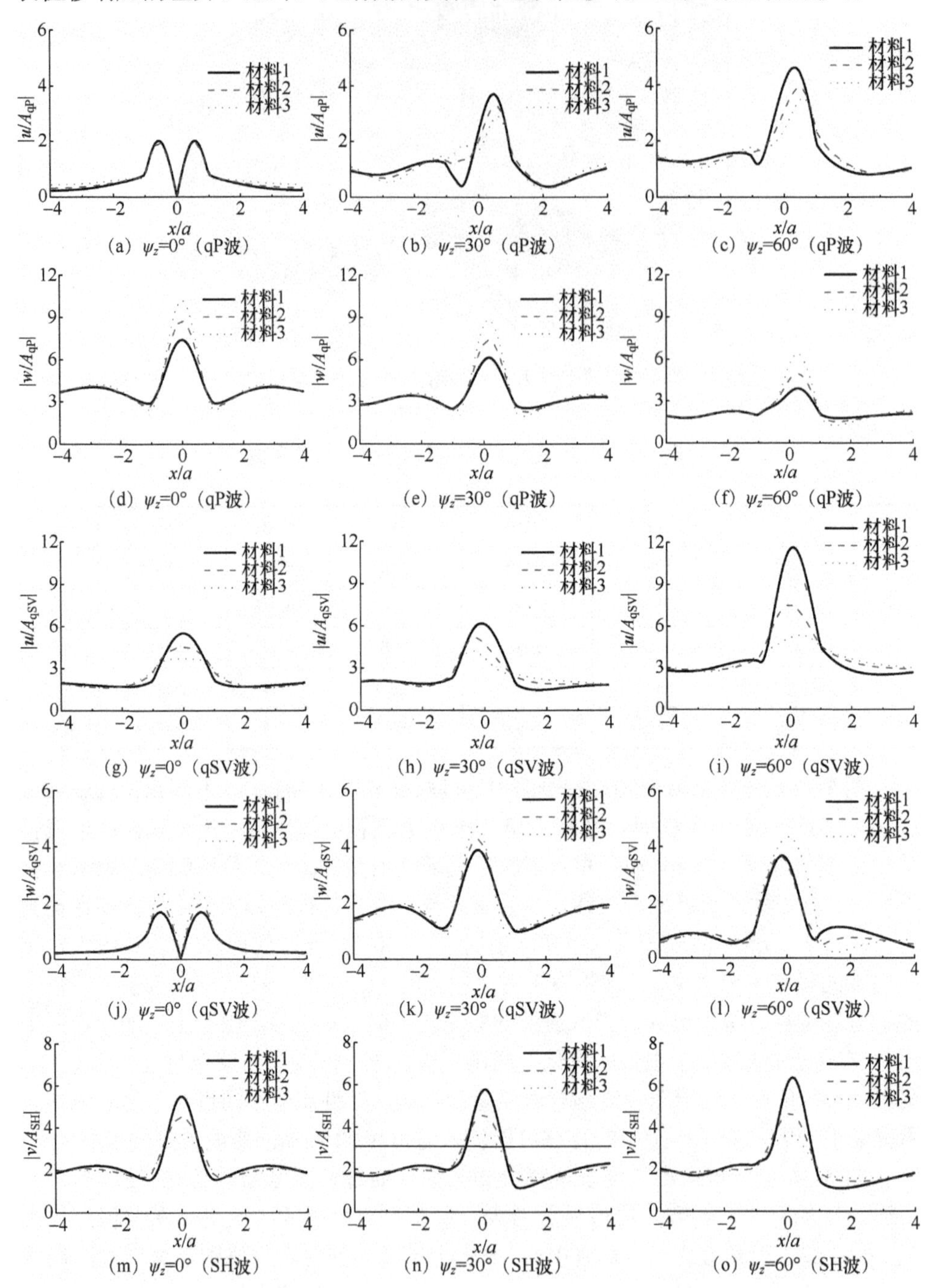

图 5-33　基岩上单一土层中三维沉积盆地附近（x 轴方向）的地表位移幅值变化曲线（η=0.5）

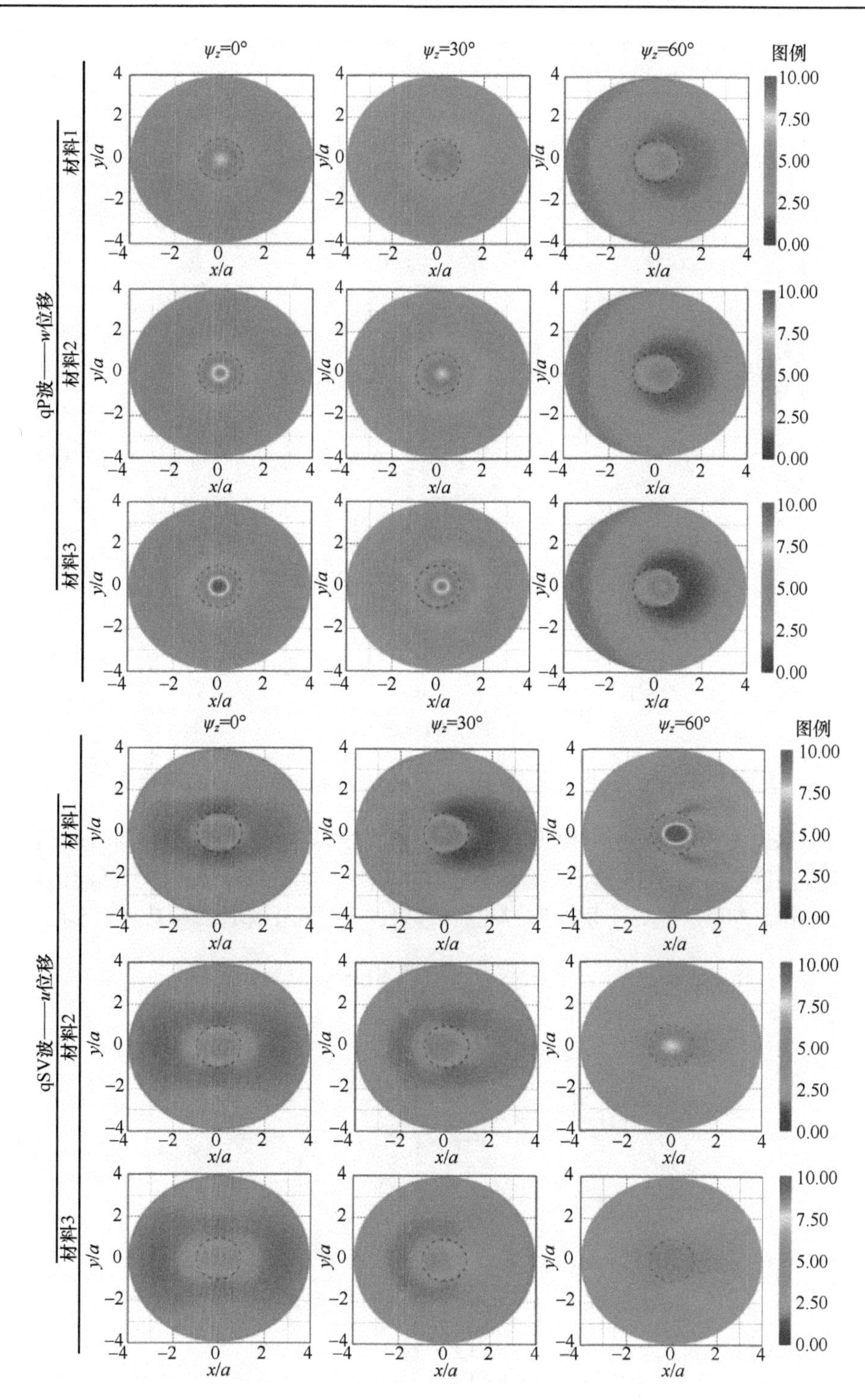

图 5-34　基岩上单一土层中三维沉积盆地附近位移分布云图（η=0.5）

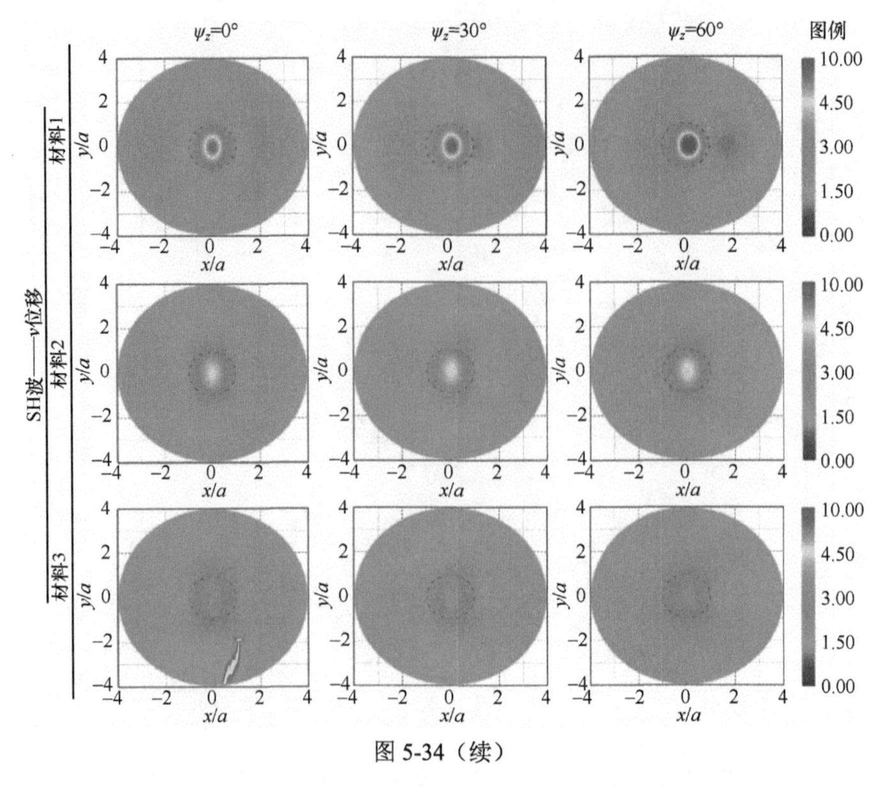

图 5-34（续）

3. 基岩上单一土层中山体对 qP 波、qSV 波和 SH 波的三维散射

以基岩上单一土层中凸起地形为例，研究材料各向异性程度对凸起地形自身动力特性的影响。图 5-35 给出了相应的三维高斯形凸起山体计算模型。凸起山体半宽为 a，山体高度 $h=2a$，土层厚度 $H=2a$。基岩、土层和山体计算参数见表 5-8。

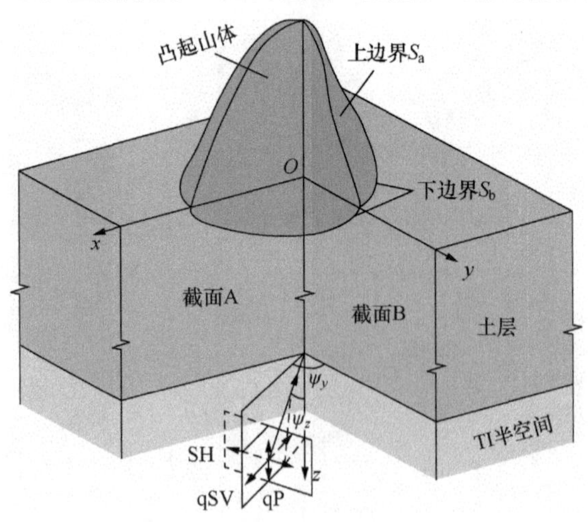

图 5-35 基岩上单一土层中三维高斯形凸起山体计算模型

表 5-8　基岩、土层和山体计算参数

材料模型		E_h/GPa	E_v/GPa	G_v/GPa	ζ	ρ/（kg/m^3）	$\nu_h=\nu_{vh}$
土层山体	n=1.0	0.546	0.546	0.21	0.05	2100.0	0.3
	n=2.0	1.092	0.546	0.21	0.05	2100.0	0.3
	n=3.0	1.638	0.546	0.21	0.05	2100.0	0.3
基岩半空间		4.2	4.2	1.68	0.02	2500.0	0.25

图 5-36 给出了 qP 波以 0°和 60°入射下的地表位移幅值云图，可以看出山顶的幅值均大于水平地表幅值，而在山脚处的幅值却小于周围地表的幅值。凸起地形沿整个地表位移变化幅度较大。入射波角度对山体位移的变化影响也非常大，当 qP 波以小角度入射时，幅值小于 qP 波垂直入射下的幅值大小。同时可以看出，各向异性程度对凸起山体的位移影响主要由波的入射角度和频率控制。当η=0.5 时，随着 n 增大，地表幅值逐渐减小，且较小的幅值在山脚处出现的范围逐渐增大，山体对其后地表位移的屏障作用不明显。当 qP 波入射频率增大到η=1.0 时，n=1.0 时的地表位移幅值反而最小，山脚处只有小范围内出现了位移幅值衰减现象。但同时可以发现，沿着山体底部到顶部的过程中，幅值由山脚处先增大然后在山腰处减至最小，最后在山顶处达到最大值。

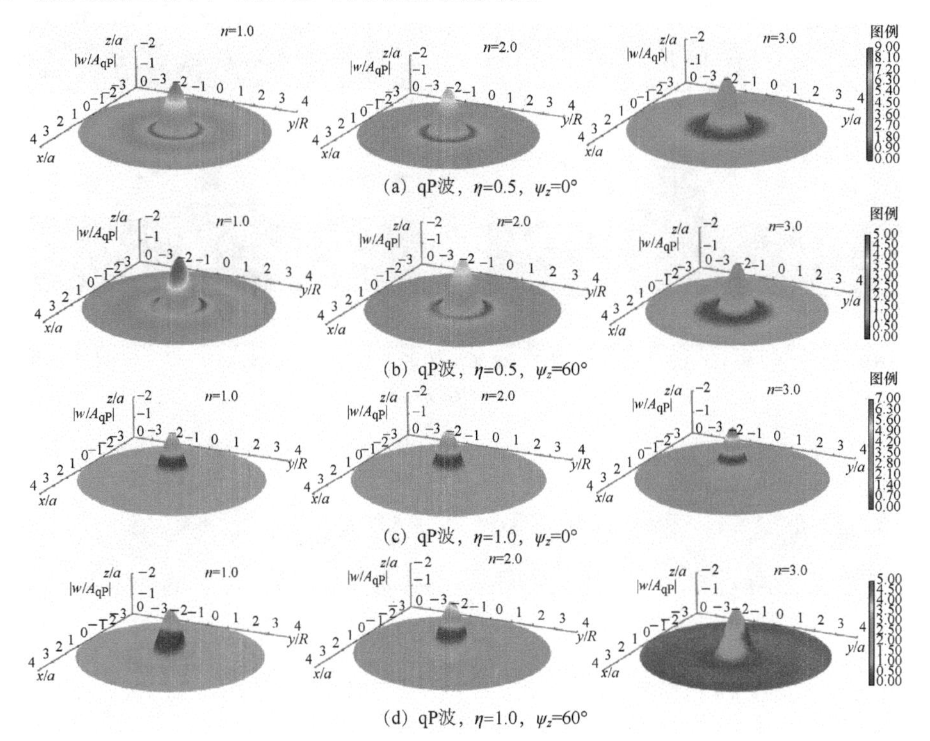

(a) qP波，η=0.5，ψ_z=0°

(b) qP波，η=0.5，ψ_z=60°

(c) qP波，η=1.0，ψ_z=0°

(d) qP波，η=1.0，ψ_z=60°

图 5-36　基岩上单一土层 qP 波入射下地表位移幅值云图

图 5-37 给出了 qSV 波入射下截面 A 内的位移幅值剖面云图。由图 5-37 中可以看出，对于凸起部分的位移而言，入射波角度对其空间分布影响不大，位移沿截面中心轴对称分布，凸起部分每一水平层上的幅值均相同。当 qSV 波低频斜入射时，山体周围土层位移由地表至 z=2a 逐渐减小；而当 qSV 波垂直入射时，周围土层位移先减小后增大。山体部分的位移由山脚到山顶的变化也同样如此。这是因为当η=0.5 时，基岩面到水平地表及山脚到山顶均恰好为一个 qSV 波波长的距离，土层内部岩土随着 qSV 波的振动而发生位移变化。可以看出当η=1.0 时，土层和山体分别包含了两个 qSV 波波长，并恰好在山顶处达到波峰，因此可以观测到位移沿深度不断的波动变化。

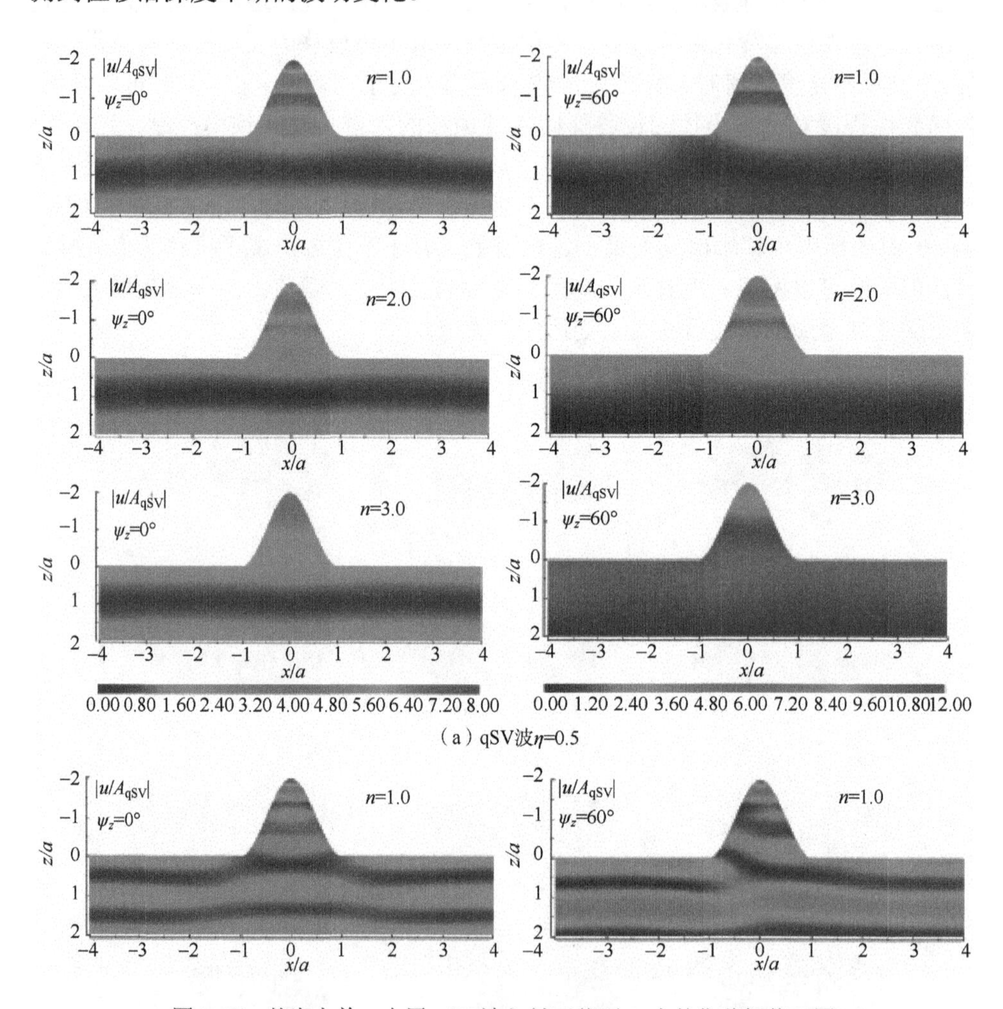

图 5-37　基岩上单一土层 qSV 波入射下截面 A 内的位移幅值云图

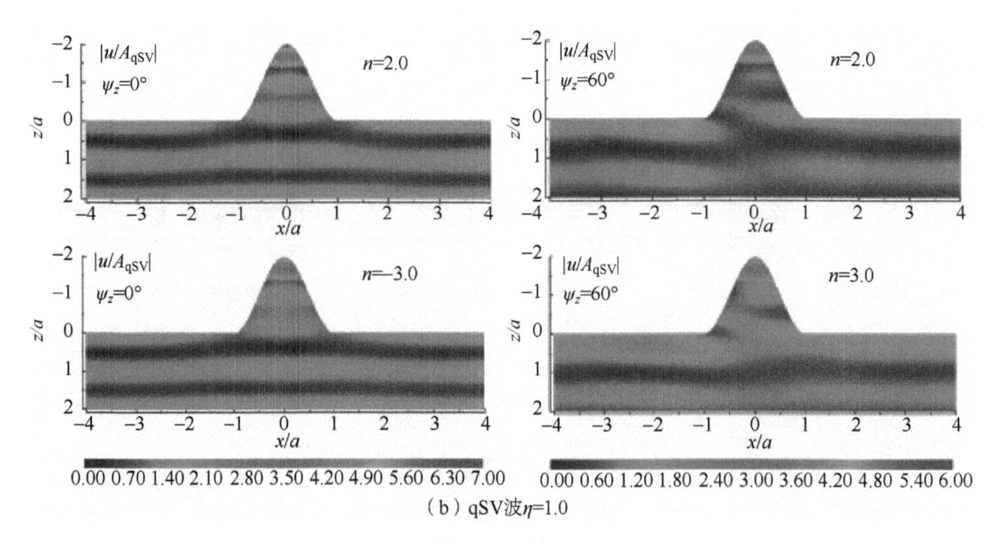

（b）qSV波η=1.0

图 5-37（续）

图 5-38 为 SH 波入射下基岩上单一土层凸起地形的地表位移放大曲线，可以看出材料各向异性对 SH 波入射下的影响随着 n 值的增大而减小。其原因在于首先 SH 波是剪切波，随着 n 值的增大，土层沿水平方向模量逐渐增大，在相同激励条件下岩土水平方向的变形减小。其次，随着 SH 波入射角度的减小，位移幅值也逐渐减小。伴随着入射波角度由垂直逐渐转向水平时，SH 波沿 x 轴方向产生的位移逐渐增大，而沿 z 方向产生的位移却基本不变。最后，可以看出对于 SH 波，不同 n 值下的材料，山体顶部位移总是远大于水平地表处的位移，而山脚处的位移却小于周围地表的位移，且随着入射频率增加，山脚处的幅值波动性逐渐增强。

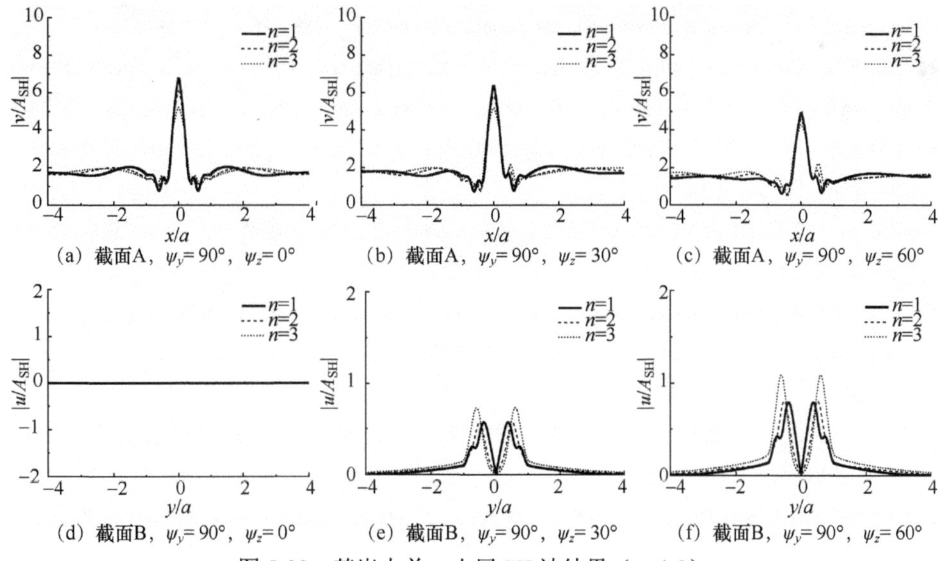

（a）截面A，ψ_y= 90°，ψ_z= 0°　（b）截面A，ψ_y= 90°，ψ_z= 30°　（c）截面A，ψ_y= 90°，ψ_z= 60°

（d）截面B，ψ_y= 90°，ψ_z= 0°　（e）截面B，ψ_y= 90°，ψ_z= 30°　（f）截面B，ψ_y= 90°，ψ_z= 60°

图 5-38　基岩上单一土层 SH 波结果（η=1.0）

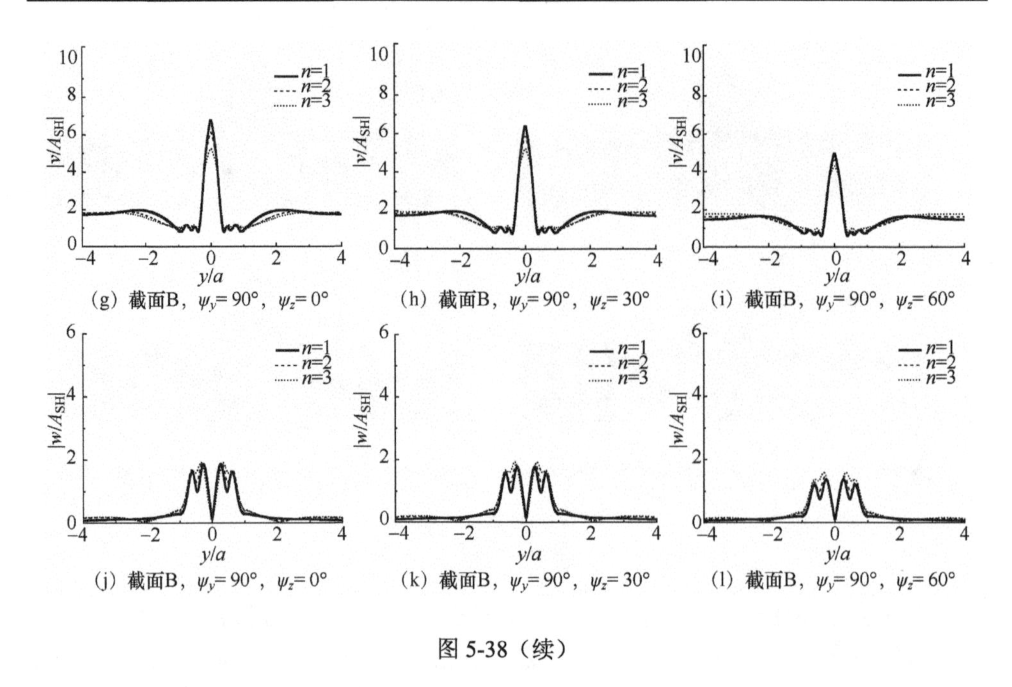

（g）截面B，ψ_y= 90°，ψ_z= 0°　（h）截面B，ψ_y= 90°，ψ_z= 30°　（i）截面B，ψ_y= 90°，ψ_z= 60°

（j）截面B，ψ_y= 90°，ψ_z= 0°　（k）截面B，ψ_y= 90°，ψ_z= 30°　（l）截面B，ψ_y= 90°，ψ_z= 60°

图 5-38（续）

本章更为详细的研究成果列于文献［14］～文献［39］中，可供读者参考。

参 考 文 献

［1］VOGT R F，WOLF J P，BACHMANN H. Wave scattering by a canyon of arbitrary shape in a layered half-space［J］. Earthquake Engineering and Structural Dynamics，1988，16（6）：803-812.

［2］CHEN J T，CHEN P Y，CHEN C T. Surface motion of multiple alluvial valleys for incident plane SH-waves by using a semi-analytical approach［J］. Soil Dynamics and Earthquake Engineering，2008，28（1）：58-72.

［3］梁建文，巴振宁．弹性层状半空间中凸起地形对入射平面 SH 波的放大作用［J］．地震工程与工程振动，2008，28（1）：1-10.

［4］梁建文，张郁山，顾晓鲁，等．圆弧形层状凹陷地形对平面 SH 波的散射［J］．振动工程学报，2003（2）：26-33.

［5］SÁNCHEZ-SESMA F J，CAMPILLO M. Diffraction of P，SV，and Rayleigh waves by topographic features：A boundary integral formulation［J］. Bulletin of the Seismological Society of America，1991，81（6）：2234-2253.

［6］巴振宁，梁建文．平面 SV 波在层状半空间中沉积谷地周围的散射［J］．地震工程与工程振动，2011，31（3）：18-26.

［7］PEDERSEN H A，ŚANCHEZ-SESMA F J，CAMPILLO M. Three-dimensional scattering by two-dimensional topographies［J］. Bulletin of the Seismological Society of America，1994，84（4）：1169-1183.

[8] ÁLVAREZ-RUBIO S，SÁNCHEZ-SESMA F J，BENITO J J，et al. The direct boundary element method: 2D site effects assessment on laterally varying layered media （methodology）[J]. Soil Dynamics and Earthquake Engineering，2004，24（2）：167-180.

[9] LUCO J E，WONG H L，DE BARROS F C P. Three-dimensional response of a cylindrical canyon in a layered half-space [J]. Earthquake Engineering and Structural Dynamics，1990，19（6）：799-817.

[10] PEDERSEN H A，SÁNCHEZ-SESMA F J，CAMPILLO M. Three-dimensional scattering by two-dimensional topographies [J]. Bulletin of the Seismological Society of America，1994，84（4）：1169-1183.

[11] MOSSESSIAN T K，DRAVINSKI M. Scattering of elastic waves by three-dimensional surface topographies [J]. Wave Motion，1989，11（6）：579-592.

[12] LIANG J W，BA Z N，LEE V W. Surface motion of a 3-d alluvial valley in layered half-space for incident plane waves [C] //The 14th World Conference on Earthquake Engineering，Beijing：2008.

[13] SÁNCHEZ-SESMA F J. Diffraction of elastic waves by three-dimensional surface irregularities [J]. Bulletin of the Seismological Society of America，1983，73（6A）：1621-1636.

[14] 安东辉. 横向各向同性场地中三维局部复杂地形对地震波的散射 [D]. 天津：天津大学，2019.

[15] 严洋. 层状TI饱和半空间中三维凹陷地形和洞室对弹性波的散射 [D]. 天津：天津大学，2018.

[16] 陈昊维. 层状TI半空间中凹陷和凸起地形对斜入射地震波的三维散射 [D]. 天津：天津大学，2017.

[17] 潘坤. 层状横观各向同性半空间中三维凹陷和盆地对地震波的散射 [D]. 天津：天津大学，2017.

[18] 张艳菊. 横观各向同性半空间中三维凹陷地形对弹性波的散射 [D]. 天津：天津大学，2016.

[19] BA Z N，AN D H. Seismic response of a 3-D canyon in a multilayered TI half-space modelled by an indirect boundary integral equation method [J]. Geophysical Journal International，2019，217（3）：1949-1973.

[20] BA Z N，LEE V W，LIANG J W，et al. Scattering of plane qP-and qSV-waves by a canyon in a multi-layered transversely isotropic half-space [J]. Soil Dynamics and Earthquake Engineering，2017，98：120-140.

[21] BA Z N，SANG Q Z，LEE V W. 2.5D scattering of obliquely incident seismic waves due to a canyon cut in a multi-layered TI saturated half-space [J]. Soil Dynamics and Earthquake Engineering，2020，129：105957.

[22] LIANG J W，WU M T，BA Z N，et al. Surface motion of a layered transversely isotropic half-space with a 3D arbitrary-shaped alluvial valley under qP-，qSV- and SH-waves [J]. Soil Dynamics and Earthquake Engineering，2020，140：106388.

[23] BA Z N，FU Z Y，LIU Z X，et al. A 2.5D IBEM to investigate the 3D seismic response of 2D topographies in a multi-layered transversely isotropic half-space [J]. Engineering Analysis with Boundary Elements，2020，113：382-401.

[24] BA Z N，ZHANG E W，LIANG J W，et al. Two-dimensional scattering of plane waves by irregularities in a multi-layered transversely isotropic saturated half-space [J]. Engineering Analysis with Boundary Elements，2020，118：169-187.

[25] BA Z N，LIANG J W. Dynamic response analysis of periodic alluvial valleys under incident plane SH-waves [J]. Journal of Earthquake Engineering，2017，21（4）：531-550.

［26］BA Z N，LIANG J W，ZHANG Y J. Scattering and diffraction of plane SH-waves by periodically distributed canyons［J］. Earthquake Engineering and Engineering Vibration，2016，15（2）：325-339.

［27］BA Z N，LIANG J W，ZHANG Y J. Diffraction of SH-waves by topographic features in a layered transversely isotropic half-space［J］. Earthquake Engineering and Engineering Vibration，2017，16（1）：11-22.

［28］BA Z N，SANG Q Z，LIANG J W. 3D seismic response of a 2D hill-valley staggered topography modeled by a 2.5D multi-domain IBEM［J］. Earthquake Science，2019，32（3）：125-142.

［29］巴振宁，张艳菊，梁建文. 横观各向同性层状半空间中凹陷地形对平面 SH 波的散射［J］. 地震工程与工程振动，2015，35（2）：9-21.

［30］巴振宁，张艳菊，梁建文. 基于 TI 介质模型的沉积谷地对平面 SH 波的放大效应［J］. 振动工程学报，2016，29（4）：666-678.

［31］巴振宁，严洋，梁建文，等. 基于 TI 介质模型的凸起地形对平面 SH 波的放大作用［J］. 工程力学，2017，34（8）：10-24.

［32］巴振宁，喻志颖，梁建文. 横观各向同性沉积谷地对平面 qP 和 qSV 波的放大作用［J］. 地球物理学进展，2018，33（6）：2193-2203.

［33］巴振宁，周旭，梁建文. 横观各向同性凸起地形对平面 qP-qSV 波的散射［J］. 岩土力学，2019，40（1）：379-387.

［34］巴振宁，张恩玮，梁建文，等. 横观各向同性饱和沉积谷地对平面 qP1 波的散射［J］. 地震研究，2019，42（4）：474-482.

［35］巴振宁，仲浩，梁建文，等. 沉积介质各向异性参数对三维沉积盆地地震动的影响［J］. 应用基础与工程科学学报，2020，28（6）：205-223.

［36］LIANG J W，WU M T，BA Z N. Simulating elastic wave propagation in 3D layered transversely isotropic half-space using a special IBEM：Hill topography as an example［J］. Engineering Analysis with Boundary Elements，2021，124：64-81.

［37］LIANG J W，WANG Y G，BA Z N，et al. Scattering of plane waves by a 3D canyon in a transversely isotropic fluid-saturated layered half-space［J］. Soil Dynamics and Earthquake Engineering，2021，151：106997.

［38］LIANG J W，WANG Y G，BA Z N，et al. A special indirect boundary element method for seismic response of a 3D canyon in a saturated layered half-space subjected to obliquely incident plane waves［J］. Engineering Analysis with Boundary Elements，2021，132：182-201.

［39］梁建文，吴孟桃，巴振宁. 流体饱和半空间二维地形三分量弹性波散射间接边界元模拟［J］. 地球物理学报，2021，64（8）：2766-2779.

第 6 章　基于 TI 介质模型的土-结构地震动力相互作用

本章在层状 TI 弹性半空间动力刚度矩阵的基础上，以均布荷载动力格林函数作为 IBEM 的基本解，分析 TI 弹性半空间中埋置基础与上部结构之间的相互作用，揭示地基土 TI 参数、荷载振动频率、土体沉积层序等因素对土-结构地震动力相互作用的一般规律。求解的总体思路是：首先通过位移和牵引力格林函数和混合边界条件确定埋置基础动力刚度系数，进而在动力刚度系数的基础上求解基础有效输入，并根据有效输入求得上部结构动力响应。本章研究内容包括层状 TI 弹性半空间中平面外土-结构动力相互作用、层状 TI 弹性半空间中平面内土-结构动力相互作用、层状 TI 弹性半空间中三维土-结构动力相互作用。

本章采用的方法具有较高的计算精度和求解效率，同时可以处理任意形状基础和成层场地问题。考虑地基 TI 性质能更真实地反映场地土与结构之间的能量传递机制，可为实际工程考虑土-结构相互作用效应的抗震设防工作提供部分理论依据。

6.1　层状 TI 弹性半空间中平面外土-结构动力相互作用

6.1.1　平面外土-结构动力相互作用计算模型

如图 6-1 所示，一半圆形刚性条形基础埋置于层状 TI 弹性地基中，上部支撑弹性剪力墙，层状 TI 地基由 N 层水平 TI 土层和其下 TI 基岩半空间组成。对于平面外情况，TI 土层性质由水平剪切模量 G_{hi}^{L}、竖向剪切模量 G_{vi}^{L} 和阻尼比 ζ_i^{L}（i=1～N）确定，TI 基岩半空间性质由水平剪切模量 G_{h}^{R}、竖向剪切模量 G_{v}^{R} 和阻尼比 ζ^{R} 确定，土层与基岩的剪切波速分别为 c_i^{L} 和 c^{R}，密度分别为 ρ_i^{L} 和 ρ^{R}。其中，上标 L 和 R 分别代表土层和基岩半空间。半圆形刚性条形基础半径为 a，沿 y 轴方向无限延伸且截面形状保持不变。基础单位长度质量为 M_0。基础上剪力墙宽度与半圆地基的直径相同，高度为 H。剪力墙的剪切波速为 β_b，不考虑阻尼，单位长度质量为 M_b。假定刚性基础与层状 TI 地基、剪力墙与刚性基础均为刚接（不产生滑移），基础与地基的交界面为 S。一列平面 SH 波在基岩面输入，圆频率为 ω，入射方向与水平方向夹角为 θ。

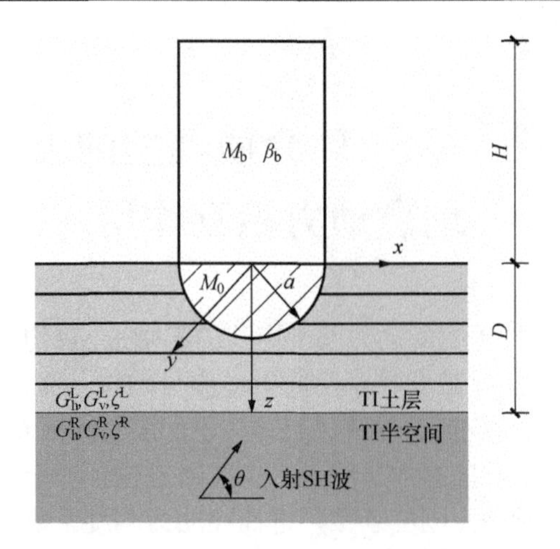

图 6-1　平面外土-结构动力相互作用计算模型

6.1.2　埋置条形基础平面外动力刚度系数

采用IBEM计算基础刚度系数的核心是层状TI半空间中平面外斜线均布荷载动力格林函数，在第3章中已经求得了平面外斜线格林函数。层状TI地基内任意一点 $x=(x,z)$ 处的平面外位移和牵引力可表示为

$$v(x)=\sum_{l=1}^{K} g_u(x,\xi_l)q(\xi_l) \tag{6.1}$$

$$t_y(x)=\sum_{l=1}^{K} g_t(x,\xi_l)q(\xi_l) \tag{6.2}$$

式中，K 为刚性基础边界上被离散的总的线单元数。

层状 TI 地基内任意一点的平面外位移和牵引力可理解为由基础运动产生的层状TI地基中的动力响应（散射波场），可通过在基础所有边界单元上施加的虚拟均布荷载产生的动力响应之和来模拟。由于地基与刚性基础完全刚接，地基边界 S 上各点的位移相同，且等于刚性基础的出平面位移 $\varDelta$（出平面荷载激励下，基础只会产生出平面位移），地基边界 S 上各点的位移可表示为

$$v(x)=\sum_{l=1}^{K} g_u(x,\xi_l)q(\xi_l)=\varDelta \tag{6.3}$$

式（6.3）还可以写为

$$\sum_{l=1}^{K} g_u(x,\xi_l)\frac{q(\xi_l)}{\varDelta}=1=\sum_{l=1}^{N} g_u(x,\xi_l)\varLambda_l \tag{6.4}$$

式中，$\varLambda_l$（l=1～K）为基础产生单位位移时，需在第 l 个单元上施加的均布荷载密度。

假定在地基边界 S 上的刚性接触边界条件在每个单元中点上独立满足，则由式（6.4）可得关于 $\Lambda_1,\Lambda_2,\cdots,\Lambda_l,\cdots,\Lambda_k$ 的 K 个方程组成的方程组。求解该线性方程组，可求得 $\Lambda_l(l=1\sim K)$。将 Λ_l 代入式（6.2）得

$$t_y(x)=\sum_{l=1}^{K}g_t(x,\xi_l)\Lambda_j\Delta \tag{6.5}$$

对式（6.5）进行积分，可求得作用在基础上的合力为

$$F_y=\int_S t_y(x)\mathrm{d}s=\int_S\sum_{l=1}^{K}g_t(x,\xi_l)\Lambda_l\Delta\mathrm{d}s=K_{yy}\Delta \tag{6.6}$$

式（6.6）为作用在基础上的力和位移的关系式，而 K_{yy} 为基础的动力刚度系数，即

$$K_{yy}=\int_S\sum_{l=1}^{K}g_t(x,\xi_l)\Lambda_l\mathrm{d}s \tag{6.7}$$

式（6.7）可采用两点高斯积分完成积分求解

$$K_{yy}=\sum_{m=1}^{K}\left[\sum_{l=1}^{K}g_t(x_{m1},\xi_l)\Lambda_l+\sum_{l=1}^{K}g_t(x_{m2},\xi_l)\Lambda_l\right]\frac{\Delta_m}{2} \tag{6.8}$$

式中，x_{m1} 和 x_{m2}（$m=1\sim K$）为第 m 个单元的两个高斯积分点；Δ_m 为第 m 个单元的单元长度。

由式（6.8）可以看出，基础的刚度系数是地基和基础自身的性质，只与地基参数、基础的形状和激励频率有关，而与外部激励的存在形式无关。根据 de Barros 等[1]提出的处理方式，本节可将 K_{yy} 进一步写为

$$K_{yy}=k_{yy}+\mathrm{i}\left(\omega a\Big/\sqrt{(G_\mathrm{h}+G_\mathrm{v})/2\rho}\right)c_{yy} \tag{6.9}$$

式中，$k_{yy}=\mathrm{Re}(K_{yy})$，描述的是基础刚度性质，称为弹簧系数；$c_{yy}=\mathrm{Im}(K_{yy})\Big/\omega a\Big/\sqrt{(G_\mathrm{h}+G_\mathrm{v})/2\rho}$，描述的基础阻尼性质，称为阻尼系数。

进一步可将刚度系数的实部（弹簧系数）和虚部（阻尼系数）无量纲化为

$$\begin{cases}k_{yy}^{*}=2k_{yy}/(G_\mathrm{h}+G_\mathrm{v})\\ c_{yy}^{*}=2c_{yy}/(G_\mathrm{h}+G_\mathrm{v})\end{cases} \tag{6.10}$$

由于 TI 介质中水平向与竖向的模量不同，采用第一层土的水平竖向剪切模量平均值 $(G_\mathrm{h}+G_\mathrm{v})/2$ 作为等效各向同性介质情况的模量，并采用该平均值对刚度系数的实部和虚部进行无量纲化处理。

6.1.3　平面外剪力墙结构有效输入

有效输入是指在谐振激励作用下，基础产生的平面外位移响应，将此位移响应分为两个部分，即

$$\Delta = \Delta_1 + \Delta_2 \tag{6.11}$$

式中，Δ_1为不考虑基础质量M_0 和上部结构质量M_b时的响应。

Bycroft[2]对散射问题和辐射问题的位移场及应力场应用虚功原理，得到了地表基础的Δ_1表达式。Luco[3]将该思想应用到埋置基础的情况，Δ_1可以表示为

$$\Delta_1 = \frac{\int_S [v_f(x,z)\sum_{l=1}^{K} g_t(x,\xi_l)\Delta_l - t_f(x,\xi_l)]\mathrm{d}s}{K_{yy}} \tag{6.12}$$

式中，K_{yy}为在 6.1.2 节中求得的平面外刚度系数；v_f和 t_f 是边界 S 的自由场位移和出平面应力。

Δ_2为考虑基础质量惯性力 F_0和上部结构质量惯性力 F_b时的附加位移响应。根据式（6.6）很容易得到

$$\Delta_2 = \frac{F_0 + F_b}{K_{yy}} \tag{6.13}$$

基础是刚体，所以在动荷载作用下有

$$F_0 = \omega^2 M_0 \Delta \tag{6.14a}$$

剪力墙是弹性体，需要用弹性动力学的方法求出惯性力[4]，即

$$F_b = \omega^2 M_b \frac{\tan k_b H}{k_b H}\Delta \tag{6.14b}$$

式中，$k_b=\omega/\beta_b$，为剪力墙剪切波数。

将式（6.13）和式（6.14）代入式（6.11），可以得到

$$\Delta = \frac{\Delta_1}{1 - \dfrac{\omega^2}{K_{yy}}\left(M_0 + M_b \dfrac{\tan k_b H}{k_b H}\right)} \tag{6.15}$$

剪力墙顶部和基础之间的相对位移Δ_b为

$$\Delta_b = \Delta\left(\frac{1}{\cos k_b H} - 1\right) \tag{6.16}$$

在土-结构相互作用研究分析时往往更关注结构物产生的次生场效应，即相对于自由场响应的相对大小。相对位移需要进行归一化处理，即

$$\overline{\Delta} = \Delta / |U_f| \tag{6.17a}$$

$$\overline{\Delta}_b = \Delta_b / |U_f| \tag{6.17b}$$

在后续的计算结果中，位移响应均已进行归一化处理。

6.1.4　平面外土-结构相互作用方法验证

1. 基础动力刚度系数验证

本节中平面外层状 TI 弹性地基中埋置基础动力刚度系数通过与付佳[5]给出的层状各向同性地基中结果比较进行验证。将水平向和竖向参数取为相同的值，本节方法即可给出各向同性情况结果。图 6-2 给出了本节结果与付佳[5]给出的结果对比。计算中，基岩与土层的剪切波速比为 c^{R}/c^{L}=2.0，土层厚度包括 D=2.0a 和 D=4.0a 两种情况（a 为基础的半宽），土层和基岩半空间的阻尼比分别为 ζ^{L}=0.05 和 ζ^{R}=0.02。从图 6-2 中可以看出，本节结果与付佳[5]给出的结果完全吻合。

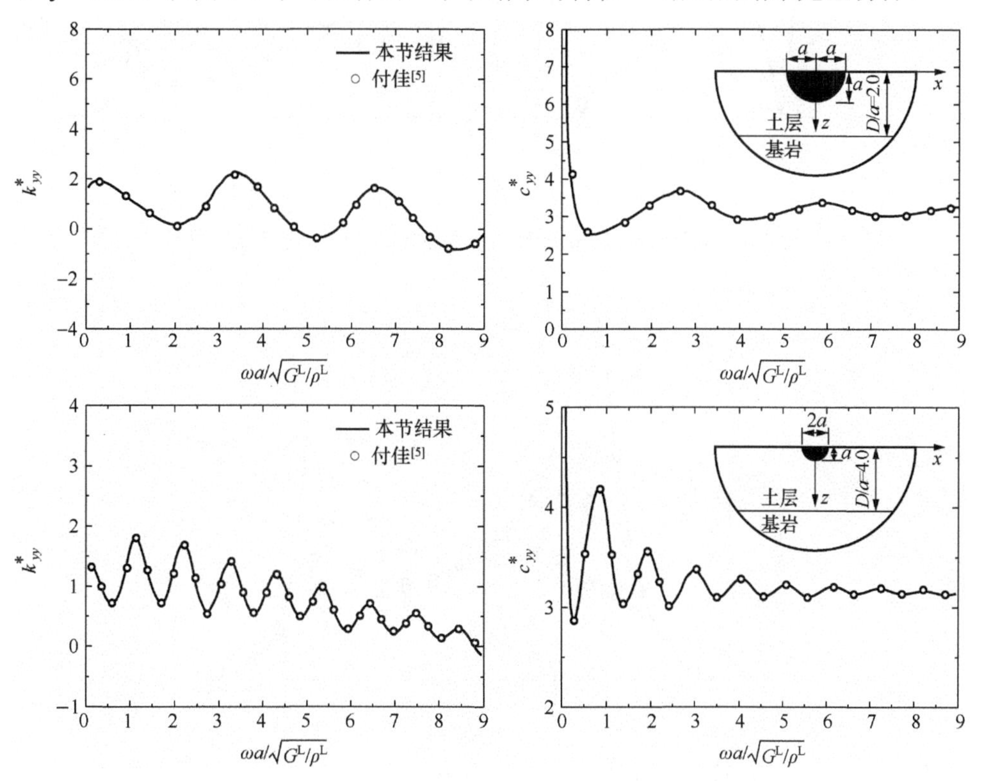

图 6-2　本节结果与付佳[5]给出的结果对比（刚度系数）

2. 有效输入验证

平面外有效输入通过与 Liang 等[6]和 Trifunac 等[4]给出的结果比较进行验证。为了描述剪力墙的刚度，用场地刚度将剪力墙刚度进行无量纲化，定义了无量纲参数 $\varepsilon=c^{L}H/\beta_{b}a$，其中 H 和 β_{b} 分别是剪力墙的高度和剪切波速，a 和 c^{L} 分别是基础半径和土层的剪切波速。ε =0 对应绝对刚性的剪力墙，此时它与基础之间不存在相对位移，对于平面外运动可以认为剪力墙只是将其质量增加给了基础。较大的 ε 代表较柔或较高的剪力墙，而较小的 ε 代表较坚硬或较矮的剪力墙。退化各向同性半空间的方法与 6.1.3 节相同。如图 6-3 和图 6-4 所示，设置 $c^{R}/c^{L}=2$、$\varepsilon=2$ 进行数值计算。从图 6-3 和图 6-4 中可以看出，本节方法的结果与 Liang 等[6]和 Trifunac 等[4]给出的结果一致。

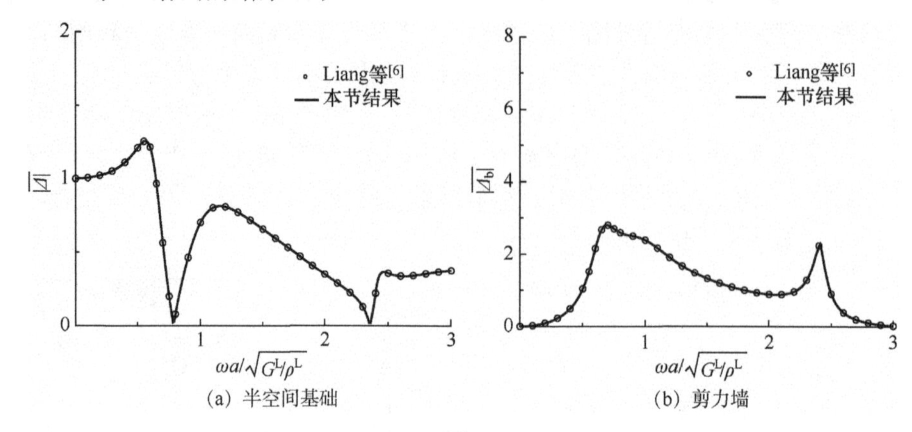

图 6-3　本节结果与 Liang 等[6]给出的结果对比（有效输入）

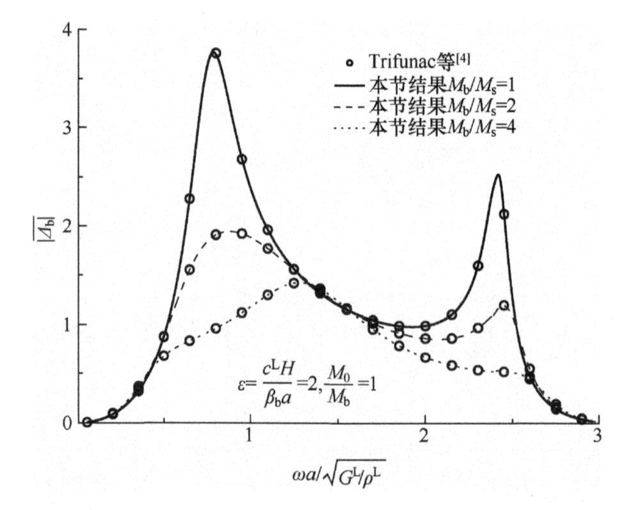

图 6-4　本节结果与 Trifunac 等[4]给出的结果对比（剪力墙相对位移）

6.1.5　算例与分析

1. 平面外基础动力刚度系数计算结果

（1）单一 TI 弹性土层地基中埋置基础平面外动力刚度系数

图 6-5 以基岩上单一 TI 土层地基中埋置浅半椭圆（长轴与短轴之比为 0.5）

刚性基础为例，给出了土层中 TI 介质竖向与水平向剪切模量比不同时基础的动力刚度系数。计算中取 TI 土层竖向与水平向剪切模量之比分别为 $G_{\mathrm{v}}^{\mathrm{L}}/G_{\mathrm{h}}^{\mathrm{L}}$=0.5、1.0 和 2.0，基岩考虑为各向同性，其剪切模量与 TI 土层剪切模量比值分别为 $2G^{\mathrm{R}}/(G_{\mathrm{v}}^{\mathrm{L}}+G_{\mathrm{h}}^{\mathrm{L}})$=4.0 和 16.0（L 和 R 分别表示土层和基岩），基岩和土层的密度比为 $\rho^{\mathrm{R}}/\rho^{\mathrm{L}}$=1.0，阻尼比分别为 ζ^{L}=0.05 和 ζ^{R}=0.02，TI 土层厚度为 D=2.0a。同样，$G_{\mathrm{v}}^{\mathrm{L}}/G_{\mathrm{h}}^{\mathrm{L}}$=1.0 的情况可认为是另外两种 TI 地基的各向同性等效。图 6-5 中的刚度系数仍按式（6.9）分解并按式（6.10）进行无量纲化处理，同时为保持 3 种情况地基振动频率一致，无量纲频率定义为 $\omega a/\sqrt{(G_{\mathrm{v}}^{\mathrm{L}}+G_{\mathrm{h}}^{\mathrm{L}})/2\rho^{\mathrm{L}}}$ 。

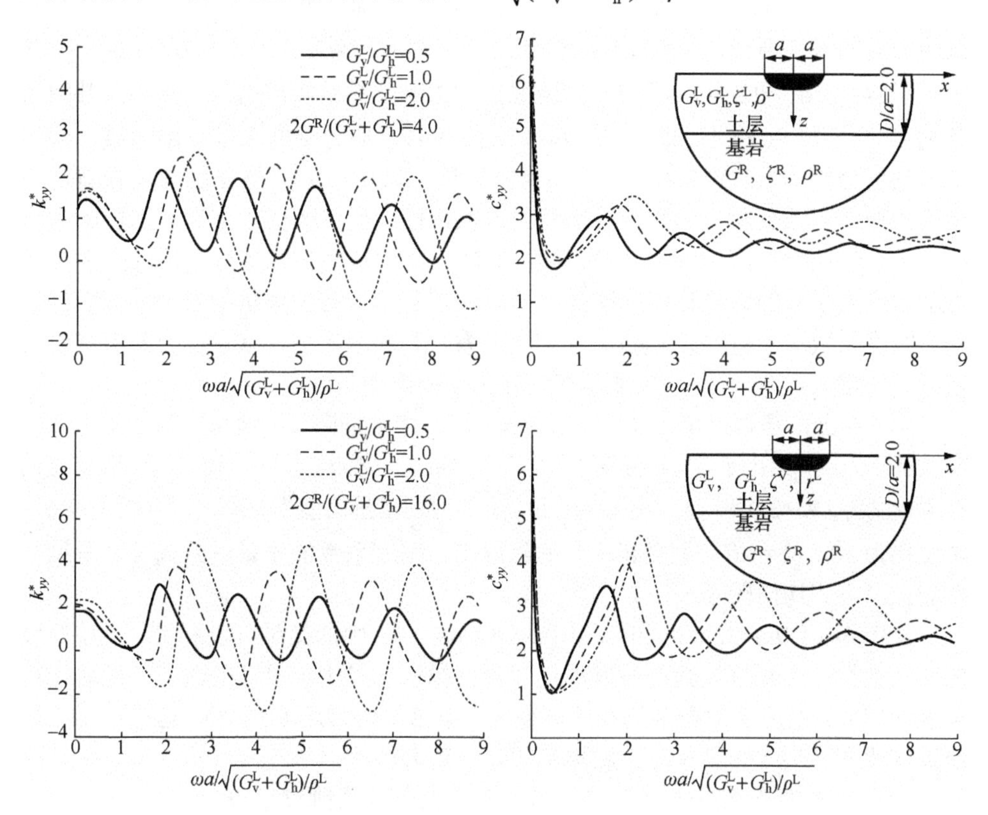

图 6-5　不同剪切模量比下单一 TI 土层地基中埋置基础动力刚度系数

从图 6-5 可以看出，地基土的 TI 参数对基础的动力刚度系数有着一定程度的影响。不同 TI 参数的地基对应的刚度系数均绕其各自对应的等效各向同性地基刚度系数振荡。图 6-5 中的结果还表明，随着振动频率的增大，TI 介质参数对动力刚度系数的影响更加明显。另外，随着 TI 介质 $G_{\mathrm{v}}^{\mathrm{L}}/G_{\mathrm{h}}^{\mathrm{L}}$ 的增大，基础刚度系数（实部和虚部）振荡的第一频率逐渐增大，振荡周期逐渐减小（峰值频率间隔逐渐增大），同时振荡的峰值逐渐增大。例如，当 $2G^{\mathrm{R}}/(G_{\mathrm{v}}^{\mathrm{L}}+G_{\mathrm{h}}^{\mathrm{L}})$=4.0 时，对应 $G_{\mathrm{v}}^{\mathrm{L}}/G_{\mathrm{h}}^{\mathrm{L}}$=0.5、

1.0 和 2.0 的情况，基础动力刚度系数实部的第一频率及其幅值分别为（1.90, 2.13）、(2.35,2.43）和（2.70,2.56)，基础动力刚度系数虚部的第一频率及其幅值分别为（1.50,3.01)、(1.90,3.24）和（2.20,3.46)。以上分析表明，单一TI 土层地基中基础的刚度系数在振荡周期上主要受 TI 介质竖向模量的影响，即竖向模量较大时，波沿竖向传播速度较大，振荡第一频率较大，同时峰值频率间隔较大。振荡的峰值主要受 TI 介质水平模量的影响，由于振动发生在水平方向，水平向模量较小时，基岩与 TI 土层水平向的阻抗比较大，振荡峰值较大。

此外，随着基岩与 TI 土层剪切模量的增大，基础动力刚度系数（实部与虚部）振荡的周期保持不变，只是在振动幅值上显著增大。例如，当 $2G^{\mathrm{R}}/(G_{\mathrm{v}}^{\mathrm{L}}+G_{\mathrm{h}}^{\mathrm{L}})$=16.0 时，对应 $G_{\mathrm{v}}^{\mathrm{L}}/G_{\mathrm{h}}^{\mathrm{L}}$=0.5、1.0 和 2.0 的情况，动力刚度系数实部的第一频率及其幅值分别为（1.90,2.96)、(2.35,3.89）和（2.70,4.96)，动力刚度系数虚部的第一频率及其幅值分别为（1.50,3.47)、(1.90,4.03）和（2.20,4.69)。这是因为基岩剪切模量的改变并未改变单一 TI 土层地基的自振特性，而仅改变了基岩与土层的阻抗比。图 6-5 中的结果还表明，随着基岩与 TI 土层剪切模量比的增大，TI 介质参数对动力刚度系数的影响也越加明显。同时，随着基岩剪切模量的增大，基础静态动力刚度系数（无量纲频率趋于 0 的刚度系数）逐渐增大，这是因为随着基岩剪切模量的增大，单一 TI 土层地基在整体上变得更加坚硬。

图 6-6 仍以基岩上单一 TI 土层地基中埋置浅半椭圆（长轴与短轴之比为 2.0）刚性基础为例，给出了 TI 土层厚度不同时基础的动力刚度系数。计算中取 TI 土层的厚度分别为 D/a=3.0 和 4.0，基岩与 TI 土层的剪切模量比值为 $2G^{\mathrm{R}}/(G_{\mathrm{v}}^{\mathrm{L}}+G_{\mathrm{h}}^{\mathrm{L}})$=4.0，密度比为 $\rho^{\mathrm{R}}/\rho^{\mathrm{L}}$=1.0。土层和基岩的阻尼比、刚度系数的无量纲方式及无量纲频率的定义方式均同图 6-5。

从图 6-6（D/a=3.0 和 4.0）和图 6-5（D/a=2.0）中的结果可以看出，土层厚度的变化使得动力刚度系数的振荡周期和振荡幅值均发生了显著的改变（随着土层厚度的增大，刚度系数振荡周期逐渐变大，振荡幅值则逐渐减小)，这是由于土层厚度的改变直接改变了单一土层地基的自身动力特性。

（2）多层 TI 弹性土层地基中埋置基础平面外动力刚度系数

图 6-7 以基岩上 4 层 TI 土层地基中埋置浅半椭圆（长轴与短轴之比为 2.0）刚性基础为例，给出了基础的动力刚度系数。多层 TI 土层地基取为两种情况，分别为正常序列和逆序列地基。对于正常序列地基，各 TI 土层的竖向（水平向）剪切模量比值为 $G_{\mathrm{v1}}^{\mathrm{L}}(G_{\mathrm{h1}}^{\mathrm{L}})$ ∶ $G_{\mathrm{v2}}^{\mathrm{L}}(G_{\mathrm{h2}}^{\mathrm{L}})$ ∶ $G_{\mathrm{v3}}^{\mathrm{L}}(G_{\mathrm{h3}}^{\mathrm{L}})$ ∶ $G_{\mathrm{v4}}^{\mathrm{L}}(G_{\mathrm{h4}}^{\mathrm{L}})$=1∶2∶3∶4；对于逆序列地基，则各 TI 土层的竖向（水平向）的剪切模量比值为 $G_{\mathrm{v1}}^{\mathrm{L}}(G_{\mathrm{h1}}^{\mathrm{L}})$ ∶ $G_{\mathrm{v2}}^{\mathrm{L}}(G_{\mathrm{h2}}^{\mathrm{L}})$ ∶ $G_{\mathrm{v3}}^{\mathrm{L}}(G_{\mathrm{h3}}^{\mathrm{L}})$ ∶ $G_{\mathrm{v4}}^{\mathrm{L}}(G_{\mathrm{h4}}^{\mathrm{L}})$=4∶3∶2∶1。各土层介质密度均相同，正常序列和逆序列地基各土层竖向与水平向剪切模量比值均为 $G_{\mathrm{v}i}^{\mathrm{L}}/G_{\mathrm{h}i}^{\mathrm{L}}$=0.5（$i$=1～4)，各土层厚度均为

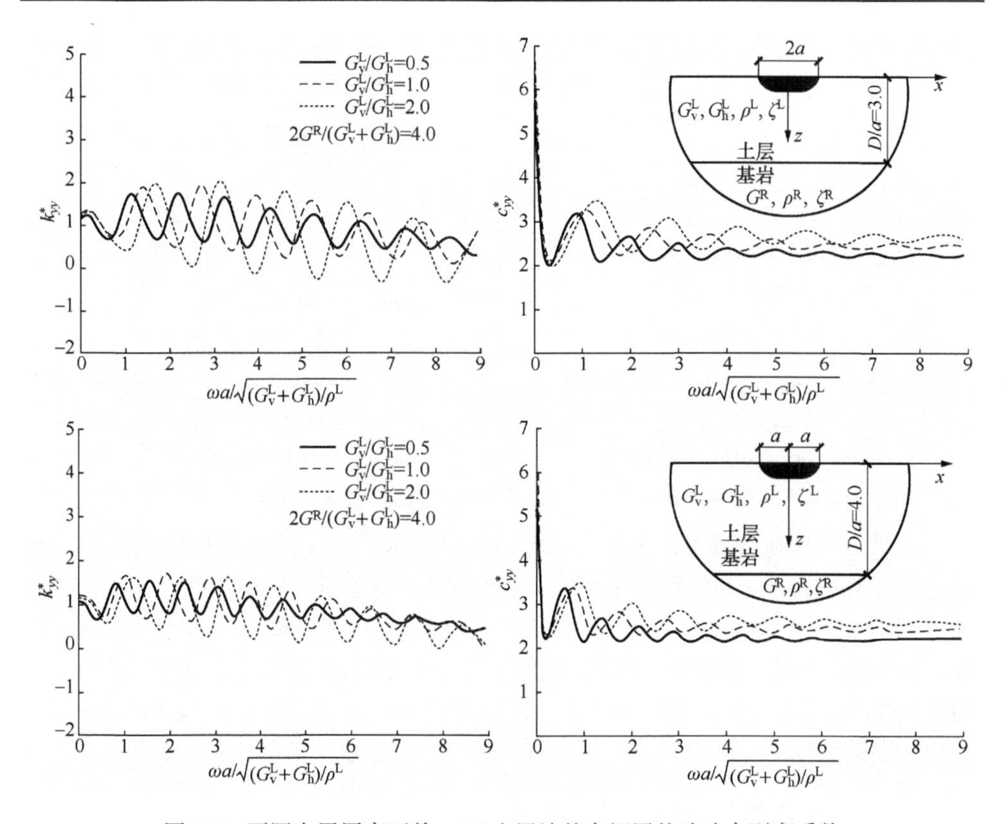

图 6-6　不同土层厚度下单一 TI 土层地基中埋置基础动力刚度系数

D_i/a=0.5（i=1～4），4 层土总厚度 D/a=2.0。为与单一 TI 土层地基刚度系数进行比较，图 6-7 中同时给出了 4 层 TI 土地基等效为单一土层地基后的刚度系数。等效单一 TI 土层竖向和水平向剪切模量按相应方向等效剪切波速求解的原则确定，考虑到所有土层的密度相等，正常序列和逆序列土层等效单一 TI 土层的竖向和水平向剪切模量为

$$\begin{cases} \bar{G}_{\mathrm{v}}^{\mathrm{L}} = \left[4\Big/\left(\sum_{i=1}^{4}\left(1\Big/\sqrt{G_{\mathrm{v}i}^{\mathrm{L}}}\right)\right)\right]^2 = 2.06G_{\mathrm{v1}}^{\mathrm{L}} \\ \bar{G}_{\mathrm{h}}^{\mathrm{L}} = \left[4\Big/\left(\sum_{i=1}^{4}\left(1\Big/\sqrt{G_{\mathrm{h}i}^{\mathrm{L}}}\right)\right)\right]^2 = 2.06G_{\mathrm{h1}}^{\mathrm{L}} \end{cases} \tag{6.18}$$

对于 4 层 TI 土层地基和等效单一土层地基情况，基岩均为各向同性且剪切模量为 $2G^{\mathrm{R}}/(\bar{G}_{\mathrm{v}}^{\mathrm{L}}+\bar{G}_{\mathrm{h}}^{\mathrm{L}})$=4.0，基岩密度与各土层相同。各土层阻尼比均取为 ζ_i^{L}=0.05（i=1～4），基岩均取为 ζ^{R}=0.02。图 6-7 中的刚度系数仍按式（6.9）分解并按式（6.10）进行无量纲化处理，但其中模量取为等效单一 TI 土层的竖向和水平向剪切模量；同时，为保持所有情况地基振动频率一致，无量纲频率定义为 $\omega a/\sqrt{(\bar{G}_{\mathrm{v}}^{\mathrm{L}}+\bar{G}_{\mathrm{h}}^{\mathrm{L}})/2\rho^{\mathrm{L}}}$ 。

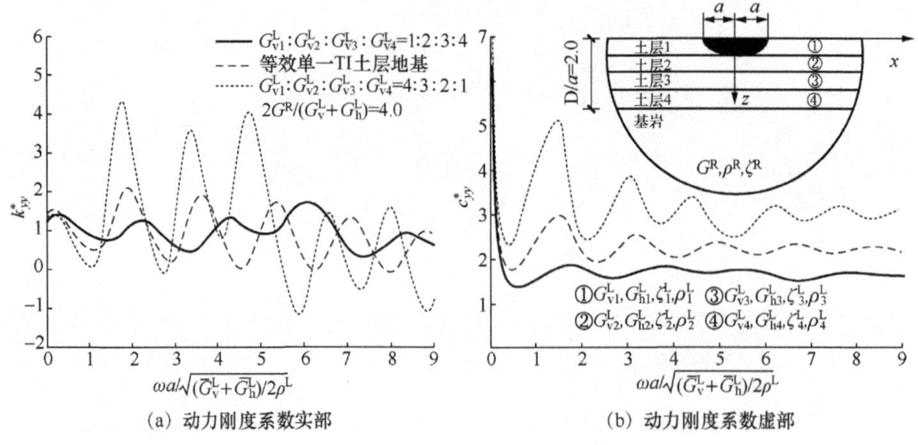

(a) 动力刚度系数实部　　(b) 动力刚度系数虚部

图 6-7　多层 TI 土层地基中埋置基础动力刚度系数

从图 6-7 中可以看出，多 TI 土层地基中基础的动力刚度系数与其等效单一 TI 土层地基中基础的动力刚度系数存在显著的差异（无论是在峰值频率上还是在峰值上），说明在求解埋置基础的动力刚度系数时，将多层土地基等效为单一土层地基进行求解可能存在较大的误差。同时，从图 6-7 还可以看出，土层的排序对基础的动力刚度系数也有重要影响。从总体上看，正常序列地基、等效单一土层地基和逆序列地基对应的刚度系数（实部和虚部）在峰值频率上依次减小，但在峰值上依次增大。

2. 平面外剪力墙有效输入计算结果

平面外剪力墙有效输入以基岩上单一 TI 土层中的半圆柱形刚性基础剪力墙结构为例进行计算。半圆形基础在 y 轴方向无限延伸，上部结构为一块与基础宽度相同的剪力墙，刚性基础与 TI 地基之间存在刚性连接（无滑移）。图 6-8 和图 6-9 显示了当 TI 土层在竖直和水平方向上的剪切模量比不同时，不同上部结构和土层厚度下有效输入运动。计算时，剪切模量比取 G_v^L/G_h^L=0.5、1.0、2.0。基岩各向同性，与土层密度比为 ρ^R/ρ^L=1.0，土层和基岩的阻尼比分别为 ζ^L=0.05 和 ζ^R=0.02。TI 土层厚度 D/a=2、3、4、5，上部剪力墙质量 M_b/M_0=1、2，剪力墙刚度 ε=2、ε=4。为了保持土在 3 种不同情况下振动频率的一致性，无量纲频率仍定义为 $\omega a/\sqrt{(G_v^L+G_h^L)/\rho^L}$ 。

如图 6-8 所示，对于 ε=2 和 D/a=2 的情况，剪力墙的共振频率 $\omega a/\sqrt{(G_v^L+G_h^L)/\rho^L}$ 分别为 0.785、2.356、3.927、…；对于 ε=4 和 D/a=2 的情况，剪力墙的共振频率 $\omega a/\sqrt{(G_v^L+G_h^L)/\rho^L}$ 分别为 0.393、1.178、1.964、…。随着 ε 的增大，剪力墙的共振频率点逐渐集中。剪力墙共振频率点处的有效输入运动为零，在土层第一固有频率点处达到最大值。这与 Liang 等[6]半圆柱形埋入式基础的有效输入运动的研究结论一致。此外，随着 ε 的增大，有效输入运动的峰值增大，其峰值对应的频率降低，峰值趋于集中在同一频率点。

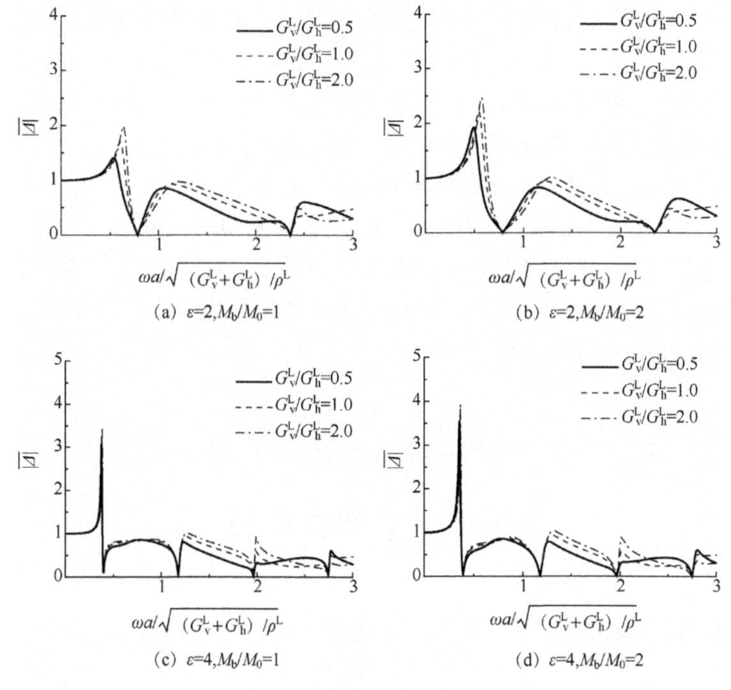

(a) $\varepsilon=2, M_b/M_0=1$　(b) $\varepsilon=2, M_b/M_0=2$

(c) $\varepsilon=4, M_b/M_0=1$　(d) $\varepsilon=4, M_b/M_0=2$

图 6-8　不同上部结构下基础的有效输入运动

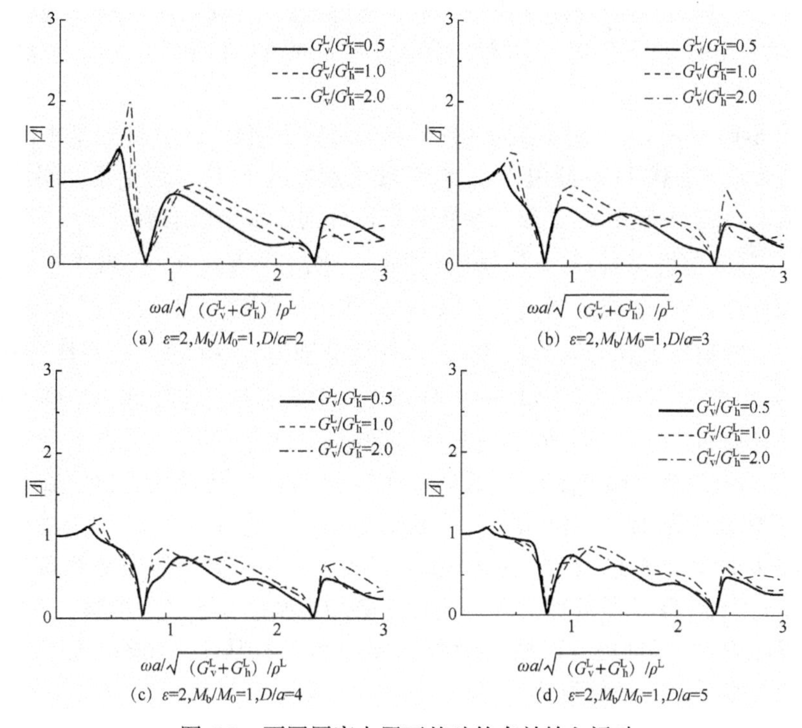

(a) $\varepsilon=2, M_b/M_0=1, D/a=2$　(b) $\varepsilon=2, M_b/M_0=1, D/a=3$

(c) $\varepsilon=2, M_b/M_0=1, D/a=4$　(d) $\varepsilon=2, M_b/M_0=1, D/a=5$

图 6-9　不同厚度土层下基础的有效输入运动

同时，随着土层竖向水平剪切模量比的增大，相应的有效输入运动峰值频率趋于增大。这一趋势与 SH 波在层状 TI 场地中的共振特性[7]一致。此外，随着竖向和水平剪切模量比的增大，有效输入峰值增大，对应的频率更高。这说明在 TI 土层剪切模量比较大情况下，有效输入运动的响应较大。

如图 6-9 所示，随着 TI 土层厚度的变化（D/a=2、3、4 和 5），有效输入运动在频域内波动。随着土层厚度的增加，剪力墙共振频率点处的有效输入运动仍为零，但土层固有频率点处的峰值明显减小，且趋于一致。TI 土层厚度越大，有效输入运动的波动幅度越大。另外，随着土层剪切模量比 $G_{\mathrm{v}}^{\mathrm{L}}/G_{\mathrm{h}}^{\mathrm{L}}$ 的增大，有效输入运动峰值对应的频率仍在升高。

6.2　层状 TI 弹性半空间中平面内土-结构动力相互作用

6.2.1　平面内土结构动力相互作用计算模型

对于土-结构相互作用问题，平面内问题和平面外问题是相互不耦合的。本节利用半圆刚性基础-剪力墙体系模型，综合考虑天然土体的 TI 性质和层状特性，研究 qP 波和 qSV 波入射时，层状 TI 弹性半空间的 TI 性质对平面内土-结构动力相互作用的影响。

如图 6-10 所示，一半圆形刚性条形基础埋置于层状 TI 弹性地基中，上部支撑弹性剪力墙，层状 TI 地基由 N 层水平 TI 土层和其下 TI 基岩半空间组成。对于平面内情况，TI 土层由 5 个独立参数确定，分别为水平压缩模量 $E_{\mathrm{h}i}^{\mathrm{L}}$、竖向压缩模量 $E_{\mathrm{v}i}^{\mathrm{L}}$、竖向剪切模量 $G_{\mathrm{v}i}^{\mathrm{L}}$、泊松比 $\nu_{\mathrm{h}i}^{\mathrm{L}}$ 和 $\nu_{\mathrm{vh}i}^{\mathrm{L}}$（$i$=1～$N$）；TI 基岩半空间性质由水平压缩模量 $E_{\mathrm{h}}^{\mathrm{R}}$、竖向压缩模量 $E_{\mathrm{v}}^{\mathrm{R}}$、竖向剪切模量 $G_{\mathrm{v}}^{\mathrm{R}}$、泊松比 $\nu_{\mathrm{h}}^{\mathrm{R}}$ 和 $\nu_{\mathrm{vh}}^{\mathrm{R}}$ 确定；土层与基岩的剪切波速分别为 c_i^{L} 和 c^{R}，密度分别为 ρ_i^{L} 和 ρ^{R}，阻尼比分别为 ζ_i^{L}（i=1～N）和 ζ^{R}。其中，上标 L 和 R 分别代表土层和基岩半空间。半圆形刚性条形基础半径为 a，沿 y 轴方向无限延伸且截面形状保持不变。基础单位长度质量为 M_0。基础上部剪力墙宽度与半圆地基的直径相同，高度为 H。剪力墙压缩波速为 α_{b}，剪切波速为 β_{b}，泊松比为 ν_{b}，阻尼比为 ζ_{b}，质量为 M_{b}。剪力墙可以在 x 和 z 两个方向发生形变，但在小变形条件假设下，两个方向的形变不耦合。假定刚性基础与层状 TI 地基、剪力墙与刚性基础均为刚接（不产生滑移），基础与地基的交界面为 S。平面内入射波（qP 波或 qSV 波）在基岩面输入，圆频率为 ω，入射方向与水平方向夹角为 θ。

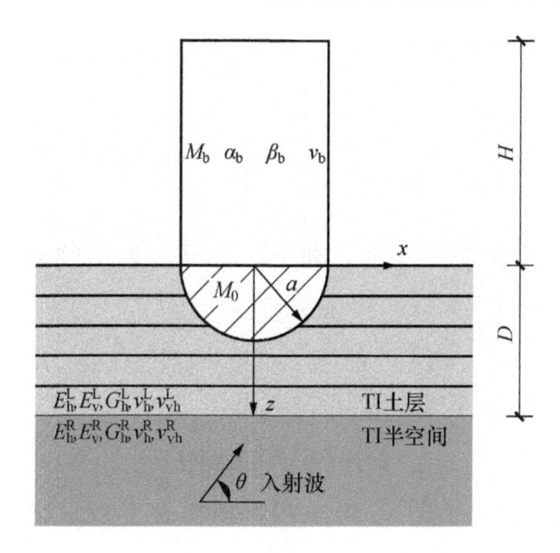

图 6-10　平面内土-结构动力相互作用计算模型

6.2.2　埋置条形基础平面内动力刚度系数

与平面外动力刚度系数相同，推导埋置基础平面内动力刚度系数的第一步是求解斜线均布荷载位移、应力格林函数。在第 3 章中已经推导出了平面内斜线均布荷载格林函数。由基础的振动而产生的位移和牵引力，可通过将基础边界离散为 M 段并施加虚拟均布荷载 $\boldsymbol{P}$ 来模拟，即

$$\boldsymbol{U}(\boldsymbol{x}) = \boldsymbol{g}_{\mathrm{u}}\boldsymbol{P} = \begin{bmatrix} \sum\limits_{l=1}^{M}[gu_x(\boldsymbol{x},\xi_l)p(\xi_l) + gu_z(\boldsymbol{x},\xi_l)r(\xi_l)] \\ \sum\limits_{l=1}^{M}[gw_x(\boldsymbol{x},\xi_l)p(\xi_l) + gw_z(\boldsymbol{x},\xi_l)r(\xi_l)] \end{bmatrix} \tag{6.19}$$

$$\boldsymbol{T}(\boldsymbol{x}) = \boldsymbol{g}_{\mathrm{t}}\boldsymbol{P} = \begin{bmatrix} \sum\limits_{l=1}^{M}[gtx_x(\boldsymbol{x},\xi_l)p(\xi_l) + gtx_z(\boldsymbol{x},\xi_l)r(\xi_l)] \\ \sum\limits_{l=1}^{M}[gtz_x(\boldsymbol{x},\xi_l)p(\xi_l) + gtz_z(\boldsymbol{x},\xi_l)r(\xi_l)] \end{bmatrix} \tag{6.20}$$

式中，$\boldsymbol{U}(\boldsymbol{x})=[u(x), w(x)]^{\mathrm{T}}$，$\boldsymbol{T}(\boldsymbol{x})=[t_x(x), t_z(x)]^{\mathrm{T}}$，分别为位移和牵引力向量；$\xi_l$ 为第 l 个单元；$\boldsymbol{g}_{\mathrm{u}}$ 和 $\boldsymbol{g}_{\mathrm{t}}$ 分别为 $2\times 2M$ 的位移和牵引力格林函数矩阵；$\boldsymbol{P}=[p(\xi_1), p(\xi_2),\cdots, p(\xi_M), r(\xi_1), r(\xi_2),\cdots, r(\xi_M)]^{\mathrm{T}}$，为施加在边界单元上的虚拟均布荷载向量，包括水平向和竖向均布荷载；gu 和 gw 分别为水平和竖向位移格林函数；gtx 和 gtz 分别为界面上水平和竖向牵引力格林函数。

式（6.19）和式（6.20）中的下标 x 和 z 表示作用均布荷载的方向。

假设刚性基础的位移为 $\varDelta=[\varDelta_x, a\varphi, \varDelta_z]^{\mathrm{T}}$，其中 $\varDelta_x$ 为水平位移；φ 为基础转角；$\varDelta_z$ 为竖向位移；a 为参考长度，可取为地基表面基础宽度的一半。刚性基础与土

层交界面上任意一点的水平和竖向位移可表示为

$$\boldsymbol{U}(x,z)=\begin{bmatrix}1 & -z/a & 0\\ 0 & x/a & 1\end{bmatrix}\begin{bmatrix}\varDelta_x\\ a\varphi\\ \varDelta_z\end{bmatrix}=\boldsymbol{\Pi}(x,z)\boldsymbol{\varDelta}，(x,z)\in S \tag{6.21}$$

考虑到刚性条形埋置基础与地基刚接，交界面 S 上的地基位移与基础位移相同，将式（6.19）代入式（6.21）可得

$$\boldsymbol{g}_{\mathrm{u}}\boldsymbol{P}=\boldsymbol{\Pi}(x,z)\boldsymbol{\varDelta}，(x,z)\in S \tag{6.22}$$

根据式（6.22），均布荷载向量可表示为

$$\boldsymbol{P}=\boldsymbol{g}_{\mathrm{u}}^{-1}\boldsymbol{\Pi}(x,z)\boldsymbol{\varDelta} \tag{6.23}$$

将式（6.23）代入式（6.20），可以得到边界 S 上点 (x,z) 处的牵引力为

$$\boldsymbol{T}(x,z)=\boldsymbol{g}_{\mathrm{t}}\boldsymbol{g}_{\mathrm{u}}^{-1}\boldsymbol{\Pi}(x,z)\boldsymbol{\varDelta} \tag{6.24}$$

最后，基础所受外部激励 $\boldsymbol{F}=[F_x,M/a,F_z]^{\mathrm{T}}$，其中，$F_x$ 为水平力，M 为转动力矩，F_z 为竖向力。可通过对边界 S 上的牵引力进行积分求得

$$\boldsymbol{F}=\int_S[\boldsymbol{\Pi}(x,z)]\boldsymbol{T}(x,z)\mathrm{d}s \tag{6.25}$$

将式（6.24）代入式（6.25）得

$$\boldsymbol{F}=\int_S\boldsymbol{\Pi}(x,z)\boldsymbol{g}_{\mathrm{t}}\boldsymbol{g}_{\mathrm{u}}^{-1}\boldsymbol{\Pi}(x,z)\boldsymbol{\varDelta}\mathrm{d}s=\boldsymbol{K}\boldsymbol{\varDelta} \tag{6.26}$$

由式（6.26），刚度系数可表示为

$$\boldsymbol{K}=\int_S\boldsymbol{\Pi}(x,z)\boldsymbol{g}_{\mathrm{t}}\boldsymbol{g}_{\mathrm{u}}^{-1}\boldsymbol{\Pi}(x,z)\mathrm{d}s \tag{6.27}$$

式（6.27）中，$\boldsymbol{K}$ 的具体元素为

$$\boldsymbol{K}=G_0\begin{bmatrix}K_{\mathrm{HH}} & K_{\mathrm{HM}} & 0\\ K_{\mathrm{MH}} & K_{\mathrm{MM}} & 0\\ 0 & 0 & K_{\mathrm{VV}}\end{bmatrix} \tag{6.28}$$

式中，K_{HH}、K_{HM}（K_{MH}）、K_{MH}、K_{VV}、K_{MM} 分别为标准化后的水平、耦合、竖向和摇摆动力刚度系数；G_0 为参考剪切模量，其数值和第一层土层竖向剪切模量相等。

$\boldsymbol{K}$ 中的刚度系数 K_{ij} 写成如下形式：

$$K_{ij}=k_{ij}(\omega^*)+\mathrm{i}\omega^*c_{ij}(\omega^*) \tag{6.29}$$

式中，$\omega^*=\omega a/\sqrt{G_0/\rho_0}$，为无量纲频率；$\rho_0$ 为参考密度；k_{ij} 和 c_{ij} 为标准化刚度系数的实部和虚部，分别描述基础刚度性质及阻尼性质。

6.2.3　平面内剪力墙结构有效输入

在求出刚度系数后，进一步求解上部结构有效输入。平面内 qP 波或 qSV 波

入射时，刚性基础在地震激励作用下实际产生的位移可以分为两部分

$$\boldsymbol{\Delta}=\boldsymbol{\Delta}_1+\boldsymbol{\Delta}_2 \tag{6.30}$$

式中，$\boldsymbol{\Delta}_1$ 为不考虑基础质量和上部结构质量时的位移[8]，即

$$\boldsymbol{\Delta}_1=\boldsymbol{K}^{-1}\int_{\Gamma}\left\{\left(\boldsymbol{g}_{\mathrm{t}}\boldsymbol{\Lambda}\right)^{\mathrm{T}}\boldsymbol{U}_{\mathrm{f}}(x,z)-\left[\boldsymbol{\Omega}(x,z)\right]^{\mathrm{T}}T_{\mathrm{f}}(x,z)\right\}\mathrm{d}s \tag{6.31}$$

式中，$U_{\mathrm{f}}(x,z)$和 $T_{\mathrm{f}}(x,z)$为点(x,z)处的自由场位移和应力。

当考虑基础质量产生的惯性力 F_0 及上部结构质量产生的惯性力 F_{b} 时，根据式（6.26）可以得到

$$\boldsymbol{\Delta}_2=\boldsymbol{K}^{-1}\left(F_0+F_{\mathrm{b}}\right) \tag{6.32}$$

对于刚性基础有

$$\boldsymbol{F}_0=\omega^2\boldsymbol{M}_0\boldsymbol{\Delta} \tag{6.33a}$$

式中，$\boldsymbol{M}_0$ 是刚性基础质量矩阵，其表达式为

$$\boldsymbol{M}_0=\begin{bmatrix} M_0 & 0 & 0 \\ 0 & I_0/a^2 & 0 \\ 0 & 0 & M_0 \end{bmatrix} \tag{6.33b}$$

式中，I_0 为基础对原点的转动惯量。

对于柔性的上部结构有

$$\boldsymbol{F}_{\mathrm{b}}=\omega^2\boldsymbol{M}_{\mathrm{eq}}\boldsymbol{\Delta} \tag{6.34}$$

式中，$\boldsymbol{M}_{\mathrm{eq}}$ 为动力等效质量。

对于基础之上是剪力墙的情况，剪力墙动力等效质量矩阵 $\boldsymbol{M}_{\mathrm{eq}}$ 为

$$\boldsymbol{M}_{\mathrm{eq}}=\begin{bmatrix} \dfrac{\tan k_\beta}{k_\beta} & \dfrac{1}{{k_\beta}^2}\left(\dfrac{1}{\cos k_\beta}-1\right)\dfrac{H}{a} & 0 \\ \dfrac{1}{{k_\beta}^2}\left(\dfrac{1}{\cos k_\beta}-1\right)\dfrac{H}{a} & \dfrac{1}{{k_\beta}^2}\left(\dfrac{\tan k_\beta}{k_\beta}-1\right)\dfrac{H^2}{a^2}+\dfrac{1}{12}\left(\dfrac{W}{a}\right)^2 & 0 \\ 0 & 0 & \dfrac{\tan k_\alpha}{k_\alpha} \end{bmatrix} \tag{6.35}$$

$$\left(k_\alpha=\frac{\omega H}{\beta_\alpha},k_\beta=\frac{\omega H}{\beta_b}\right)$$

将式（6.34）和式（6.35）代入式（6.32）中可以得到基础位移，而剪力墙顶部位移为

$$\begin{cases} \Delta_{\mathrm{b}x}=\Delta_x(\cos k_\beta+\tan k_\beta\sin k_\beta)+\varphi\dfrac{\beta_b}{\omega\cos k_\beta}\sin k_\beta \\ \Delta_{\mathrm{b}z}=\Delta_z(\cos k_\alpha+\tan k_\alpha\sin k_\alpha) \end{cases} \tag{6.36}$$

顶部的相对位移为

$$\begin{cases} \varDelta_x^{\mathrm{rel}} = \varDelta_{\mathrm{b}x} - \varDelta_x \\ \varDelta_z^{\mathrm{rel}} = \varDelta_{\mathrm{b}z} - \varDelta_z \end{cases} \tag{6.37}$$

将式（6.37）用自由场地表位移幅值 U_{f} 归一化：

$$\begin{cases} \overline{\varDelta}_x^{\mathrm{rel}} = \varDelta_x^{\mathrm{rel}} / |U_{\mathrm{f}}| \\ \overline{\varDelta}_z^{\mathrm{rel}} = \varDelta_z^{\mathrm{rel}} / |U_{\mathrm{f}}| \end{cases} \tag{6.38}$$

与平面外情况计算结果相同，后续计算结果均进行无量纲化。

6.2.4　平面内土-结构相互作用方法验证

1. 基础动力刚度系数验证

本节通过两组退化结果来验证方法的正确性。首先通过将 TI 半空间退化为均匀半空间计算平面内基础刚度系数，与 de Barros [1]、Liang 等 [9] 给出的结果对比验证正确性。计算中，基础为半径为 a 的半圆形刚性基础，土层阻尼比 ζ=0.01，泊松比 $\nu_{\mathrm{h}}=\nu_{\mathrm{vh}}=1/3$，无量纲频率 $\omega^*=\omega a/c$ 分别取 1.0 和 5.0，其中 c 为土层剪切波速。动力刚度系数可由式（6.29）经竖向剪切模量标准化得到。由表 6-1 可以看出，无论对低频还是高频，本节结果都十分准确。

表 6-1　本节结果与 de Barros 等 [1] 和 Liang 等 [9] 结果对比

类型	文献	k_{HH}	c_{HH}	$-k_{\mathrm{HM}}$	$-c_{\mathrm{HM}}$	k_{MM}	c_{MM}	k_{VV}	c_{VV}
ω^*=1.0	de Barros 等 [1]	2.13	4.83	1.41	2.29	4.62	2.99	1.83	4.80
	Liang 等 [9]	2.13	4.82	1.42	2.30	4.62	2.99	1.83	4.80
	本节	2.13	4.82	1.42	2.30	4.62	2.99	1.83	4.80
ω^*=5.0	de Barros 等 [1]	1.48	4.68	1.57	2.02	4.28	3.13	1.64	4.75
	Liang 等 [9]	1.42	4.68	1.58	2.03	4.26	3.13	1.60	4.72
	本节	1.42	4.68	1.58	2.03	4.27	3.13	1.61	4.73

其次，通过与 Liang 等 [10] 给出的基岩上单一多孔干土土层埋置半圆基础动力刚度系数的比较来进一步验证方法的正确性。计算中，基岩与土层的剪切模量比为 $G^{\mathrm{R}}/G^{\mathrm{L}}$=4.0（上标 R 表示基岩，L 表示单一土层），土层厚度为 D/a=2.0，a 为基础的半宽，土层和基岩半空间的阻尼比分别为 ζ^{L}=0.05 和 ζ^{R}=0.02，泊松比 $\nu_{\mathrm{h}}=\nu_{\mathrm{vh}}$=0.25，密度比 $\rho^{\mathrm{L}}/\rho^{\mathrm{R}}$=1.0。动力刚度系数由式（6.29）得到，可由竖向剪切模量 $G_{\mathrm{v}}^{\mathrm{L}}$ 标准化得到。无量纲频率定义为 $\omega^*=\omega a/c^{\mathrm{L}}$，$c^{\mathrm{L}}$ 为土层剪切波速。从图 6-11 中可以看出，本节结果与 Liang 等 [10] 给出的结果完全吻合。

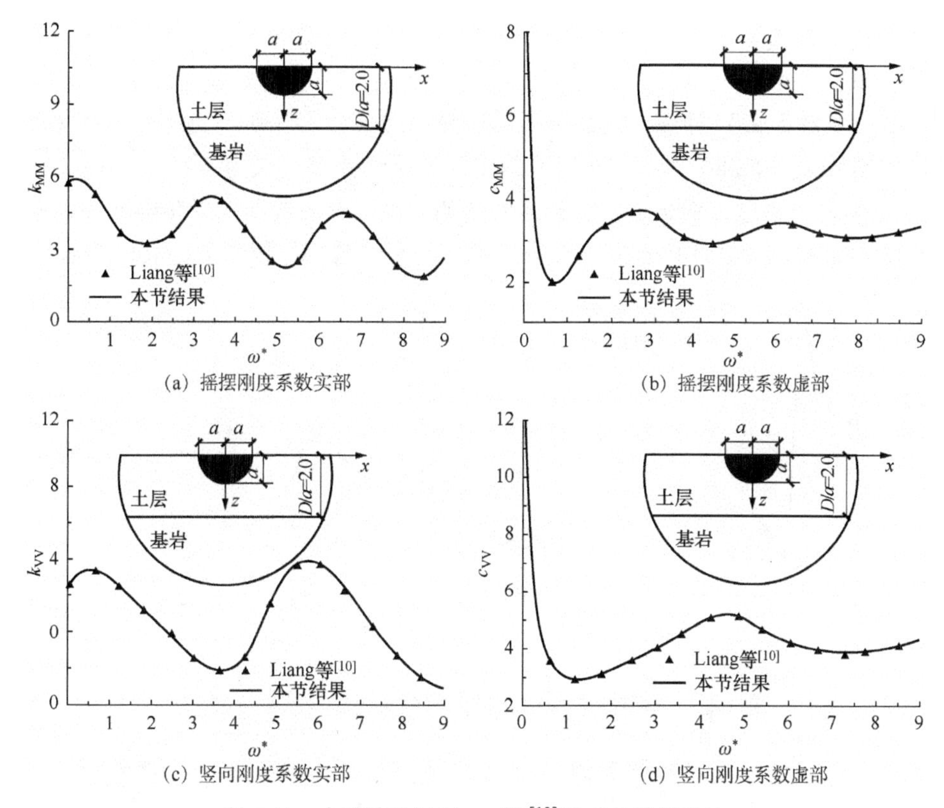

(a) 摇摆刚度系数实部　(b) 摇摆刚度系数虚部

(c) 竖向刚度系数实部　(d) 竖向刚度系数虚部

图 6-11　本节结果与 Liang 等[10]给出的结果对比

2. 有效输入验证

对于平面内有效输入，方法的正确性通过与 Liang 等[9]给出的各向同性层状半空间地基中基础的有效输入运动和上部结构响应的比较验证。剪力墙刚度的无量纲参数定义与 6.2 节中平面外剪力墙无量纲刚度定义相同。在 Liang 等[9]中，基础取为半径为 a 的半圆形基础；剪力墙刚度 ε=2，宽度 W=2a，高度 H=2a，剪力墙与基础质量比 M_b/M_0=2，泊松比 ν_b=1/3，阻尼比 ζ_b=0；土层阻尼比 ζ^L=0.05，基岩阻尼比 ζ^R=0.02，土层厚度 D/a=2，泊松比 $\nu_h=\nu_{vh}$=1/3，密度 ρ_L/ρ_R=1，波速比 c^R/c^L=2。无量纲频率的定义为 $\eta=\omega a/c^L$。从图 6-12 和图 6-13 中可以看出，退化为各向同性的结果与 Liang 等[9]的结果完全吻合，从而验证了本节方法的正确性。

6.2.5　算例与分析

1. 平面内基础动力刚度系数计算结果

本节将对土体的各向异性、荷载振动频率和土层对埋置基础动力刚度系数的影响进行研究。为了方便分析，引入模量比 $n=E_h/E_v$ 和 $m=G_v/E_v$ 来描述土体各向异性程度。取模量比 n=0.5、1.0 和 2.0 及 m=0.2、0.3 和 0.4 进行研究。n 的取值范围为 0.55～4.0[11]，m 的取值范围为 0.23～0.44[12-15]。计算模型包括单一 TI 弹性土层地基及 3 层 TI 弹性土层地基中埋置刚性无质量条形基础。计算中，标准化动力刚度系数由式（6.28）和式（6.29）确定，无量纲频率定义为 $\omega^*=\omega a/\sqrt{G_0/\rho_0}$，其中 a 为参考长度，取埋置基础地表宽度的一半。参考剪切模量和密度分别取为 G_0=30MPa 和 $\rho_0=2.0\times10^3\text{kg/m}^3$。此外，引入一个参考弹性模量 E_{v0}=100MPa。

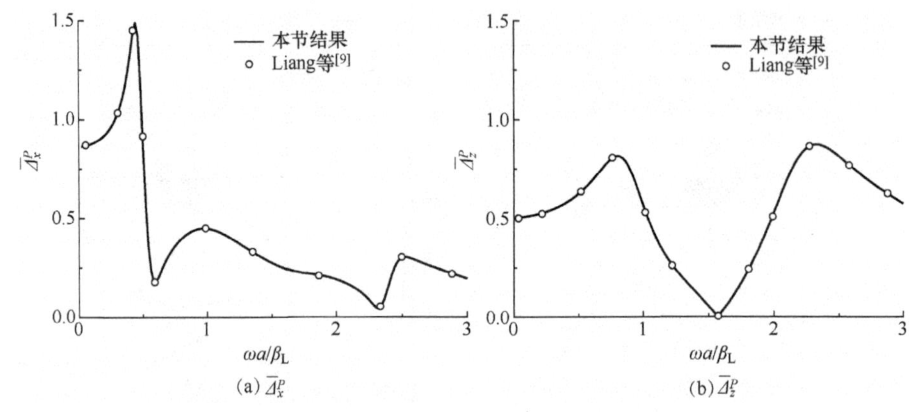

(a) $\bar{\Delta}_x^P$　(b) $\bar{\Delta}_z^P$

图 6-12　本节结果与 Liang 等[12]结果对比（基础位移）

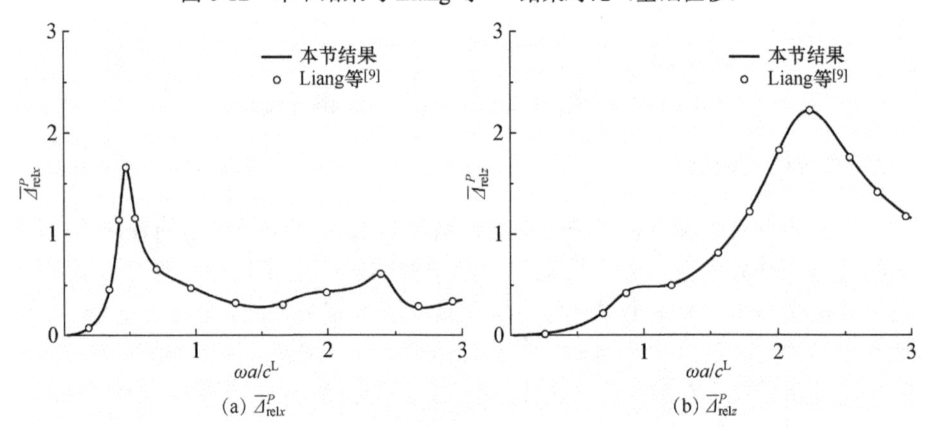

(a) $\bar{\Delta}_{relx}^P$　(b) $\bar{\Delta}_{relz}^P$

图 6-13　本节结果与 Liang 等[9]结果对比（剪力墙顶部位移）

（1）单一 TI 弹性土层地基中埋置基础平面内动力刚度系数

为了研究土体 TI 性质对层状地基上埋置条形基础刚度系数的影响，以单一 TI 弹性土层地基中埋置条形基础为例进行研究。尽管半空间上单一土层地基为层状地基中的最简单的简化，但是其能充分体现层状地基的动力特性且便于分析[16]。以下计算分析中，取如下参数并保持不变：$E_h^L : E_v^L : E_{v0}$=4∶1∶1、$\rho_i=\rho_0$、$\nu_{hi}=\nu_{vhi}$=0.25（i=1,2），ζ_1=0.05，ζ_2=0.02，土层厚度为 D/a=2.0。

图 6-14 给出了 m_i=0.3，n_i=0.5、1.0 和 2.0 时水平、耦合、摇摆和竖向刚度系

数随无量纲频率的变化曲线。随着模量比 n_i 的逐渐增大，水平、耦合及摇摆刚度系数的峰值频率均增大，但是峰值却减小［图 6-14（a）～图 6-14（f）］。竖向刚度系数实部峰值频率随着 n_i 的增大而增大，但是峰值逐渐减小［图 6-14（g）］；其虚部的峰值频率和峰值均随着 n_i 的增大而增大［图 6-14（h）］。从图 6-14 中可以看出，整体上竖向刚度系数对应的峰值频率明显大于水平刚度系数对应的峰值频率，这与单一土层地基的竖向共振频率大于水平共振频率是一致的。另外，水平、耦合及摇摆刚度系数与竖向刚度系数相比受模量比 n_i 变化影响更大。

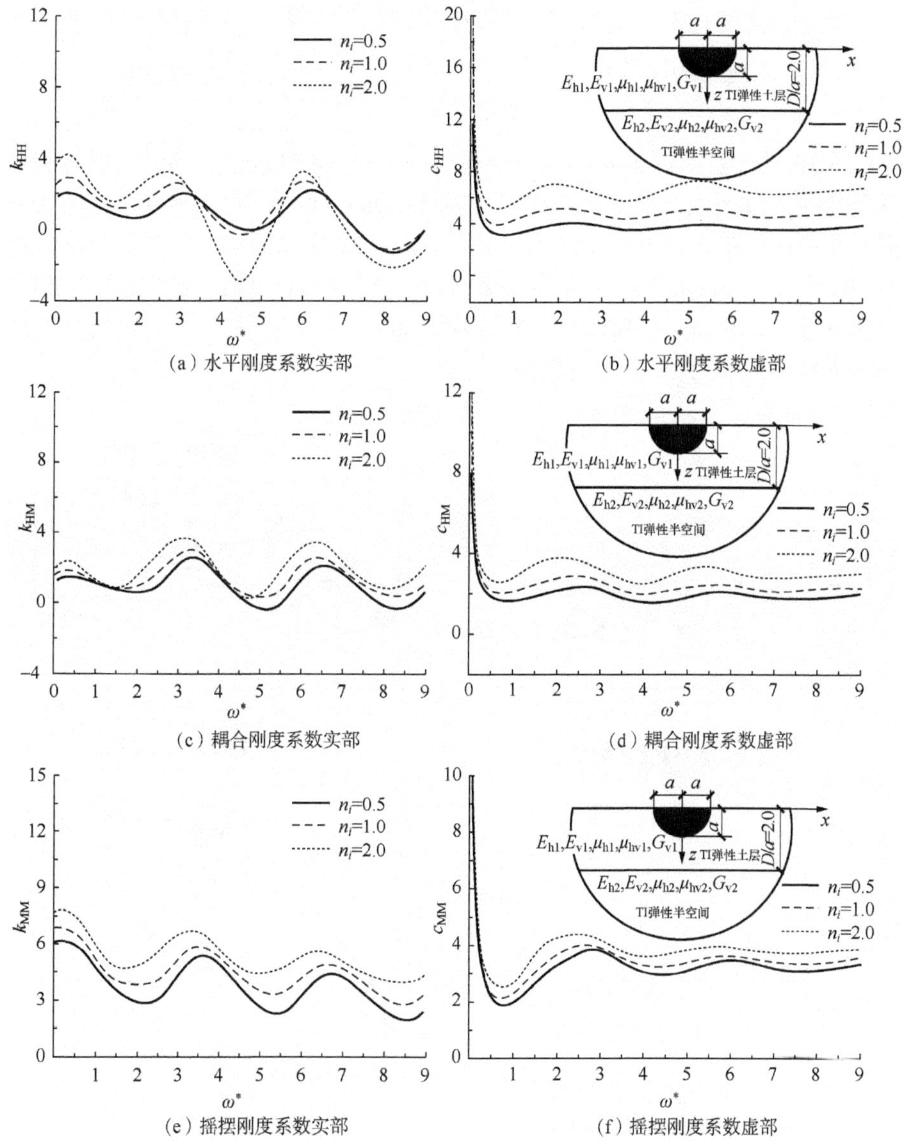

(a) 水平刚度系数实部　(b) 水平刚度系数虚部

(c) 耦合刚度系数实部　(d) 耦合刚度系数虚部

(e) 摇摆刚度系数实部　(f) 摇摆刚度系数虚部

图 6-14　不同压缩模量比下单一 TI 土层地基中埋置基础动力刚度系数

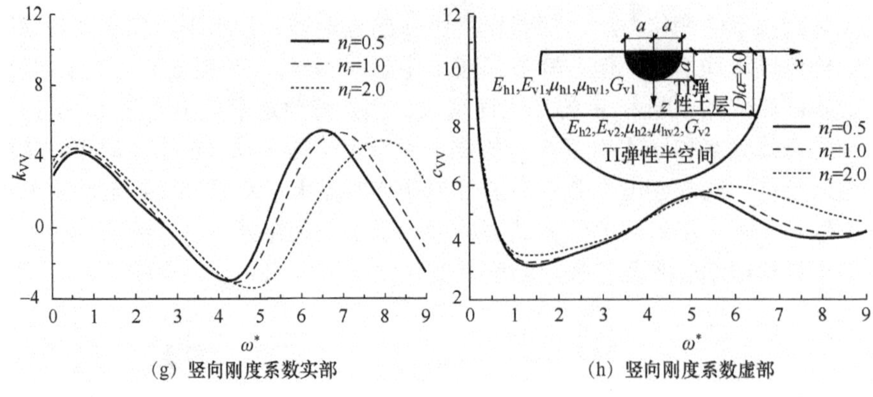

（g）竖向刚度系数实部　　（h）竖向刚度系数虚部

图 6-14（续）

图 6-15 进一步给出了 n_i=1.0，m_i=0.2、0.3 和 0.4 时水平、耦合、摇摆和竖向刚度系数随无量纲频率的变化曲线。与模量比 n_i 相比，m_i 对于刚度系数的影响规律更为复杂。从图 6-15 中可以看出，水平刚度系数实部的第一和第二峰值频率随着 m_i 的增大而快速增大，尤其第二峰值频率变化明显。耦合刚度系数实部随 m_i 的变化规律与此相似。摇摆刚度系数受模量比 m_i 的变化影响最大，竖向刚度系数实部和虚部均对 m_i 值的变化不敏感。

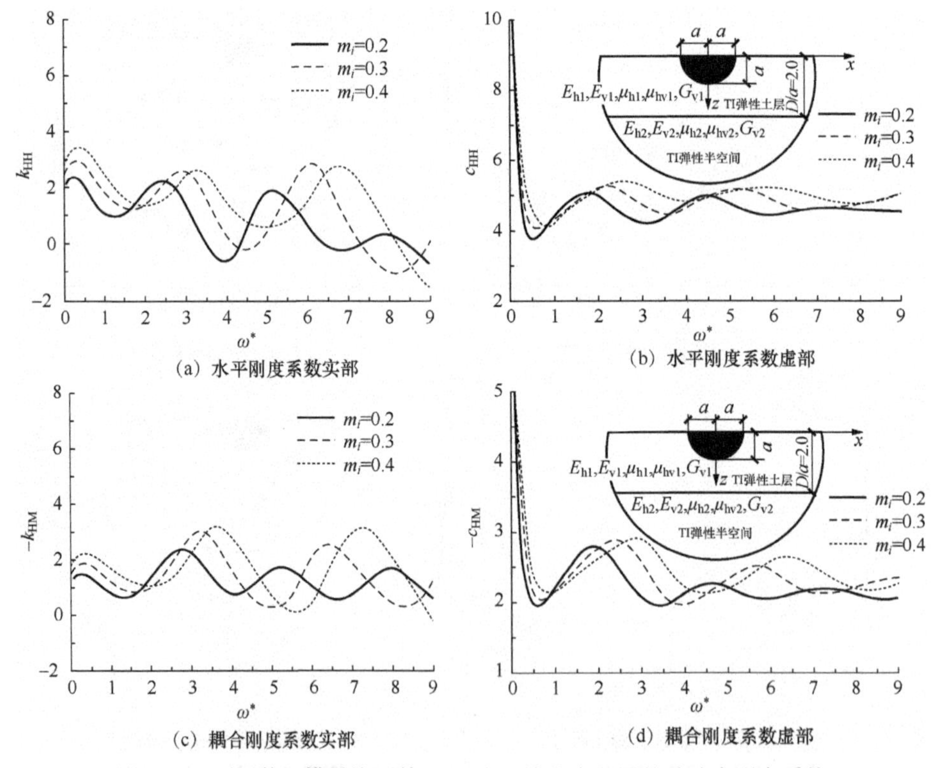

（a）水平刚度系数实部　　（b）水平刚度系数虚部

（c）耦合刚度系数实部　　（d）耦合刚度系数虚部

图 6-15　不同剪切模量比下单一 TI 土层地基中埋置基础动力刚度系数

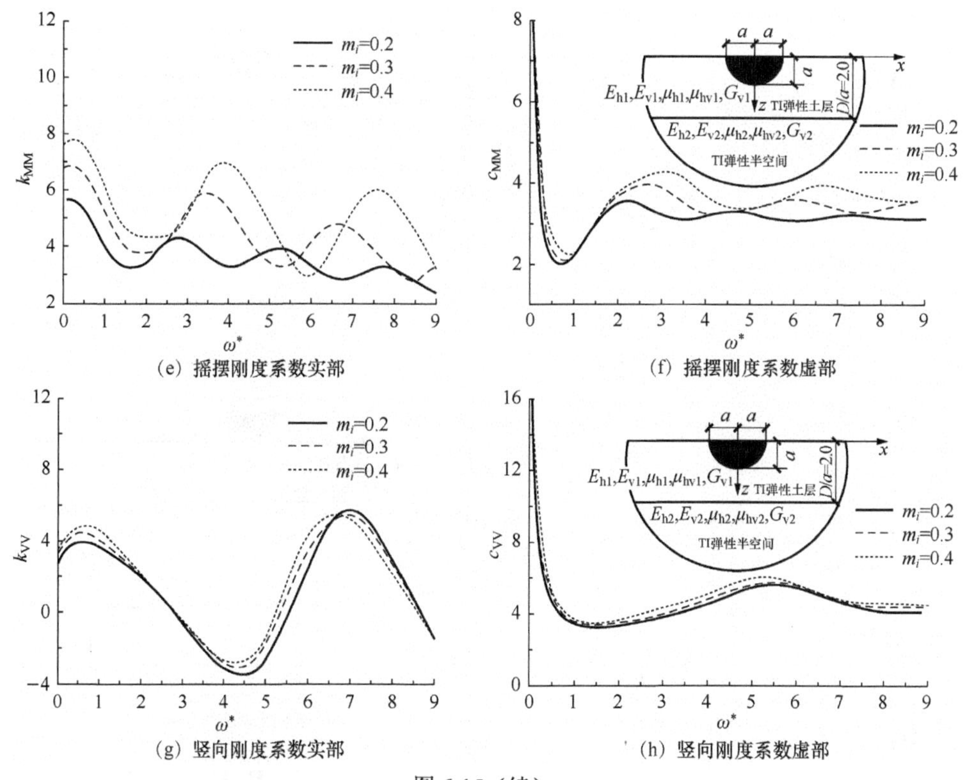

(e) 摇摆刚度系数实部　(f) 摇摆刚度系数虚部

(g) 竖向刚度系数实部　(h) 竖向刚度系数虚部

图 6-15（续）

（2）多层 TI 弹性土层地基中埋置基础平面内动力刚度系数

为进一步研究多层 TI 土层地基中埋置刚性基础的动力刚度系数，以弹性半空间中 3 层 TI 弹性土层地基为例进行计算。图 6-16 给出了正常序列地基（$E_{v4}:E_{v3}:E_{v2}:E_{v1}:E_{v0}$=4∶3∶2∶1∶1）、等效单一土层地基（$E_{v4}:E_{v3}:E_{v2}:E_{v1}:E_{v0}$=4∶2∶2∶2∶1）和逆序列地基（$E_{v4}:E_{v3}:E_{v2}:E_{v1}:E_{v0}$=4∶1∶2∶3∶1）中埋置基础动力刚度系数的比较。其他参数保持不变，包括模量比 n_i=1.0 和 m_i=0.3，泊松比 $\nu_{hi}=\nu_{vhi}$=0.25，密度 $\rho_i=\rho_0$（i=1～4），阻尼比 ζ_i=0.05（i=1～3）及 ζ_4=0.02，土层厚度为 $H_i=a$（i=1～3）。

从图 6-16 中可以看出，多层 TI 弹性土层地基与等效单一 TI 弹性土层地基上基础的动力刚度系数有着明显差异。这说明对于动力刚度问题，将多层土地基等效为单层土地基进行研究可能存在较大的偏差。同时，地基土的沉积序列也对刚度系数有着很大的影响，正常序列和逆序列地基对应的刚度系数明显不同，实际工程中应充分重视地基土的沉积序列对动力刚度系数的影响。整体上，逆序列对应的刚度系数数值较大且随频率振荡剧烈，单一土层地基对应刚度系数次之，正常序列地基对应的刚度系数数值最小且随频率波动最不明显。正常序列地基表现出了刚度增长地基的特性，地基无明显的共振特性。以上分析说明，多层土地基上的平面内基础动力刚度系数更多地受到表层地基土的影响。

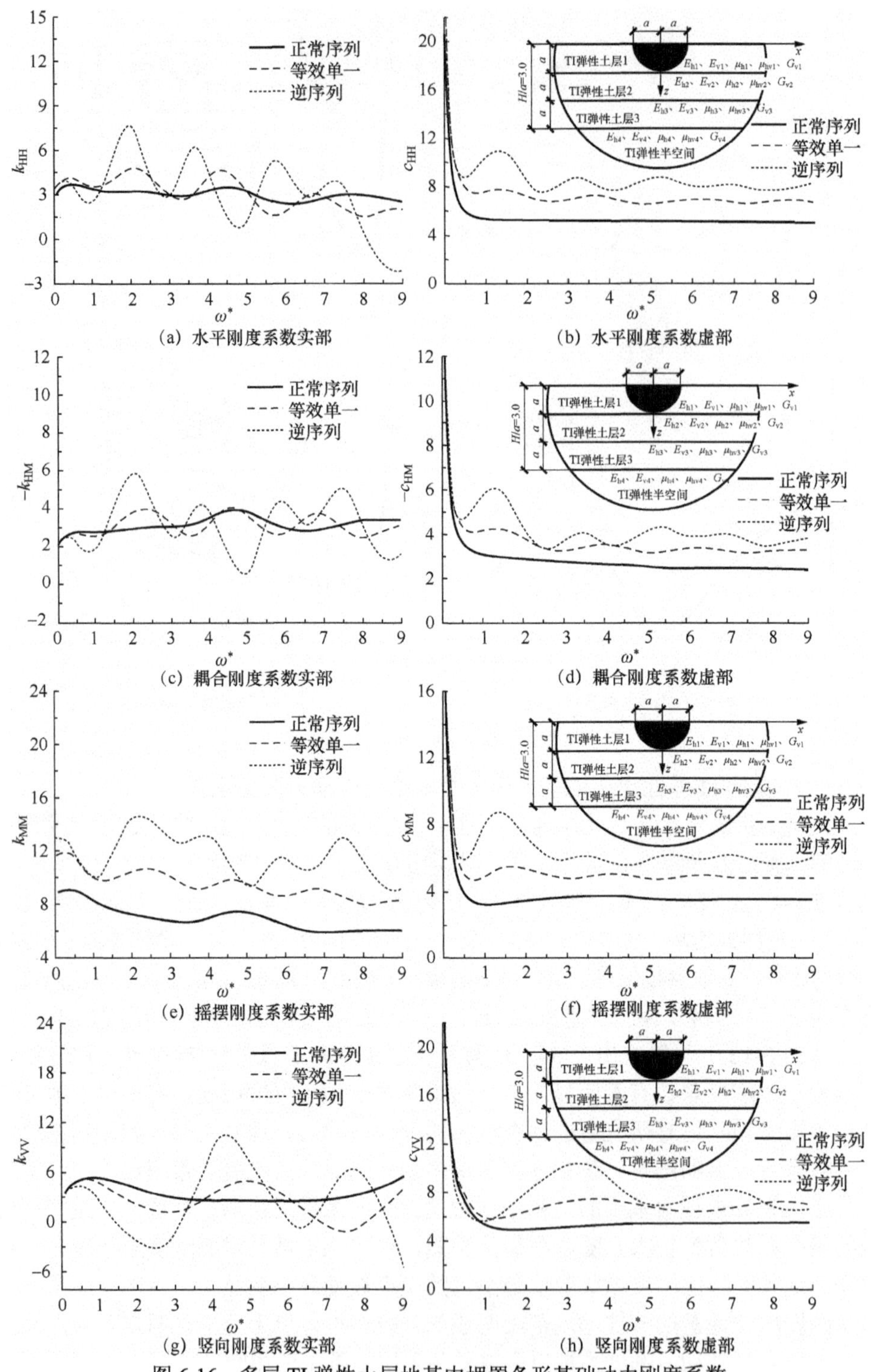

图 6-16　多层 TI 弹性土层地基中埋置条形基础动力刚度系数

2. 平面内剪力墙有效输入计算结果

本节对单一 TI 弹性土层地基中的土-结构相互作用进行分析计算。计算模型采用 6.2.1 节中给出的层状 TI 地基中埋置半圆形基础上剪力墙模型。将土层下半空间取为各向同性基岩半空间，土层仍设置为 TI 材料，厚度 $D=2a$。土层和基岩计算参数如表 6-2 所示。剪力墙刚度 $\varepsilon=2$，宽度 $W=2a$，高度 $H=2a$，剪力墙与基础质量比 $M_b/M_0=2$（其中基础质量 M_0 与被基础替换出的土质量 M_s 相等），泊松比 $\nu_b=1/3$，阻尼比 $\zeta_b=0$。无量纲频率的定义为 $\eta=\omega a/c^L$。取无量纲频率 η 的范围为 0～3，计算不同频率下基础位移和上部剪力墙结构位移。

表 6-2　土层和基岩计算参数

材料		E_h/MPa	E_v/MPa	G_v/MPa	ν_h	ν_{vh}	ζ	ρ/（kg/m^3）
土层	材料 1	66.67	133.33	40.0	0.25	0.25	0.05	2000.0
	材料 2	100.0	100.0	40.0	0.25	0.25	0.05	2000.0
	材料 3	133.33	66.67	40.0	0.25	0.25	0.05	2000.0
基岩半空间		400.0	400.0	160.0	0.25	0.25	0.02	2000.0

图 6-17～图 6-20 分别给出了在平面 qP 波和 qSV 波入射下，基岩上单一 TI 土层中基础和结构的动力响应。从图 6-17～图 6-20 中可以明显看出，当 qP 波垂直入射时（与 x 轴夹角为 90°），基础的水平位移、转角为零，剪力墙水平位移也为零，而基础、剪力墙竖向位移为最大值；当 qSV 波与 x 轴夹角为 90°入射时，土层仅有水平方向上的运动，因此基础的水平位移、转角、剪力墙水平位移为最大值，而基础、剪力墙竖向位移为零。qP 波入射时，基础和剪力墙的水平位移、基础转角位移幅值随入射波与 x 轴夹角的增大而减小，基础竖向位移和剪力墙竖向位移随入射波与 x 轴夹角的增大而增大；qSV 波入射时，随着入射波与 x 轴夹角的增大，基础的水平位移幅值先减小后增大，基础竖向位移和剪力墙竖向位移幅值先增大后减小。基础转角与剪力墙顶部位移随角度变化的规律不明显。此外，基岩对于基础和剪力墙的动力响应具有放大作用，基岩上单一土层中基础和剪力墙的位移幅值得到放大。

图 6-17～图 6-20 中不同 E_h/E_v 情况下的计算结果表明，不同的 TI 性质对剪力墙-基础动力体系的动力响应有一定的影响，并且影响规律与地震波的入射角、入射频率有关。总体而言，在低频地震波入射时，不同 E_h/E_v 得到的计算结果相差不大，甚至完全相同；而在高频情况下，不同 E_h/E_v 造成的差异开始显现。同时可以看出的是，在剪力墙运动的峰值处，3 条曲线所对应的峰值频率基本相同，不同 E_h/E_v 仅对幅值产生了改变，即 TI 介质参数的改变对于峰值频率的影响很小。这也说明 TI 性质只会对土层的动力特性产生影响，进而改变基础和剪力墙的

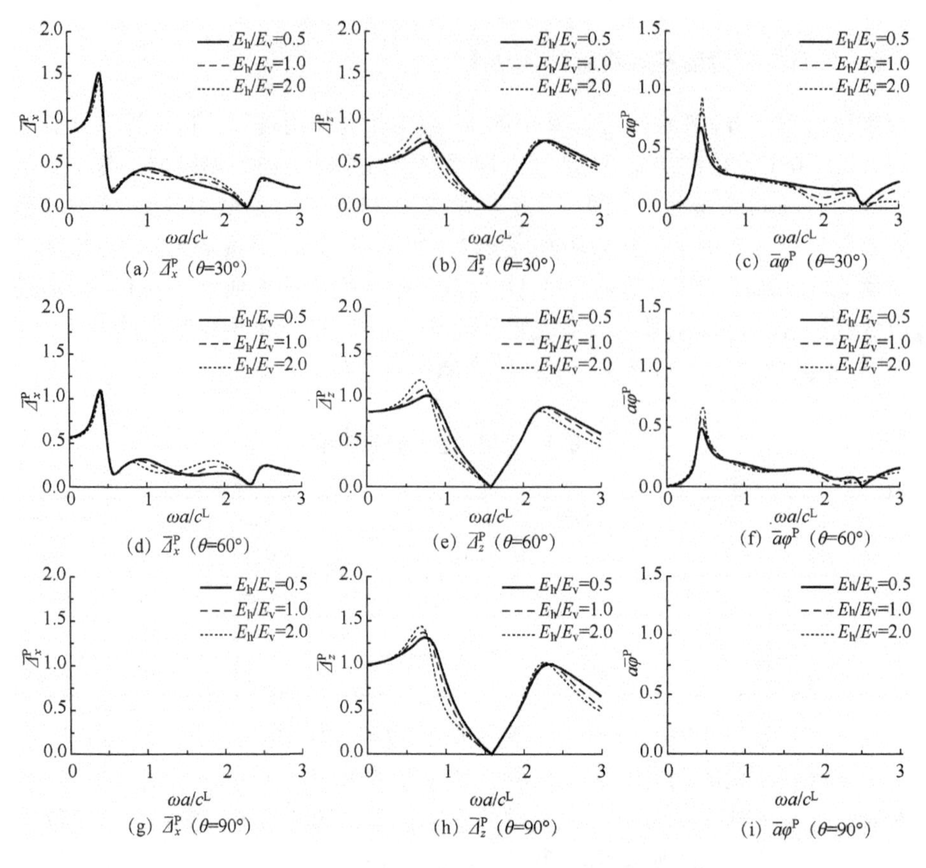

(a) $\bar{\Delta}_x^{\mathrm{P}}$（$\theta$=30°）　(b) $\bar{\Delta}_z^{\mathrm{P}}$（$\theta$=30°）　(c) $\bar{a\varphi}^{\mathrm{P}}$（$\theta$=30°）

(d) $\bar{\Delta}_x^{\mathrm{P}}$（$\theta$=60°）　(e) $\bar{\Delta}_z^{\mathrm{P}}$（$\theta$=60°）　(f) $\bar{a\varphi}^{\mathrm{P}}$（$\theta$=60°）

(g) $\bar{\Delta}_x^{\mathrm{P}}$（$\theta$=90°）　(h) $\bar{\Delta}_z^{\mathrm{P}}$（$\theta$=90°）　(i) $\bar{a\varphi}^{\mathrm{P}}$（$\theta$=90°）

图 6-17　qP 波入射不同模量比单一 TI 弹性土层时基础有效输入

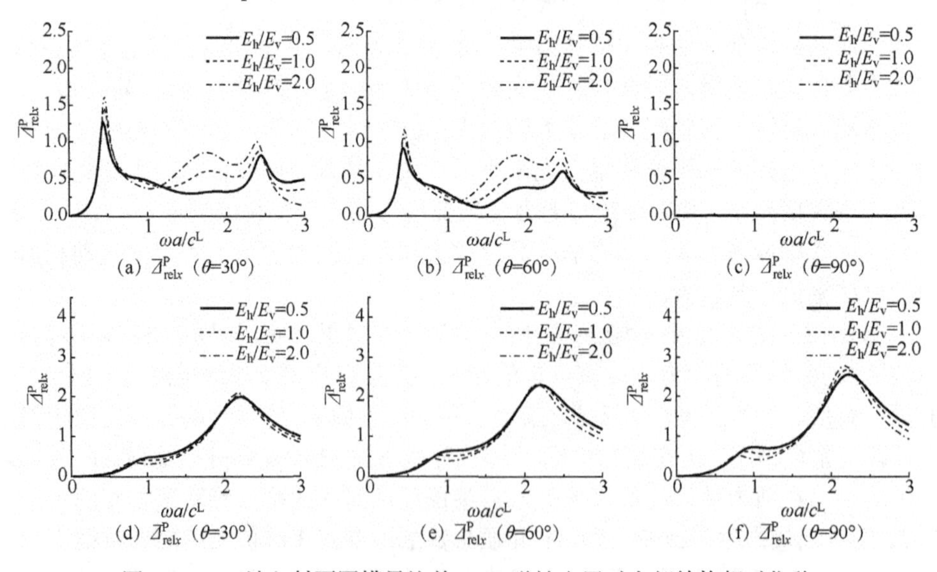

(a) $\bar{\Delta}_{\mathrm{rel}x}^{\mathrm{P}}$（$\theta$=30°）　(b) $\bar{\Delta}_{\mathrm{rel}x}^{\mathrm{P}}$（$\theta$=60°）　(c) $\bar{\Delta}_{\mathrm{rel}x}^{\mathrm{P}}$（$\theta$=90°）

(d) $\bar{\Delta}_{\mathrm{rel}x}^{\mathrm{P}}$（$\theta$=30°）　(e) $\bar{\Delta}_{\mathrm{rel}x}^{\mathrm{P}}$（$\theta$=60°）　(f) $\bar{\Delta}_{\mathrm{rel}x}^{\mathrm{P}}$（$\theta$=90°）

图 6-18　qP 波入射不同模量比单一 TI 弹性土层时上部结构相对位移

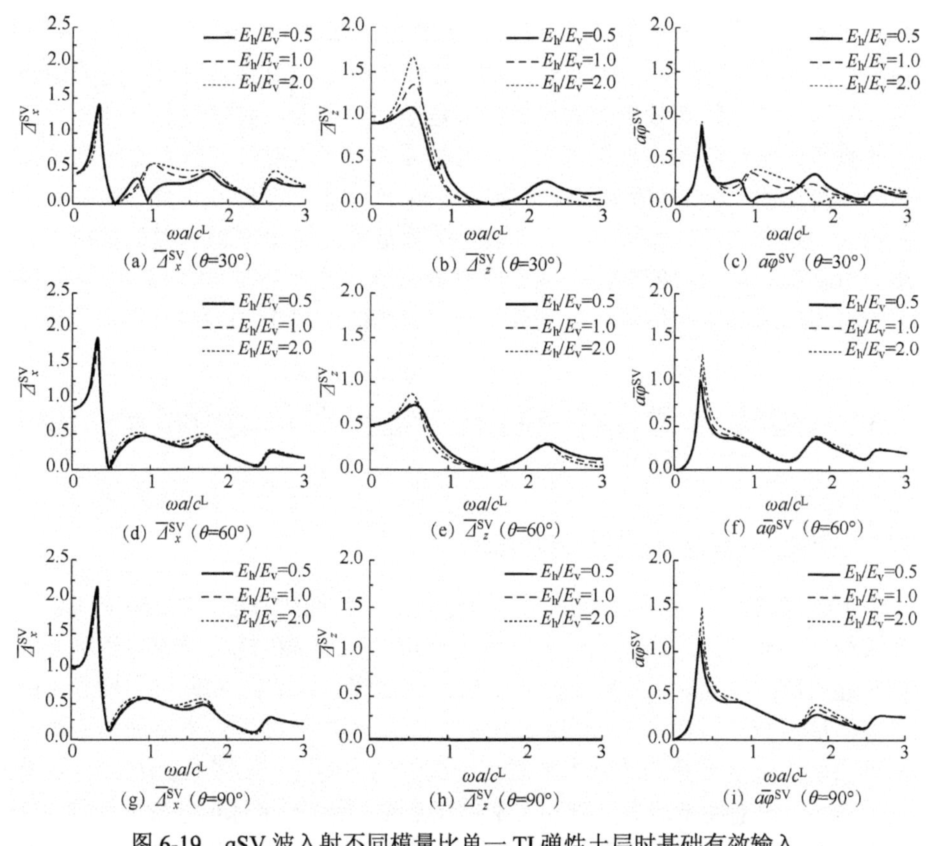

(a) $\overline{\Delta}_x^{SV}$ (θ=30°)　(b) $\overline{\Delta}_z^{SV}$ (θ=30°)　(c) $a\overline{\varphi}^{SV}$ (θ=30°)

(d) $\overline{\Delta}_x^{SV}$ (θ=60°)　(e) $\overline{\Delta}_z^{SV}$ (θ=60°)　(f) $a\overline{\varphi}^{SV}$ (θ=60°)

(g) $\overline{\Delta}_x^{SV}$ (θ=90°)　(h) $\overline{\Delta}_z^{SV}$ (θ=90°)　(i) $a\overline{\varphi}^{SV}$ (θ=90°)

图 6-19　qSV 波入射不同模量比单一 TI 弹性土层时基础有效输入

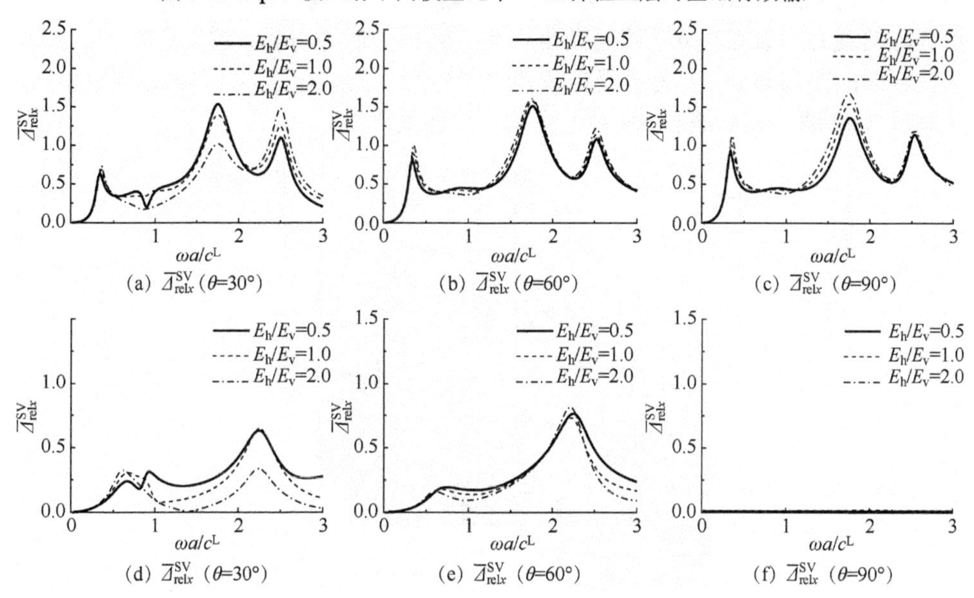

(a) $\overline{\Delta}_{relx}^{SV}$ (θ=30°)　(b) $\overline{\Delta}_{relx}^{SV}$ (θ=60°)　(c) $\overline{\Delta}_{relx}^{SV}$ (θ=90°)

(d) $\overline{\Delta}_{relx}^{SV}$ (θ=30°)　(e) $\overline{\Delta}_{relx}^{SV}$ (θ=60°)　(f) $\overline{\Delta}_{relx}^{SV}$ (θ=90°)

图 6-20　qSV 波入射不同模量比单一 TI 弹性土层时上部结构相对位移

动力响应幅值。在大多数情况下，E_h/E_v=1.0 的计算结果在 E_h/E_v=0.5、E_h/E_v=2.0 之间。对比 qP 波入射和 qSV 波入射的结果可以发现，qP 波入射时，剪力墙和基础的位移的 3 条曲线随频率的变化趋势都是基本一致的；而 qSV 波入射时，3 条曲线随频率的变化趋势差异更为明显，尤其是在 60°入射时，剪力墙的水平位移和基础转角在 E_h/E_v=2.0 情况的位移曲线与 E_h/E_v=0.5、E_h/E_v=1.0 情况的位移曲线差异较大，且变化趋势也有不同。这说明在特定角度的 qSV 波入射的情况下，TI 性质会对基础和剪力墙的动力响应造成显著影响。尤其是在实际工程中具有重要意义的剪力墙顶部水平位移，应该考虑工程现场的土层 TI 性质进行计算分析。

6.3 层状 TI 弹性半空间中三维土-结构动力相互作用

6.3.1 三维土-结构动力相互作用计算模型

关于土-结构相互作用的研究大多数是在二维空间进行的，在三维空间进行的研究较少。相对于二维模型而言，三维模型可以更加准确地反映土与结构之间的能量传递机制，而且对于实际工程也更有研究意义。本节在文献［8］推导出的三维斜面格林函数的基础之上，利用 IBEM 方法求解层状 TI 弹性半空间中三维半球形基础的动力刚度系数和基础上单质点结构的动力响应。如图 6-21 所示，计算模型由半径为 a 的刚性半球形基础和上部单质点结构组成，半球形基础的质量为 M_0，单质点结构质量为 M_b，在各个方向上的自振频率均为 ω_b，阻尼比为 ζ_b。以半球形基础的圆心为原点建立三维直角坐标系，结构的质心与圆心的距离为 H，圆心与基岩面的距离为 D，Γ 为土层与基础的交界面。土体介质参数与 6.2 节中相同。地震波（qP 波、qSV 波和 SH 波）由基岩顶面处入射。

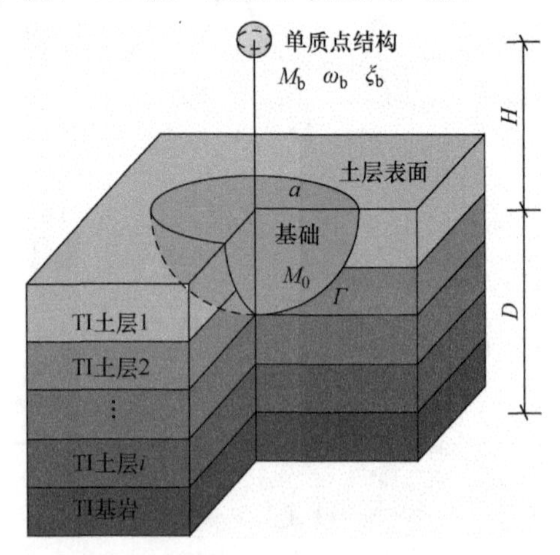

图 6-21 层状 TI 弹性半空间中土-结构相互作用模型

如图6-22所示，将半球形基础与土层的边界Γ离散为N个斜面单元，单元沿深度方向和水平方向划分。

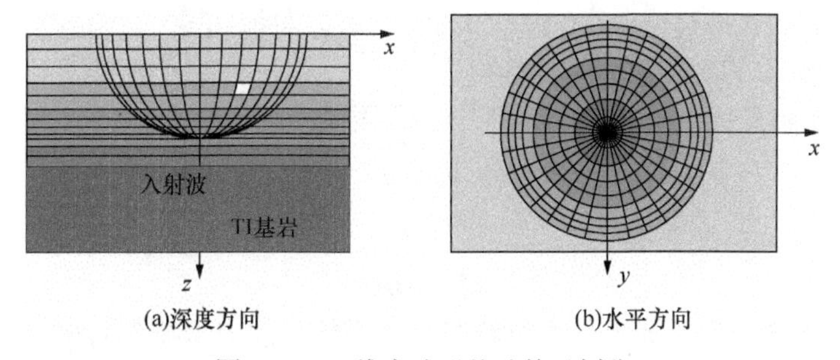

图6-22　三维半球形基础单元划分

本节包括求解层状三维TI弹性半空间中半球形基础的6个动力刚度系数和有效输入两个部分。动力刚度系数为基础自身动力特性，与地震波和上部结构无关，通过转换矩阵和动力格林函数即可得到。与二维情况相同，求解有效输入的第一步是在不考虑基础与结构质量的前提下求解基础动力响应，第二步是求解基础和上部结构质量对基础动力响应的影响，最后进行叠加。

6.3.2　半球形基础动力刚度系数

本节采用斜面均布荷载动力格林函数作为IBEM方法的基本解，该格林函数的具体求解过程已在第3章中给出。在地震波入射下，设基础的位移响应为$\boldsymbol{\Delta}=[\Delta_x, a\varphi_x, \Delta_y, a\varphi_y, \Delta_z, a\varphi_z]$，其中$\Delta_i$（$i$=$x$、$y$、$z$）为沿$i$方向的线位移，$\varphi_j$（$j$= x、y、z）为绕j轴的转角。在半球形基础与土层的边界Γ处有

$$\boldsymbol{U}(x,y,z)=\begin{bmatrix}1 & \frac{z}{a} & 0 & 0 & 0 & -\frac{y}{a}\\ 0 & 0 & 1 & -\frac{z}{a} & 0 & \frac{x}{a}\\ 0 & -\frac{x}{a} & 0 & \frac{y}{a} & 1 & 0\end{bmatrix}\begin{bmatrix}\Delta_x\\ a\varphi_y\\ \Delta_y\\ a\varphi_x\\ \Delta_z\\ a\varphi_z\end{bmatrix}=\boldsymbol{\Omega}(x,y,z)\boldsymbol{\Delta} \tag{6.39}$$

式中，$\boldsymbol{U}(x, y, z)$为三维位移向量，其中元素分别表示边界Γ上任意一点(x, y, z)沿x、y和z方向的基础位移；$\boldsymbol{\Omega}(x, y, z)$为转换矩阵，与基础形状有关，将基础位移转换为边界上位移。

假设边界Γ上有J个观测点，那么在虚拟荷载作用下，任意观测点的位移和牵引力可表示为

$$\begin{cases}\boldsymbol{U}(x,y,z)=\boldsymbol{g}_{\mathrm{u}}(x,y,z)\boldsymbol{P} & (x,y,z)\in\Gamma^J\\ \boldsymbol{T}(x,y,z)=\boldsymbol{g}_{\mathrm{t}}(x,y,z)\boldsymbol{P} & (x,y,z)\in\Gamma^J\end{cases} \tag{6.40}$$

式中，Γ^{J}为边界Γ上的所有观测点；$\boldsymbol{P}$为虚拟均布荷载向量，$\boldsymbol{P}=[p_1, p_2, \cdots, p_{\mathrm{N}}, q_1, q_2, \cdots, q_{\mathrm{N}}, r_1, r_2, \cdots, r_{\mathrm{N}}]^{\mathrm{T}}$，$p_i$、$q_i$和$r_i$（$i$=1～$N$）分别表示在第$i$个斜面单元上$x$、$y$和$z$方向施加的虚拟荷载；$\boldsymbol{T}(x, y, z)$为三维牵引力向量，其中元素分别表示任意一点$(x, y, z)$沿$x$、$y$和$z$方向的基础牵引力。

将式（6.40）代入式（6.39）中，可以得到

$$\boldsymbol{g}_{\mathrm{u}}(x,y,z)\boldsymbol{P}=\boldsymbol{\Omega}(x,y,z)\boldsymbol{\Delta} \qquad (x,y,z)\in\Gamma^{J} \tag{6.41}$$

令

$$\boldsymbol{P}=\boldsymbol{\Lambda}\boldsymbol{\Delta} \tag{6.42}$$

式中，$\boldsymbol{\Lambda}$为当基础产生6个单位位移时，所需施加的虚拟荷载向量。

将式（6.42）代入式（6.41）中，可以消除$\boldsymbol{\Delta}$，即

$$\boldsymbol{g}_{\mathrm{u}}(x,y,z)\boldsymbol{\Lambda}=\boldsymbol{\Omega}(x,y,z) \qquad (x,y,z)\in\Gamma^{J} \tag{6.43}$$

由此可以得到虚拟荷载向量矩阵$\boldsymbol{\Lambda}$。边界Γ上任意一点(x, y, z)的牵引力为

$$\boldsymbol{T}(x,y,z)=\boldsymbol{g}_{\mathrm{t}}(x,y,z)\boldsymbol{\Lambda}\boldsymbol{\Delta} \qquad (x,y,z)\in\Gamma^{J} \tag{6.44}$$

基础上的总外加荷载为

$$\boldsymbol{F}=\left[F_x,\frac{M_y}{a},F_y,\frac{M_x}{a},F_z,\frac{M_z}{a}\right] \tag{6.45}$$

式中，F_x、F_y和F_z分别为x、y和z方向的外加力，M_x、M_y和M_z分别是对x、y和z轴的力矩。

$$\boldsymbol{F}=\iint_{\Gamma}[\boldsymbol{\Omega}(x,y,z)]^{\mathrm{T}}\boldsymbol{T}(x,y,z)\mathrm{d}S \tag{6.46}$$

总外加荷载与基础位移的关系为

$$\boldsymbol{F}=\boldsymbol{K}\boldsymbol{\Delta} \tag{6.47}$$

联立式（6.46）和式（6.47）可得

$$\boldsymbol{K}=\iint_{\Gamma}[\boldsymbol{\Omega}(x,y,z)]^{\mathrm{T}}\boldsymbol{g}_{\mathrm{t}}(x,y,z)\boldsymbol{\Lambda}\mathrm{d}S \tag{6.48}$$

矩阵$\boldsymbol{K}$就是所求的动力刚度矩阵，其形式为

$$\boldsymbol{K}=G_0\begin{bmatrix} K_{\mathrm{HH}} & K_{\mathrm{HM}} & 0 & 0 & 0 & 0 \\ K_{\mathrm{MH}} & K_{\mathrm{MM}} & 0 & 0 & 0 & 0 \\ 0 & 0 & K_{\mathrm{HH}} & -K_{\mathrm{HM}} & 0 & 0 \\ 0 & 0 & -K_{\mathrm{MH}} & K_{\mathrm{MM}} & 0 & 0 \\ 0 & 0 & 0 & 0 & K_{\mathrm{VV}} & 0 \\ 0 & 0 & 0 & 0 & 0 & K_{\mathrm{TT}} \end{bmatrix} \tag{6.49}$$

式中，K_{HH}、K_{MM}、K_{VV}、K_{TT}、K_{MH} 和 K_{HM}（K_{HN}）分别为水平、摇摆、竖向、扭转和耦合刚度系数，当单元划分得足够密集时，K_{MH} 和 K_{HM} 可以认为是相等的；G_0 为参考剪切模量，其数值和第一层土层竖向剪切模量相等。

式（6-49）中的刚度系数也可以写成

$$K_{ij} = k_{ij} + \mathrm{i}\frac{\omega a}{\sqrt{\dfrac{G_0}{\rho}}}c_{ij} \tag{6.50}$$

式中，k_{ij} 与 c_{ij} 中分别为刚度系数 K_{ij} 的实部和虚部。

6.3.3　三维单质点结构有效输入

在地震波入射下，基础位移由两部分组成：

$$\boldsymbol{\varDelta} = \boldsymbol{\varDelta}_1 + \boldsymbol{\varDelta}_2 \tag{6.51}$$

式中，$\boldsymbol{\varDelta}_1$ 为不考虑基础和上部结构质量的刚性基础位移：

$$\boldsymbol{\varDelta}_1 = \boldsymbol{K}^{-1}\iint_{\Gamma}\left\{[\boldsymbol{g}_{\mathrm{t}}(x,y,z)\boldsymbol{\Lambda}]^{\mathrm{T}}\boldsymbol{U}_{\mathrm{f}}(x,y,z) - \left[\boldsymbol{\Omega}(x,y,z)\right]^{\mathrm{T}}\boldsymbol{T}_{\mathrm{f}}(x,y,z)\right\}\mathrm{d}s \tag{6.52}$$

式中，$\boldsymbol{U}_{\mathrm{f}}(x, y, z)$和 $\boldsymbol{T}_{\mathrm{f}}(x, y, z)$为任意一点$(x, y, z)$处的自由场部分位移和牵引力。

在第 2 章中已经给出了三维层状 TI 半空间动力刚度矩阵，采用直接刚度法可求解层状 TI 半空间内任意一点 $\boldsymbol{x}=(x, y, z)$的位移 $\boldsymbol{U}_{\mathrm{f}}(x, y, z)$和应力 $\boldsymbol{T}_{\mathrm{f}}(x, y, z)$。

$\boldsymbol{\varDelta}_2$ 为考虑基础质量产生的惯性力 $\boldsymbol{F}_0$ 和上部结构质量产生的惯性力 $\boldsymbol{F}_{\mathrm{b}}$ 时的附加基础位移[3]，即

$$\boldsymbol{\varDelta}_2 = \boldsymbol{K}^{-1}(\boldsymbol{F}_0 + \boldsymbol{F}_{\mathrm{b}}) \tag{6.53}$$

$$\boldsymbol{F}_0 = \omega^2\boldsymbol{M}_0\boldsymbol{\varDelta} \tag{6.54}$$

式中，$\boldsymbol{M}_0$ 为基础质量矩阵，即

$$\boldsymbol{M}_0 = \mathrm{diag}\left(M_0, \frac{I_y}{a^2}, M_0, \frac{I_x}{a^2}, M_0, \frac{I_z}{a^2}\right) \tag{6.55}$$

式中，M_0 为基础的质量；I_x、I_y 和 I_z 为基础绕 x、y 和 z 轴的转动惯量。

相对于刚性基础，上部单质点结构在空间中共有两个自由度的相对位移，分别用与 x 轴的夹角 φ_x^{rel} 和与 y 轴的夹角 φ_y^{rel} 来表示。基础位移与上部结构位移（$\varDelta_{xb}$、$\varDelta_{yb}$ 和 $\varDelta_{zb}$）之间有如下关系：

$$\begin{cases} \varDelta_{x\mathrm{b}} = \varDelta_x - \left(\varphi_y + \varphi_y^{\mathrm{rel}}\right)H \\ \varDelta_{y\mathrm{b}} = \varDelta_y + \left(\varphi_x + \varphi_x^{\mathrm{rel}}\right)H \\ \varDelta_{z\mathrm{b}} = \varDelta_z \end{cases} \tag{6.56}$$

单质点体系的动力平衡方程为

$$\begin{cases}\ddot{\varDelta}_{x\mathrm{b}} - 2\zeta_{\mathrm{b}}\omega_{\mathrm{b}}\dot{\varphi}_y^{\mathrm{rel}}H - \omega_{\mathrm{b}}^2\varphi_y^{\mathrm{rel}}H = 0\\ \ddot{\varDelta}_{y\mathrm{b}} + 2\zeta_{\mathrm{b}}\omega_{\mathrm{b}}\dot{\varphi}_x^{\mathrm{rel}}H + \omega_{\mathrm{b}}^2\varphi_x^{\mathrm{rel}}H = 0\end{cases} \tag{6.57}$$

求解式（6.57），可得

$$\begin{cases}\varphi_y^{\mathrm{rel}} = \dfrac{\omega^2}{-\omega^2 + 2\mathrm{i}\zeta_{\mathrm{b}}\omega_{\mathrm{b}}\omega + \omega_{\mathrm{b}}^2}\left(-\dfrac{\varDelta_x}{H} + \varphi_y\right)\\ \varphi_x^{\mathrm{rel}} = \dfrac{\omega^2}{-\omega^2 + 2\mathrm{i}\zeta_{\mathrm{b}}\omega_{\mathrm{b}}\omega + \omega_{\mathrm{b}}^2}\left(\dfrac{\varDelta_y}{H} + \varphi_x\right)\end{cases} \tag{6.58}$$

单质点结构的惯性力为

$$\boldsymbol{F}_{\mathrm{b}} = -M_{\mathrm{b}}\left[\ddot{\varDelta}_{x\mathrm{b}}, -\frac{\ddot{\varDelta}_{x\mathrm{b}}H}{a}, \ddot{\varDelta}_{y\mathrm{b}}, -\frac{\ddot{\varDelta}_{y\mathrm{b}}H}{a}, \ddot{\varDelta}_{z\mathrm{b}}, 0\right] = \omega^2\boldsymbol{M}_{\mathrm{eq}}\boldsymbol{\varDelta} \tag{6.59}$$

式中，$\boldsymbol{M}_{\mathrm{eq}}$ 为等效质量矩阵，其形式为

$$\boldsymbol{M}_{\mathrm{eq}} = M_{\mathrm{b}}\begin{bmatrix}\kappa & -\kappa\dfrac{H}{a} & 0 & 0 & 0 & 0\\ -\kappa\dfrac{H}{a} & \kappa\left(\dfrac{H}{a}\right)^2 & 0 & 0 & 0 & 0\\ 0 & 0 & \kappa & \kappa\dfrac{H}{a} & 0 & 0\\ 0 & 0 & \kappa\dfrac{H}{a} & \kappa\left(\dfrac{H}{a}\right)^2 & 0 & 0\\ 0 & 0 & 0 & 0 & 1 & 0\\ 0 & 0 & 0 & 0 & 0 & 0\end{bmatrix} \tag{6.60a}$$

$$\kappa = \frac{2\mathrm{i}\zeta_{\mathrm{b}}\omega_{\mathrm{b}}\omega + \omega_{\mathrm{b}}^2}{-\omega^2 + 2\mathrm{i}\zeta_{\mathrm{b}}\omega_{\mathrm{b}}\omega + \omega_{\mathrm{b}}^2} \tag{6.60b}$$

联立式（6.51）、式（6.53）、式（6.54）和式（6.60）可以得基础位移为

$$\boldsymbol{\varDelta} = \left[\boldsymbol{I} - \omega^2\boldsymbol{K}^{-1}\left(\boldsymbol{M}_0 + \boldsymbol{M}_{\mathrm{eq}}\right)^{-1}\right]\boldsymbol{\varDelta}_1 \tag{6.61}$$

最后，对基础位移及单质点相对位移用自由场位移幅值 U_{f} 进行归一化处理，即

$$\begin{cases}\overline{\boldsymbol{\varDelta}} = \boldsymbol{\varDelta}/\left|U_{\mathrm{f}}\right|\\ \overline{\varphi}_x^{\mathrm{rel}} = \varphi_x^{\mathrm{rel}}/\left|U_{\mathrm{f}}\right|\\ \overline{\varphi}_y^{\mathrm{rel}} = \varphi_y^{\mathrm{rel}}/\left|U_{\mathrm{f}}\right|\end{cases} \tag{6.62}$$

6.3.4　三维土-结构相互作用方法验证

本节将层状 TI 半空间退化到层状各向同性半空间，计算埋置半球形基础的刚度系数，与 Liang 等[17]给出的计算结果进行对照。计算参数取为：基岩与土层剪切波速比 $c^{\mathrm{R}}/c^{\mathrm{L}}=2.0$，密度 $\rho^{\mathrm{R}}=\rho^{\mathrm{L}}=2000\mathrm{kg/m^3}$，泊松比 $\nu_{\mathrm{h}}=\nu_{\mathrm{vh}}=0.25$，阻尼比 $\zeta^{\mathrm{L}}=0.05$ 和 $\zeta^{\mathrm{R}}=0.02$。定义无量纲频率为 $\eta=\omega a/c^{\mathrm{L}}$。如图 6-23 所示，4 个基础刚度系数 k_{HH}、k_{MM}、k_{VV} 和 k_{MH} 的计算结果与 Liang 等[17]结果吻合，从而可以证明本方法的正确性。

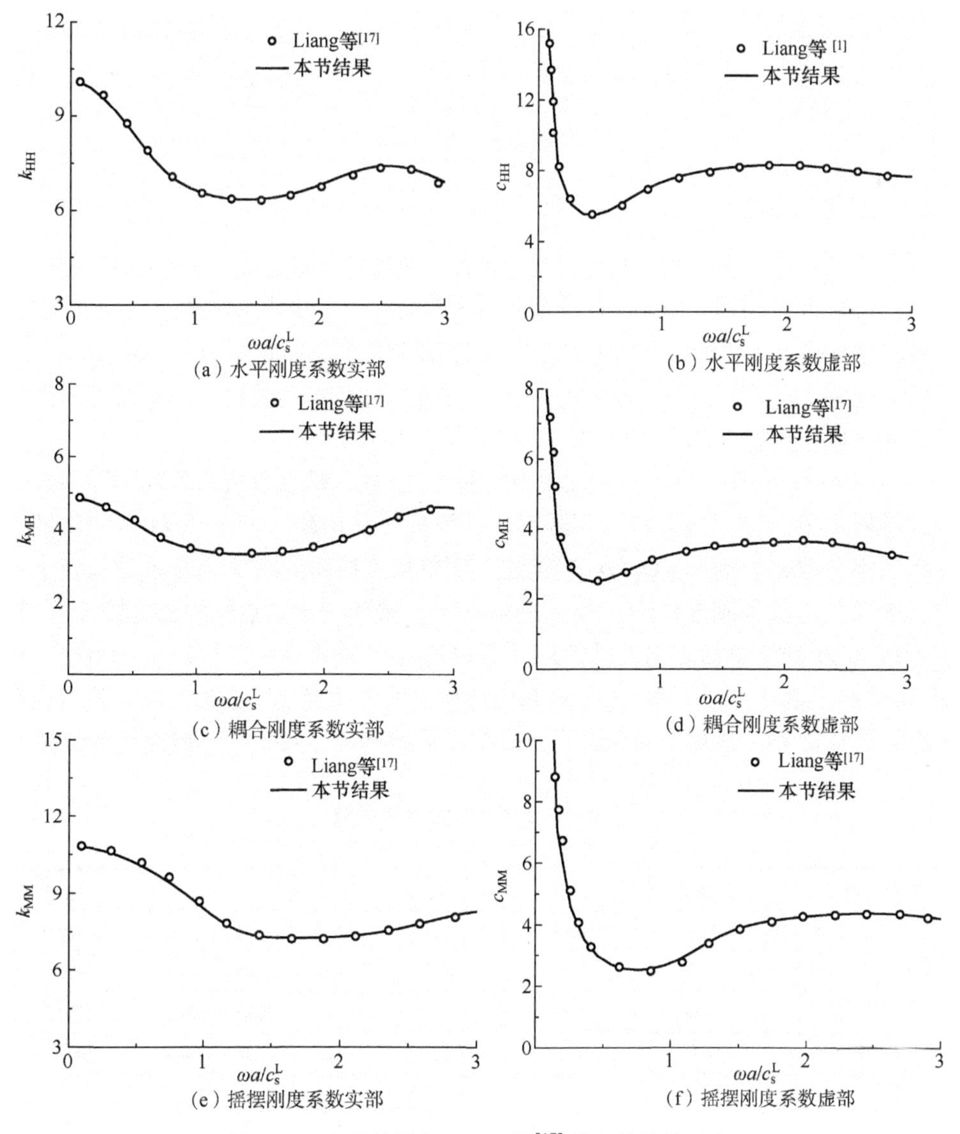

图 6-23　本书结果与 Liang 等[17]给出的结果对比

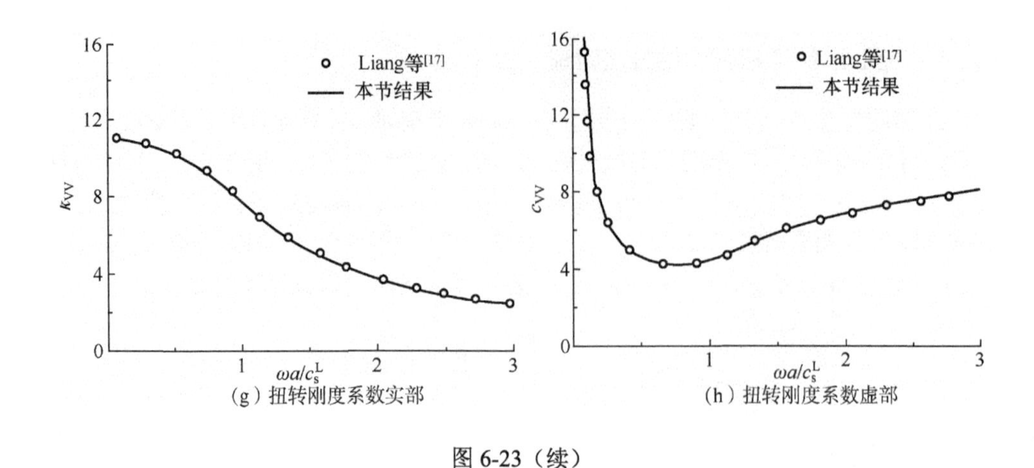

（g）扭转刚度系数实部　（h）扭转刚度系数虚部

图 6-23（续）

6.3.5 算例与分析

本节以基岩上单一 TI 土层为例进行计算，通过对计算结果的分析来研究在平面 qP 波、qSV 波和 SH 波入射下 TI 介质参数的改变对于土-结构动力相互作用的影响。计算模型如图 6-21 所示，半球形基础半径为 a，无量纲频率定义为 $\eta=\omega a/\sqrt{G_0/\rho_0}$（其中 G_0=8.0×10^{5}N/m^2，ρ_0=2000kg/m^3），计算不同频率波入射下半球形基础刚度系数和基础位移及上部结构位移。

将图 6-21 中各土层参数设置为相同的 TI 参数，基岩设置为各向同性参数，即为基岩上单一 TI 土层。土层与基岩计算参数见表 6-3。土层厚度 D=3a，定义一个无量纲参数 $\kappa_b=\omega_b a/\sqrt{G_0/\rho_0}$ 来描述上部单质点结构的刚度（若 κ_b 的值较小，就代表单质点结构刚度较小；若 κ_b 的值较大，就代表单质点结构刚度较大），计算中取 κ_b 为 0.5，单质点与基础的距离为 H=2a，单质点结构阻尼比 ζ_b 为 0.05，质量 M_b=2M_0（其中基础质量 M_0 与被基础替换出的土质量 M_s 相等）。取无量纲频率 η 的范围为 0～3，计算不同频率下基础刚度系数和位移及上部单质点结构位移。

表 6-3　土层与基岩计算参数

材料模型		E_h/MPa	E_v/MPa	G_v/MPa	ν_h	ν_{vh}	ζ	ρ/（kg/m^3）
土层	材料 1	1.33	2.67	0.80	0.25	0.25	0.05	2000.0
	材料 2	2.00	2.00	0.80	0.25	0.25	0.05	2000.0
	材料 3	2.67	1.33	0.80	0.25	0.25	0.05	2000.0
基岩半空间		18.00	18.00	7.20	0.25	0.25	0.02	2000.0

图 6-24 给出了基岩上单一 TI 土层中半球形基础的水平、耦合、摇摆、扭转、竖向和刚度系数。水平刚度系数 k_{HH} 实部和虚部的第一峰值频率随着 E_h/E_v 的增大

而减小，而峰值随着 E_h/E_v 的增大而增大；耦合刚度系数 k_{MH}（k_{HM}）的实部与虚部受 E_h/E_v 改变的影响规律与水平刚度系数 k_{HH} 相同，然而 3 种材料耦合刚度系数第一峰值的数值差异相对于水平刚度系数要小很多，这也充分说明不同的刚度系数随 E_h/E_v 的变化规律是不同的；扭转刚度系数 k_{TT} 随无量纲频率变化的规律与其他刚度系数不同，其频谱曲线的波动非常小，并且曲线峰值不明显，这一点与各向同性介质扭转刚度系数结果的规律相同[17]；3 种 TI 介质竖向刚度系数 k_{VV} 的峰值频率都远大于水平刚度系数的峰值频率，这是由于竖向共振频率大于水平共振频率引起的。

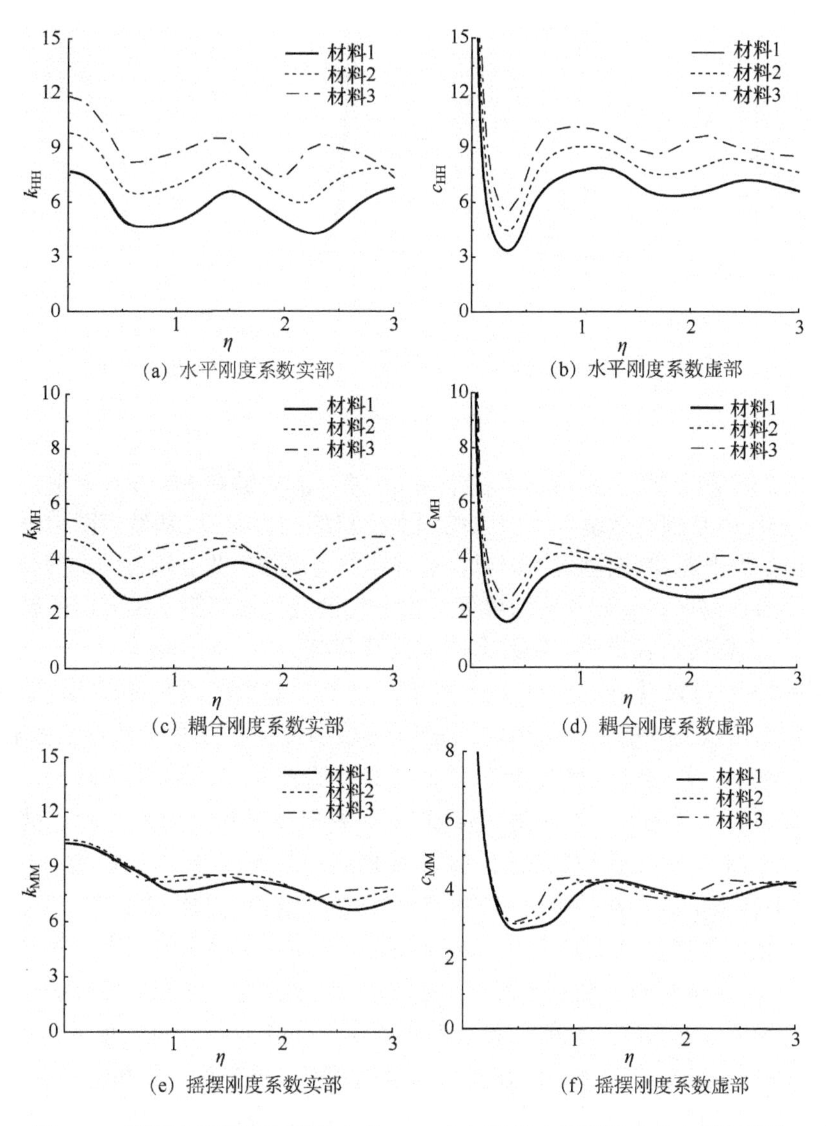

图 6-24　不同土层材料下基岩上单一 TI 土层地基中埋置基础动力刚度系数

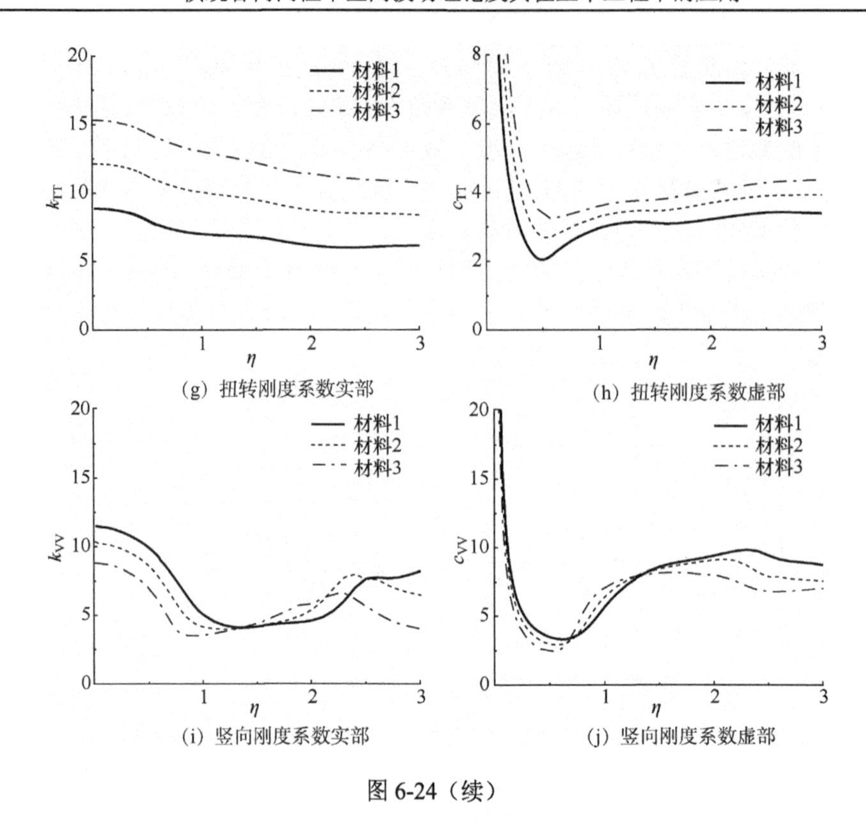

(g) 扭转刚度系数实部　(h) 扭转刚度系数虚部
(i) 竖向刚度系数实部　(j) 竖向刚度系数虚部

图 6-24（续）

图 6-25～图 6-27 分别给出了在平面 qP 波、qSV 波和 SH 波入射下，基岩上单一 TI 土层中基础有效输入和剪力墙相对位移的动力响应。从结果图中可以很明显地看出，当平面 qP 波垂直入射时，基础和剪力墙仅产生 z 轴方向的线位移；当 qSV 波垂直入射时，基础和剪力墙仅产生 x 轴的线位移和绕 y 轴方向的转角；当 SH 波垂直入射时，仅产生 y 轴方向的线位移和绕 x 轴方向的转角。

图 6-25 中可以看出，在 qP 波入射下，TI 介质参数的改变对基础位移的影响在位移频谱曲线的峰值上有所体现。基础沿 x 轴的线位移 $\overline{\Delta}_x$ 的曲线峰值随着 E_h/E_v 的增大而减小。基础绕 y 轴转角 $\overline{\varphi}_y$ 的曲线峰值随着 E_h/E_v 的增大而增大，然而这种变化并不明显（例如，入射角度为 60°时，材料 1 曲线峰值为 1.22，材料 2 曲线峰值为 1.23）。基础沿 z 轴的线位移 $\overline{\Delta}_z$ 的曲线峰值随着 E_h/E_v 的增大而减小。同时，TI 介质参数的改变对基础位移的影响在位移频谱曲线的峰值频率上有所体现。基础沿 z 轴的线位移 $\overline{\Delta}_z$ 的峰值频率随着 E_h/E_v 的增大有显著的减小，而基础位移 $\overline{\Delta}_x$ 和转角 $\overline{\varphi}_y$ 的峰值频率随着 E_h/E_v 的增大并无明显变化。TI 介质参数的改变对基础位移的影响在随频率变化的趋势上有所体现。当 qP 波以不同角度入射时，基础沿 x 轴的线位移 $\overline{\Delta}_x$ 的 3 条曲线在多个无量纲频率（横坐标）处相交，即 3 种 TI 介质基础位移随频率的振动周期并不相同，进而可以说明 TI 介质参数的改变会影

响基岩上单一土层中基础位移随频率的波动情况。

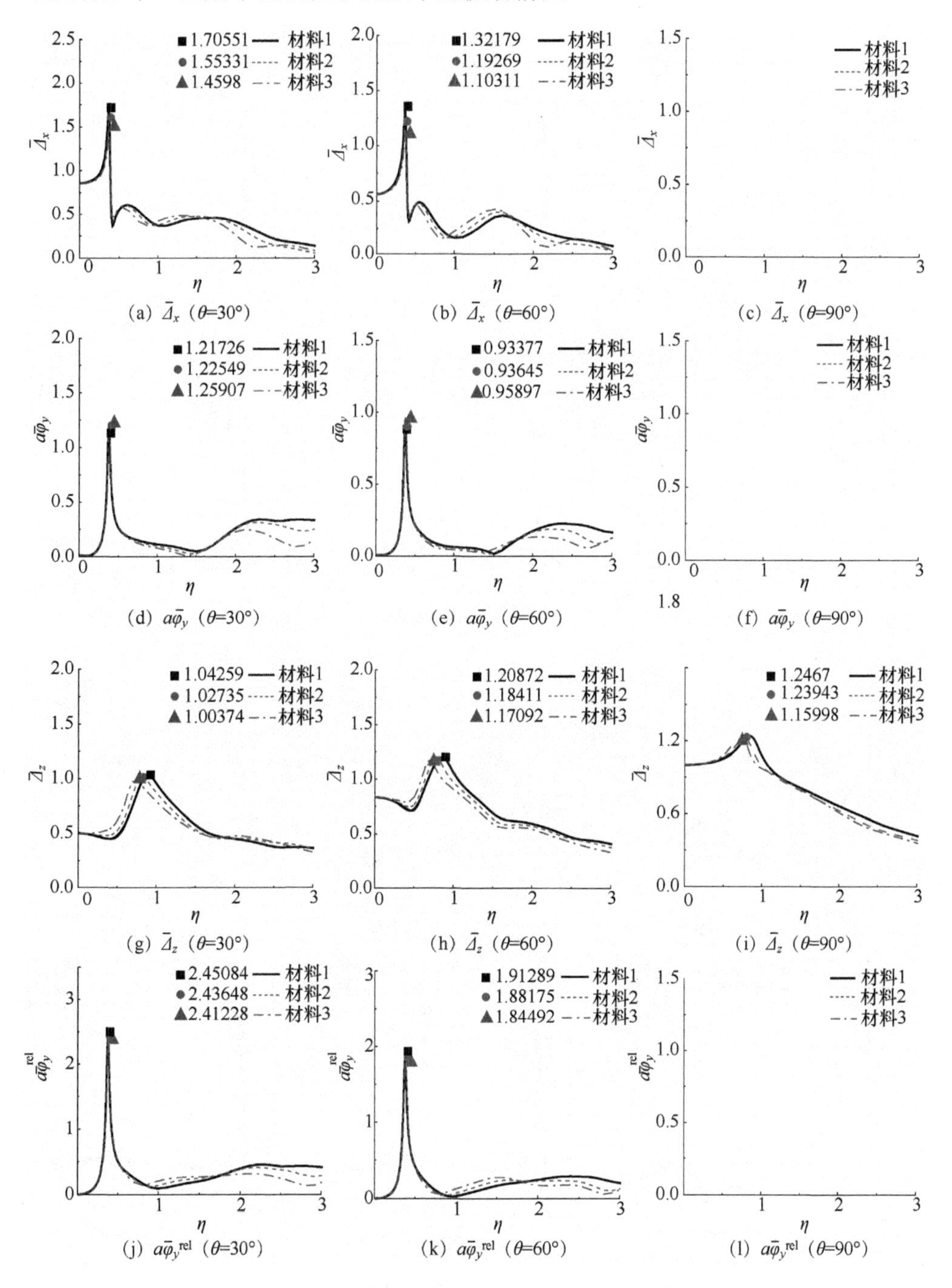

图 6-25　qP 波入射不同材料单一 TI 土层时基础有效输入与上部结构位移

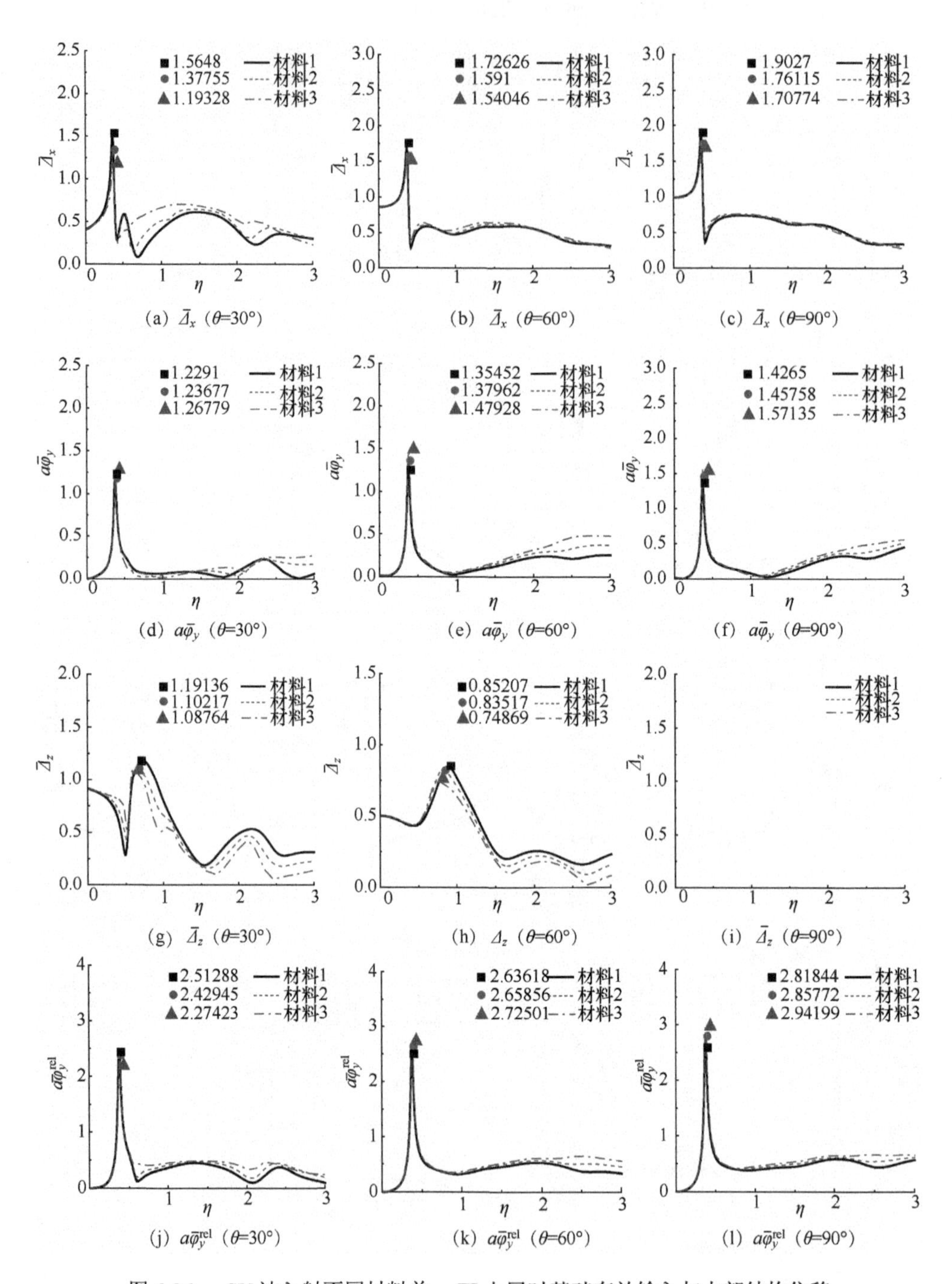

图 6-26 qSV 波入射不同材料单一 TI 土层时基础有效输入与上部结构位移

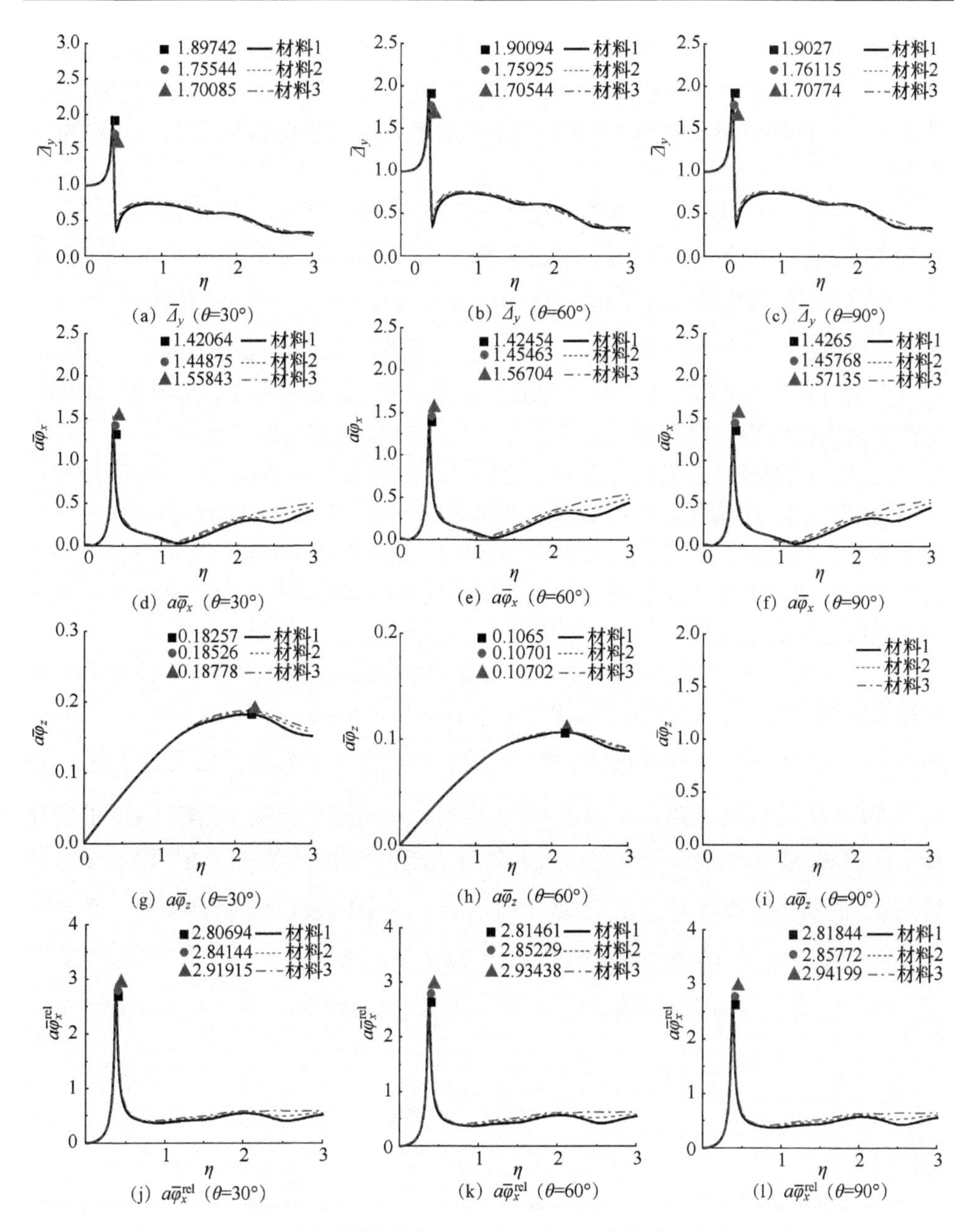

(a) $\overline{\varDelta}_y$ (θ=30°)　(b) $\overline{\varDelta}_y$ (θ=60°)　(c) $\overline{\varDelta}_y$ (θ=90°)

(d) $a\overline{\varphi}_x$ (θ=30°)　(e) $a\overline{\varphi}_x$ (θ=60°)　(f) $a\overline{\varphi}_x$ (θ=90°)

(g) $a\overline{\varphi}_z$ (θ=30°)　(h) $a\overline{\varphi}_z$ (θ=60°)　(i) $a\overline{\varphi}_z$ (θ=90°)

(j) $a\overline{\varphi}_x^{\mathrm{rel}}$ (θ=30°)　(k) $a\overline{\varphi}_x^{\mathrm{rel}}$ (θ=60°)　(l) $a\overline{\varphi}_x^{\mathrm{rel}}$ (θ=90°)

图 6-27　SH 波入射不同材料单一 TI 土层时基础有效输入与上部结构位移

从图 6-26 中可以看出，qSV 波入射下，基础位移峰值和峰值频率的变化规律与 qP 波入射时大致相同。基础沿 x 和 z 方向的线位移 $\overline{\varDelta}_x$ 和 $\overline{\varDelta}_z$ 的曲线峰值随着 $E_{\mathrm{h}}/E_{\mathrm{v}}$ 的增大不断减小，基础绕 y 轴转角 $\overline{\varphi}_y$ 的曲线峰值随着 $E_{\mathrm{h}}/E_{\mathrm{v}}$ 的增大而增大。基础位移在不同角度下随频率波动的幅度有所差别。基础沿 x 轴的线位移 $\overline{\varDelta}_x$ 频谱曲线在入射角为 30°时要比 60°和 90°波动得更为剧烈（这一点在各向同性的结果中也有体现），同时入射角为 30°时 3 条曲线之间的差异也相对 60°和 90°时要更为显著，这说明 TI 介质参数的改变对基础位移随频率波动的影响与地震波的入射角度有关。

从图 6-27 中可以看出，SH 波入射下基础沿 y 方向的线位移 $\overline{\Delta}_y$ 的曲线峰值随着 E_h/E_v 的增大而减小，基础绕 x 轴方向转角 $\overline{\varphi}_x$ 的曲线峰值随着 E_h/E_v 的增大而增大，基础绕 z 轴方向转角 $\overline{\varphi}_z$ 的曲线峰值随着 E_h/E_v 的增大而增大。值得注意的是，不同入射角度下，基础位移（$\overline{\Delta}_y$、$\overline{\varphi}_x$ 和 $\overline{\varphi}_z$）随频率波动的趋势是基本一致的。相对于 qP 波和 qSV 波入射下的基础位移结果，在 SH 波入射下，3 种 TI 介质基础位移之间的差距并没有那么显著，尤其是 $\overline{\Delta}_y$ 随频率变化的曲线。

文献［5］通过对各向同性层状半空间-半圆形基础-单质点结构力学模型的分析，提出考虑土-结构相互作用后的基础表面动力响应和自由场相比会存在一个放大效应，而这种放大效应就主要体现在基础位移频谱曲线的峰值上。通过以上分析也可以看出，考虑土层的各向异性会增大基础位移的峰值，所以在建筑抗震设计中考虑土层各向异性对土-结构相互作用的影响会更加安全。

从图 6-25～图 6-27 中可以看出，TI 介质参数的改变对上部单质点结构的位移频谱曲线是有一定影响的。当 qP 波以不同角度入射时，单质点结构绕 y 轴方向转角 $\overline{\varphi}_y^{\mathrm{rel}}$ 的曲线峰值随着 E_h/E_v 的增大而减小，其中 3 种材料的最大差异是在 qP 波以 60°入射的情况。当 qSV 波以 30°入射时，单质点结构绕 y 轴转角 $\overline{\varphi}_y^{\mathrm{rel}}$ 的曲线峰值随着 E_h/E_v 的增大而减小；而入射角为 60°和 90°时，单质点结构绕 x 轴方向转角 $\overline{\varphi}_y^{\mathrm{rel}}$ 的曲线峰值随着 E_h/E_v 的增大而增大。当 SH 波以不同角入射时，单质点结构绕 x 轴转角 $\overline{\varphi}_y^{\mathrm{rel}}$ 的曲线峰值随着 E_h/E_v 的增大而增大。

本章更为详细的研究成果列于文献［18］～文献［26］中，可供读者参考。

参 考 文 献

［1］DE BARROS FCP，LUCO JE，Dynamic response of a two-dimensional semi-circular foundation embedded in a layered viscoelastic half-space［J］. Soil Dynamics and Earthquake Engineering，1995，14（1）：45-57.

［2］BYCROFT GN. Soil-foundation interaction and differential ground motions［J］. Earthquake Engineering and Structural Dynamics，1980，8（5）：397-404.

［3］LUCO J E. On the relation between radiation and scattering problems for foundations embedded in an elastic half-space［J］. Soil Dynamics and Earthquake Engineering，1986，5（2）：97-101.

［4］TRIFUNAC M D. Interaction of a shear wall with the soil for incident plane SH waves［J］. Bulletin of the

Seismological Society of America，1972，62（1）：63-83.

[5] 付佳. 地震激励下层状半空间土-结构动力相互作用 [D]. 天津：天津大学，2012.

[6] LIANG J W，FU J，TODOROVSKA M I，et al. Effects of the site dynamic characteristics on soil–structure interaction（I）：Incident SH-Waves [J]. Soil Dynamics and Earthquake Engineering，2013，44：27-37.

[7] XUE ST，CHEN R，QIN L. Resonant character of transversely isotropic stratified media [J]. Journal of Tongji University，2002，30（2）：127-132.

[8] 潘坤. 层状横观各向同性半空间中三维凹陷和盆地对地震波的散射 [D]. 天津：天津大学，2017.

[9] LIANG JW，FU J，TODOROVSKA M I，et al. Effects of site dynamic characteristics on soil–structure interaction （II）：Incident P and SV waves [J]. Soil Dynamics and Earthquake Engineering，2013，51：58-76.

[10] LIANG JW，FU J，TODOROVSKA M I，et al. In-plane soil-structure interaction in layered，fluid-saturated，poroelastic half-space I：Structural response [J]. Soil Dynamics and Earthquake Engineering，2016，81：84-111.

[11] GIBSON R E. The analytical method in soil mechanics [J]. Géotechnique，1974，24（2）：115-140.

[12] WARD W H，MARSLAND A，SAMUELS S G. Properties of the London Clay at the Ashford Common shaft：in-situ and undrained strength tests [J]. Géotechnique，1965，15（4）：321-344.

[13] LEE K M，ROWE R K. Deformation caused by surface loading and tunneling：the role of elastic anisotropy [J]. Géotechnique，1989，39（1）：125-140.

[14] TARN J Q，LU C C. Analysis of subsidence due to a point sink in an anisotropic porous elastic half space [J]. International Journal for Numerical and Analytical Methods in Geomechanics，1991，15（8）：573-592.

[15] CONTE E. Consolidation of anisotropic soil deposits [J]. Soils and Foundations，1998，38（4）：227-237.

[16] WOLF J P. Dynamic soil-structure interaction [M]. Englewood Cliffs：Prentice-Hall，1985.

[17] LIANG J W，HAN B，FU J，et al. Influence of site dynamic characteristics on dynamic soil-structure interaction：Comparison between 3D model and 2D models [J]. Soil Dynamics and Earthquake Engineering，2018，108：79-95.

[18] BA Z N，GAO X. Soil-structure interaction in transversely isotropic layered media subjected to incident plane SH waves [J]. Shock and Vibration，2017，2017：2834274.

[19] 胡黎明. 层状 TI 弹性及饱和地基中条形刚性基础动力刚度系数 [D]. 天津：天津大学，2016.

[20] 周旭. 横观各向同性介质模型的土-结构动力相互作用 [D]. 天津：天津大学，2018.

[21] 巴振宁，梁建文，胡黎明. 层状横观各向同性地基中埋置刚性基础的平面外动力刚度系数 [J]. 岩土工程学报，2017，9（2）：343-351.

[22] BA Z N，LIANG J W，LEE V W，et al. Dynamic impedance functions for a rigid strip footing resting on a multi-layered transversely isotropic saturated half-space [J]. Engineering Analysis with Boundary Elements，2018，86：31-44.

[23] BA Z N，LIANG J W，LEE V W，et al. IBEM for impedance functions of an embedded strip Foundation in a multi-layered transversely isotropic half-space [J]. Journal of Earthquake Engineering，2018，22（8）：

1415-1446.

［24］巴振宁，胡黎明，梁建文，层状横观各向同性地基上刚性条形基础动力刚度系数［J］. 土木工程学报，2017，50（9）：67-81.

［25］FU J，LIANG J W，BA Z N. Model errors caused by rigid-foundation assumption in soil-structure interaction：a comparison of responses of a soil-structure-flexible foundation system and a rigid foundation system[J]. Bulletin of Earthquake Engineering，2021，19（1）：77-99.

［26］BA Z N，FU J S，WANG F B，et al. Three-dimensional dynamic response analysis of rigid foundation embedded in layered transversely isotropic half-space［J］. Journal of Earthquake Engineering，2021，26（6）：8611-8628.

第7章　基于TI介质模型的列车运行诱发环境振动

本章将TI弹性（饱和）介质引入去掉列车运行诱发环境振动的研究中，分析列车在低音速、跨音速及超音速条件下地基表面的动力响应，揭示荷载频率、列车移动速度及地基各向异性等因素对地基动力响应的影响规律。求解的总体思路是：首先根据地基表面轨道中心点与轨道竖向位移连续条件建立层状TI地基-轨道耦合模型，进而采用第3章给出的层状TI弹性（饱和）半空间中移动斜线均布荷载（孔压）动力格林函数求解成层TI地基的动力响应。本章研究内容包括层状TI弹性半空间移动荷载作用下动力响应、层状TI饱和半空间移动荷载作用下动力响应、层状TI弹性地基-路轨-列车耦合系统轨道不平顺引起振动的分析、层状TI饱和地基-路轨-列车耦合系统轨道不平顺引起振动的分析。

本章求解方法的优势在于采用2.5维方法对移动荷载作用下的地基进行三维分析，利用沿轴线方向的Fourier积分得到不同观察面的动力响应，有效控制了计算量和内存占用。本章研究成果可为TI半空间介质内地铁运行引起的地基动力响应分析提供理论依据。

7.1　层状TI弹性半空间移动荷载作用下动力响应

层状TI弹性半空间中作用移动集中荷载如图7-1所示。

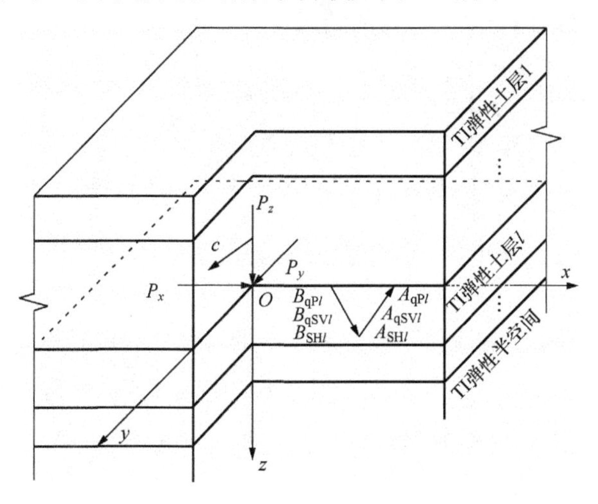

图7-1　层状TI弹性半空间中作用移动集中荷载

7.1.1　弹性半空间动力响应计算方法概述

假定荷载幅值为$\left[P_x,P_y,P_z\right]$的集中荷载作用在 TI 弹性第 l 层表面以恒定速度 c 沿 y 轴正方向移动，其在时间-空间域内可表示为

$$[P_l(x,y,t),Q_l(x,y,t),R_l(x,y,t)]=[P_x,P_y,P_z]\delta(x)\delta(y-ct) \tag{7.1}$$

通过 Fourier 变换，将式（7.1）变换到频率-波数域中为

$$\left[\tilde{\bar{\bar{P}}}_l(k_x,k_y,\omega),\tilde{\bar{\bar{Q}}}_l(k_x,k_y,\omega),\tilde{\bar{\bar{R}}}_l(k_x,k_y,\omega)\right]=\frac{1}{(2\pi)^2c}\left[P_x,P_y,P_z\right]\delta(k_y-\omega/c) \tag{7.2}$$

将式（7.2）代入式（2.44）中，可得

$$\begin{aligned}&\boldsymbol{S}_{\text{qP-qSV-SH}}[\tilde{\bar{\bar{u}}}_1,\tilde{\bar{\bar{v}}}_1,\mathrm{i}\tilde{\bar{\bar{w}}}_1,\tilde{\bar{\bar{u}}}_2,\tilde{\bar{\bar{v}}}_2,\mathrm{i}\tilde{\bar{\bar{w}}}_2,\cdots,\tilde{\bar{\bar{u}}}_{N+1},\tilde{\bar{\bar{v}}}_{N+1},\mathrm{i}\tilde{\bar{\bar{w}}}_{N+1}]^{\mathrm{T}}\\&=[0,0,0,\cdots,\tilde{\bar{\bar{P}}}_l,\tilde{\bar{\bar{Q}}}_l,\mathrm{i}\tilde{\bar{\bar{R}}}_l,\cdots,0,0,0]^{\mathrm{T}}\end{aligned} \tag{7.3}$$

对式（7.3）进行求解，可以求得频率-波数域内的位移幅值向量$[\tilde{\bar{\bar{u}}}_1,\tilde{\bar{\bar{v}}}_1,\tilde{\bar{\bar{w}}}_1,\tilde{\bar{\bar{u}}}_2,\tilde{\bar{\bar{v}}}_2,\tilde{\bar{\bar{w}}}_2,\cdots,\tilde{\bar{\bar{u}}}_{N+1},\tilde{\bar{\bar{v}}}_{N+1},\tilde{\bar{\bar{w}}}_{N+1}]^{\mathrm{T}}$，进而由式（2.17）和式（2.18）可求得解耦的土层交界面上的平面内位移幅值$\tilde{\bar{\bar{u}}}_j'$、$\tilde{\bar{\bar{w}}}_j'$和平面外位移幅值$\tilde{\bar{\bar{v}}}_j'$（j=1～N）。然后，由式(2.32)可以得到第 j 层土层 qP 波和 qSV 波的上行波和下行波幅值系数 $A_{\mathrm{qP}j}$、$B_{\mathrm{qP}j}$、$A_{\mathrm{qSV}j}$和 $B_{\mathrm{qSV}j}$，以及第 j 层土层 SH 波的上行波和下行波幅值系数 $A_{\mathrm{SH}j}$ 和 $B_{\mathrm{SH}j}$。再由式(2.25)和式(2.31)求得第 j 层土层内平面内位移和应力幅值$\tilde{\bar{\bar{u}}}_j'(z)$、$\tilde{\bar{\bar{w}}}_j'(z)$、$\tilde{\bar{\bar{\sigma}}}_{x'j}'(z)$、$\tilde{\bar{\bar{\sigma}}}_{y'j}'(z)$、$\tilde{\bar{\bar{\sigma}}}_{zj}'(z)$和$\tilde{\bar{\bar{\tau}}}_{zx'j}'(z)$，由式（2.25）和式（2.39）求得第 j 层土层内平面外位移和应力幅值$\tilde{\bar{\bar{v}}}_j'(z)$和$\tilde{\bar{\bar{\tau}}}_{y'x'j}(z)$。以上计算都是在频率-波数域内进行的，再通过 Fourier 逆变换求得时间-空间域内的结果：

$$\begin{aligned}g(x,y-ct,z,t)&=\int_{-\infty}^{\infty}\int_{-\infty}^{\infty}\int_{-\infty}^{\infty}\tilde{\bar{\bar{g}}}(k_x,k_y,z,\omega)\delta\left(k_y-\frac{\omega}{c}\right)\mathrm{e}^{-\mathrm{i}k_xx}\mathrm{e}^{-\mathrm{i}k_yy}\mathrm{e}^{\mathrm{i}\omega t}\mathrm{d}k_x\mathrm{d}k_y\mathrm{d}\omega\\&=\int_{-\infty}^{\infty}\int_{-\infty}^{\infty}\tilde{\bar{g}}(k_x,\omega/c,z,\omega)\mathrm{e}^{-\mathrm{i}\frac{\omega}{c}y}\mathrm{e}^{-\mathrm{i}k_xx}\mathrm{e}^{\mathrm{i}\omega t}\mathrm{d}k_x\mathrm{d}\omega\end{aligned} \tag{7.4}$$

式中，$g(x,y-ct,z,t)$为时间-空间域中的动力响应；$\tilde{\bar{g}}(k_x,\omega/c,z,\omega)$为波数-频率域中的动力响应。

可以通过利用动力响应关于波数和频率的对称性和反对称性进行数值积分简化计算[1]。其中，$\tilde{\bar{u}}_x$、$\tilde{\bar{v}}_y$、$\tilde{\bar{w}}_y$、$\tilde{\bar{v}}_z$、$\tilde{\bar{w}}_z$、$\tilde{\bar{\tau}}_{xyx}$、$\tilde{\bar{\tau}}_{xzx}$、$\tilde{\bar{\sigma}}_{xy}$、$\tilde{\bar{\sigma}}_{yy}$、$\tilde{\bar{\sigma}}_{zy}$、$\tilde{\bar{\tau}}_{yzy}$、$\tilde{\bar{\sigma}}_{xz}$、$\tilde{\bar{\sigma}}_{yz}$、$\tilde{\bar{\sigma}}_{zz}$和$\tilde{\bar{\tau}}_{yzz}$关于波数 k_x 对称，$\tilde{\bar{v}}_x$、$\tilde{\bar{w}}_x$、$\tilde{\bar{u}}_y$、$\tilde{\bar{u}}_z$、$\tilde{\bar{\sigma}}_{xx}$、$\tilde{\bar{\sigma}}_{yx}$、$\tilde{\bar{\sigma}}_{zx}$、$\tilde{\bar{\tau}}_{yzx}$、$\tilde{\bar{\tau}}_{xzy}$、$\tilde{\bar{\tau}}_{xyy}$、$\tilde{\bar{\tau}}_{xzz}$和$\tilde{\bar{\tau}}_{xyz}$关于波数 k_x 反对称。

7.1.2　弹性半空间动力响应方法验证

为验证该方法的正确性，本节先与 de Barros 等[1]给出的超音速移动的地表集中荷载作用下均匀各向同性黏弹性半空间观测点 $A(0,0,10\text{m})$处的位移动力响应的计算结果进行比较。如图 7-2（a）所示，模型的材料参数取为：剪切波速 c_s=1000m/s，纵波波速 c_p=1732m/s，质量密度 ρ=2000kg/m^3，泊松比 ν=0.25，阻尼比 ζ=0.01。图 7-2（b）～（f）给出了无量纲位移 D^*［定义为 $D^*=(Gz/P)D$］随着无量纲时间 t^*（定义为 $t^*=c_st/z$）的时程曲线，其中 G=2.0GPa，z=10m，P 是移动荷载的幅值。荷载的移动速度为超音速 c=2000m/s，在图 7-2（b）～（f）中，位移的下标指的是集中荷载施加的方向。由图 7-2（b）～（f）可以看出，本节结果与 de Barros 等[1]给出的结果吻合良好。

其次，与 de Barros 等[1]给出的上述荷载作用下 6 层各向同性弹性半空间地表的位移时程结果进行对比。将水平与竖向模量取为相同可退化到各向同性模型：弹性模量依次为 $E_h=E_v$=0.2GPa、1.13GPa、2.28GPa、3.40GPa、4.28GPa 和 5.0GPa，剪切模量依次为 G_v=0.08GPa、0.45GPa、0.91GPa、1.36GPa、1.71GPa 和 2.0GPa，泊松比 $\nu_{hj}=\nu_{vhj}=0.25(j=1\sim6)$，质量密度均为 ρ=2000kg/m^3，阻尼比均为 ζ=0.01。移动集中荷载以速度 c=700m/s 移动，观测点位于第 3 层中间位置 $A(0,0,10\text{m})$处，图 7-3 给出了无量纲位移 D^*［定义为 $D^*=(Gz/P)D$］随着无量纲时间 t^*（定义为 $t^*=c_st/z$）的时程曲线。从图 7-3 中可以看出本节结果与 de Barros 等[1]给出的结果吻合良好。

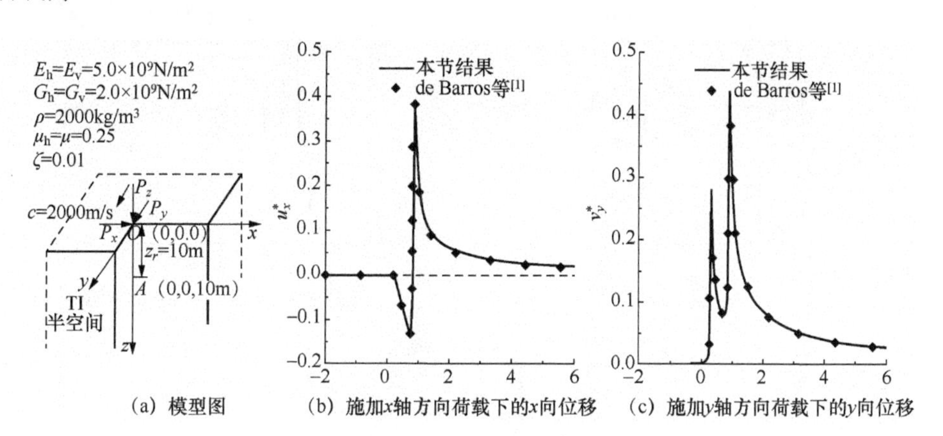

（a）模型图　（b）施加x轴方向荷载下的x向位移　（c）施加y轴方向荷载下的y向位移

图 7-2　与 de Barros 等[1]中速度 c=2000m/s 移动荷载时观测点处的位移动力响应结果对比

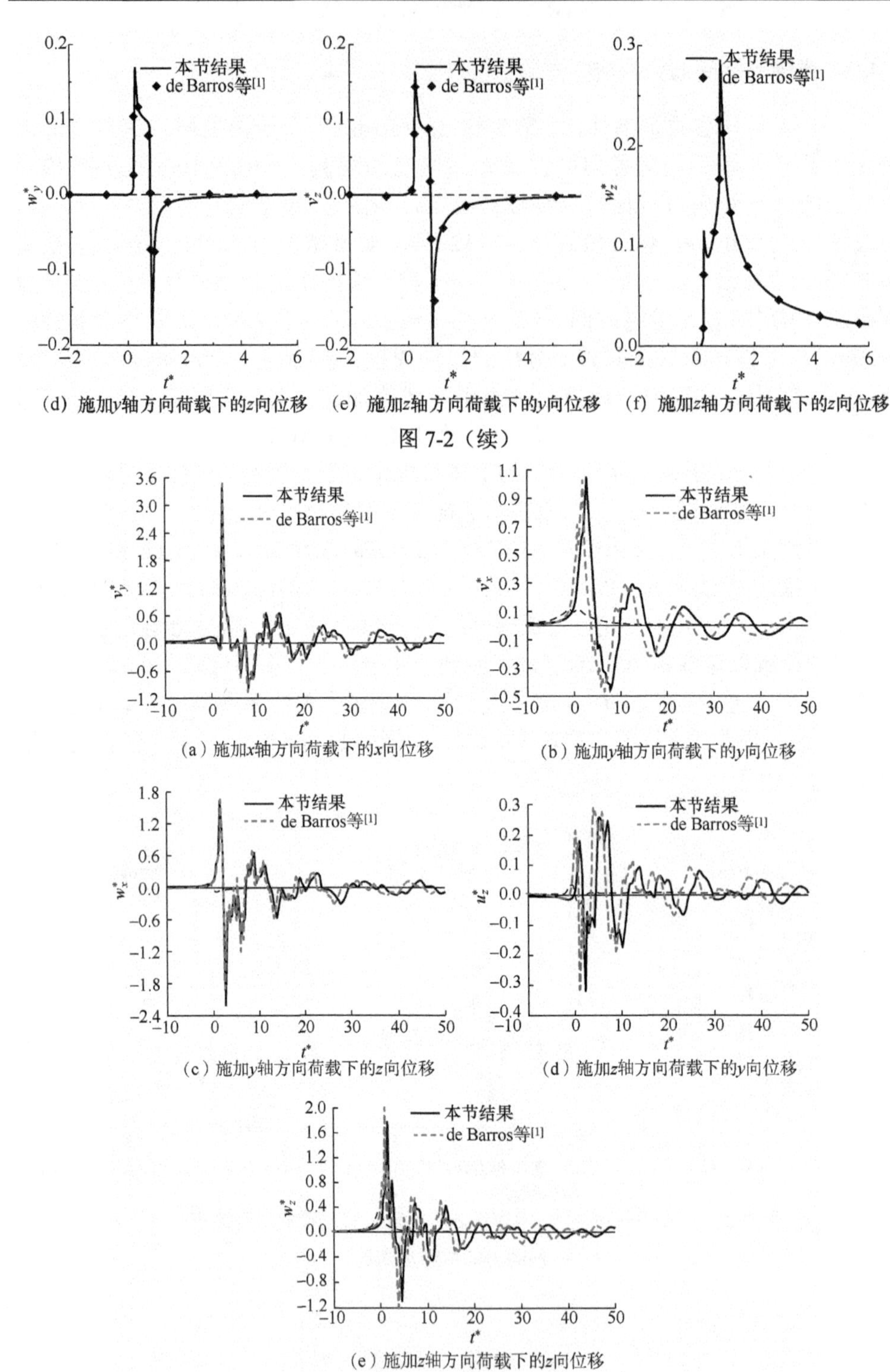

图 7-2（续）

图 7-3　与 de Barros 等[1]中荷载以速度 c=700m/s 移动时观测点处位移动加响应结果对比

7.1.3　算例与分析

在本节中分析了地基材料各向异性对于移动集中荷载作用下均匀半空间动力响应的影响。表 7-1 中给出了 3 种地基材料参数的具体取值。图 7-4 中给出了当移动荷载作用在坐标原点(0, 0, 0m)处对应的无量纲竖向位移向量 $w^*=(G_\mathrm{v}a/P)w$ 在坐标区域$-8.0\leqslant x/a\leqslant 8.0$ 和$-8.0\leqslant y/a\leqslant 8.0$ 范围内的三维分布图，其中 a=1，是参考长度。为了更好地表现竖向位移向量的运动特征，消去图 7-4 中竖向位移的峰值。图 7-4（a）～（c）给出的是荷载移动速度为 c^*=2.0 时竖向位移 w^*的三维图像，图 7-4（d）～（f）给出的是荷载移动速度为 c^*=2.5 时竖向位移 w^*的三维图像，其中 $c^*=c\sqrt{\rho/G_\mathrm{v}}$，是无量纲速度。

表 7-1　地基材料参数

材料	工程模量/GPa			弹性模量/GPa				
	E_h	E_v	G_v	c_{11}	c_{12}	c_{13}	c_{33}	c_{44}
地基材料 1	7.5	7.5	3.0	9.0	3.0	3.0	9.0	3.0
地基材料 2	5.0	10.0	3.0	5.6	1.6	1.8	10.9	3.0
地基材料 3	10.0	5.0	3.0	14.0	6.0	5.0	7.5	3.0

注：对于该算例材料，密度 ρ=2000kg/m^3，泊松比 $\nu_\mathrm{h}=\nu_\mathrm{vh}$=0.25，阻尼比 ζ=0.01。

表 7-2 给出了 3 种地基材料中的 qRayleigh 波、qSV 波和 qP 波的马赫角。可以发现对于 3 种介质，与 qRayleigh 波有关的马赫角非常接近，原因在于这 3 种介质模型相应的 qRayleigh 波相速度差别很小；与 qSV 波有关的马赫角相等，原因在于这 3 种介质模型相应的 qSV 波相速度相等；与 qP 波有关的马赫角随着 E_h 的逐渐增大（同时 E_v 逐渐减小）而逐渐减小，原因在于这 3 种介质模型相应的 qP 波相速度逐渐增大。马赫角可通过$\varphi=\pm\left[\pi-\arcsin\left(v/c\right)\right]$获得，其中，$v$ 为对应波的波速，c 为荷载的移动速度。

表 7-2　不同地基材料的马赫角

材料	c^*=2.0			c^*=2.5		
	φ_qR	φ_qSV	φ_qP	φ_qR	φ_qSV	φ_qP
地基材料 1	152.6°	150.0°	120.1°	158.4°	156.4°	136.2°
地基材料 2	153.3°	150.0°	136.4°	158.9°	156.4°	146.5°
地基材料 3	152.3°	150.0°	—	158.2°	156.4°	119.8°

注：φ_qR 为与 qRayleigh 波有关的马赫角，φ_qSV 为与 qSV 波有关的马赫角，φ_qP 为与 qP 波有关的马赫角。

由图 7-4（a）～（b）中可以观察到与 qRayleigh 波、qSV 波和 qP 波相对应的 3 条马赫线，原因在于荷载移动速度 c^{*}=2.0 时大于地基材料 1 和 2 中 qRayleigh 波、qSV 波及 qP 波在水平方向的相速度（3 种介质中 qR 波、qSV 波和 qP 波相应的相速度在表 7-2 中列出）。然而，从图 7-4（c）中只可以观察到与 qRayleigh 波和 qSV 波相关的两条马赫线，原因在于荷载移动速度 c^{*}=2.0 时比地基材料 3 中 qP 波在水平方向的相速度低。从图 7-4（c）中可以看出在荷载作用位置处存在与 qP 波相关的一些波动。同样地，从图 7-4（d）～（f）中可以观察到与 qRayleigh 波、qSV 波和 qP 波有关的 3 条马赫线，原因在于荷载移动速度 c^{*}=2.5 时大于这 3 种介质中的 qRayleigh 波、qSV 波和 qP 波的相速度。

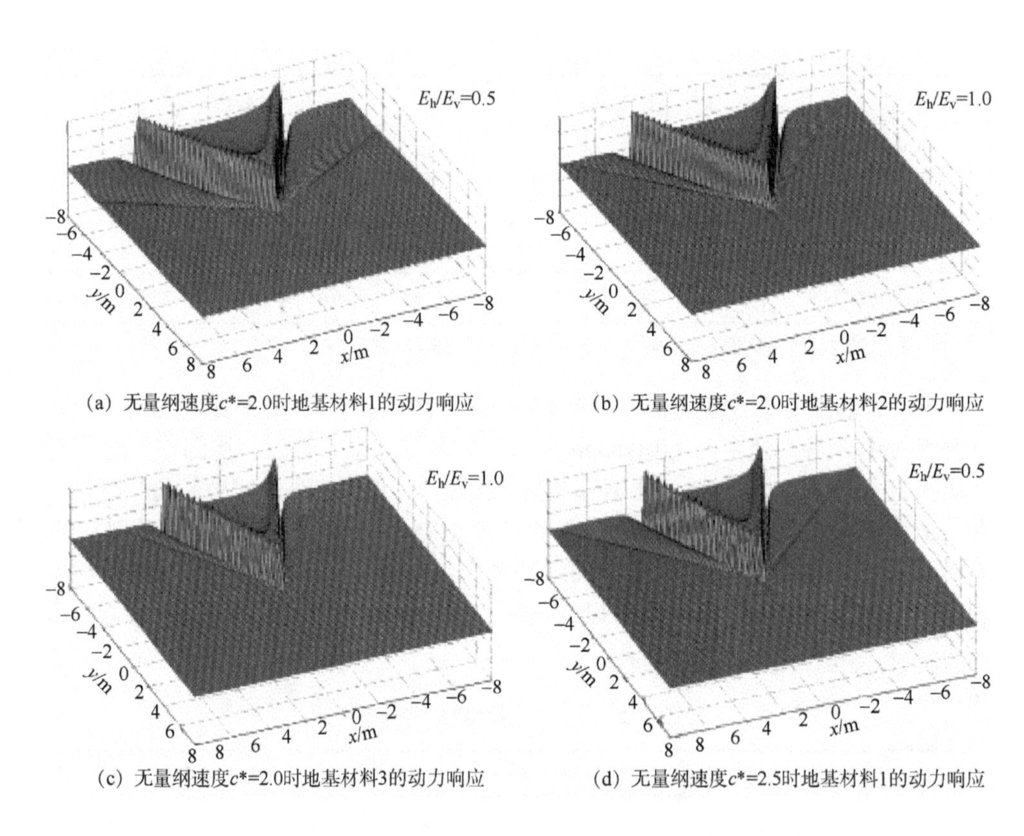

(a) 无量纲速度c*=2.0时地基材料1的动力响应　(b) 无量纲速度c*=2.0时地基材料2的动力响应

(c) 无量纲速度c*=2.0时地基材料3的动力响应　(d) 无量纲速度c*=2.5时地基材料1的动力响应

图 7-4　移动集中荷载作用在均匀 TI 弹性半空间地表沿 y 轴正向移动引起的无量纲竖向地表位移

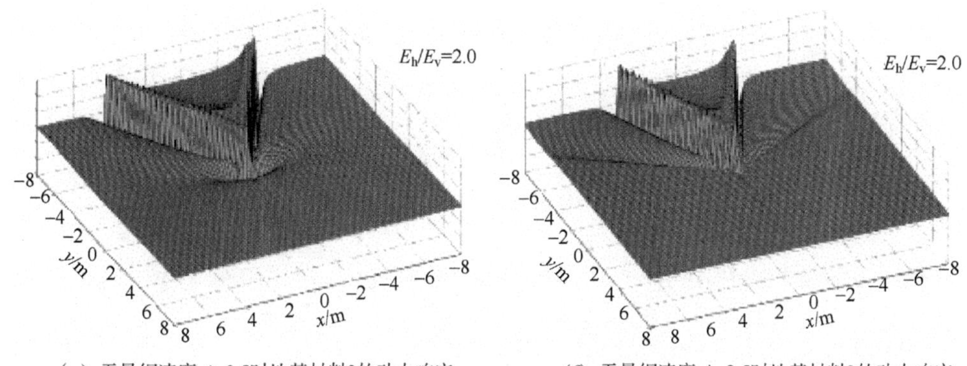

（e）无量纲速度c^*=2.5时地基材料2的动力响应　　（f）无量纲速度c^*=2.5时地基材料3的动力响应

图 7-4（续）

7.2　层状 TI 饱和半空间移动荷载作用下动力响应

层状 TI 饱和半空间中作用移动集中荷载和孔压如图 7-5 所示。

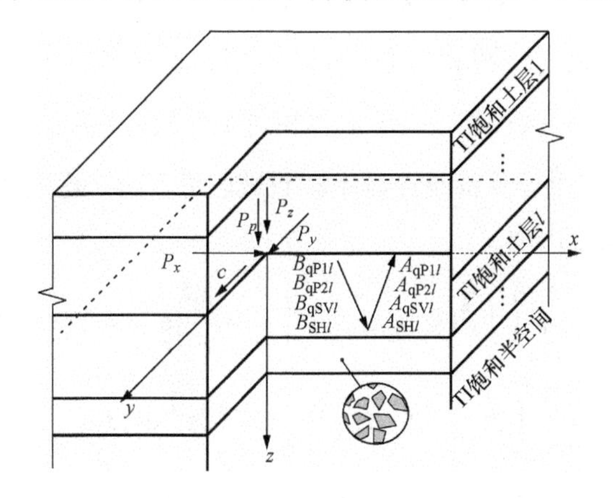

图 7-5　层状 TI 饱和半空间中作用移动集中荷载和孔压

7.2.1　饱和半空间动力响应计算方法概述

假定荷载幅值为［P_x,P_y,P_z,P_p］的集中荷载及孔压作用在 TI 饱和第 l 层表面以恒定速度 c 沿 y 轴正方向移动，其在时间–空间域内的运动方程可表示为

$$[P_l(x,y,z,t),T_l(x,y,z,t),R_l(x,y,z,t),Q_l(x,y,z,t)]=[P_x,P_y,P_z,P_f]\delta(x)\delta(y-ct) \tag{7.5}$$

通过 Fourier 变换，将式（7.5）变换到频率–波数域中为

$$\left[\bar{\bar{\bar{P}}}_l\left(k_x,k_y,\omega\right),\bar{\bar{\bar{T}}}_l\left(k_x,k_y,\omega\right),\bar{\bar{\bar{R}}}_l\left(k_x,k_y,\omega\right),\bar{\bar{\bar{Q}}}_l\left(k_x,k_y,\omega\right)\right]$$
$$=\frac{1}{(2\pi)^2 c}[P_x,P_y,P_z,P_f]\delta\left(k_y-\omega/c\right) \tag{7.6}$$

将式（7.6）代入式（2.87）中可得

$$\boldsymbol{K}_{\text{qP1-qP2-qSV-SH}}\left[\bar{\bar{\bar{u}}}_{x1},\bar{\bar{\bar{u}}}_{y1},\mathrm{i}\bar{\bar{\bar{u}}}_{z1},\mathrm{i}\bar{\bar{\bar{w}}}_{z1},\bar{\bar{\bar{u}}}_{x2},\bar{\bar{\bar{u}}}_{y2},\mathrm{i}\bar{\bar{\bar{u}}}_{z2},\mathrm{i}\bar{\bar{\bar{w}}}_{z2},\cdots,\bar{\bar{\bar{u}}}_{xN+1},\bar{\bar{\bar{u}}}_{yN+1},\mathrm{i}\bar{\bar{\bar{u}}}_{zN+1},\mathrm{i}\bar{\bar{\bar{w}}}_{zN+1}\right]^{\mathrm{T}}$$
$$=\left[0,0,0,0,\cdots,\bar{\bar{\bar{P}}}_l,\bar{\bar{\bar{T}}}_l,\mathrm{i}\bar{\bar{\bar{Q}}}_l+\mathrm{i}\alpha_3\bar{\bar{\bar{R}}}_l,\mathrm{i}\bar{\bar{\bar{R}}}_l,\cdots,0,0,0,0\right]^{\mathrm{T}} \tag{7.7}$$

求解式（7.7），可求得频率-波数域内任意土层交界面上的位移向量$[\bar{\bar{\bar{u}}}_{xj},\bar{\bar{\bar{u}}}_{yj},\mathrm{i}\bar{\bar{\bar{u}}}_{zj},\mathrm{i}\bar{\bar{\bar{w}}}_{z1},\bar{\bar{\bar{u}}}_{x2},\bar{\bar{\bar{u}}}_{y2},\mathrm{i}\bar{\bar{\bar{u}}}_{z2},\mathrm{i}\bar{\bar{\bar{w}}}_{z2},\cdots,\bar{\bar{\bar{u}}}_{xN+1},\bar{\bar{\bar{u}}}_{yN+1},\mathrm{i}\bar{\bar{\bar{u}}}_{zN+1},\mathrm{i}\bar{\bar{\bar{w}}}_{zN+1}]^{\mathrm{T}}$。然后，由式（2.75）可以得到第$j$层土层 qP1 波、qP2 波和 qSV 波的上行波、下行波幅值A_{1j}、B_{1j}、A_{2j}、B_{2j}、A_{3j}和B_{3j}，同样的方法可求得第j层土层 SH 波的上行波、下行波幅值A_{4j}和B_{4j}。再由式（2.67）、式（2.69）和式（2.74）求得第j层土层平面内土骨架位移、孔隙流体相对土骨架位移、应力和孔压$\bar{\bar{\bar{u}}}_{xj}'(z)$、$\bar{\bar{\bar{u}}}_{zj}'(z)$、$\bar{\bar{\bar{w}}}_{xj}'(z)$、$\bar{\bar{\bar{w}}}_{zj}'(z)$、$\bar{\bar{\bar{\sigma}}}_{x'j}'(z)$、$\bar{\bar{\bar{\sigma}}}_{y'j}'(z)$、$\bar{\bar{\bar{\sigma}}}_{zj}'(z)$、$\bar{\bar{\bar{\tau}}}_{zx'j}'(z)$和$\bar{\bar{\bar{p}}}_j'(z)$；由式（2.71）、式（2.72）和式（2.79）求得第j层土层平面外土骨架位移、孔隙流体相对土骨架位移和应力$\bar{\bar{\bar{u}}}_{yj}'(z)$、$\bar{\bar{\bar{w}}}_{yj}'(z)$、$\bar{\bar{\bar{\tau}}}_{y'x'j}(z)$和$\bar{\bar{\bar{\tau}}}_{y'zj}(z)$。以上计算都是在频率波数域内进行的，最后通过 Fourier 逆变换求得时间-空间域内的结果：

$$g\left(x,y-ct,z,t\right)=\int_{-\infty}^{\infty}\int_{-\infty}^{\infty}\int_{-\infty}^{\infty}\bar{\bar{\bar{g}}}\left(k_x,k_y,z,\omega\right)\delta\left(k_y-\frac{\omega}{c}\right)\mathrm{e}^{-\mathrm{i}k_x x}\mathrm{e}^{-\mathrm{i}k_y y}\mathrm{e}^{\mathrm{i}\omega t}\mathrm{d}k_x\mathrm{d}k_y\mathrm{d}\omega$$
$$=\int_{-\infty}^{\infty}\int_{-\infty}^{\infty}\tilde{\bar{g}}\left(k_x,\omega/c,z,\omega\right)\mathrm{e}^{-\mathrm{i}\frac{\omega}{c}y}\mathrm{e}^{-\mathrm{i}k_x x}\mathrm{e}^{\mathrm{i}\omega t}\mathrm{d}k_x\mathrm{d}\omega \tag{7.8}$$

式中，$g\left(x,y-ct,z,t\right)$为时间-空间域中的动力响应；$\tilde{\bar{g}}\left(k_x,\omega/c,z,\omega\right)$为频率-波数域中的动力响应。

与式（7.4）类似，数值积分计算可以通过利用积分关于波数的对称性和反对称性进行简化计算。其中，$\tilde{\bar{u}}_{xx}$、$\tilde{\bar{w}}_{xx}$、$\tilde{\bar{u}}_{yy}$、$\tilde{\bar{w}}_{yy}$、$\tilde{\bar{u}}_{zy}$、$\tilde{\bar{w}}_{zy}$、$\tilde{\bar{u}}_{yz}$、$\tilde{\bar{w}}_{yz}$、$\tilde{\bar{u}}_{zz}$、$\tilde{\bar{w}}_{zz}$、$\tilde{\bar{u}}_{yp}$、$\tilde{\bar{w}}_{yp}$、$\tilde{\bar{u}}_{zp}$、$\tilde{\bar{w}}_{zp}$、$\tilde{\bar{\tau}}_{xyx}$、$\tilde{\bar{\tau}}_{xzx}$、$\tilde{\bar{\sigma}}_{xy}$、$\tilde{\bar{\sigma}}_{yy}$、$\tilde{\bar{\sigma}}_{zy}$、$\tilde{\bar{\tau}}_{yzy}$、$\tilde{\bar{p}}_{py}$、$\tilde{\bar{\sigma}}_{xz}$、$\tilde{\bar{\sigma}}_{yz}$、$\tilde{\bar{\sigma}}_{zz}$、$\tilde{\bar{\tau}}_{yzz}$、$\tilde{\bar{p}}_{pz}$、$\tilde{\bar{\sigma}}_{xp}$、$\tilde{\bar{\sigma}}_{yp}$、$\tilde{\bar{\sigma}}_{zp}$、$\tilde{\bar{\tau}}_{yzp}$和$\tilde{\bar{p}}_{pp}$是关于波数$k_x$对称的，$\tilde{\bar{u}}_{yx}$、$\tilde{\bar{w}}_{yx}$、$\tilde{\bar{u}}_{zx}$、$\tilde{\bar{w}}_{zx}$、$\tilde{\bar{u}}_{xy}$、$\tilde{\bar{w}}_{xy}$、$\tilde{\bar{u}}_{xz}$、$\tilde{\bar{w}}_{xz}$、$\tilde{\bar{u}}_{xp}$、$\tilde{\bar{w}}_{xp}$、$\tilde{\bar{\sigma}}_{xx}$、$\tilde{\bar{\sigma}}_{yx}$、$\tilde{\bar{\sigma}}_{zx}$、$\tilde{\bar{p}}_{px}$、$\tilde{\bar{\tau}}_{yzx}$、$\tilde{\bar{\tau}}_{xzy}$、$\tilde{\bar{\tau}}_{xyy}$、$\tilde{\bar{\tau}}_{xzz}$、$\tilde{\bar{\tau}}_{xyz}$、$\tilde{\bar{\tau}}_{xzp}$和$\tilde{\bar{\tau}}_{xyp}$是关于波数$k_x$反对称的，最后一个下标$x$、$y$、$z$和$p$指的是

施加荷载的方向。

7.2.2 饱和半空间动力响应方法验证

为验证该方法的正确性，先与 Lu 等 [2] 给出的移动集中荷载作用下的三维均匀各向同性半空间的动力响应结果进行比较。将本节中参数取为如下可退化为各向同性饱和材料：$E_h=E_v=6.75$GPa，$G_v=3.0$GPa，$\nu_h=\nu_{vh}=0.125$，$\phi=0.3$，$\rho_s=2.5\times10^3$kg/m^3，$\rho_f=1.0\times10^3$kg/m^3，$\alpha_1=\alpha_3=-0.95$，$m_1=m_1=6666.7$kg/m^3，$k_1=k_3=1.0\times10^{10}$，$1/\vartheta=5.0$GPa 及 $a_{\infty1}=a_{\infty3}=2$。竖向移动集中荷载作用在点(0, 0, 0)处。考虑 3 种集中荷载移动速度 $c/c_{SH}=0.1$、0.5 和 0.9，其中 $c_{SH}=\sqrt{G_v/\rho}$。图 7-5（a）和（b）中分别给出了对于 3 种移动速度下，$x=z=1.0$m 处，$-2.0\leqslant y'\leqslant2.0$m 范围内地基的竖向位移和孔压动力响应。无量纲竖向位移和孔压定义为 $u_z^*=u_zG^Ra^R/F$ 和 $p^*=pa_R^2/F$，其中 $G^R=3.0$GPa，$a^R=1.0$m，F 为移动荷载的幅值。从图 7-6 中可以看出本节结果与 Lu 等 [2] 的计算结果吻合良好。

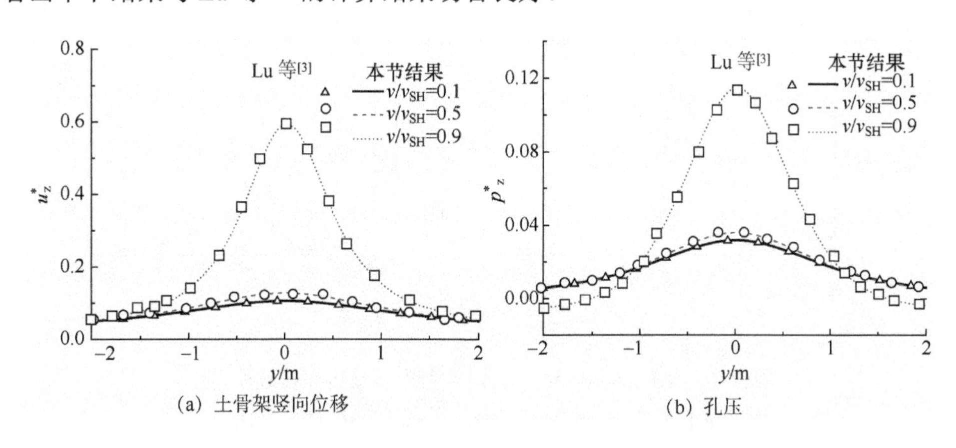

(a) 土骨架竖向位移　(b) 孔压

图 7-6　与 Lu 等 [2] 中移动集中荷载作用于均匀饱和地基表面时地表观测点处位移结果对比

其次，与 Lefeuve-Mesgouez 等 [3] 中简谐矩形均布荷载作用下的动力响应结果进行对比。荷载调整为 $\sin(k_xl_1)\sin(k_yl_2)/[(2\pi)^2ck_xk_y]\,[P_x,P_y,P_z,P_f]\,\delta[k_y-(\Psi+\omega)/c]$。式中，$l_1$ 和 l_2 为矩形半边长；$\psi=2\pi f$ 为荷载的角频率。通过将矩形荷载幅值代入式（2.91）中可以求得土层交界面的位移幅值。考虑 4 种介质模型：均匀半空间和基岩上单一土层厚度分别为 $h=1.0$m、3.6m 和 6.7m 的 3 种层状半空间。土层材料参数如下：$\lambda=44.72$GPa，$G_v=22.37$GPa，$k_s=36.50$，$k_1=2.25$。$\phi=0.388$，$\rho_s=2650$kg/m^3，$\rho_l=1000$kg/m^3，$\beta=0.998$，$M=5.173$GPa，$k_1=k_3=1.0194\times10^{-8}$，$\eta_f=0.001$Pa • s，$a_\infty=1.789$，$\zeta=0.05$。$l_1=l_2=0.3$，则竖向分布荷载幅值为$1/(4l_1l_2)$。基岩半空间模型参数取为 $E_h=E_v=596.5$GPa 和 $G_v=223.7$GPa，其他参数和单一土

层参数一致。图 7-7 给出了荷载振动频率为 f=16Hz，移动速度为 $M_R=c/v$=0.5 和 1.5 时，沿地表观测点处竖向位移的动力响应，其中 v=98.0m/s。从图 7-7 中可以看出本节结果和 Lefeuve-Mesgouez 等[3]给出的计算结果吻合良好。

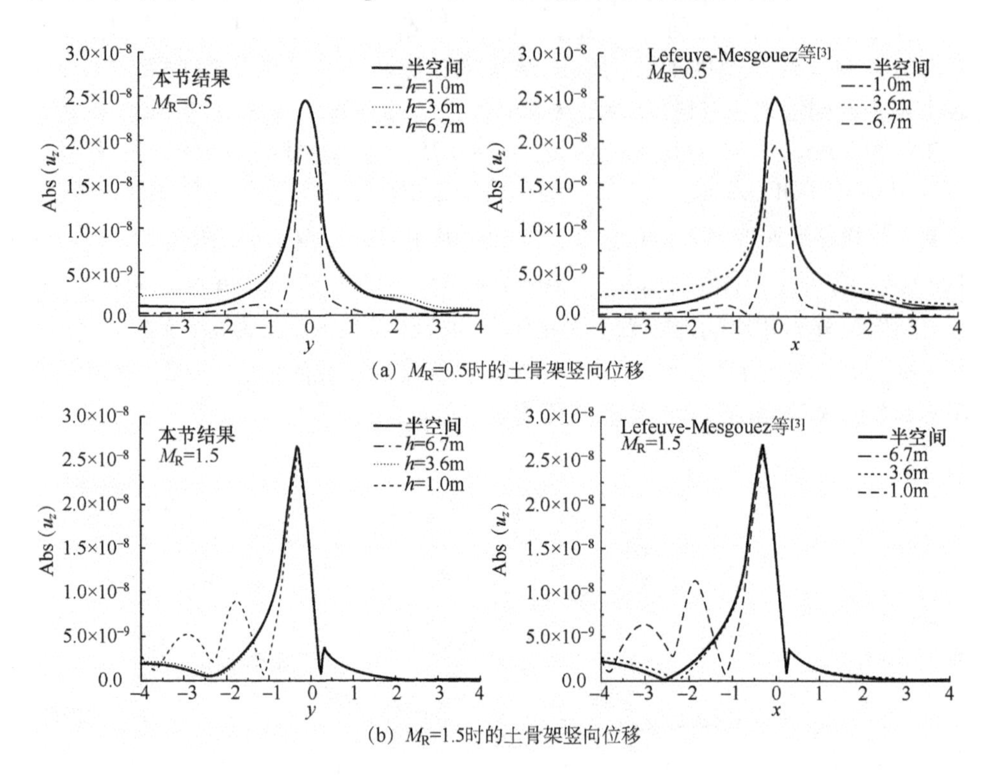

(a) M_R=0.5时的土骨架竖向位移

(b) M_R=1.5时的土骨架竖向位移

图 7-7　与 Lefeuve-Mesgouez 等[3]中移动均布荷载作用于饱和地基表面时地表观测点处位移响应结果对比

7.2.3　算例与分析

在本节中分析了均匀 TI 饱和半空间中各向异性、渗透率和排水条件对地表动力响应的影响。表 7-3 给出了 4 种材料模型，其中材料 2 的参数参考了 Lin 等[4]的试验数据。在以下计算中，为了获得所有的体波和面波，材料 1、2 和 3 除了用于分析渗透性影响的情况时，均假定为充满无黏性流体的饱和介质（$k_1=k_3=10^3$），相应的黏滞阻尼系数 k_1 和 k_3 接近于零。事实上，系数 k_1 和 k_3（不为零时）在黏弹性流体饱和介质中类似于阻尼器，会抑制某种波（尤其是 qP2 波）的传播。

表 7-3　基岩材料参数

材料	E_h/GPa	E_v/GPa	G_v/GPa	$\nu_h=\nu_{vh}$	ρ_s/(kg/m^3)	ρ_l/（kg/m^3）	$k_1=k_3$
基岩材料 1（E_h/E_v=0.5）	6.62	12.33	3.70	0.25	2650	1000	∞（10^{-12}、10^{-11}）
基岩材料 2（E_h/E_v=1.0）	9.25	9.25	3.70	0.25	2650	1000	∞（10^{-12}、10^{-11}）
基岩材料 3（E_h/E_v=2.0）	12.33	6.62	3.70	0.25	2650	1000	∞（10^{-12}、10^{-11}）
基岩材料 4（干土）	6.62	12.33	3.70	0.25	2650		

注：对于所有模型材料，ζ=0.01，ϕ=0.3，η_f=0.001Pa · s，k_s=36，k_l=2，$a_{\infty 1}=a_{\infty 3}$=2.167，通过 Berryman[6] 中 a_∞=（1+1/ϕ）/2 计算得到。材料 1 括号里的 k_1 和 k_3 用于研究渗透性对于动力响应的影响。

1. 介质的各向异性对动力响应的影响

为了分析材料各向异性对动力响应的影响，图 7-7 给出了基岩材料模型 1、2 和 3 随着荷载移动速度的增加位移和孔压的变化。移动荷载包括沿 x 向的集中荷载 P_x、沿 y 向的集中荷载 P_y、沿 z 向的集中荷载 P_z 及集中孔压荷载 P_f。在图 7-7 给出了移动荷载作用于 $O(0,0,0\text{m})$时埋置观测点 $A(0,0,2\text{m})$处位移 $D^*=(G_0z/P)D$ 和孔压 $p^*=(z^2/P)p$ 随着无量纲速度 $c^*=c\big/\sqrt{G_0/\rho_0}$ 的变化曲线，其中 G_0=3.0GPa，ρ_0=2155kg/m^3，z=2m，P 是移动荷载的幅值。同时，在图 7-8 中标注出了响应幅值的峰值及其对应的速度。另外，表 7-4 给出了 SH 波、qP1 波、qP2 波和 qSV 波在水平方向和竖直方向上的相速度及 qRayleigh 波的相速度（ω=500.0rad/s[5]）。

从图 7-8 可以看出，动态响应随着荷载移动速度的增大逐渐增大或减小，然后在接近 TI 饱和介质中波相应的临界速度处达到其最大值或最小值；最后当荷载速度连续增加并超过在 TI 饱和介质中存在的所有类型波的波速时，动态响应接近并最终趋于零。比较表 7-4 中列出的 5 种波的相速度和图 7-7 中对应的临界速度可以发现，介质中这几种波在水平方向上的相速度和相应的临界速度值极为接近，但并不完全相等。这是因为波在 TI 饱和介质中的传播远比在各向同性介质和弹性介质中的传播复杂得多，这几种波的相速度还与波的传播方向和 TI 饱和介质参数有关。

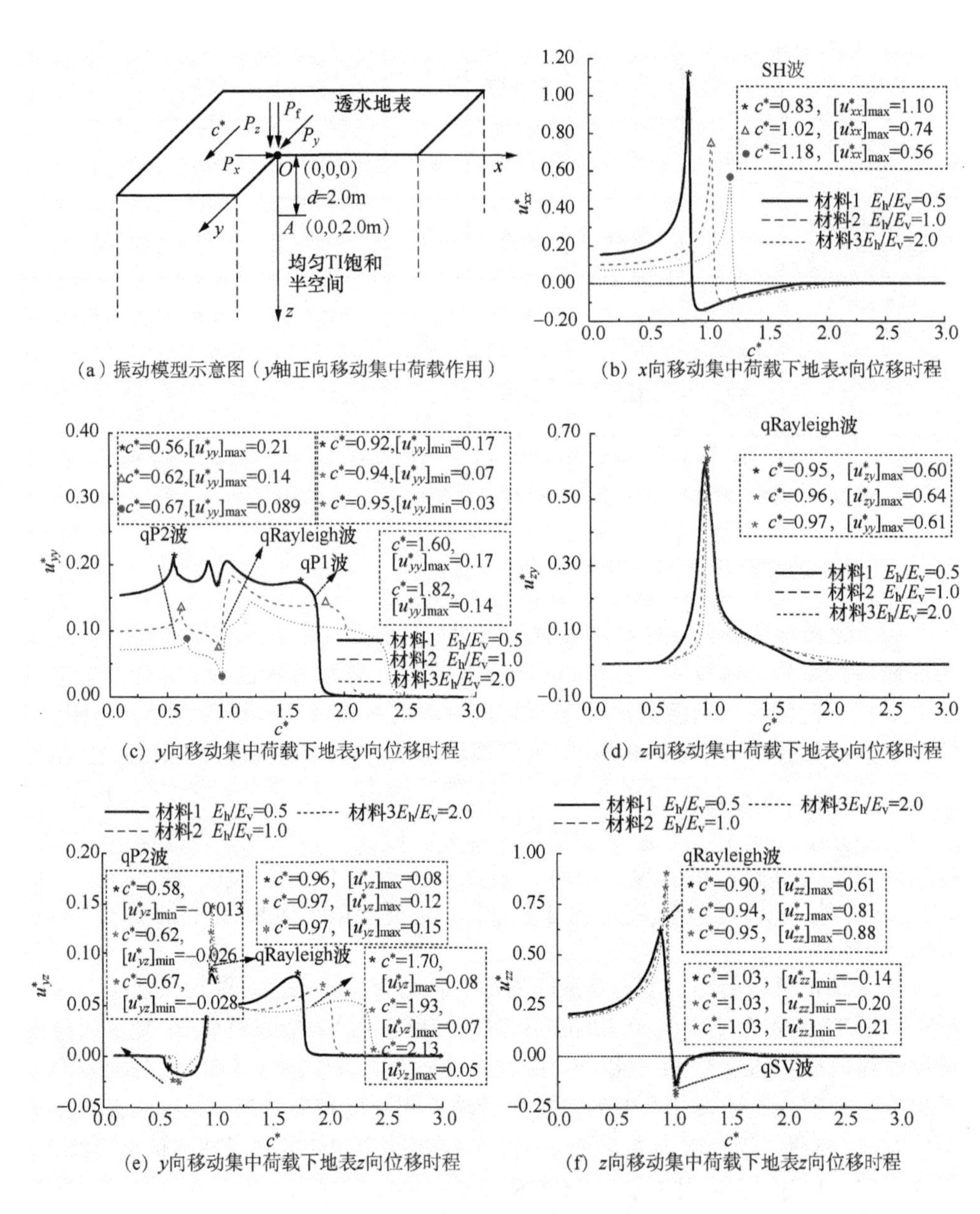

（a）振动模型示意图（y轴正向移动集中荷载作用）　（b）x向移动集中荷载下地表x向位移时程

（c）y向移动集中荷载下地表y向位移时程　（d）z向移动集中荷载下地表y向位移时程

（e）y向移动集中荷载下地表z向位移时程　（f）z向移动集中荷载下地表z向位移时程

图 7-8　集中荷载沿 y 轴正向在均匀 TI 饱和半空间地表移动的速度不断增大时观测点 A(0,0,2m)处无量纲位移曲线

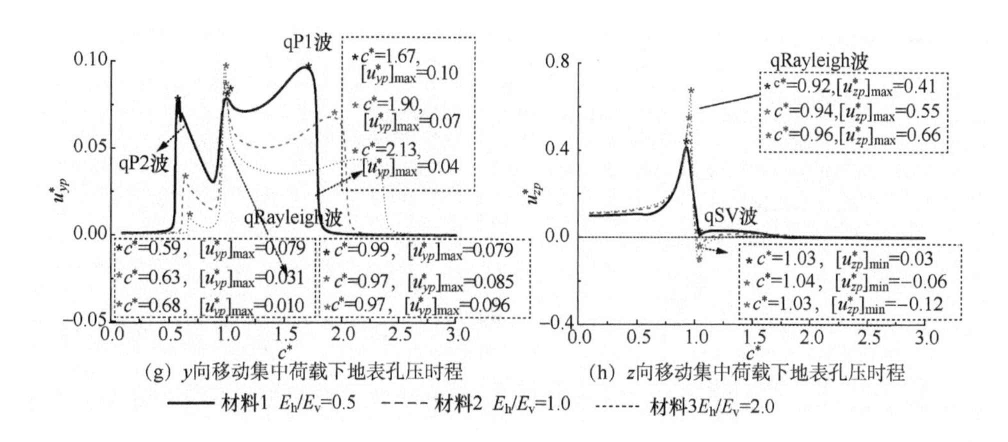

图 7-8（续）

表 7-4　3 种基岩中 SH 波、qP1 波、qP2 波和 qSV 波在水平和竖直方向上的相速度和 qRayleigh 波的相速度

材料	SH 波		qSV 波		qP1 波		qP2 波		qRayleigh 波
	v_{SH}^{h*}	v_{SH}^{v*}	v_{qSV}^{h*}	v_{qSV}^{v*}	v_{qP1}^{h*}	v_{qP1}^{v*}	v_{qP2}^{h*}	v_{qP2}^{v*}	v_{qR}^{*}
基岩材料 1	0.87	1.03	1.03	1.03	1.82	2.20	0.56	0.63	0.92
基岩材料 2	1.03	1.03	1.03	1.03	2.04	2.04	0.61	0.61	0.94
基岩材料 3	1.19	1.03	1.03	1.03	2.35	1.92	0.66	0.61	0.96

注：上标 h 和 v 分别表示水平方向和竖直方向波速；*为速度的无量纲，即 $v^* = v/\sqrt{G_v/\rho}$ 。

2. 介质的渗透率对动力响应的影响

为了分析介质的渗透率对移动荷载作用下 TI 饱和介质动力响应的影响，图 7-9 给出了集中荷载 P_y 以无量纲速度 c^*=2.5 在地表移动时观测点 A(0,0,2m)位置处位移和孔压时程曲线。在本节中，将介质 1 分别取以下 3 种情况进行计算：渗透率 k_1=k_3=10^{-12}（情况 1）、k_1=10^{-11} 和 k_3=10^{-12}（情况 2）及 k_1=10^{-12} 和 k_3=10^{-11}（情况 3），均匀 TI 饱和半空间假定为地表完全透水。当孔隙流体是黏性并且黏滞耦合系数较大时，qP2 波是扩散状的，其相速度接近于零。这也是本节使用充满无黏性流体 TI 饱和介质的原因。渗透率对于 qP1 波到达观测点时引起的峰值和对应的时间影响不大。渗透率的各向异性（情况 2 和 3）对于动态响应具有一定的影响，特别是对 qSV 波到达观测点的时间和相应的峰值影响更大。

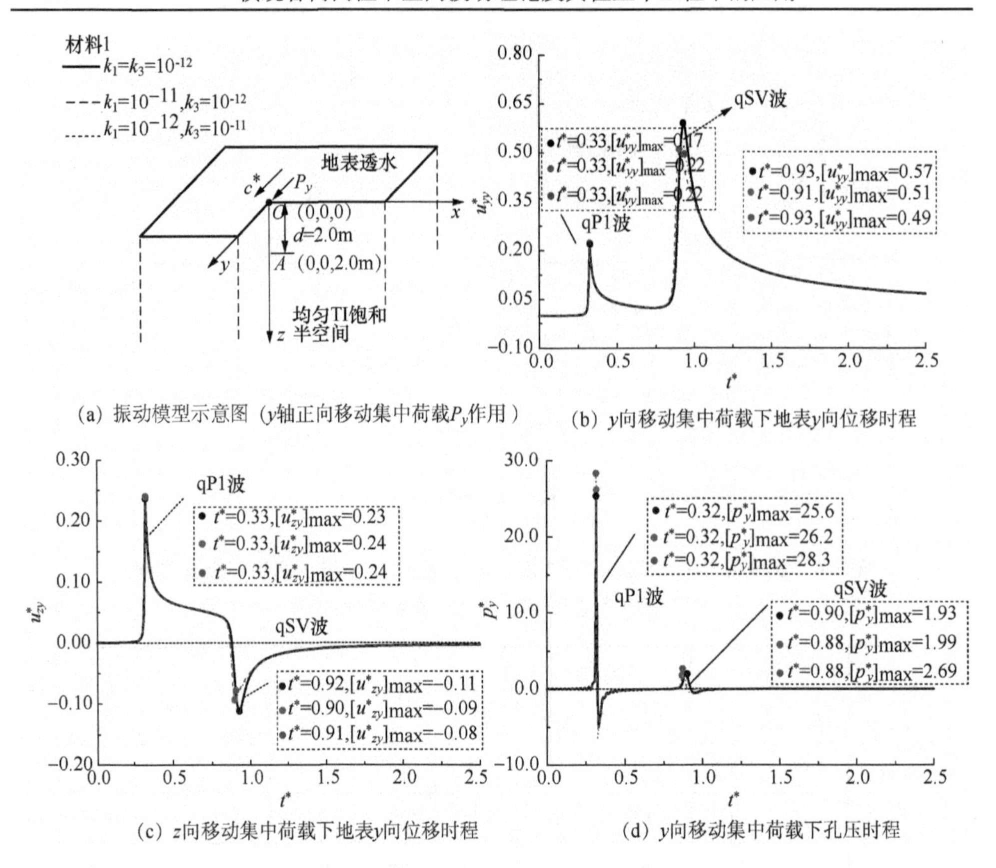

图 7-9　集中荷载 P_y 以速度 $c^*=2.5$ 沿 y 轴正向作用下均匀 TI 饱和半空间地表观测点 $A(0,0,2m)$处无量纲位移和孔压时程曲线

3. 地表边界条件和地基饱和特性对动力响应的影响

为了分析地基饱和特性和地表边界条件对 TI 饱和地基动态响应的影响，图 7-10 给出了集中荷载 P_z 以无量纲速度 $c^*=2.5$ 在地表移动时观测点 $A(0,0,2m)$处的位移和孔压的时程曲线。本节中分别对材料 1 采用地表透水边界条件（孔压为零）和地表不透水边界条件（流体相对于土骨架的相对位移为零）及材料 4（干土情况下的材料 1）3 种情况进行了分析。材料 1 和 4 的参数于表 7-3 中给出。

从图 7-10 中可以发现，两种地表边界条件（地表透水和不透水情况）下，qP1 波、qSV 波和 qP2 波到达峰值时的时间十分接近，表明地表透水条件对于这 3 种体波的相速度影响不大。当 qP2 波到达观测点时，地表透水条件下的位移和孔压分别达到其最大值和最小值，地表不透水条件下位移和孔压分别达到其最小值和最大值。同时可以看出，qSV 波到达观测点时其位移和孔压峰值比 qP1 波到达观测点时的峰值更易受地表透水条件的影响。从图 7-9 中也可以看出，流体饱和多孔弹性介质和相应的干土多孔弹性介质波到达观测点的时间和相应的峰值大小都显著不同，表明地基饱和特性对动力响应的影响很大。与 qSV 波相比，qP1 波到达观测点时的位移和孔压峰值大小及相应的时间更易受地基饱和特性的影响。另外，还可以发现在干土介质中观察不到 qP2 波到达观测点时引起的峰值，这表明在干土介质中 qP2 波不存在。

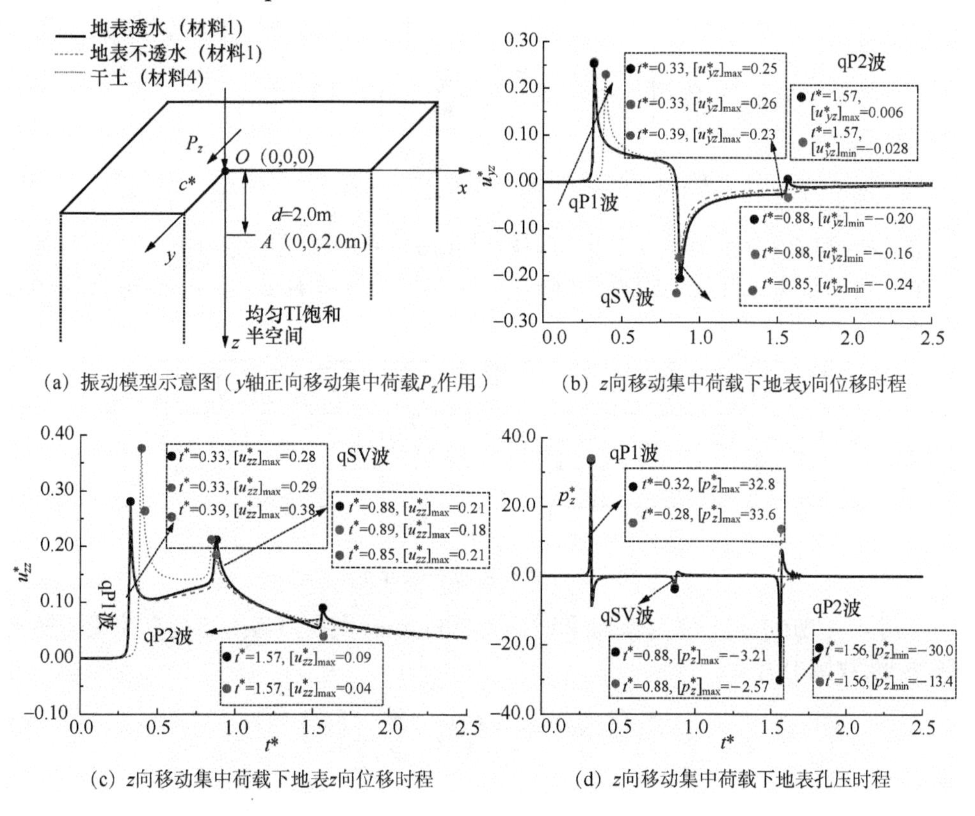

(a) 振动模型示意图（y轴正向移动集中荷载P_z作用）　(b) z向移动集中荷载下地表y向位移时程

(c) z向移动集中荷载下地表z向位移时程　(d) z向移动集中荷载下地表孔压时程

图 7-10　集中荷载 P_z 以速度 c^*=2.5 沿 y 轴正向作用下均匀 TI 饱和半空间地表观测点 A(0,0,2m)处无量纲位移和孔压时程曲线

7.3　层状 TI 弹性地基-路轨-列车耦合系统轨道不平顺引起振动的分析

7.3.1　弹性地基-路轨-列车耦合系统振动分析方法概述

如图 7-11 所示，采用 Takemiya [7] 中的列车荷载模型，假定列车由 M 节车厢组成，每节车厢有 4 对车轮，沿 y 轴正方向以速度 c 运行，则 M 节车厢产生的轮

重荷载可表示为

$$P_M(y,t)=\sum_{n=1}^{M}P_n(y-ct) \tag{7.9}$$

式中，$P_n(y-ct)$为第 n 节车厢对轨道的竖向荷载，其具体表达式如下：

$$\begin{aligned}P_n(y-ct)=&P_{n1}\delta\left(y-ct+\sum_{e=1}^{n-1}L_e+L_0\right)+P_{n1}\delta\left(y-ct+a_n+\sum_{e=1}^{n-1}L_e+L_0\right)\\&+P_{n2}\delta\left(y-ct+a_n+b_n+\sum_{e=1}^{n-1}L_e+L_0\right)\\&+P_{n2}\delta\left(y-ct+2a_n+b_n+\sum_{e=1}^{n-1}L_e+L_0\right)\end{aligned} \tag{7.10}$$

式中，P_{n1}和P_{n2}分别为第 n 节车厢前轮对和后轮对的轴重；L_0为第一节车厢前某一个设定的参考点开始的距离；$L_e[e=1\sim(n-1)]$为每节车厢长度；a_n和b_n为轮轴之间的距离。

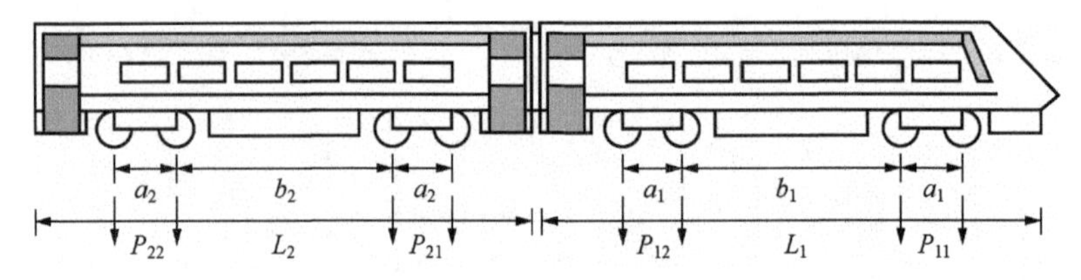

图 7-11　列车轮轴荷载分布[7]

对式（7.10）进行关于 y 轴和时间 t 的 Fourier 变换，将上述列车荷载变换到频率-波数域中为

$$\tilde{\tilde{P}}_M(k_y,\omega)=\frac{2\pi}{c}\delta\left(k_y-\frac{\omega}{c}\right)\chi(k_y) \tag{7.11}$$

式中

$$\begin{aligned}\chi(k_y)=&\sum_{n=1}^{M}\Big(P_{n1}[1+\exp(-\mathrm{i}a_nk_y)]+P_{n2}\left\{\exp[-\mathrm{i}(a_n+b_n)k_y]+\exp[-\mathrm{i}(2a_n+b_n)k_y]\right\}\Big)\\&\exp(-\mathrm{i}\sum_{e=0}^{n-1}L_ek_y+L_0k_y)\end{aligned} \tag{7.12}$$

本节将钢轨、轨枕、垫层和道床组成的轨道结构假定为弯曲刚度为 EI、质量线密度为 M 的欧拉梁[8]。设轨道与地基的相互作用压力密度为$P_{\mathrm{b}}(y,t)$，轨道的振动方程为

$$\mathrm{EI}\frac{\partial^4w_{\mathrm{b}}(y,t)}{\partial y^4}+m\frac{\partial^2w_{\mathrm{b}}(y,t)}{\partial t^2}=-2\Delta P_{\mathrm{b}}(y,t)+P_M(y,t) \tag{7.13}$$

式中，$w_{\mathrm{b}}(y,t)$为轨道的竖向振动位移。

对方程式（7.13）中关于坐标 y 和时间 t 进行 Fourier 变换，转换到频率-波数

域 (k_y,ω) 内可得

$$\left(\mathrm{EI}k_y^4-m\omega^2\right)\tilde{\bar{w}}_{\mathrm{b}}\left(k_y,\omega\right)=-2\Delta\tilde{\bar{P}}_{\mathrm{b}}\left(k_y,\omega\right)+\tilde{\bar{P}}_M\left(k_y,\omega\right) \tag{7.14}$$

地表竖向位移幅值可表示为

$$\begin{aligned}\tilde{\bar{\bar{w}}}_0\left(k_y,\omega,x\right)&=\int_{-\infty}^{\infty}\tilde{\bar{\bar{G}}}\left(k_x,k_y,\omega\right)\tilde{\bar{\bar{P}}}_{z0}\left(k_x,k_y,\omega\right)\mathrm{e}^{-\mathrm{i}k_x x}\mathrm{d}k_x\\&=\int_{-\infty}^{\infty}\tilde{\bar{\bar{G}}}\left(k_x,k_y,\omega\right)\frac{\sin(k_x\varDelta)}{k_x\pi}\tilde{\bar{P}}_{z0}\left(k_y,\omega\right)\mathrm{e}^{-\mathrm{i}k_x x}\mathrm{d}k_x\\&=\tilde{\bar{G}}\left(k_y,\omega,x\right)\tilde{\bar{P}}_{z0}\left(k_y,\omega\right)\end{aligned} \tag{7.15}$$

式中，$\tilde{\bar{\bar{G}}}\left(k_x,k_y,\omega\right)$为频率-波数域内成层 TI 地基的柔度。

假定轨道中心的下覆土层位移与轨道中心位移相等，以及轨道宽度方向上受力平衡，可得如下结果：

$$\tilde{\bar{w}}_{\mathrm{b}}\left(k_y,\omega\right)=\tilde{\bar{w}}_0(k_y,\omega,x=0)=\tilde{\bar{G}}(k_y,\omega,x=0)\tilde{\bar{P}}_{\mathrm{b}}(k_y,\omega) \tag{7.16}$$

把式（7.16）代入式（7.14）中可得

$$\tilde{\bar{P}}_{\mathrm{b}}\left(k_y,\omega\right)=\frac{\tilde{\bar{P}}_M\left(k_y,\omega\right)}{\left(\mathrm{EI}k_y^4-M\omega^2\right)\tilde{\bar{G}}\left(k_y,\omega,x=0\right)+2\varDelta} \tag{7.17}$$

把式（7.11）代入式（7.17）中可得

$$\tilde{\bar{P}}_{\mathrm{b}}\left(k_y,\omega\right)=\frac{2\pi\delta\left(k_y-\omega/c\right)\chi\left(k_y\right)}{\left[\left(\mathrm{EI}k_y^4-M\omega^2\right)\tilde{\bar{G}}\left(k_y,\omega,x=0\right)+2\varDelta\right]c} \tag{7.18}$$

将式（7.18）乘以因子 sin（$k_x\varDelta$）/$k_x\pi$ 后代入式（7.15）中，并引入三重 Fourier 逆变换，可得

$$\begin{aligned}w_0(x,y,t)&=\int_{-\infty}^{\infty}\int_{-\infty}^{\infty}\int_{-\infty}^{\infty}\frac{2\pi\delta\left(k_y-\omega/c\right)\chi\left(k_y\right)\tilde{\bar{\bar{G}}}\left(k_x,k_y,\omega\right)}{\left[\left(\mathrm{EI}k_y^4-M\omega^2\right)\tilde{\bar{G}}\left(k_y,\omega,x=0\right)+2\varDelta\right]c}\\&\quad\times\frac{\sin\left(k_x\varDelta\right)}{\pi k_x}\mathrm{e}^{\mathrm{i}\omega t-\mathrm{i}k_x x-\mathrm{i}k_y y}\mathrm{d}\omega\mathrm{d}k_x\mathrm{d}k_y\\&=\int_{-\infty}^{\infty}\int_{-\infty}^{\infty}\frac{2\pi\chi\left(\omega/c\right)\tilde{\bar{\bar{G}}}\left(k_x,\omega/c,\omega\right)}{\left\{\left[\mathrm{EI}\left(\omega/c\right)^4-M\omega^2\right]\tilde{\bar{G}}\left(\omega/c,\omega,x=0\right)+2\varDelta\right\}c}\\&\quad\frac{\sin\left(k_x\varDelta\right)}{\pi k_x}\mathrm{e}^{\mathrm{i}\omega t-\mathrm{i}k_x x-\mathrm{i}k_y\frac{\omega}{c}}\mathrm{d}k_x\mathrm{d}\omega\end{aligned} \tag{7.19}$$

将 x=0 代入式（7.15），得到$\tilde{\bar{G}}\left(\omega/c,\omega,0\right)$。由式（7.16）可得轨道的位移响

应为

$$w_{\mathrm{b}}(y,t)=w_0(0,y,t)$$
$$=\int_{-\infty}^{\infty}\frac{2\pi\tilde{\tilde{G}}(\omega/c,\omega,x=0)\chi(\omega/c)}{\left\{\left[\mathrm{EI}(\omega/c)^4-M\omega^2\right]\tilde{\tilde{G}}(\omega/c,\omega,x=0)+2\varDelta\right\}c}\mathrm{e}^{\mathrm{i}\omega t-\mathrm{i}\frac{\omega}{c}y}\mathrm{d}\omega \quad (7.20)$$

将式（7.18）乘以因子 $\sin(k_x\varDelta)/k_x\pi$ 后代入式（2.44）中，可以得到 TI 土层界面的位移幅值$\tilde{\tilde{u}}_j$、$\tilde{\tilde{v}}_j$和$\tilde{\tilde{w}}_j$（j=1～N），进而通过式（2.32）可以得到第 j 层 TI 土层上行和下行 qP 波、qSV 波和 SH 波的幅值 $A_{\mathrm{qP}j}$、$B_{\mathrm{qP}j}$、$A_{\mathrm{qSV}j}$、$B_{\mathrm{qSV}j}$、$A_{\mathrm{SH}j}$和 $B_{\mathrm{SH}j}$。通过将得到的 $A_{\mathrm{qP}j}$、$B_{\mathrm{qP}j}$、$A_{\mathrm{qSV}j}$、$B_{\mathrm{qSV}j}$、$A_{\mathrm{SH}j}$和 $B_{\mathrm{SH}j}$分别代入式（2.25）和式（2.31）中，可以求得第j层土层任意位置处的位移和应力。通过对得到的结果进行式（2.12）所示的 Fourier 逆变换，可以得到时间-空间域的动力响应：

$$g(x,y,z,t)=\int_{-\infty}^{\infty}\int_{-\infty}^{\infty}\int_{-\infty}^{\infty}\tilde{\tilde{g}}(k_x,k_y,z,\omega)\delta(k_y-\omega/c)\mathrm{e}^{-\mathrm{i}k_xx}\mathrm{e}^{-\mathrm{i}k_yy}\mathrm{e}^{\mathrm{i}\omega t}\mathrm{d}k_x\mathrm{d}k_y\mathrm{d}\omega$$
$$=\int_{-\infty}^{\infty}\int_{-\infty}^{\infty}\tilde{\tilde{g}}(k_x,\omega/c,z,\omega)\mathrm{e}^{-\mathrm{i}\frac{\omega}{c}y}\mathrm{e}^{-\mathrm{i}k_xx}\mathrm{e}^{\mathrm{i}\omega t}\mathrm{d}k_x\mathrm{d}\omega \quad (7.21)$$

式中，$g(x,y,z,t)$为时间-空间域内的动力响应；$\tilde{\tilde{g}}(k_x,\omega/c,z,\omega)$为相应转换域内的动力响应。

进一步对该动力响应进行一阶偏导和二阶偏导，即可获得相应的速度和加速度响应：

$$\dot{g}(x,y,z,t)=\int_{-\infty}^{\infty}\int_{-\infty}^{\infty}(-\mathrm{i}\omega)\tilde{\tilde{g}}(k_x,\omega/c,z,\omega)\mathrm{e}^{-\mathrm{i}\frac{\omega}{c}y}\mathrm{e}^{-\mathrm{i}k_xx}\mathrm{e}^{\mathrm{i}\omega t}\mathrm{d}k_x\mathrm{d}\omega \quad (7.22)$$

$$\ddot{g}(x,y,z,t)=\int_{-\infty}^{\infty}\int_{-\infty}^{\infty}(-\mathrm{i}\omega)^2\tilde{\tilde{g}}(k_x,\omega/c,z,\omega)\mathrm{e}^{-\mathrm{i}\frac{\omega}{c}y}\mathrm{e}^{-\mathrm{i}k_xx}\mathrm{e}^{\mathrm{i}\omega t}\mathrm{d}k_x\mathrm{d}\omega \quad (7.23)$$

7.3.2 弹性地基-路轨-列车耦合系统振动分析方法验证

为了验证该方法的正确性，本节先与 Kaynia 等[9]给出的不同轨道刚度下的轨道中心处位移时程曲线进行对比。表 7-5 给出了不同列车行驶速度对应的轨道结构参数，表 7-6 给出了不同列车行驶速度对应的横观各向同性地基土物理参数。为和各向同性参数保持一致，将横观各向同性参数按如下关系进行取值：$G_{\mathrm{h}}=G_{\mathrm{v}}=G=c_{\mathrm{s}}^2\rho$，$E_{\mathrm{h}}=E_{\mathrm{v}}=E=2G(1+v)$。采用 Kaynia 等[9]中的 X-2000 列车轮轴荷载，其列车轮轴荷载分布在图 7-12 中给出，由于同一转向架下两个轮轴荷载十分接近，因此将其假定为作用于转向架中心的荷载。轨道结构的物理参数取表 7-5 中列车行驶速度为 200km/h 情况的取值，轨道刚度依次取 EI=80.0MN · m^2、EI=800.0MN · m^2 和 EI=4000.0MN · m^2，其他参数保持不变；地基土的物理参数取表 7-6 中给出的列车行驶速度为 200km/h 时的取值，列车移动速度分别取 30m/s 和 50m/s 向北行驶。图 7-13 给出了两种移动速度下轨道中心处位移 w_b 时程曲线，可以看出本节结果与 Kaynia 等[9] 给出的结果契合良好。此外，从图 7-12 中还可以发现通过增加轨道的刚度可以显著减小轨道变形的峰值，这一点对于应用于工程实践具有重要意义。

表 7-5　不同列车行驶速度对应的轨道结构参数[7]

参数	轨道宽度 2*B*/m	质量密度 *m*/（10^3kg/m^3）	EI/（MN • m^2）	阻尼比 ζ
速度 70km/h	3.0	10.8	200	0.1
速度 200km/h	3.0	10.8	80	0.1

表 7-6　不同列车行驶速度对应的横观各向同性地基土物理参数[7]

土层	厚度 *h*/m	密度 ρ/（kg/m^3）	泊松比 ν	*c*=70km/h		*c*=200km/h	
				c_s/（m/s）	ζ	c_s/（m/s）	ζ
回填覆盖层	1.1	1500	0.49	72	0.04	65	0.063
淤泥质黏土	3.0	1260	0.49	41	0.02	33	0.058
黏土	4.5	1475	0.49	65	0.05	60	0.098
黏土	6.0	1475	0.49	87	0.05	85	0.064
半空间	∞	1475	0.49	100	0.05	100	0.060

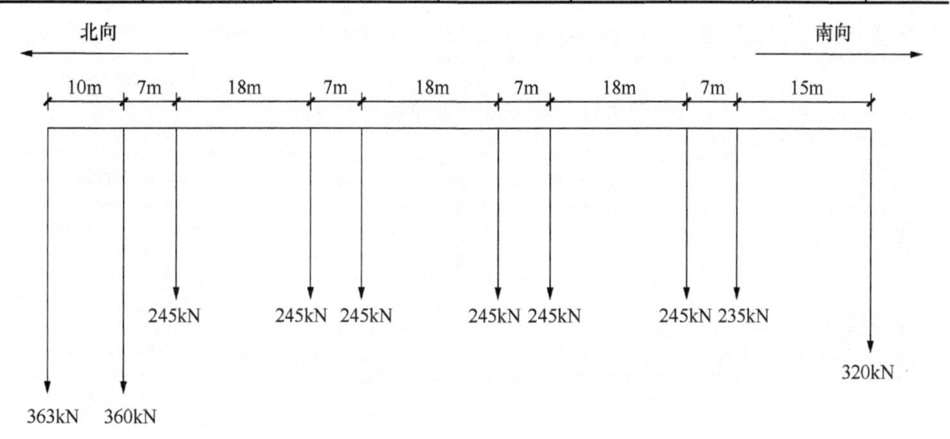

图 7-12　X-2000 列车轮轴荷载分布

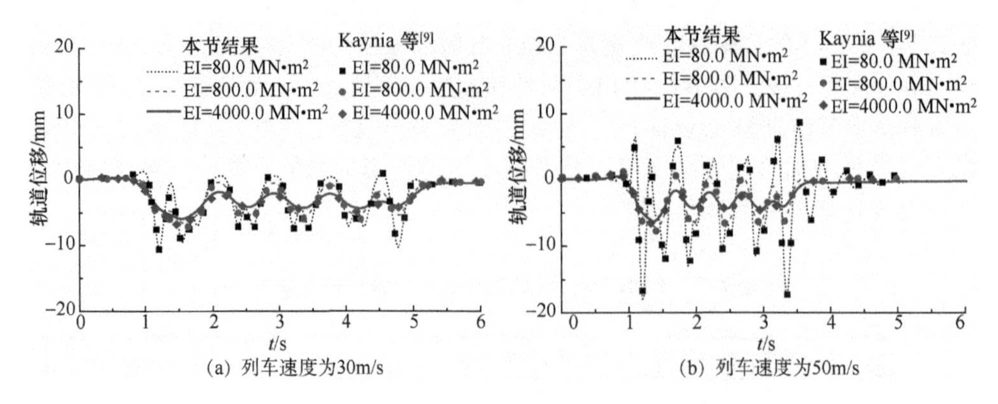

(a) 列车速度为30m/s　　(b) 列车速度为50m/s

图 7-13　与 Kaynia 等[9]的 3 种轨道刚度位移时程结果对比

然后与 Takemiya[7]给出的轨道位移的 Fourier 频谱进行了比较。图 7-14 给出了瑞典铁路 X-2000 列车轮轴荷载分布，图中标注出了列车中每节车厢轮轴的精确荷载。表 7-5 给出了不同列车行驶速度对应的轨道结构参数，表 7-6 给出了不同列车行驶速度对应的横观各向同性地基土物理参数。图 7-15 给出了南向行驶的列车分别以速度 70km/h 和 200km/h 移动时的 Fourier 频谱，可以看出本节结果与 Takemiya[7]给出的结果吻合良好。

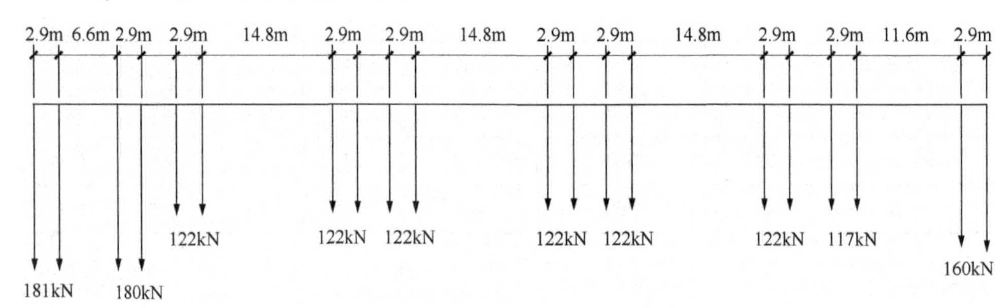

图 7-14　X-2000 列车轮轴荷载分布

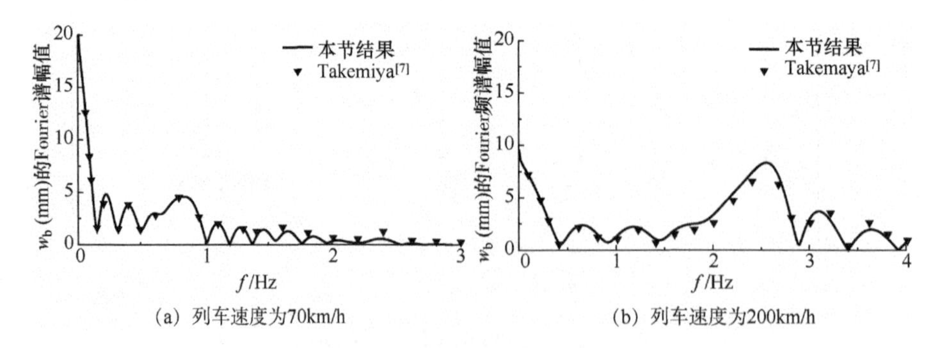

(a) 列车速度为70km/h　　(b) 列车速度为200km/h

图 7-15　与 Takemiya[7]的列车荷载作用下的轨道位移 Fourier 频谱结果对比

7.3.3　算例与分析

在本节中分析了单一轮轴荷载移动速度和地基分层对单一土层 TI 弹性地基地表动力响应的影响。计算中轨道参数均取表 7-5 中移动速度为 70km/h 情况的参数。表 7-7 给出了 4 种地基模型的具体取值。单一轮轴荷载取 Bian 等[10]使用的 160kN。图 7-16 给出了随着单一轮轴列车荷载移动速度 c^*不断增大，地基 a、b、c 和 d 4 种地基上地表位置（0,0,0m）处在 t=[−0.2s,+0.6s]范围内的位移三维分布。

表 7-7　横观各向同性半空间地基土参数

地基		E_h/MPa	E_v/MPa	G_v/MPa	阻尼比 ζ
地基 a	半空间	100.0	50.0	30.0	0.05
地基 b	单一土层厚度 H=5.0m	100.0	50.0	30.0	0.05
	基岩	300.0	300.0	120.0	0.02
地基 c	单一土层厚度 H=5.0m	75.0	75.0	30.0	0.05
	基岩	1875.0	1875.0	750.0	0.02
地基 d	单一土层厚度 H=10.0m	100.0	50.0	30.0	0.05
	基岩	300.0	300.0	120.0	0.02

注：对于所有介质，密度均为 ρ=2000kg/m^3，泊松比均为 ν_h=ν_{vh}=0.25。

从图 7-16 中可以看出，地表振动主要取决于荷载的移动速度。对于均匀半空间介质地基 a，随着荷载速度的逐渐增大，地基表面的位移动力响应逐渐增大，直至超过 Rayleigh 波速后，位移响应开始逐渐减小。由图 7-16 中可以看出，地基 a 的临界速度约为 c^*=0.90，略小于 TI 介质的 Rayleigh 波速 c^*=0.93。对于 3 种基岩上单一土层地基，则更加复杂［图 7-16（b）～（d)]，由于成层 TI 地基中的 Rayleigh 波的频散和多模态现象特征（频散使得不同的频率对应不同的 Rayleigh 波速，多模态使得同一频率也对应多个 Rayleigh 波速)，地基中存在两个或更多个临界速度。例如，对于地基 b 和 d 可以观察到两个临界速度。地基 b、c 和 d 的第一个临界速度分别为 c^*=0.94、0.95 和 0.92，均比地基 a 的临界速度大。

比较地基 b 和地基 c 在超音速区域中的结果，可以发现地基 c 比地基 b 在列车远离观测点（t>0）后的动力响应振荡更为剧烈。这说明层状地基基岩半空间刚性越大，地基卓越频率越大。此外，地基 b 比地基 c 的位移幅值随时间衰减更快，这可能是因为基岩半空间的刚度越大，会有越多的能量被反射回土层。与地基 d 相比，可以发现地基 b 的地表振动在荷载以超音速经过观测点之后更加剧烈。这表明随着土层厚度的增加，地震波的卓越频率移向较低频率区域，即较厚土层的特征周期较大。还可以发现对于较薄土层和较坚硬基岩半空间的地基，位移的最大幅度较小。

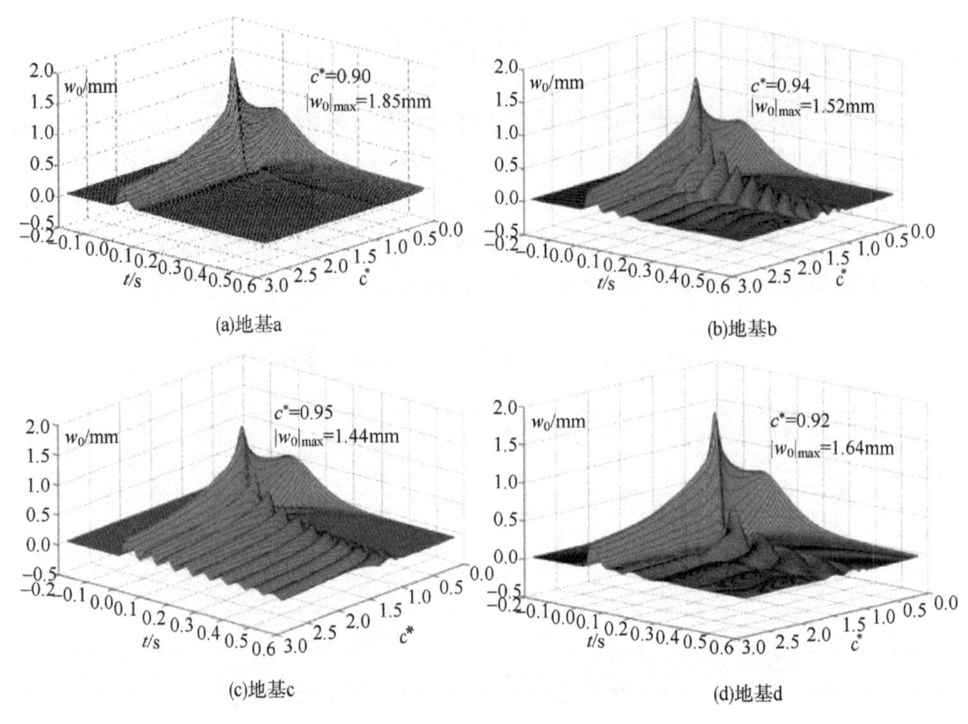

图 7-16　地基作用于列车荷载引起地表位置（0,0,0m）处的位移幅值在 t=[−0.2s，+0.6s]的三维分布

7.4　层状 TI 饱和地基-路轨-列车耦合系统轨道不平顺引起振动的分析

7.4.1　饱和地基-路轨-列车耦合系统振动分析方法概述

1. 层状 TI 饱和地基-路轨系统的耦合

如图 7-17 所示，采用 Picoux 等[11]提出的路轨系统模型，将钢轨、轨枕和道砟进行建模，将轨道假定为欧拉梁，则其在单位移动集中荷载作用下的振动方程为

$$\mathrm{EI}\frac{\partial^4 u_{\mathrm{R}}(y,t)}{\partial y^4}+m_{\mathrm{R}}\frac{\partial^2 u_{\mathrm{R}}}{\partial t^2}+k_{\mathrm{P}}\left[u_{\mathrm{R}}(y,t)-u_{\mathrm{S}}(y,t)\right]=\delta(y-ct)\mathrm{e}^{\mathrm{i}\Omega t} \tag{7.24}$$

式中，EI 为欧拉梁的弯曲刚度；m_{R} 为欧拉梁的质量线密度；u_{R} 为钢轨的竖向位移；u_{S} 为枕木的竖向位移；k_{P} 为钢轨衬垫弹簧常数；c 为列车荷载的移动速度。

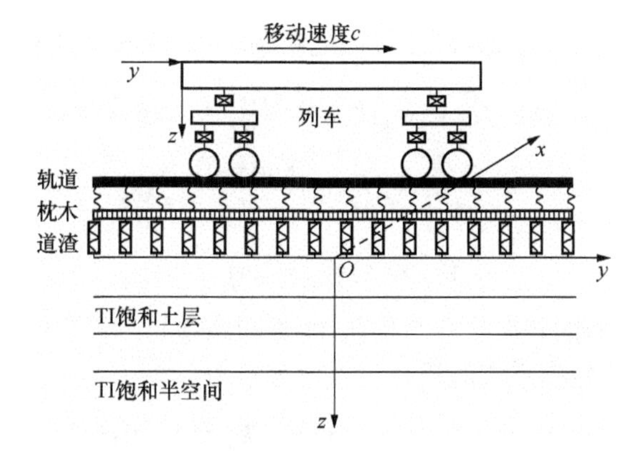

图 7-17　层状 TI 饱和地基-路轨-列车耦合系统

枕木由连续质量块表示，且其振动方程为

$$m_{\mathrm{S}}\frac{\partial^2 u_{\mathrm{S}}(y,t)}{\partial t^2}+k_{\mathrm{P}}\left[u_{\mathrm{S}}(y,t)-u_{\mathrm{R}}(y,t)\right]=-F_{\mathrm{S}}(y,t) \tag{7.25}$$

式中，m_{S} 为枕木的质量密度；F_{S} 为枕木与道砟之间的相互作用力。

道砟则采用 Cosserat 模型，其顶部和底部的控制方程分别为

$$\frac{m_{\mathrm{B}}}{6}\left[2\frac{\partial^2 u_{\mathrm{S}}(y,t)}{\partial t^2}+\frac{\partial^2 u_{\mathrm{B}}(y,t)}{\partial t^2}\right]+k_{\mathrm{B}}\left[u_{\mathrm{S}}(y,t)-u_{\mathrm{B}}(y,t)\right]=F_{\mathrm{S}}(y,t) \tag{7.26}$$

$$\frac{m_{\mathrm{B}}}{6}\left[\frac{\partial^2 u_{\mathrm{S}}(y,t)}{\partial t^2}+2\frac{\partial^2 u_{\mathrm{B}}(y,t)}{\partial t^2}\right]+k_{\mathrm{B}}\left[u_{\mathrm{B}}(y,t)-u_{\mathrm{S}}(y,t)\right]=-2BF_z^0(y,t) \tag{7.27}$$

式中，m_{B} 为道砟的质量密度；k_{B} 为枕木与道砟间的弹簧系数；F_z^0 为道砟与层状 TI 饱和地基间的均布相互作用力。

对式（7.22）～式（7.25）进行关于 y 和 t 的 Fourier 变换，得到其在频率-波数域内的振动方程组为

$$\begin{cases} d_1\tilde{\tilde{u}}_{\mathrm{R}}(k_y,\omega)-k_{\mathrm{P}}\tilde{\tilde{u}}_{\mathrm{S}}(k_y,\omega)=\dfrac{2\pi}{c}\delta\left[k_y+(\Omega-\omega)/c\right] \\ -k_{\mathrm{P}}\tilde{\tilde{u}}_{\mathrm{R}}(k_y,\omega)+d_2\tilde{\tilde{u}}_{\mathrm{S}}(k_y,\omega)+d_3\tilde{\tilde{u}}_{\mathrm{B}}(k_y,\omega)=0 \\ d_3\tilde{\tilde{u}}_{\mathrm{S}}(k_y,\omega)+d_4\tilde{\tilde{u}}_{\mathrm{B}}(k_y,\omega)=-2B\tilde{\tilde{F}}_z^0(k_y,\omega) \end{cases} \tag{7.28}$$

式中

$$\begin{cases} d_1=\mathrm{EI}k_y^4-m_{\mathrm{R}}\omega^2+k_{\mathrm{P}} \\ d_2=k_{\mathrm{P}}+k_{\mathrm{B}}-m_{\mathrm{S}}\omega^2-m_{\mathrm{B}}\omega^2/3 \\ d_3=-k_{\mathrm{B}}-m_{\mathrm{B}}\omega^2/6 \\ d_4=k_{\mathrm{B}}-m_{\mathrm{B}}\omega^2/3 \end{cases} \tag{7.29}$$

均布荷载作用下，地表竖向位移幅值在频域-波数域内可表示为

$$\begin{aligned}\tilde{\bar{u}}_{z0}(k_y,\omega,x)&=\int_{-\infty}^{\infty}\tilde{\bar{\bar{G}}}_z(k_x,k_y,\omega)\tilde{\bar{\bar{F}}}_z^0(k_x,k_y,\omega)\mathrm{e}^{-\mathrm{i}k_x x}\mathrm{d}k_x\\&=\int_{-\infty}^{\infty}\tilde{\bar{\bar{G}}}_z(k_x,k_y,\omega)\frac{\sin(k_x B)}{\pi k_x}\tilde{\bar{F}}_z^0(k_y,\omega)\mathrm{e}^{-\mathrm{i}k_x x}\mathrm{d}k_x\\&=\tilde{\bar{G}}_z(k_y,\omega,x)\tilde{\bar{F}}_z^0\left(k_y,\omega\right)\end{aligned}\tag{7.30}$$

通过让道砟中心的竖向位移与层状 TI 饱和地基相应位置处的竖向位移相等，层状 TI 饱和地基与道砟系统的耦合关系可表示为

$$\tilde{\bar{u}}_{\mathrm{B}}(k_y,\omega)=\tilde{\bar{u}}_{z0}(k_y,\omega,x=0)=\tilde{\bar{G}}_z(k_y,\omega,x=0)\tilde{\bar{F}}_z^0\left(k_y,\omega\right)\tag{7.31}$$

式中，$\tilde{\bar{u}}_{\mathrm{B}}(k_y,\omega)$ 为道砟中心的竖向位移；$\tilde{\bar{u}}_{z0}(k_y,\omega,0)$ 为道砟中心位置处的层状 TI 饱和地基的竖向位移。

联立方程（7.28）和式（7.31），求解方程组可得轨道位移表达式为

$$\tilde{\bar{u}}_{\mathrm{R}}(k_y,\omega)=2\pi\tilde{\bar{\Delta}}^{\mathrm{R}}(k_y,\omega)\delta\left[k_y+(\Omega-\omega)/c\right]/c\tag{7.32}$$

对式（7.32）进行 Fourier 逆变换，则可以得到时间-空间域内的轨道位移为

$$\begin{aligned}u_{\mathrm{R}}(y,t)&=\int_{-\infty}^{\infty}\int_{-\infty}^{\infty}2\pi\tilde{\bar{\Delta}}^{\mathrm{R}}(k_y,\omega)\delta\left[k_y+(\Omega-\omega)/c\right]/c\mathrm{e}^{\mathrm{i}\omega t-\mathrm{i}k_y y}\mathrm{d}\omega\mathrm{d}k_y\\&=\mathrm{e}^{\mathrm{i}\Omega t}\int_{-\infty}^{\infty}2\pi\tilde{\bar{\Delta}}^{\mathrm{R}}(k_y,\Omega+ck_y)/c\,\mathrm{e}^{-\mathrm{i}k_y(y-ct)}\mathrm{d}k_y=\Delta^{\mathrm{R}}(y,\Omega)\mathrm{e}^{\mathrm{i}\Omega t}\end{aligned}\tag{7.33}$$

由式（7.33）可以看出在简谐轮轴荷载作用下，轨道的位移动力响应也可以表示为以频率Ω变化的形式，如下：

$$u_{\mathrm{R}}(y,t)=\Delta^{\mathrm{R}}(y,\Omega)\mathrm{e}^{\mathrm{i}\Omega t}=\tilde{u}_{\mathrm{R}}(y,\Omega)\mathrm{e}^{\mathrm{i}\Omega t}\tag{7.34}$$

假设在第 k 个车轮接触位置处作用单位荷载，则钢轨在第 j 个车轮接触位置产生的竖向位移为

$$\Delta_{jk}^{\mathrm{R}}(y,\Omega)=\tilde{u}_{\mathrm{R}}(l_{jk})\tag{7.35}$$

式中，$l_{jk}=a_j-a_k$（$l_{jk}\geqslant 0$），为两个车轮接触点间的距离，a_j（$j=1\sim M$）为第 j 个车轮距离原点的距离，M 为总车轮数；Δ_{jk}^{R} 为钢轨的柔度系数。

由此可以得到各接触点处轨道竖向位移为

$$\tilde{\boldsymbol{Z}}_{\mathrm{R}}(\Omega)=\sum\nolimits_{\mathrm{R}}\tilde{\boldsymbol{P}}(\Omega)\tag{7.36}$$

式中

$$\sum\nolimits_{\mathrm{R}}=\begin{bmatrix}\Delta_{11}^{\mathrm{R}} & \Delta_{12}^{\mathrm{R}} & \cdots & \Delta_{1M}^{\mathrm{R}}\\ \Delta_{21}^{\mathrm{R}} & \Delta_{22}^{\mathrm{R}} & \cdots & \Delta_{2M}^{\mathrm{R}}\\ \vdots & \vdots & & \vdots\\ \Delta_{M1}^{\mathrm{R}} & \Delta_{M2}^{\mathrm{R}} & \cdots & \Delta_{MM}^{\mathrm{R}}\end{bmatrix}\tag{7.37}$$

式（7.37）为轨道柔度系数矩阵，$\tilde{\boldsymbol{Z}}_{\mathrm{R}}(\Omega)=[\tilde{Z}_{R1}(\Omega),\tilde{Z}_{R2}(\Omega),\cdots,\tilde{Z}_{RM}(\Omega)]$，表示轮轴荷载和轨道接触位置处轨道的位移向量；$\tilde{\boldsymbol{P}}(\Omega)=[\tilde{P}_1(\Omega),\tilde{P}_2(\Omega),\cdots,\tilde{P}_M(\Omega)]$，为轮轴荷载和轨道接触位置处的动力荷载向量。

2. 路轨-列车系统的耦合

图 7-18（a）中 M_{c} 和 k_1 为车体质量和刚度；M_{w} 和 Z_{t} 为轮轴质量和车体竖向位移；$P(t)$为轮轴与轨道间作用力；K_{HL} 表示第 L 个车轮与钢轨间连接线性 Hertizian 弹簧的刚度；$Z(t)$表示钢轨不平顺引起表面竖向位移。

图 7-18（b）中 J_{c} 为车体惯性矩；k_1 和 k_2 表示车轮与转向架之间悬挂构造；$P_l(t)$（l=1,2,3,4）为第 l 个轮轴与轨道间作用力；l_{w} 为相邻车轮之间半距离；l_{B} 为车体半长。

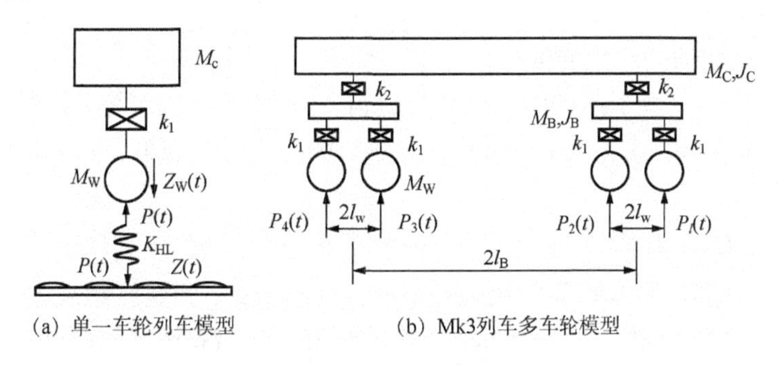

图 7-18　列车模型

本节进行分析研究时，列车系统采用 Sheng 等[12]给出的两种列车模型，即单一车轮列车模型［图 7-18（a）］和 Mk3 列车模型［图 7-18（b）］。其中，单一车轮列车模型仅由一个车轮和一个质量块组成，车轮与质量块之间的链接形式如图 7-18（a）所示；而 Mk3 列车模型则由车体和一整组车轮组成，车体和车轮间的链接形式如图 7-18（b）所示。在本节中，无论是单一车轮还是 Mk3 列车模型，其动力平衡方程均可表示为

$$\boldsymbol{M}_{\mathrm{V}}\ddot{\boldsymbol{z}}_{\mathrm{V}}(t)+\boldsymbol{K}_{\mathrm{V}}\boldsymbol{z}_{\mathrm{V}}(t)=-\boldsymbol{B}\boldsymbol{P}(t) \tag{7.38}$$

式中，$\boldsymbol{M}_{\mathrm{V}}$ 和 $\boldsymbol{K}_{\mathrm{V}}$ 分别为车体的质量矩阵和刚度矩阵；$\boldsymbol{z}_{\mathrm{V}}(t)$ 为车体的竖向位移向量；$\boldsymbol{P}(t)$ 为轮轴和轨道间的作用力向量；$\boldsymbol{B}$ 为主对角元素分别为 0 和 1 的对角矩阵。

对于轨道表面的竖向不平顺，本节采用 Jenkins 等[13]给出的形式 $z(y)=A\mathrm{e}^{\mathrm{i}(2\pi/\lambda)y}$，其中 A 表示竖向不平顺幅值，λ表示竖向不平顺波长。将由轨道竖向不平顺导致的轮轴和轨道间的作用力设为简谐荷载形式，频率表示为 $\Omega=2\pi c/\lambda$，则车体的竖向位移 $\boldsymbol{z}_{\mathrm{V}}(t)$ 与轮轴和轨道间的作用力 $\boldsymbol{P}(t)$ 可以表示为 $\boldsymbol{z}_{\mathrm{V}}(t)=\tilde{\boldsymbol{z}}_{\mathrm{V}}(\Omega)\mathrm{e}^{\mathrm{i}\Omega t}$ 和 $\boldsymbol{P}(t)=\tilde{\boldsymbol{P}}(\Omega)\mathrm{e}^{\mathrm{i}\Omega t}$，将其代入式（7.36）可得

$$\tilde{z}_{\mathrm{V}}(\Omega) = -\left(\boldsymbol{K}_{\mathrm{V}} - \Omega^2 \boldsymbol{M}\right)^{-1} \boldsymbol{B}\tilde{\boldsymbol{P}}(\Omega) \tag{7.39}$$

另外，由于车体与车轮间的位移向量满足关系式 $\tilde{\boldsymbol{z}}_{\mathrm{W}}(\Omega) = \boldsymbol{B}^{\mathrm{T}}\tilde{\boldsymbol{z}}_{\mathrm{V}}(\Omega)$，可得车体位移与车轮位移间的关系式

$$\tilde{\boldsymbol{z}}_{\mathrm{W}}(\Omega) = -\boldsymbol{B}^{\mathrm{T}}\left(\boldsymbol{K}_{\mathrm{V}} - \Omega^2 \boldsymbol{M}\right)^{-1} \boldsymbol{B}\tilde{\boldsymbol{P}}(\Omega) = -\sum{}_{\mathrm{W}}\tilde{\boldsymbol{P}}(\Omega) \tag{7.40}$$

式中，$\tilde{\boldsymbol{z}}_{\mathrm{W}}(\Omega) = \left[\tilde{z}_{\mathrm{W}1}(\Omega), \tilde{z}_{\mathrm{W}2}(\Omega), \cdots, \tilde{z}_{\mathrm{W}M}(\Omega)\right]$ 为轮轴的竖向位移向量。

$$\sum{}_{\mathrm{W}} = \begin{bmatrix} \Delta_{11}^{\mathrm{W}} & \Delta_{12}^{\mathrm{W}} & \cdots & \Delta_{1M}^{\mathrm{W}} \\ \Delta_{21}^{\mathrm{W}} & \Delta_{22}^{\mathrm{W}} & \cdots & \Delta_{2M}^{\mathrm{W}} \\ \vdots & \vdots & & \vdots \\ \Delta_{M1}^{\mathrm{W}} & \Delta_{M2}^{\mathrm{W}} & \cdots & \Delta_{MM}^{\mathrm{W}} \end{bmatrix} = \boldsymbol{B}^{\mathrm{T}}\left(\boldsymbol{K}_{\mathrm{V}} - \Omega^2 \boldsymbol{M}\right)^{-1} \boldsymbol{B} \tag{7.41}$$

式（7.41）为车轮柔度系数矩阵，其元素 Δ_{lk}^{W} 表示在第 k 个轮轴处作用单位荷载时在第 l 个轮轴处产生的位移。

由于钢轨不平顺引起的轨道位移为 $z(y) = A\mathrm{e}^{\mathrm{i}(2\pi/\lambda)y}$，同时令 t 时刻第 l 个车轮的位置为 y_l=a_l+ct，a_l 为第 l 个车轮在 t=0 时刻的位置，则第 l 个车轮处钢轨不平顺位移为

$$z_l(t) = A\mathrm{e}^{\mathrm{i}(2\pi/\lambda)y_l} = A\mathrm{e}^{\mathrm{i}(2\pi/\lambda)a_l}\mathrm{e}^{\mathrm{i}(2\pi c/\lambda)t} = A\mathrm{e}^{\mathrm{i}(\Omega/c)a_l}\mathrm{e}^{\mathrm{i}\Omega t} = \tilde{z}_l(\Omega)\mathrm{e}^{\mathrm{i}\Omega t} \tag{7.42}$$

本节中对钢轨和车轮间的接触采用线性 Hertizian 弹簧接触来进行耦合。设 $K_{\mathrm{H}l}$ 为第 l 个车轮与钢轨间 Hertizian 弹簧的刚度，则 $\tilde{z}_l(\Omega)$、$\tilde{z}_{\mathrm{W}l}(\Omega)$ 和 $\tilde{z}_{\mathrm{R}l}(\Omega)$ 间满足下式：

$$\tilde{Z}_{\mathrm{W}l}(\Omega) = \tilde{Z}_{\mathrm{R}l}(\Omega) + \tilde{Z}_l(\Omega) + P_l(\Omega)/K_{\mathrm{H}l} \tag{7.43}$$

将由式（7.36）给出的 $\tilde{z}_{\mathrm{R}l}(\Omega)$ 表达式和式（7.40）给出的 $\tilde{z}_{\mathrm{W}l}(\Omega)$ 表达式代入式（7.41）得

$$\sum_{k=1}^{M}(\Delta_{lk}^{\mathrm{R}} + \Delta_{lk}^{\mathrm{W}})\tilde{P}_k(\Omega) + \tilde{P}_l(\Omega)/K_{\mathrm{H}l} = -\tilde{Z}_l(\Omega) \tag{7.44}$$

求解式（7.44）线性方程组可求得轮轨间相互作用力向量 $\boldsymbol{P}(t)$，将 $\boldsymbol{P}(t)$ 代入式（7.34）可得钢轨位移，如式（7.45）所示。

$$u_{\mathrm{R}}(y,t) = \sum_{l=1}^{M}\tilde{u}_{\mathrm{R}}(y - y_l)\tilde{P}_l(\Omega)\cdot\mathrm{e}^{\mathrm{i}\Omega t} \tag{7.45}$$

将式(7.26)中的单位移动荷载换为幅值为 $\boldsymbol{P}(t)$ 的移动荷载，联立方程式(7.26)和式（7.29），求解可求得 $\tilde{\tilde{F}}_z^0$，进而可以求得土层交界面上的位移 $\tilde{\tilde{u}}_x^j$、$\tilde{\tilde{u}}_y^j$、$\mathrm{i}\tilde{\tilde{u}}_z^j$ 和 $\mathrm{i}\tilde{\tilde{w}}_z^j$（$j$=1～$N$）。通过将 z=0 和 z=d 代入式（2.75）中可以得到第 j 层土层 qP1 波、qP2 波、qSV 波和 SH 波的上行波、下行波幅值 A_{1j}、B_{1j}、A_{2j}、B_{2j}、A_{3j}、B_{3j}、A_{4j} 和 B_{4j}；再将得到的 A_{1j}、B_{1j}、A_{2j}、B_{2j}、A_{3j}、B_{3j}、A_{4j} 和 B_{4j} 代入式（2.68）和式（2.70）

中，可以求得第 j 层土层任意位置处土骨架位移和孔压，并进行 Fourier 逆变换，即可求得层状 TI 饱和地基任意位置的位移和孔压，如式（7.46）和式（7.47）所示：

$$\boldsymbol{U}(x,y,t)=\sum_{l=1}^{M}\tilde{\boldsymbol{U}}(x,y-y_l,\Omega)\tilde{P}_l(\Omega)\cdot \mathrm{e}^{\mathrm{i}\Omega t} \tag{7.46}$$

$$p_{\mathrm{f}}(x,y,t)=\sum_{l=1}^{M}\tilde{p}_{\mathrm{f}}(x,y-y_l,\Omega)\tilde{P}_l(\Omega)\cdot \mathrm{e}^{\mathrm{i}\Omega t} \tag{7.47}$$

式中，$\boldsymbol{U}(x,y,t)=[u_x(x,y,t),u_y(x,y,t),u_z(x,y,t)]$ 是层状 TI 饱和地基任意位置处的 x、y 和 z 方向的位移幅值向量；$p_{\mathrm{f}}(x,y,t)$ 为层状 TI 饱和地基任意位置处孔压幅值。

7.4.2　饱和地基-路轨-列车耦合系统振动分析方法概述验证

为验证该方法的正确性，本节与 Sheng 等[12]给出的层状弹性地基-路轨-列车耦合系统的轮轴荷载和轨道位移幅值随振动频率的变化进行对比。计算中采用单一车轮列车模型，其计算参数在表 7-8 中给出，3 层路轨系统模型参数在表 7-9 中给出，土层和基岩计算参数在表 7-10 中给出。移动列车的速度设为 c=60m/s，振动频率取值范围为 f_0=0～100Hz。为将饱和介质退化为相应的弹性介质材料，与饱和特性相关的参数取为 $\rho_{\mathrm{l}}=\phi=0=M=m_1=m_3=\alpha_1=\alpha_3=k_1=k_3=0.001$；对基岩半空间，$E_{\mathrm{h}}=E_{\mathrm{v}}$=360.0MPa，$G_{\mathrm{h}}=G_{\mathrm{v}}$=120.0MPa，$\nu_{\mathrm{h}}=\nu_{\mathrm{vh}}$=0.49，$\rho_{\mathrm{s}}$=2000kg/m^3，$\zeta$=0.05。图 7-19 给出了本节计算结果与 Sheng 等[12]计算结果的对比，可以看出本节结果与 Sheng 等[12]给出的计算结果吻合良好。

表 7-8　单一车轮列车模型参数[12]

悬挂质量 M_{C}/kg	轮子质量 M_{W}/kg	弹簧刚度 k_{S1}/（N/m）	弹簧刚度 c_{S1}/（N · s/m）	弹簧刚度 K_{HL}/（N/m）	弹簧刚度 K'_{s1}/（N/m）
19250	1750	2.66×10^6	3.5×10^4	2.7×10^9	3.0×10^6

表 7-9　3 层路轨系统模型参数[12]

单位长度的轨道梁质量 M_{R}/（kg/m）	120
轨道梁抗弯刚度 EI/（N · m^2）	1.26×10^7
轨道的阻尼比	0.01
轨道与枕木连接弹簧垫层刚度 K_{P}/（N/m^2）	3.5×10^8
轨道与枕木连接弹簧垫层阻尼比	0.15

续表

单位长度的枕木质量 M_S/（kg/m）	490
单位长度的道砟质量 M_B/（kg/m）	1200
单位长度的道砟层刚度 K_B/（N/m²）	3.15×10^8
道砟层阻尼比	1.0
轨道结构与地基的连接宽度 2B（m）	2.7

表 7-10　土层和基岩计算参数[12]

土层	厚度 h/m	密度 ρ/（kg/m³）	剪切波速 c_s/（m/s）	泊松比 ν	黏滞阻尼比 ζ
土层材料	2.0	1550	81.1	0.47	0.05
基岩材料	∞	2000	245.0	0.49	0.05

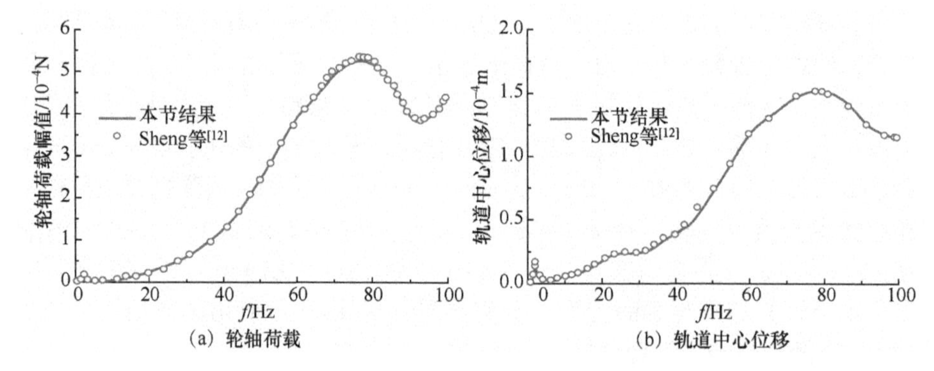

图 7-19　与 Sheng 等[12]中层状弹性地基-路轨-列车耦合系统的轮轴荷载和轨道中心位移幅值频谱结果对比（c=60m/s）

7.4.3　算例与分析

在本节中采用图 7-18（b）给出的 Mk3 列车模型分析了其作用下单一土层 TI 饱和地基的动力响应。Mk3 列车参数在表 7-11 中列出，路轨参数同表 7-9，钢轨竖向不平顺幅值取为 A=0.1mm。土层参数为 $E_h=2E_v$=44.33MPa，G_v=13.3MPa，$\nu_h=\nu_{vh}$=0.25，ρ_s=2000kg/m³，ρ_l=2000kg/m³，ϕ=0.34，k_s=360.00MPa，k_l=2.00，$a_1=a_3$=1.97，$k_1=k_3=10^3$，η_l=0.001Pa·s。半空间参数除 $E_h=E_v$=299.25MPa、G_v=199.7MPa、$k_1=k_3$=3.24GPa 外，其余与土层相同，黏滞阻尼比取 ζ=0.05，同时地基表面边界条件假定为完全不透水。图 7-20 给出了荷载振动频率为 f_0=25Hz，列车行驶速度分别为 c=30m/s 和 120m/s 时地表竖向位移和孔压幅值云图。

表 7-11　Mk3 列车参数[12]

参数名称及单位	数值
车体质量 M_C/kg	21400
车身转动惯性力矩 J_C/（kg · m^2）	8.3×10^5
单个转向架质量 M_B/kg	2707
单个转向架的惯性力矩 J_B/（kg · m^2）	1970
单个转向架的二级垂直刚度 K_{s2}/（N/m）	8.1×10^5
二级垂直黏滞阻尼 C_{S2}/（N · s/m）	74000
单个轮轴主要垂直刚度 K_{s1}/（N/m）	3.59×10^5
单个轮轴主要垂直黏滞阻尼 C_{s1}/（N · s/m）	8400
单个轮轴主要阻尼器刚度 K'_{s1} /（N/m）	1.4×10^7
转向架中心之间的距离 $2l_B$/m	2×8
转向架轴距 $2l_w$/m	2×1.3
每个轮轴的质量 M_W/kg	1375
车轮直径/m	0.914

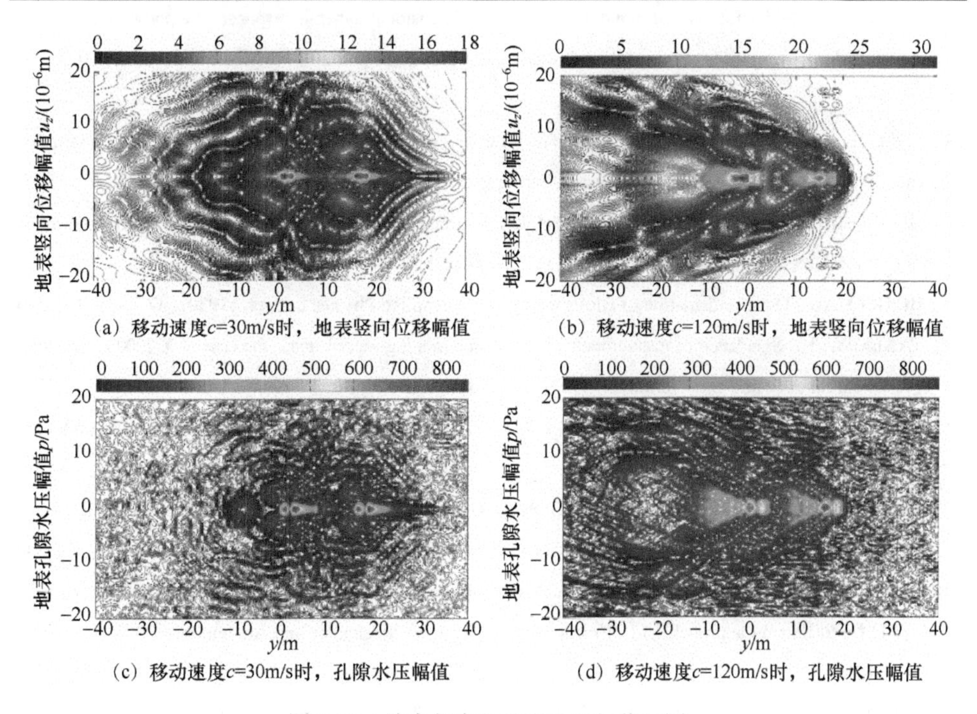

（a）移动速度c=30m/s时，地表竖向位移幅值　（b）移动速度c=120m/s时，地表竖向位移幅值

（c）移动速度c=30m/s时，孔隙水压幅值　（d）移动速度c=120m/s时，孔隙水压幅值

图 7-20　地表竖向位移和孔压幅值云图

从图 7-20 中可以看出，当列车以亚音速（c=30m/s）运行时，列车移动荷载主要引起车轮作用位置附近的地表竖向位移和孔压，说明此时地基中传播的波主要来自轨道不平顺引起的轮轨动荷载。当列车以超音速（c=120m/s）运行时，距离各车轮较远处仍能产生较大的地表竖向位移和孔压，并且可以看出幅值表现为向斜后方向发展的趋势，表现出明显的马赫效应，这说明列车运行速度已达到或超过层状 TI 饱和地基的临界速度，此时地基中传播的波来自轮轨振动荷载和列车高速运行的共同作用。另外，从图 7-19 中还可以看出，对于给定的荷载振动频率 f_0=25Hz，随着列车移动速度的增大，地基表面竖向位移幅值略有增加。

本章更为详细的研究成果列于文献［14］～文献［16］中，可供读者参考。

参考文献

［1］DE BARROS F C P，LUCO J E. Dynamic response of a two-dimensional semi-circular foundation embedded in a layered viscoelastic half-space［J］. Soil Dynamics and Earthquake Engineering，1995，14（1）：45-57.

［2］LU J F，JENG D S，WILLIAMS S. A 2.5-D dynamic model for a saturated porous medium：Part I. Green's function［J］. International Journal of Solids and Structures，2008，45（2）：378-391.

［3］LEFEUVE-MESGOUEZ G，MESGOUEZ A. Three-dimensional dynamic response of a porous multilayered ground under moving loads of various distributions［J］. Advances in Engineering Software，2012，46（1）：75-84.

［4］LIN C H，LEE V W，TRIFUNAC M D. The reflection of plane waves in a poroelastic half-space saturated with inviscid fluid［J］. Soil Dynamics and Earthquake Engineering，2005，25（3）：205-223.

［5］LIU Y，LIU K，TANIMURA S. Wave propagation in transversely isotropic fluid-saturated poroelastic media［J］. JSME International Journal，2002，45（3）：348-355.

［6］BERRYMAN J G. Confirmation of Biot's theory［J］. Applied Physics Letters，1980，37（4）：382-384.

［7］TAKEMIYA H. Simulation of track-ground vibrations due to a high-speed train：the case of X-2000 at Ledsgard［J］. Journal of Sound and Vibration，2003，261（3）：503-526.

［8］BAKKER M C M，VERWEIJ M D，KOOIJ B J，et al. The traveling point load revisited［J］. Wave Motion，1999，29（2）：119-135.

［9］KAYNIA A M，MADSHUS C，ZACKRISSON P. Ground vibration from high-speed trains：prediction and countermeasure［J］. Journal of Geotechnical and Geoenvironmental Engineering，2000，126（6）：531-537.

［10］BIAN X C，CHEN Y M，HU T. Numerical simulation of high-speed train induced ground vibrations using 2.5D finite element approach［J］. Science China Physics，Mechanics and Astronomy，2008，51（6）：632-650.

［11］PICOUX B D. LE HOUÉDEC. Diagnosis and prediction of vibration from railway trains［J］. Soil Dynamics and Earthquake Engineering，2005，25（12）：905-921.

［12］SHENG X，JONES C J C，THOMPSON D J．A theoretical model for ground vibration from trains generated by vertical track irregularities［J］．Journal of Sound and Vibration，2004，272（3/5）：937-965.

［13］JENKINS H H，STEPHENSON J E，CLAYTON G，et al．The effect of track and vehicle parameters on wheel/rail vertical dynamic loads［J］．Rail Engineering Journal，1974，3 （1）：2-16.

［14］高亚南．层状 TI 弹性或饱和半空间中列车运行引起的振动研究［D］．天津：天津大学，2016.

［15］BA Z N，LIANG J W，LEE V W，et al．A semi-analytical method for vibrations of a layered transversely isotropic ground-track system due to moving train loads［J］．Soil Dynamics and Earthquake Engineering，2019，121：25-39.

［16］梁建文，吴孟桃，巴振宁．移动荷载作用下 TI 饱和半空间动力响应分析［J］．振动、测试与诊断，2020，40（6）：1112-1119.

第8章　基于TI介质模型的地下隧道对弹性波的散射

本章将TI弹性（饱和）介质模型引入地下隧道对弹性波的散射研究中，分析介质各向异性条件和边界透水条件等因素对地下隧道地震响应的影响。求解的总体思路是：首先基于波场分离思想并结合合理分域模式，将总波场分解成自由波场和散射波场，同时将整体模型分解成开口层状半空间域和闭合衬砌隧道域；然后采用直接刚度法求解无地下隧道存在时的自由波场，以及采用半空间和全空间格林函数分别模拟层状TI半空间和衬砌隧道中的散射波场；最后引入相应的边界条件，将各独立域波场组合求得总波场响应。本章研究内容包括层状TI弹性半空间隧道对弹性波的二维散射、层状TI饱和半空间隧道对弹性波的二维散射、层状TI弹性半空间隧道对弹性波的2.5维散射、层状TI饱和半空间隧道对弹性波的2.5维散射。

本章求解方法的优势在于针对不同区域特点，充分发挥了全空间和半空间格林函数在分别构造闭合域和开口域内散射波场方面的优势，可降低存储量和计算量。研究成果可为层状TI半空间多域弹性波动问题求解提供新的思路方法，为复杂工程条件下地下结构的抗震安全性分析提供参考。

8.1　层状TI弹性半空间隧道对弹性波的二维散射

8.1.1　模型和理论公式

如图8-1所示，衬砌隧道埋置于层状TI半空间中，层状半空间由N层水平弹性TI土层和其下的TI弹性半空间（N+1）组成，衬砌则由具有独立材料参数的环形层组成，衬砌内外表面分别以S_1和S_2表示，相应的内外半径为a_1和a_2。

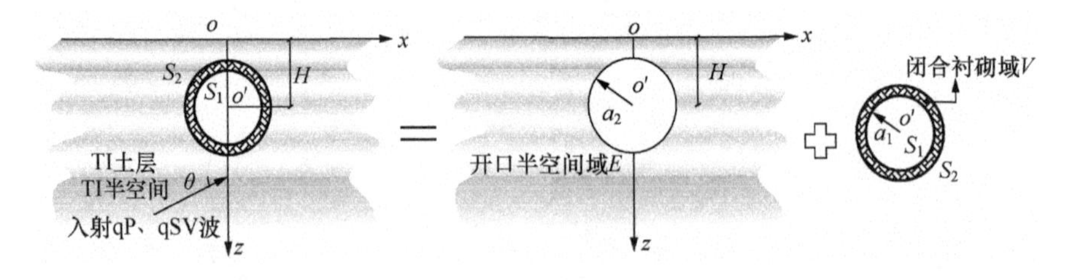

图8-1　层状TI弹性半空间中埋置衬砌隧道对弹性波的二维散射模型

1. 层状 TI 弹性半空间域波场求解

层状 TI 弹性半空间中自由场的求解同 4.2 节，此处不再做详细介绍。根据自由表面零应力条件和直接刚度法可求出半空间内任意一观测点 $x=(x, z)$处位移幅值$\left[u(x), w(x)\right]^{\mathrm{T}}$和应力幅值$\left[\sigma_x^{\mathrm{f}}(x), \sigma_z^{\mathrm{f}}(x), \tau_{zx}^{\mathrm{f}}(x)\right]^{\mathrm{T}}$，其中上标 f 代表自由场。为方便之后边界条件的求解，将隧道边界上各点应力及流体位移沿坐标轴方向进行合成，$t_i^{\mathrm{f}}(x)=\tau_{ij}n_j(i, j=x, z, p)$即沿坐标轴 i 方向的牵引力和孔压，$w^{\mathrm{f}}(x)=w_{ij}^{\mathrm{f}}n_j\,(i, j=x, z)$是流体相对位移，其中 n_x 和 n_z 为边界离散单元上 x 和 z 方向的余弦值。

半空间域内的散射波场采用第 3 章给出的层状 TI 半空间中斜线均布荷载动力格林函数来模拟。将边界 S_2 离散为 K_2 个线单元，每个单元的长度为 ΔS_{2l}（$l=1\sim K_2$）。由于含孔半无限空间域内波场包括自由波场和散射波场，半空间域 E 内任意点 $x=(x, z)$处总的位移和牵引力（假定法线已知）可表示为

$$u_i^{\mathrm{te}}(x)=u_i^{\mathrm{fe}}(x)+u_i^{\mathrm{de}}(x)=u_i^{\mathrm{fe}}(x)+\sum_{l=1}^{K_2}g_{u,ij}^{\mathrm{e}}(x,\xi_l)\,p_{2j}(\xi_j) \tag{8.1}$$

$$t_i^{\mathrm{te}}(x)=t_i^{\mathrm{fe}}(x)+t_i^{\mathrm{de}}(x)=t_i^{\mathrm{fe}}(x)+\sum_{l=1}^{K_2}g_{t,ij}^{\mathrm{e}}(x,\xi_l)\,p_{2j}(\xi_l) \tag{8.2}$$

式中，$i, j=x, z$；上标 e、t 和 d 分别表示半空间域、总波场和散射波场；$g_{u,ij}^{\mathrm{e}}(x,\xi_l)$和 $g_{t,ij}^{\mathrm{e}}(x,\xi_l)$分别为层状 TI 半空间中斜线均布荷载的位移和牵引力格林函数，表示在边界 S_2 上第 l 个单元（中点为 ξ_l）作用密度为 $p_{2j}(\xi_l)$，第 j 方向的斜线均布荷载时，在 x 处产生的第 i 方向的位移和牵引力；$u_i^{\mathrm{fe}}(x)$和 $t_i^{\mathrm{fe}}(x)$分别为地震波入射时自由场中 x 处产生的第 i 方向的位移和牵引力。

牵引力格林函数由应力格林函数在 3 个坐标轴上合成得到：

$$\begin{cases} g_{tx}=n_x g\tau_{xx}+n_z g\tau_{zx} \\ g_{tz}=n_x g\tau_{zx}+n_z g\tau_{zz} \end{cases} \tag{8.3}$$

2. 全空间均布线荷载动力格林函数及闭合域内波场

全空间格林函数在频率和空间域内具有解析表达式，形式简单且计算量小，适合用于求解具有单一材料参数的闭合域内散射波场。本节采用全空间线均布荷载动力格林函数来模拟环形衬砌闭合域内的散射波场。闭合域 V 的边界为 S（$S=S_1\cap S_2$），将边界 S 离散为 K 个线单元，每个单元的长度为 ΔS_l（$l=1\sim K$）。域 V 内任意点 $x=(x, z)$处的位移和牵引力（假定法线已知）为

$$u_i^{\mathrm{dv}}(x)=\sum_{l=1}^{K}g_{u,ij}^{\mathrm{v}}(x,\xi_l)\,p_{1j}(\xi_l) \tag{8.4}$$

$$t_i^{\mathrm{dv}}(x)=\sum_{l=1}^{K}g_{t,ij}^{\mathrm{v}}(x,\xi_l)\,p_{1j}(\xi_l) \tag{8.5}$$

式中，上标 v 表示闭合域，$g_{u,ij}^{\mathrm{v}}(x,\xi_l)$ 和 $g_{t,ij}^{\mathrm{v}}(x,\xi_l)$ 分别为闭合域中线均布荷载的位移和牵引力格林函数，表示在边界 S 上第 l 个单元（中点为 ξ_l）作用密度为 $p_{1j}(\xi_l)$，第 j 方向的均布荷载时，在域 V 内点 x 处产生的第 i 方向的位移和牵引力。由于假定闭合域内仅包含散射波场，式（8.4）和式（8.5）即闭合域内的总波场。线均布荷载动力格林函数可通过沿每个单元积分集中力源动力格林函数[1]求得

$$u_{ij}^{\mathrm{v}}\left(x,\xi_m\right)=\int_{\xi_m-\frac{\Delta S_m}{2}}^{\xi_m+\frac{\Delta S_m}{2}} G_{u,ij}\left(x,\xi_m\right)\mathrm{d}S_{\xi} \tag{8.6}$$

$$t_{ij}^{\mathrm{v}}\left(x,\xi_m\right)=0.5\delta_{nm}+\int_{\xi_m-\frac{\Delta S_m}{2}}^{\xi_m+\frac{\Delta S_m}{2}} G_{t,ij}\left(x,\xi_m\right)\mathrm{d}S_{\xi} \tag{8.7}$$

式中，$G_{u,ij}(x,\xi_m)$和 $G_{t,ij}(x,\xi_m)$分别为全空间集中力源动力格林函数，其解析表达式可参见文献［1］。

3. 边界条件

求解中涉及的边界条件包括环形衬砌内表面的零牵引力边界条件，以及环形衬砌外表面与层状半空间交界面处的位移和牵引力连续条件。求解过程中考虑边界条件在每个单元上独立满足。

环形衬砌内表面（S_1）上各单元的零牵引力边界条件可表示为

$$\int_{-\Delta S_n/2}^{\Delta S_n/2} t_i^{\mathrm{dv}}\left(x_n\right)\mathrm{d}Sx_n=0 \quad (n=1\sim K_1) \tag{8.8}$$

环形衬砌外表面与层状半空间交界面（S_2）上各单元的位移和牵引力连续条件可表示为

$$\int_{-\Delta S_n/2}^{\Delta S_n/2} u_i^{\mathrm{te}}\left(x_n\right)\mathrm{d}Sx_n-\int_{-\Delta S_n/2}^{\Delta S_n/2} u_i^{\mathrm{dv}}\left(x_n\right)\mathrm{d}Sx_n=0 \quad (n=1\sim K_2) \tag{8.9}$$

$$\int_{-\Delta S_n/2}^{\Delta S_n/2} t_i^{\mathrm{te}}\left(x_n\right)\mathrm{d}Sx_n-\int_{-\Delta S_n/2}^{\Delta S_n/2} t_i^{\mathrm{dv}}\left(x_n\right)\mathrm{d}Sx_n=0 \quad (n=1\sim K_2) \tag{8.10}$$

将式（8.1）～式（8.7）代入式（8.8）～式（8.10），求解方程组，可求得施加在所有边界上的虚拟均布荷载密度，则任意点处的位移和牵引力响应可通过将求得的荷载密度代回式（8.1）～式（8.5）中得到。

4. 应力集中因子

应力集中现象指由于孔洞、缺口、转角、沟槽及截面突变等几何不连续而产生的局部应力增大的现象，本章考虑的地下隧道地形是地震工程学中常见的一种几何不连续现象。常用应力集中因子来度量区域内的应力集中程度，应力集中因子定义为几何不连续区域内的局部最大应力与标准应力的比值。将直角坐标系下斜线荷载的应力格林函数转换到极坐标系中，具体表达式如下：

$$\begin{cases}\sigma_{\theta\theta j}(x,\xi_l)=\sigma_{xxj}(x,\xi_l)\sin^2\theta+\sigma_{xzj}(x,\xi_l)\sin 2\theta+\sigma_{zzj}(x,\xi_l)\cos^2\theta\\ \sigma_{\theta yj}(x,\xi_l)=-\sigma_{yxj}(x,\xi_l)\sin\theta-\sigma_{yzj}(x,\xi_l)\cos\theta\\ \sigma_{yyj}(x,\xi_l)=\sigma_{yyj}(x,\xi_l)\end{cases} \tag{8.11}$$

由于环形衬砌域内仅存在散射场，因此将应力格林函数乘以前文求出的虚拟荷载 p_2，便可得到环形衬砌域 V 内的应力集中因子：

$$\begin{cases}\sigma_{\theta\theta}(x)=\sum_{l=1}^{K}\sum_{j=1}^{3}\sigma_{\theta\theta j}(x,\xi_l)p'_j(\xi_l)\\ \sigma_{\theta y}(x)=\sum_{l=1}^{K}\sum_{j=1}^{3}\sigma_{\theta yj}(x,\xi_l)p'_j(\xi_l)\\ \sigma_{yy}(x)=\sum_{l=1}^{K}\sum_{j=1}^{3}\sigma_{yyj}(x,\xi_l)p'_j(\xi_l)\end{cases} \tag{8.12}$$

8.1.2　弹性半空间隧道的二维散射验证

为验证该方法的正确性，本节先与 Luco 等[2]给出的 P 波垂直入射下弹性半空间无衬砌隧道结果进行比较。无衬砌隧道情况可通过令衬砌材料参数和半空间中所采用的材料参数取为相同而得到（取 $E_h=E_v=E'$，$\nu_h=\nu_{vh}=\nu'=0.25$，$\rho/\rho'=1.0$），其中上标“′”表示与衬砌相关的材料参数。隧道埋置深度考虑 $H/a_1=1.5$ 和 5.0 两种情况，图 8-2 给出了 P 波垂直入射下弹性半空间无衬砌隧道内表面动应力响应结果对比。从图 8-2 中可以看出本节结果与 Luco 等[2]的结果吻合良好。

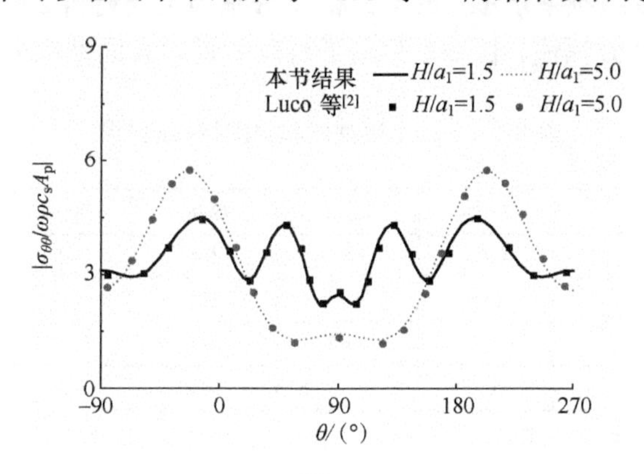

图 8-2　本节结果与 Luco 等[2]中 P 波垂直入射下弹性半空间无衬砌隧道内表面动应力响应结果对比

其次，与刘中宪等[3]无阻尼弹性半空间中隧道刚性衬砌内表面动应力响应结果进行对比。模型的材料参数取为 $H/a_1=2.0$，$a_1/a_2=0.9$，$E_h=E_v=0.032E'$，$\nu_h=\nu_{vh}=0.25$，$\rho/\rho'=0.8$，$\zeta=\zeta'=0.001$。图 8-3 给出了 SV 波斜入射下隧道衬砌无量纲内壁应力集中因子$|\sigma_{\theta\theta}/\sigma_0|$结果对比，其中 $\sigma_0=\omega\rho c_{SV}A_{SV}$，入射波的角度为 $\theta_\alpha=0°$、30°、60°和 85°（文献θ_α与

本书θ互余）。从图 8-3 中可看出本节计算结果与刘中宪等[3]给出的结果吻合良好。

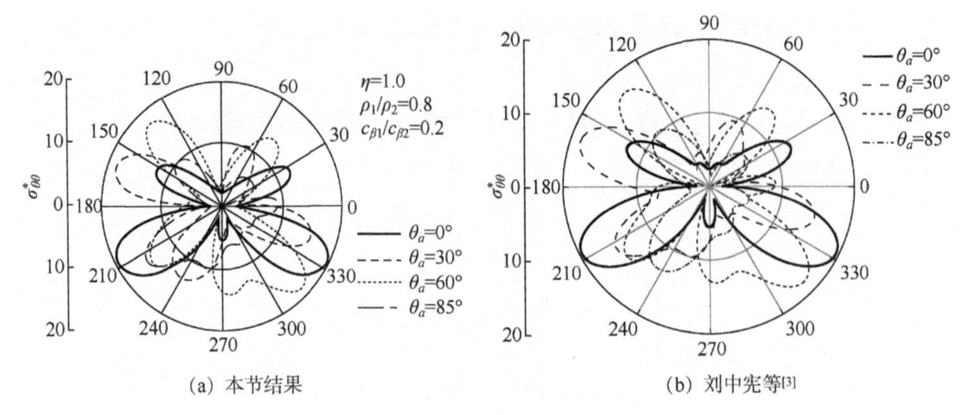

(a) 本节结果　　(b) 刘中宪等[3]

图 8-3　本节与刘中宪等[3]中 SV 波斜入射下弹性半空间中隧道刚性衬砌内壁应力集中因子结果对比

8.1.3　算例与分析

在本节中分析了 qP 波入射下单一土层 TI 弹性半空间中埋置衬砌隧道动力响应。隧道埋深 H/a_1=1.5，单一土层厚度 d=4.5a_1。表 8-1 给出了 3 种土层性质和衬砌材料的参数。各向同性基岩材料参数为 E_h=E_v=4E_0，G_v=1.6E_0，ν_h=ν_{vh}=0.25，ζ=0.02，ρ/ρ_0=1.5。定义衬砌内表面环向动应力集中系数$\sigma_{\theta\theta}^*$=|$\sigma_{\theta\theta}/\sigma_0$|，其中$\sigma_0$=$\omega\rho_0 c_p A_{qP}$。无量纲频率$\eta$=$\omega a_1/\pi c_s$，$c_s$和 c_p 分别为土层材料 2 中的 S 波和 P 波波速，A_{qP}为入射 qP 波幅值。图 8-4 给出了衬砌隧道内表面动应力结果。

表 8-1　3 种土层性质和衬砌材料的参数

材料	E_h/E_0	E_v/E_0	G_v/E_0	ν_h	ν_{vh}	ρ/ρ_0
土层材料 1	0.67	1.33	0.4	0.25	0.25	1.0
土层材料 2	1.00	1.00	0.4	0.25	0.25	1.0
土层材料 3	1.33	0.67	0.4	0.25	0.25	1.0
衬砌材料	31.25	31.25	12.5	0.25	0.25	1.25

注：土层和衬砌材料阻尼均为 0.05。

由图 8-4 可以看出，随着η增大，土层各向异性对衬砌动应力的影响增强，应力沿衬砌周边变化也变得更为复杂。高频时可明显看出，随着 qP 波入射角度减小，$\sigma_{\theta\theta}^*$有所减小，并且土层参数为 E_h/E_v=0.5 时的$\sigma_{\theta\theta}^*$远大于其他两种情况下的动应力。以上分析表明，TI 介质场地对隧道的动应力响应与入射波频率和角度有关。事实上，TI 参数的变化改变了场地动力特性，进而改变了场地与衬砌隧道的动力相互作用，使得场地材料的各向异性对 qP 波入射下衬砌动应力产生重要的影响。此外，土层

参数取 E_h/E_v=1.0 时的动应力值在多数情况下都小于相应 TI 场地中的动应力结果，这进一步说明了在实际隧道抗震设计中考虑场地各向异性的必要性。

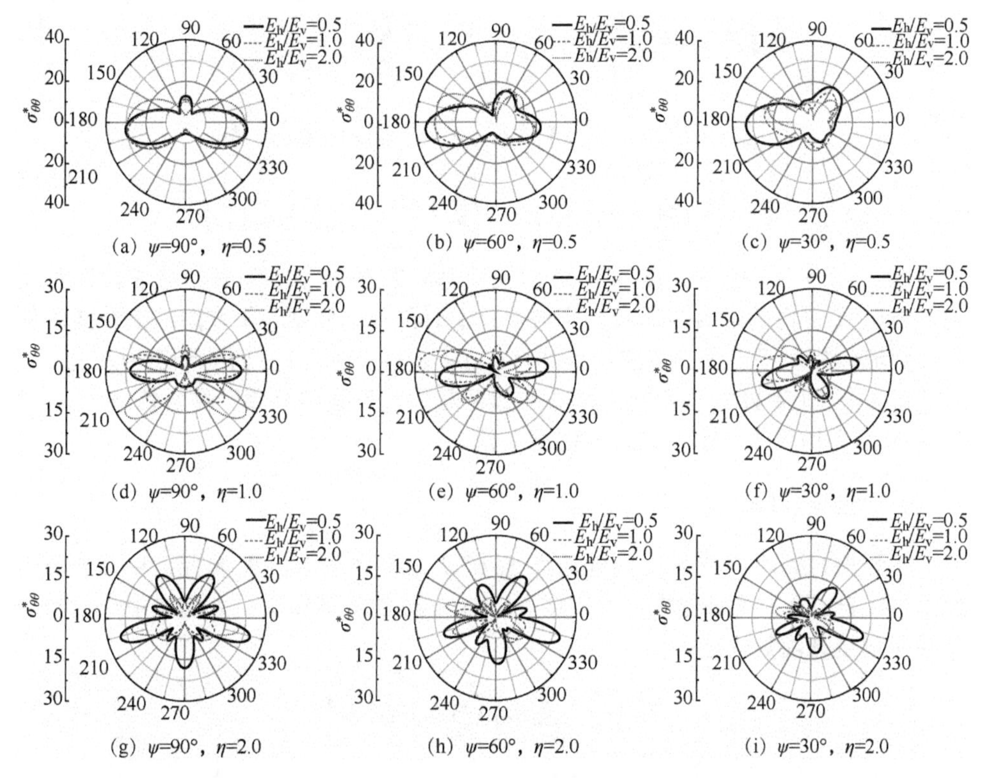

图 8-4　qP 波入射下单一土层 TI 弹性半空间中埋置衬砌隧道内表面动应力结果

8.2　层状 TI 饱和半空间隧道对弹性波的二维散射

8.2.1　模型和理论公式

1. 层状 TI 饱和半空间域波场求解

计算模型同图 8-1，层状 TI 饱和半空间域内自由波场的求解见第 4.2 节，散射场则采用第 3 章给出的层状 TI 饱和半空间均布斜线荷载及孔压动力格林函数来模拟，最终散射场叠加自由波场可得到总波场。先将开口域 E 的局部边界 S_2 离散为 K_2 个单元，每个单元的长度为ΔS_l（l=1～K_2）。由于开口域内波场包括自由波场和散射波场，则开口域 E 内任意点 x=(x,z)处总的位移和牵引力（假定该点所在单元的法向量已知）可表示为

$$\begin{cases} u_i^{\mathrm{te}}(x) = u_i^{\mathrm{fe}}(x) + u_i^{\mathrm{de}}(x) = u_i^{\mathrm{fe}}(x) + \sum_{l=1}^{K_2} g_{u,ij}^{\mathrm{e}}(x,\xi_l)\, p_{2j}(\xi_j) \\ w^{\mathrm{te}}(x) = w^{\mathrm{fe}}(x) + w^{\mathrm{de}}(x) = w^{\mathrm{fe}}(x) + \sum_{l=1}^{K_2} g_w^{\mathrm{e}}(x,\xi_l)\, p_2(\xi_j) \end{cases} \tag{8.13}$$

$$\begin{cases} t_i^{\mathrm{te}}(x) = t_i^{\mathrm{fe}}(x) + t_i^{\mathrm{de}}(x) = t_i^{\mathrm{fe}}(x) + \sum_{l=1}^{K_2} g_{t,ij}^{\mathrm{e}}(x,\xi_l)\, p_{2j}(\xi_l) \\ t_p^{\mathrm{te}}(x) = t_p^{\mathrm{fe}}(x) + t_p^{\mathrm{de}}(x) = t_p^{\mathrm{fe}}(x) + \sum_{l=1}^{K_2} g_p^{\mathrm{e}}(x,\xi_l)\, p_{2j}(\xi_l) \end{cases} \tag{8.14}$$

式中，$i, j=x, z$；上标 te、de 和 fe 分别表示层状 TI 饱和半空间开口域 E 内的总波场、开口域 E 内的散射波场及自由波场；$u_i(x)$和 $w(x)$分别为 i 方向的土骨架位移和孔隙流体相对于土骨架的法向位移；$t_i(x)$和 $t_p(x)$分别为 i 方向的牵引力和孔压；$g_{u,ij}$ 和 g_w 分别为 TI 饱和半空间均布斜线荷载的土骨架和流体位移格林函数；$g_{t,ij}$ 和 g_p 分别为相应的牵引力和孔压格林函数。

2. 闭合域内波场

将环形衬砌闭合域 V 的内外边界 S_1 和 S_2 总共离散为 K 个单元，单元长度为 ΔS_m（m=1～K），则闭合域 V 内任意点 x=(x, z)处的位移和牵引力同样由全空间均布线荷载格林函数构造：

$$u_i^{\mathrm{dv}}(x) = \sum_{m=1}^{K} g_{u,ij}^{\mathrm{v}}(x,\xi_m) p_{1j}(\xi_m) \tag{8.15}$$

$$t_i^{\mathrm{dv}}(x) = \sum_{m=1}^{K} g_{t,ij}^{\mathrm{v}}(x,\xi_m) p_{1j}(\xi_m) \tag{8.16}$$

3. 边界条件

衬砌外交界面 S_2 要满足位移和应力连续条件，内壁 S_1 要满足应力为零的条件。假定边界条件在每个单元上独立满足。

1）衬砌内壁 S_1 上零应力边界条件为

$$\int_{S_1} \begin{bmatrix} t_x^{\mathrm{dv}}(s) \\ t_z^{\mathrm{dv}}(s) \end{bmatrix} \mathrm{d}s = [0],\ s \in S_1 \tag{8.17}$$

2）层状 TI 饱和半空间和环形衬砌交界面 S_2 上位移和应力连续条件。与弹性介质不同的是，饱和半空间地表存在两种渗透状态，完全渗透（排水条件）要求不存在地表孔压，而完全不透水（不排水条件）则对应地表流体位移为零。因此，当半空间和衬砌交界面 S_2 透水时：

$$\int_{S_2} \begin{bmatrix} u_x^{\mathrm{te}}(s) \\ u_z^{\mathrm{te}}(s) \end{bmatrix} \mathrm{d}s = \int_{S_2} \begin{bmatrix} u_x^{\mathrm{dv}}(s) \\ u_z^{\mathrm{dv}}(s) \end{bmatrix} \mathrm{d}s,\ s \in S_2 \tag{8.18a}$$

$$\int_{S_2}\begin{bmatrix} t_x^{\text{te}}(s) \\ t_z^{\text{te}}(s) \\ t_p^{\text{te}}(s) \end{bmatrix}\mathrm{d}s = \int_{S_2}\begin{bmatrix} t_x^{\text{dv}}(s) \\ t_z^{\text{dv}}(s) \\ 0 \end{bmatrix}\mathrm{d}s,\ s\in S_2 \tag{8.18b}$$

当半空间和衬砌交界面 S_2 不透水时

$$\int_{S_2}\begin{bmatrix} u_x^{\text{te}}(s) \\ u_z^{\text{te}}(s) \\ w^{\text{te}}(s) \end{bmatrix}\mathrm{d}s = \int_{S_2}\begin{bmatrix} u_x^{\text{dv}}(s) \\ u_z^{\text{dv}}(s) \\ 0 \end{bmatrix}\mathrm{d}s,\ s\in S_2 \tag{8.19a}$$

$$\int_{S_2}\begin{bmatrix} t_x^{\text{te}}(s) \\ t_z^{\text{te}}(s) \end{bmatrix}\mathrm{d}s = \int_{S_2}\begin{bmatrix} t_x^{\text{dv}}(s) \\ t_z^{\text{dv}}(s) \end{bmatrix}\mathrm{d}s,\ s\in S_2 \tag{8.19b}$$

将式（8.13）～式（8.16）代入式（8.17）～式（8.19），可求得环形衬砌闭合域 V 及层状 TI 饱和半空间开口域 E 相应边界上的虚拟均布荷载密度，从而进一步求得任意位置的位移和应力。

8.2.2　饱和半空间隧道的二维散射验证

为验证该方法的正确性，本节先与刘中宪等[3]均匀各向同性弹性半空间中隧道衬砌的结果进行对比。模型的材料参数取为 H/a_1=2.0，a_1/a_2=0.9，E_h=E_v=0.032E'，ν_h=ν_{vh}=0.25，ρ/ρ'=0.8，ζ=ζ'=0.001，无量纲频率为 η=$wa_1/\pi c_{sv}$=1.0。图 8-5 给出了 P 波和 SV 波斜入射下，隧道衬砌无量纲内壁应力集中因子$|\sigma_{\theta\theta}/\sigma_0|$的结果，其中 σ_0=$\omega\rho c_P A_P$（P 波入射）和 σ_0=$\omega\rho c_{SV} A_{SV}$（SV 波入射）。从图 8-5 中可以看出，本节计算结果与刘中宪等[3]给出的结果吻合良好。

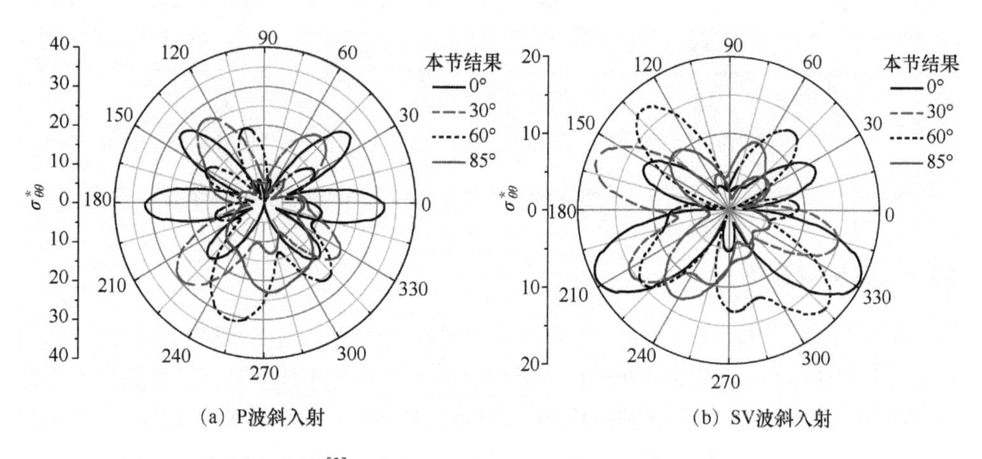

（a）P波斜入射　（b）SV波斜入射

图 8-5　与刘中宪等[3]P 波和 SV 波斜入射下均匀各向同性弹性半空间中隧道衬砌内壁应力集中因子结果对比

其次，与刘中宪等[4]均匀饱和半空间中衬砌隧道对入射 SV 波的散射结果进行对比。计算时取 H/a_1=3.0，a_1/a_2=0.9，η_l=1.0；饱和半空间参数为 G_v=3.7GPa，ν=0.25，ζ=0.001，ρ_l=1000kg/m³，ρ_s=2650kg/m³，α=0.83，M=6.072GPa，m=7223.33kg/m³，ϕ=0.3，b=0；衬砌材料为 C50 混凝土，混凝土参数为 ρ'=2500kg/m³，c'_s=2667m/s。图 8-6 给出了衬砌和半空间边界透水和不透水两种情况下（地表均透水），SV 波以 θ=0°和 30°入射时，地表的水平和竖向无量纲位移$|u_x/A_{SV}|$和$|u_z/A_{SV}|$的结果。从图 8-6 中可以看出，本节与刘中宪等[4]给出的结果吻合较好。

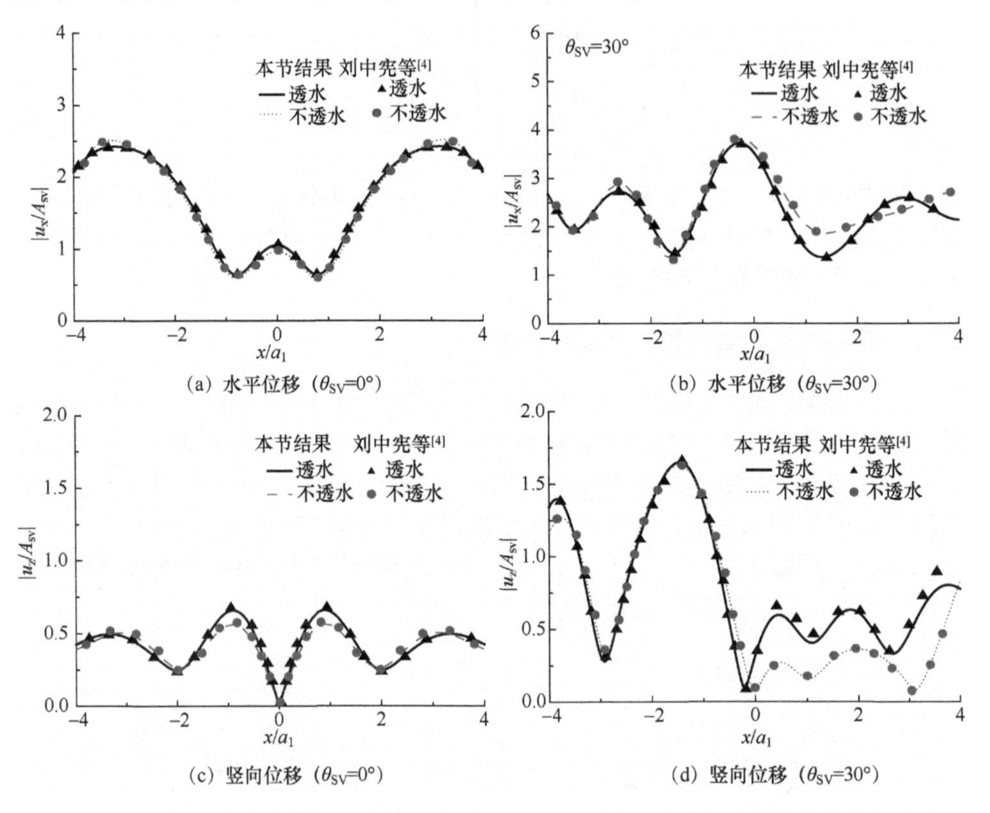

图 8-6　本节与刘中宪等[4] SV 波斜入射下均匀各向同性饱和半空间中地表位移结果对比

8.2.3　算例与分析

本节研究了均匀 TI 饱和基岩中圆形衬砌隧道对入射 qP1 波和 qSV 波的散射效应，并对 TI 材料、透水条件进行了参数分析。计算时 3 种基岩材料参数见表 8-2。衬砌采用 C50 混凝土，其参数取为 E=3.45×10⁴MPa，ρ'=2500kg/m³，ν'=0.2 及 ζ'=0.02。边界透水条件计算时选用表 8-2 中材料 1 的参数，相应的干土材料是有孔隙的等效单相模型。计算中无量纲频率 η=0.5、1.0 和 2.0，入射角度 θ=0°、30°、60°和 85°。

表 8-2　基岩材料参数

基岩材料	E_h/GPa	E_v/GPa	G_v/GPa	ρ_s/（kg/m^3）	ρ_l/（kg/m^3）	k_s/GPa	k_l/GPa
基岩材料 1	6.17	12.33	3.7	2650	1000	36	2.0
基岩材料 2	9.25	9.25	3.7	2650	1000	36	2.0
基岩材料 3	12.33	6.17	3.7	2650	1000	36	2.0

注：如无特别说明，3 种材料的阻尼 ζ=0.001，a_1=a_3=2.167，泊松比 ν_h=ν_{vh}=0.25，孔隙流体的动力黏滞系数 η_l=0.001Pa·s，孔隙率 ϕ=0.3，渗透率 k_1=k_3=10^{3}m^2。

首先研究了介质的各向异性对地下衬砌隧道附近地表水平位移幅值的影响，图 8-7 和图 8-8 分别给出了 qP1 波、qSV 波入射下地表水平位移幅值结果。假定地表、半空间与衬砌隧道交界面 S_2 均透水（下同）。

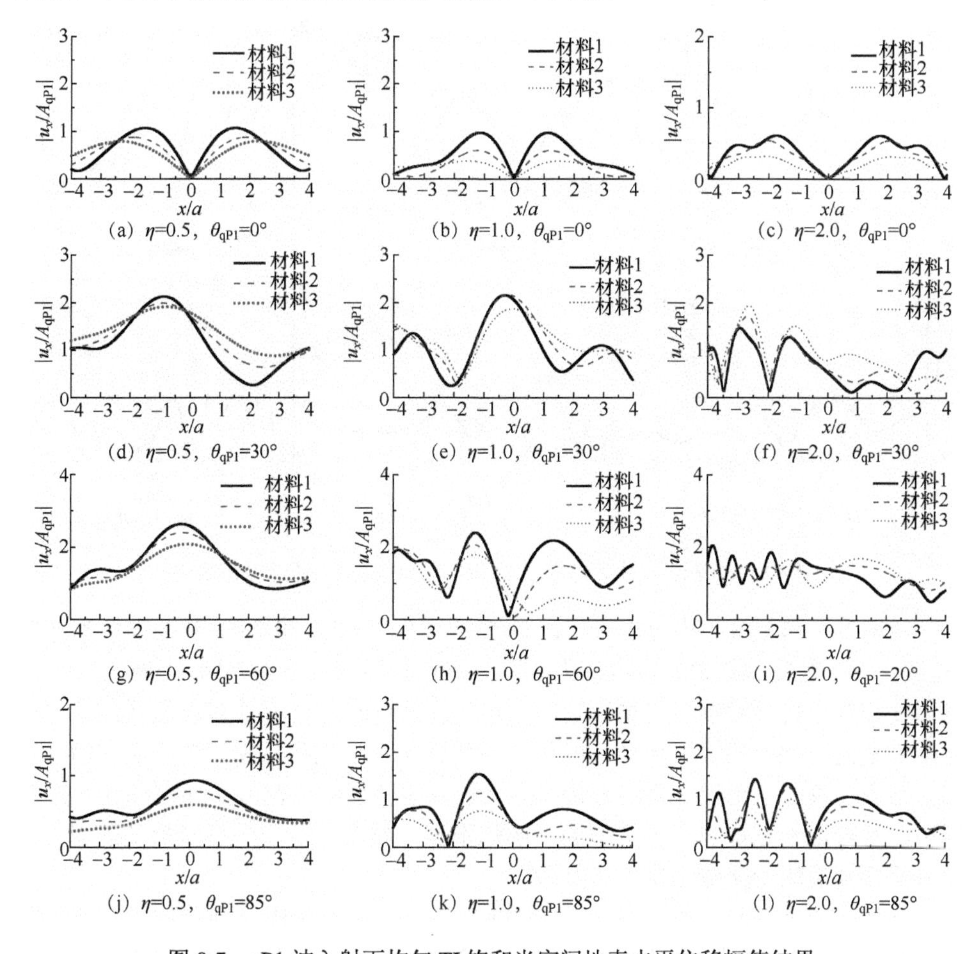

图 8-7　qP1 波入射下均匀 TI 饱和半空间地表水平位移幅值结果

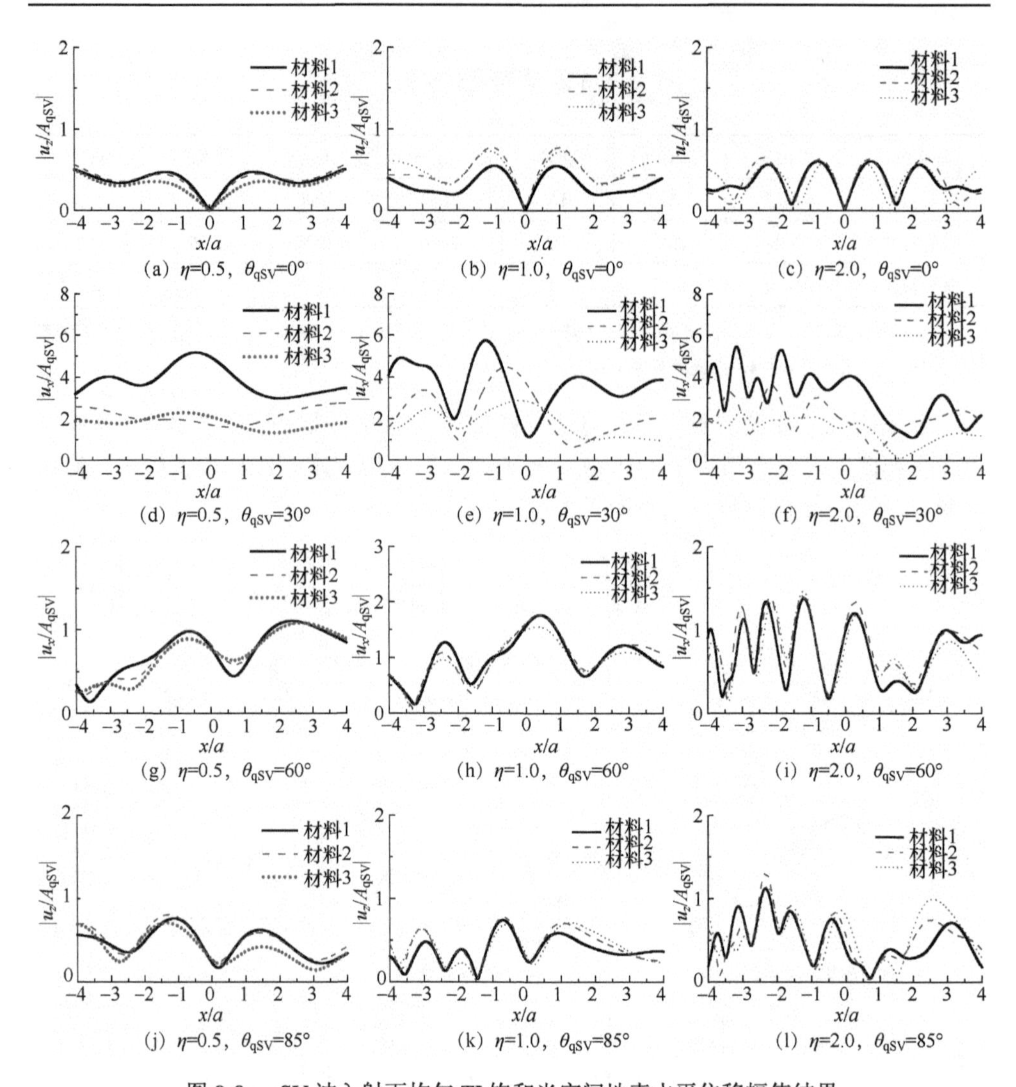

(a) η=0.5，θ_{qSV}=0°　(b) η=1.0，θ_{qSV}=0°　(c) η=2.0，θ_{qSV}=0°

(d) η=0.5，θ_{qSV}=30°　(e) η=1.0，θ_{qSV}=30°　(f) η=2.0，θ_{qSV}=30°

(g) η=0.5，θ_{qSV}=60°　(h) η=1.0，θ_{qSV}=60°　(i) η=2.0，θ_{qSV}=60°

(j) η=0.5，θ_{qSV}=85°　(k) η=1.0，θ_{qSV}=85°　(l) η=2.0，θ_{qSV}=85°

图 8-8　qSV 波入射下均匀 TI 饱和半空间地表水平位移幅值结果

从图 8-7 和图 8-8 中可以看出，TI 介质（E_h/E_v=0.5 和 2.0）和各向同性介质（E_h/E_v=1.0）对应的隧道地表位移大小及分布存在不同程度的差别，同时波型、入射角度和频率也会对响应产生影响。当 qP1 波入射时，TI 介质对应的隧道地表位移围绕各向同性介质上下波动，峰值点的位置和大小也和各向同性介质有明显不同。地表位移峰值出现在隧道左侧（靠近波入射位置的一侧），一般介质的 E_h/E_v 越小，对隧道附近地表位移幅值的影响越不利。随着入射波频率和角度的增大，地表位移幅值的变化更加剧烈和复杂。

当 qSV 波入射时，地表位移变化规律同 qP1 波入射时类似，会随着入射波频率和角度的增大变得更加剧烈和复杂。入射角为 30°时 3 种介质的地表结果差异尤为显著

（η=2.0 更明显），这是因为 30°接近 qSV 波的临界角，临界角对位移响应有重要影响。

其次，分析了边界透水条件对地下衬砌隧道附近竖向地表位移幅值的影响。图 8-9 和图 8-10 分别给出了 qP1 波、qSV 波入射下地表竖向位移幅值结果。图 8-9 和图 8-10 中透水和不透水分别表示半空间与衬砌交界面 S_2 透水和不透水情况（地表均透水），干土表示有孔隙的等效单相模型。

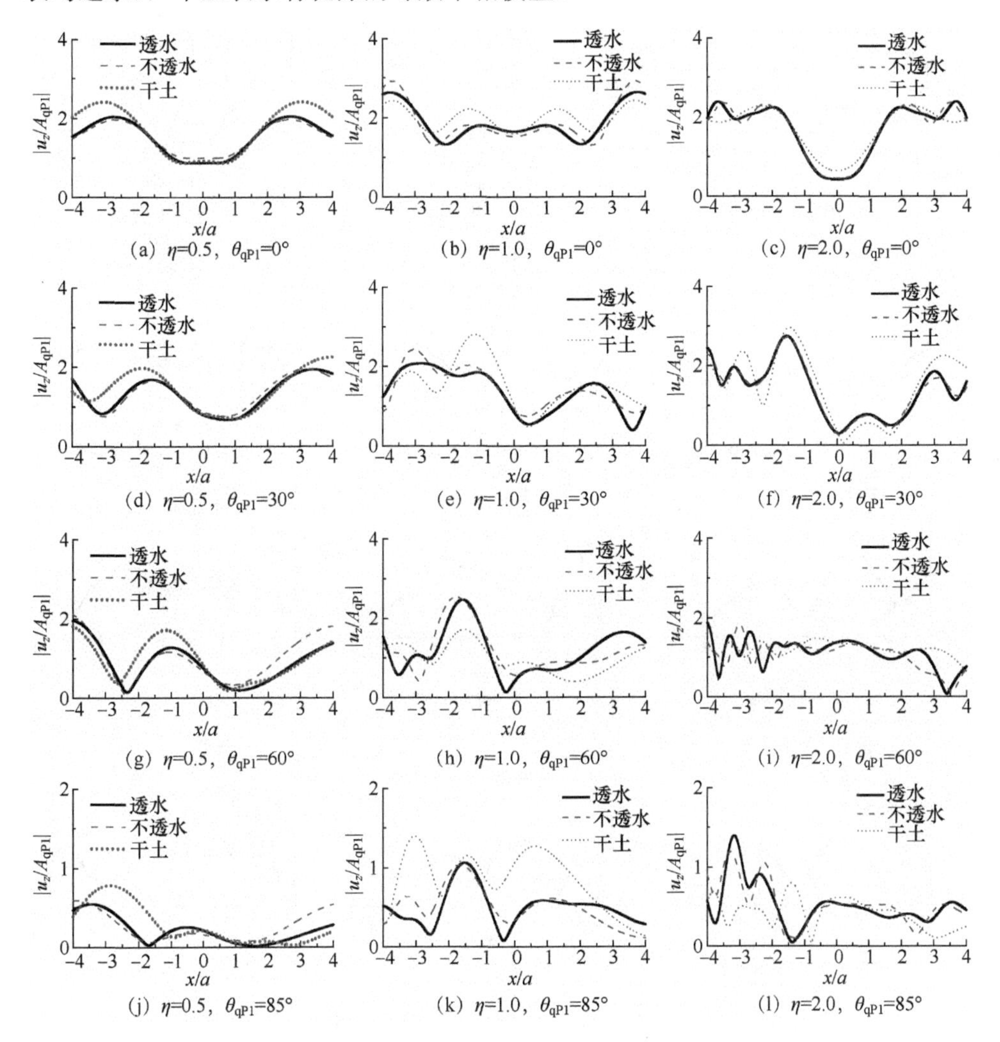

图 8-9　qP1 波入射下均匀 TI 饱和半空间地表竖向位移幅值结果

从图 8-9 和图 8-10 中可以看出，较低频率（η=0.5）下，当 qP1 波以较小角度（0°和 30°）入射时，一般饱和土与干土情况的水平位移结果差异不显著，透水与不透水情况的竖向位移差异不大但与干土的差异明显；当 qP1 波以较大角度（60°和 85°）入射时，饱和土和干土的水平和竖向位移差异显著。较高频率（η=1.0 和

2.0）时，衬砌隧道对波的散射作用明显增强，地表位移的变化更加复杂，振荡也更为剧烈，透水和不透水、饱和与干土情况的地表位移差异也显著增大。受入射波频率和角度的影响，不同边界透水条件的地表位移峰值点位置和大小也会有明显不同，一般干土的峰值较饱和土要偏大。

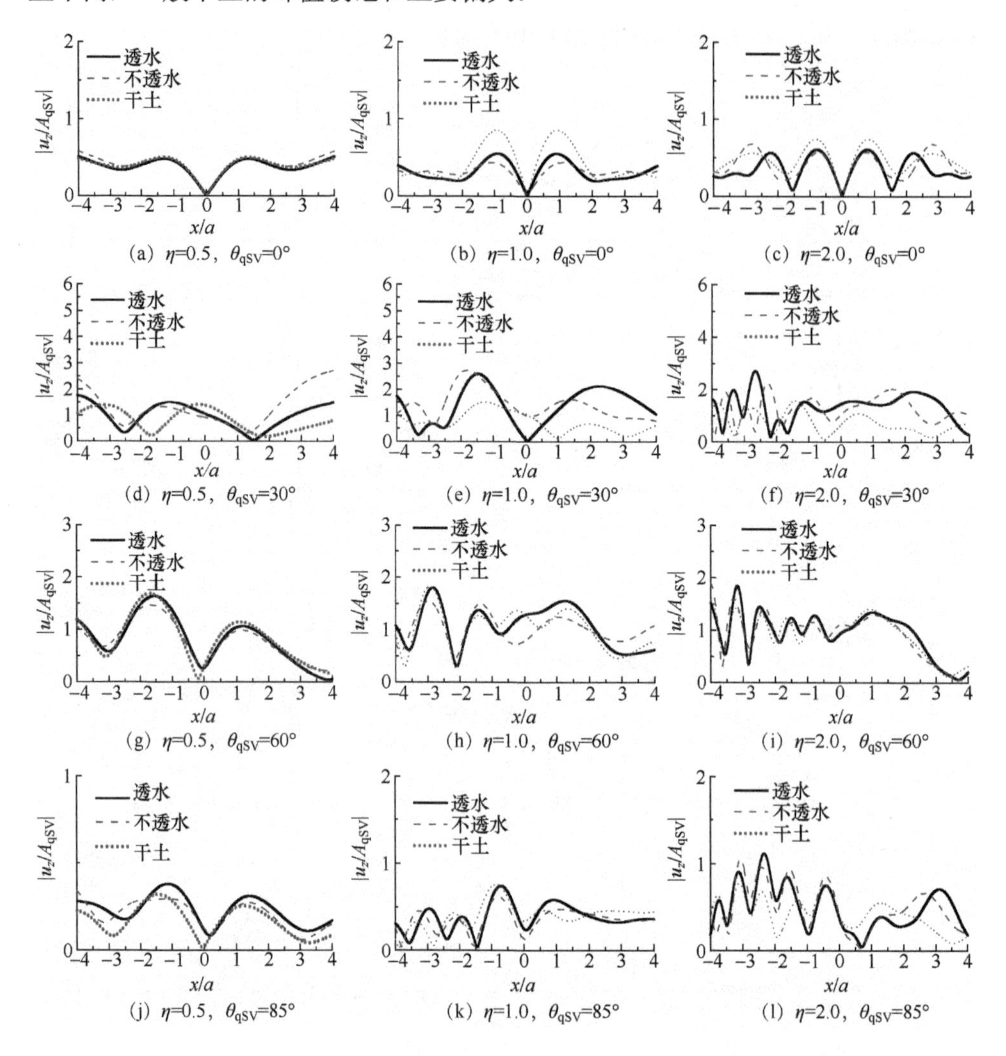

图 8-10　qSV 波入射下均匀 TI 饱和半空间地表竖向位移幅值结果

当 qSV 波入射时存在临界角（在 30°附近）的情况，当入射角度靠近临界角时，透水、不透水和干土的地表位移的空间变化尤为复杂和剧烈，在波入射一侧表现得尤为明显。随着频率和入射角度的增大，不同边界透水条件下地表位移的变化更加复杂且振荡剧烈，地表位移峰值点位置和大小也会有明显不同。

8.3　层状 TI 弹性半空间隧道对弹性波的 2.5 维散射

8.3.1　模型和理论公式

如图 8-11 所示，一无限长圆形衬砌隧道（隧道衬砌截面沿轴向不变）位于层状 TI 弹性半空间中。为便于进行波场构造，首先将模型分为开口层状半空间域 Ω_{L} 和环形闭合域 Ω_1，对应内外圆形边界分别为 S_1 和 S_2。模型在（x-z）平面内的分解图同图 8-1。入射弹性波为 qP 波、qSV 波和 SH 波，投影到水平面内与 y 轴夹角为 θ_{h}，垂直入射平面内与 z 轴的夹角为 θ_{v}。

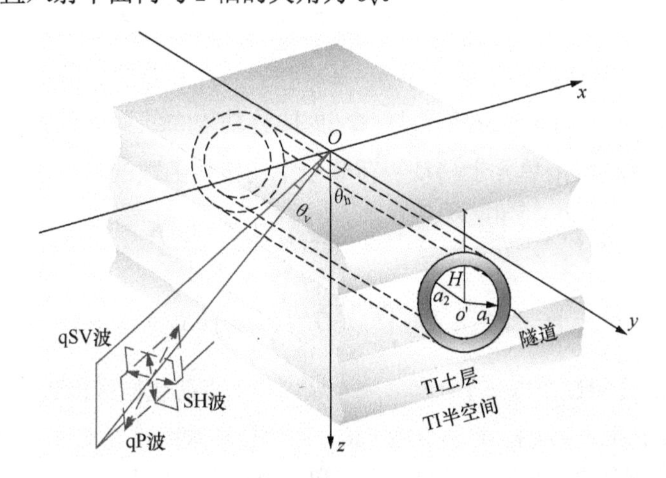

图 8-11　层状 TI 弹性半空间中埋置衬砌隧道对弹性波的 2.5 维散射模型

1. 层状 TI 弹性半空间域波场求解

层状 TI 弹性半空间中自由场求解过程在本书第 4.1 节中已进行过详细推导，这里不再赘述。半空间域内的散射波场采用第 3.3 节给出的层状 TI 弹性半空间中移动斜线均布荷载动力格林函数进行模拟，将其与自由场响应叠加便可求得层状 TI 弹性半空间内的总波场。同样将隧道与土的交界面 S_2 离散为 K_2 个线单元，单元长度为ΔS_i（i=1～K_{L}），那么在入射波 qP 波、qSV 波及 SH 波作用下，层状 TI 开口半空间域 Ω_{L} 对应边界上点 x=(x, z)处总的位移和牵引力可以表示为

$$u_i^{\mathrm{t}}(x)=u_i^{\mathrm{f}\Omega_{\mathrm{L}}}(x)+u_i^{\mathrm{d}\Omega_{\mathrm{L}}}(x)=u_i^{\mathrm{f}\Omega_{\mathrm{L}}}(x)+\sum_{l=1}^{K_2} g_{u,ij}^{\Omega_{\mathrm{L}}}(x,\xi_l)\cdot\varphi_j(\xi_l) \tag{8.20}$$

$$t_i^{\mathrm{t}}(x)=t_i^{\mathrm{f}\Omega_{\mathrm{L}}}(x)+t_i^{\mathrm{d}\Omega_{\mathrm{L}}}(x)=t_i^{\mathrm{f}\Omega_{\mathrm{L}}}(x)+\sum_{l=1}^{K_2} g_{t,ij}^{\Omega_{\mathrm{L}}}(x,\xi_l)\cdot\varphi_j(\xi_l) \tag{8.21}$$

式中，上标 t、f 和 d 分别表示层状半空间域 Ω_{L} 内的总波场、自由场与散射场；$\varphi_j(\xi_l)$为边界 S_1 上第 l 个单元施加的沿 j 向的虚拟荷载密度；$g_{u,ij}^{\Omega_{\mathrm{L}}}(x,\xi_l)$ 和 $g_{t,ij}^{\Omega_{\mathrm{L}}}(x,\xi_l)$ 为开口域 Ω_{L} 内移动均布荷载位移和牵引力格林函数。

2. 衬砌闭合域内波场求解

对于本节圆环形混凝土衬砌闭合域 Ω_1 内波场的求解，采用全空间移动均布线荷载动力格林函数进行模拟。首先将闭合域 Ω_1 的内外边界总共离散为 K 个线单元，单元长度为 $\Delta S_l(l=1\sim K)$，闭合域 Ω_1 内任意点 $x=(x, 0, z)$处的位移和牵引力为

$$u_i^{\Omega_1}(x)=\sum_{l=1}^{K} g_{u,ij}^{\Omega_1}(x,\xi_l)\cdot\phi_j(\xi_l)\quad(i,\ j=1\sim3)\tag{8.22}$$

$$t_i^{\Omega_1}(x)=\sum_{l=1}^{K} g_{t,ij}^{\Omega_1}(x,\xi_l)\cdot\phi_j(\xi_l)\quad(i,\ j=1\sim3)\tag{8.23}$$

式中，$\phi_j(\xi_l)$为边界 S_1 上第 l 个单元上作用的沿 j 方向的虚拟均布荷载密度；$g_{u,ij}^{\Omega_1}(x,\xi_l)$ 和 $g_{t,ij}^{\Omega_1}(x,\xi_l)$ 分别为闭合域 Ω_1 内的移动均布线荷载位移和牵引力的格林函数，可以通过每个单元上移动点荷载全空间格林函数的积分求得

$$g_{u,ij}^{\Omega_1}(x,\xi_l)=\int_{\xi_l-\frac{\Delta S_l}{2}}^{\xi_l+\frac{\Delta S_l}{2}} G_{u,ij}^{\Omega_1}(x,\xi_l)\,\mathrm{d}S_\xi\quad(i,\ j=1\sim3)\tag{8.24}$$

$$g_{t,ij}^{\Omega_1}(x,\xi_l)=0.5\delta_{nl}\Delta S_l+\int_{\xi_l-\frac{\Delta S_l}{2}}^{\xi_l+\frac{\Delta S_l}{2}} G_{t,ij}^{\Omega_1}(x,\xi_l)\,\mathrm{d}S_\xi\quad(i,\ j=1\sim3)\tag{8.25}$$

式中，$G_{u,ij}^{\Omega_1}(x,\xi_l)$ 和 $G_{t,ij}^{\Omega_1}(x,\xi_l)$ 分别为闭合域内移动点荷载位移和牵引力格林函数，即闭合域内单元中点 $\xi_l=(x_l, 0, z_l)$上施加沿 j 向单位荷载时，在第 n 个单元上的观测点 $x=(x, 0, z)$位置处产生的沿 i 方向的位移和牵引力，具体表达式为

$$\begin{cases} G_{u,ij}=\dfrac{1}{8\mathrm{i}\rho}\left[\delta_{ij}A-\left(2\gamma_i\gamma_j-\delta_{ij}\right)B\right]\exp\left(-\mathrm{i}vy\right)\quad(i,j=1,3)\\ G_{u,2j}=G_{u,j2}=\dfrac{1}{4\rho c}\left[\sqrt{\dfrac{1}{c_{\mathrm{s}}^2}-\dfrac{1}{c^2}}H_1^{(2)}(KR)-\sqrt{\dfrac{1}{c_{\mathrm{p}}^2}-\dfrac{1}{c^2}}H_1^{(2)}(QR)\right]\gamma_j\exp(-\mathrm{i}vy)\quad(j=1,3)\\ G_{u,22}=\dfrac{1}{4\mathrm{i}\rho}\left[\left(\dfrac{1}{c_{\mathrm{s}}^2}-\dfrac{1}{c^2}\right)H_0^{(2)}(KR)+\dfrac{1}{c^2}H_0^{(2)}(QR)\right]\exp(-\mathrm{i}vy)\end{cases}\tag{8.26}$$

$$\begin{cases} G_{t,11}=\lambda e_1n_1+\mu\left(\varepsilon_{111}n_1+\varepsilon_{131}n_3\right)\\ G_{t,21}=\mu\left(\varepsilon_{121}n_1+\varepsilon_{231}n_3\right)\\ G_{t,31}=\lambda e_1n_3+\mu\left(\varepsilon_{131}n_1+\varepsilon_{331}n_3\right)\\ G_{t,12}=\lambda e_2n_1+\mu\left(\varepsilon_{112}n_1+\varepsilon_{132}n_3\right)\end{cases}\tag{8.27}$$

$$
\begin{cases}
G_{t,22} = \mu\left(\varepsilon_{122}n_1 + \varepsilon_{232}n_3\right) \\
G_{t,32} = \lambda e_3 n_3 + \mu\left(\varepsilon_{132}n_1 + \varepsilon_{332}n_3\right) \\
G_{t,13} = \lambda e_3 n_1 + \mu\left(\varepsilon_{113}n_1 + \varepsilon_{133}n_3\right) \\
G_{t,23} = \mu\left(\varepsilon_{123}n_1 + \varepsilon_{233}n_3\right) \\
G_{t,33} = \lambda e_3 n_3 + \mu\left(\varepsilon_{133}n_1 + \varepsilon_{333}n_3\right)
\end{cases}
$$

式中，$R=\sqrt{\left(x-x_l\right)^2+\left(z-z_l\right)^2}$；$\gamma_1=\left(x-x_l\right)/R$；$\gamma_3=\left(z-z_l\right)/R$；$n_1$ 和 n_3 为观测点 x 处沿 x 与 z 向的方向余弦；μ 和 λ 为拉梅常数；ρ 为介质密度。

虚拟移动均布荷载沿 y 轴方向的视速度 $c=c^{\mathrm{R}}/(\cos\theta_{\mathrm{h}}\cos\theta_{\mathrm{v}})$，其中 c^{R} 为相应入射波在基岩内的传播速度（当入射波为压缩波时，取 $c^{\mathrm{R}}=c_{\mathrm{P}}^{\mathrm{R}}$；当入射波为剪切波时，取 $c^{\mathrm{R}}=c_{\mathrm{s}}^{\mathrm{R}}$），$v=\omega/c$ 和 $q=\omega/c_{\mathrm{p}}$ 为压缩波波数，$k=\omega/c_{\mathrm{s}}$ 为剪切波波数，其中 c_{p} 和 c_{s} 分别为压缩波（P 波）和剪切波（SV 波及 SH 波）在土层内的传播速度；$Q=\sqrt{q^2-v^2}=\omega\sqrt{1/c_{\mathrm{p}}^2-1/c^2}$，$K=\sqrt{k^2-v^2}=\omega\sqrt{1/c_{\mathrm{s}}^2-1/c^2}$，其中 $\mathrm{Imag}(Q)\leqslant 0$，$\mathrm{Imag}(K)\leqslant 0$；$H_m^2(\cdot)$ 为第二类 m 阶 Hankel 函数，$\varepsilon_{ijk}=\delta G_{ik}/\delta x_j+\delta G_{jk}/\delta x_i$，其中 ε_{ijk}、e_i（i=1～3）及 A 和 B 的具体表达式见文献［5］。

3. 边界条件

为求出开口半空间域与环形闭合域对应边界上施加的虚拟荷载密度 $\varphi_j(\xi_l)$及 $\phi_j(\xi_l)$（j=1～3），需引入各域对应的边界条件，建立方程组进行求解。其包括圆形衬砌闭合域对应内表面 S_0 上的零应力边界条件，以及开口半空间域与衬砌闭合域交界面 S_1 上的应力位移连续条件。以下将分别进行描述。

1）闭合衬砌域内表面 S_0 上零应力边界条件为

$$
\int_{S_0+S_1}\begin{bmatrix} t_x^{\Omega_1}(s) \\ t_y^{\Omega_1}(s) \\ t_z^{\Omega_1}(s) \end{bmatrix}\mathrm{d}s=\mathbf{0},\ s\in S_0 \tag{8.28}
$$

2）交界面 S_1 上应力和位移连续条件为

$$
\int_{S_1}\left(\begin{bmatrix} t_1^{\mathrm{f}}(s) \\ t_2^{\mathrm{f}}(s) \\ t_3^{\mathrm{f}}(s) \end{bmatrix}+\begin{bmatrix} t_1^{\Omega_{\mathrm{L}}}(s) \\ t_2^{\Omega_{\mathrm{L}}}(s) \\ t_3^{\Omega_{\mathrm{L}}}(s) \end{bmatrix}\right)\mathrm{d}s=\int_{S_0+S_1}\begin{bmatrix} t_1^{\Omega_1}(s) \\ t_2^{\Omega_1}(s) \\ t_3^{\Omega_1}(s) \end{bmatrix}\mathrm{d}s,\ s\in S_1 \tag{8.29a}
$$

$$
\int_{S_1}\left(\begin{bmatrix} u_1^{\mathrm{f}}(s) \\ u_2^{\mathrm{f}}(s) \\ u_3^{\mathrm{f}}(s) \end{bmatrix}+\begin{bmatrix} u_1^{\Omega_{\mathrm{L}}}(s) \\ u_2^{\Omega_{\mathrm{L}}}(s) \\ u_3^{\Omega_{\mathrm{L}}}(s) \end{bmatrix}\right)\mathrm{d}s=\int_{S_0+S_1}\begin{bmatrix} u_1^{\Omega_1}(s) \\ u_2^{\Omega_1}(s) \\ u_3^{\Omega_1}(s) \end{bmatrix}\mathrm{d}s,\ s\in S_1 \tag{8.29b}
$$

将式（8.20）～式（8.25）代入式（8.28）和式（8.29），则求得闭合域 Ω_1 对应环形边界 $S_0 \cap S_1$ 上沿 3 个方向的荷载密度向量 ϕ_1、ϕ_2 和 ϕ_3，以及开口层状 TI 弹性半空间域 Ω_L 对应边界 S_1 上沿 3 个方向的荷载密度向量 φ_1、φ_2 和 φ_3。

8.3.2 弹性半空间隧道的 2.5 维散射验证

为验证该方法的正确性，与 de Barros 等[6]中均匀各向同性弹性半空间中圆形洞室对斜入射 P 波、SV 波和 SH 波的三维散射结果进行对比。计算参数取为 H/a=2.0、ν=1/3、ζ=0.01。图 8-12 给出了 P 波、SV 波和 SH 波斜入射作用下，地表和洞室内表面的无量纲位移幅值$|u/A|$、$|v/A|$和$|w/A|$及洞室内壁动应力集中因子$|\sigma_{\theta\theta}/\sigma_0|$、$|\sigma_{\theta y}/\sigma_0|$及$|\sigma_{yy}/\sigma_0|$，其中 A 为入射波幅值，$\sigma_0=\omega\rho c_s A_P$，P 波的竖向入射角度 θ_v=45°，水平入射角度 θ_h=30°。从图 8-12 中可以看出，本节结果与 de Barros 等[6]给出的结果吻合良好。

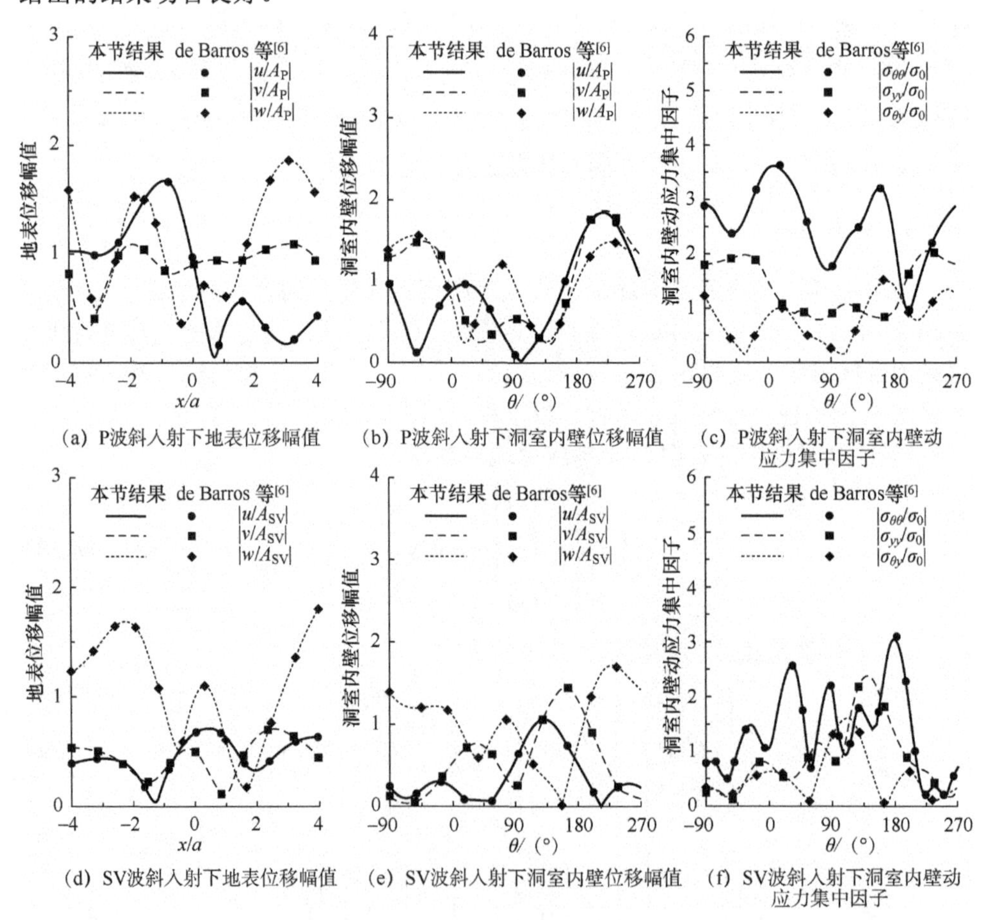

(a) P波斜入射下地表位移幅值 (b) P波斜入射下洞室内壁位移幅值 (c) P波斜入射下洞室内壁动应力集中因子

(d) SV波斜入射下地表位移幅值 (e) SV波斜入射下洞室内壁位移幅值 (f) SV波斜入射下洞室内壁动应力集中因子

图 8-12 本节与 de Barros 等[6]中 P 波、SV 波和 SH 波斜入射下均匀各向同性弹性半空间三维散射结果对比

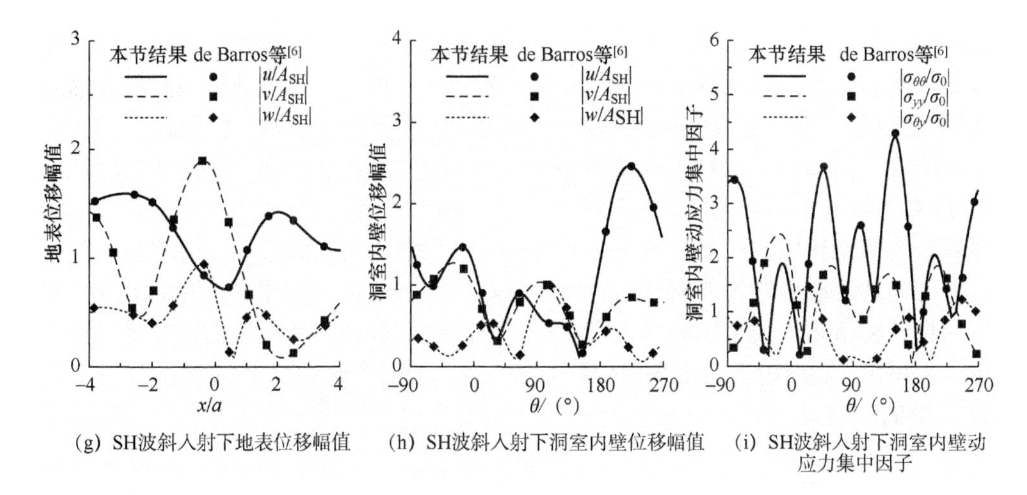

(g) SH波斜入射下地表位移幅值　(h) SH波斜入射下洞室内壁位移幅值　(i) SH波斜入射下洞室内壁动应力集中因子

图 8-12（续）

8.3.3 算例与分析

本节分析了单一 TI 弹性土层半空间中地下衬砌隧道对斜入射 qP 波、qSV 波及 SH 波的散射作用。隧道埋深 H=2a，基岩上土层厚度 D=2H。表 8-3 给出了 3 种场地土层和基岩材料参数，3 种材料都取 $\zeta^{\mathrm{L}}=\zeta^{\mathrm{R}}=0.05$、$\rho^{\mathrm{L}}=\rho^{\mathrm{R}}=2000\mathrm{kg/m^3}$。衬砌材料为 C30 混凝土，其参数取为 $E'=3.0\times10^4\mathrm{MPa}$、$\rho'=2500\mathrm{kg/m^3}$、$\nu'=0.2$ 和 $\zeta=0.02$。波的水平入射角度 $\theta_{\mathrm{h}}=30°$，竖向入射角度 $\theta_{\mathrm{v}}=60°$，无量纲频率 $\eta=\omega a\sqrt{\rho^{\mathrm{L}}/c_{66}^{0}}=1.0$，其中 $c_{66}^{0}=30.0\mathrm{MPa}$。

表 8-3　3 种场地土层和基岩材料参数

场地		E_{h}/MPa	E_{v}/MPa	G_{v}/MPa	ν_{h}	ν_{vh}
场地 1	土层材料 1	50	100	30	0.25	0.25
	基岩材料 1	800	1600	480	0.25	0.25
场地 2	土层材料 2	75	75	30	0.25	0.25
	基岩材料 2	1200	1200	480	0.25	0.25
场地 3	土层材料 3	100	50	30	0.25	0.25
	基岩材料 3	1600	800	480	0.25	0.25

为了分析 TI 介质对基岩上单一土层场地中地表位移的影响，图 8-13 给出了 qP 波、qSV 波及 SH 波斜入射下基岩上单一 TI 土层中弹性半空间地表位移幅值的空间分布。从图 8-13 中可以看出，由于 TI 介质参数同时改变了基岩上土层与隧道的动力特性，进而改变了 TI 土层与隧道之间的动力相互作用，使得位移幅值空

间分布很复杂。qP 波斜入射作用下，水平方向位移幅值在 x/a=0.0 位置处出现驻波点，两侧水平向位移幅值则随着模量比的增大而增大，说明场地中波的传播介质模量比越大，基岩、TI 土层与隧道之间的动力相互作用越强；TI 场地 1 和 3 中隧道两侧（$1.0 \leqslant |x/a| \leqslant 4.0$）竖向位移幅值较场地 2（$E_h/E_v$=1.0）波动要剧烈，说明 TI 参数改变了单一土层场地与隧道之间的相互作用。qSV 波斜入射作用下，同样表现为模量比较大时（E_h/E_v=2.0），TI 土层与隧道之间的相互作用较强，同时水平方向驻波点位置随着模量比的增大向右侧发生偏移。SH 波斜入射作用下，水平向位移幅值随着模量比的增大而减小，隧道两侧竖向位移幅值则随着模量比的增大而增大，隧道附近的出平面位移幅值受 TI 介质影响较小，但远端则受到不同 TI 场地的影响。

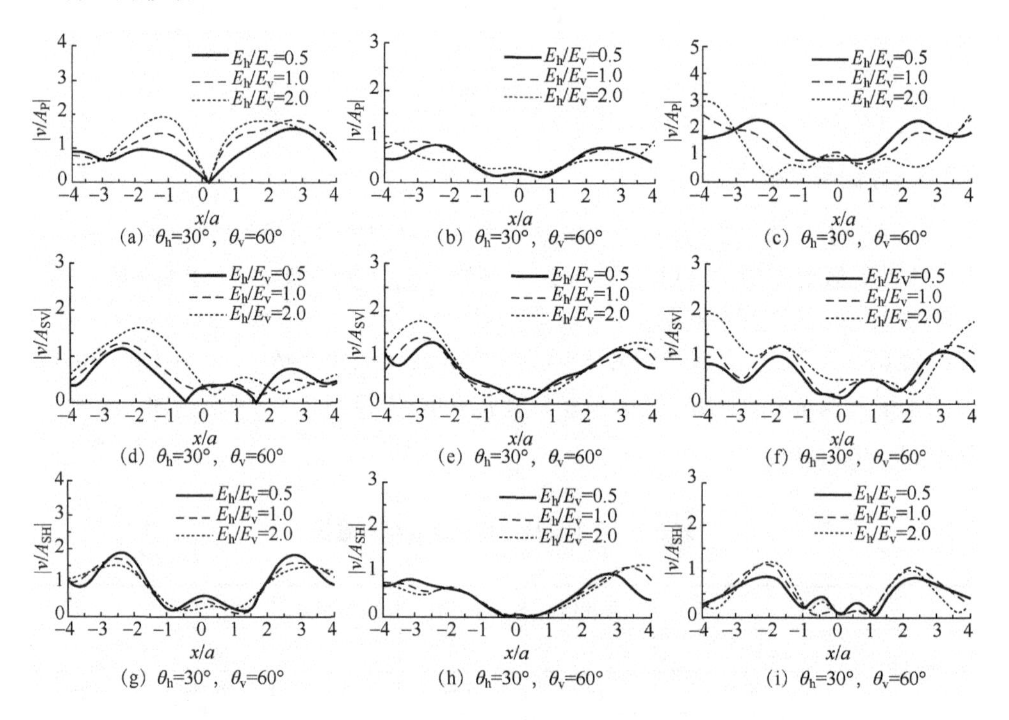

图 8-13　qP 波、qSV 波及 SH 波斜入射下基岩上单一 TI 土层弹性半空间地表位移幅值的空间分布

为了分析 TI 介质对基岩上单一土层场地中地下衬砌隧道内表面动应力集中因子的影响，图 8-14 给出了 qP 波、qSV 波及 SH 波斜入射下单一 TI 土层场地（E_h/E_v=0.5、1.0 和 2.0）弹性半空间中隧道衬砌内表面动应力集中因子幅值分布。

从图 8-14 可以看出，TI 土体介质改变了自身与隧道之间的相互作用，从而改变了衬砌内壁动应力集中因子的值及其分布。qP 波斜入射作用下，模量比较大的 TI 土层中隧道衬砌内表面环向应力和径向应力较大，且环向应力峰值相比各向同性土层向下方偏移，各向同性介质中径向应力沿衬砌分布较均匀，模量比较小（E_h/E_v=0.5）的 TI 土层中切向应力较大。qSV 波斜入射作用下，衬砌内表面应力随着模量比的增大分布更加不均匀，并且随着模量比的增大应力峰值沿着顺时针方向移动，说明模量比较大时，土层与隧道之间的动力相互作用加强，同时也改变了衬砌内表面应力幅值及分布情况。SH 波斜入射作用下，TI 土体模量比对衬砌内表面应力幅值分布影响较小，模量比较小时（E_h/E_v=0.5），对应环向应力幅值较小，但切向及径向应力幅值较大。

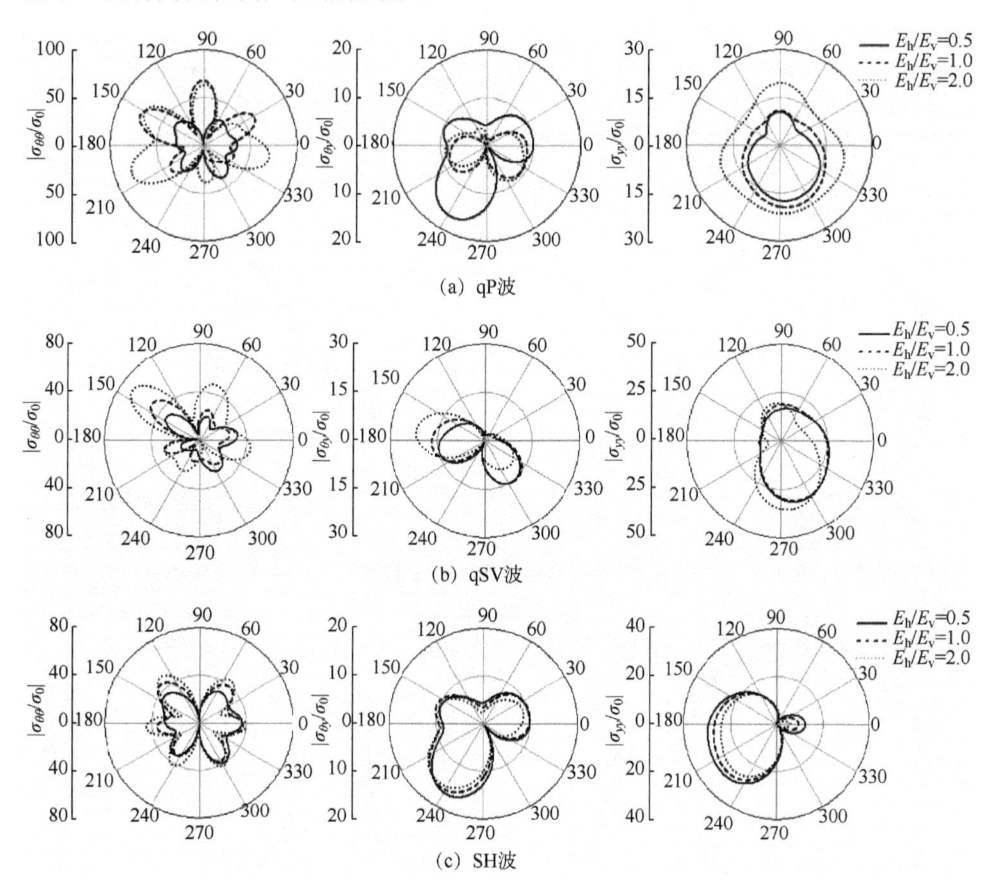

(a) qP波

(b) qSV波

(c) SH波

图 8-14　qP 波、qSV 波及 SH 波斜入射下单一 TI 土层场地弹性半空间中隧道衬砌内表面动应力集中因子幅值分布（η=1.0，θ_h=30°，θ_v=60°）

为了直观地分析材料各向异性对基岩上单一土层场地中隧道衬砌内动应力集中因子值及分布情况的影响，图 8-15～图 8-17 分别给出了斜入射 qP 波、qSV 波及 SH 波作用下，3 种单一土层 TI 场地（E_h/E_v=0.5、1.0 和 2.0）中厚度为 d=0.1a_1 的混凝土衬砌内部动应力集中因子云图。材料参数与图 8-13 相同，波的水平入射角度为 θ_h=30°，竖向入射角度为 θ_v=60°，入射频率 η=1.0。

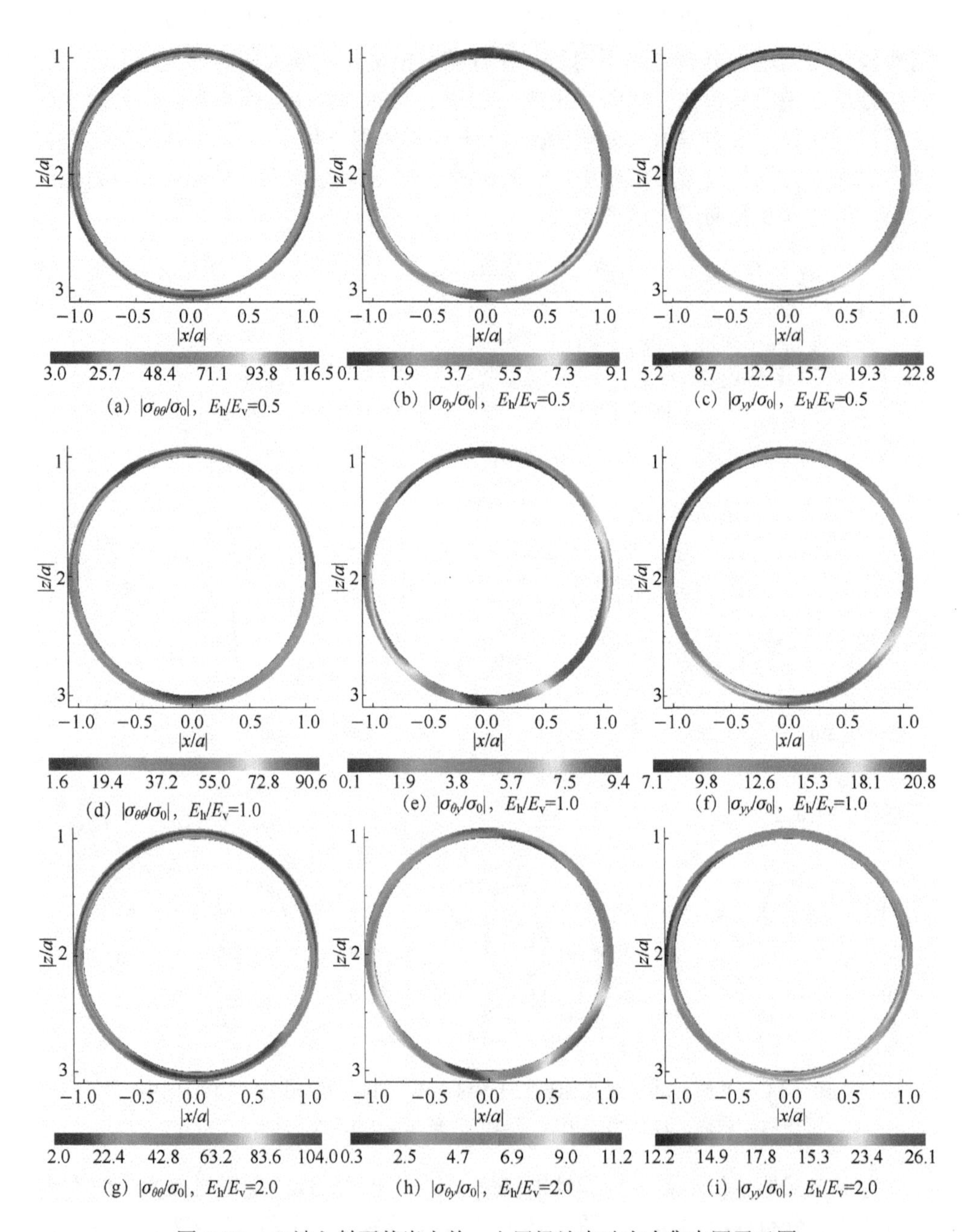

(a) $|\sigma_{\theta\theta}/\sigma_0|$，$E_h/E_v$=0.5　(b) $|\sigma_{\theta y}/\sigma_0|$，$E_h/E_v$=0.5　(c) $|\sigma_{yy}/\sigma_0|$，E_h/E_v=0.5

(d) $|\sigma_{\theta\theta}/\sigma_0|$，$E_h/E_v$=1.0　(e) $|\sigma_{\theta y}/\sigma_0|$，$E_h/E_v$=1.0　(f) $|\sigma_{yy}/\sigma_0|$，E_h/E_v=1.0

(g) $|\sigma_{\theta\theta}/\sigma_0|$，$E_h/E_v$=2.0　(h) $|\sigma_{\theta y}/\sigma_0|$，$E_h/E_v$=2.0　(i) $|\sigma_{yy}/\sigma_0|$，E_h/E_v=2.0

图 8-15　qP 波入射下基岩上单一土层场地中动应力集中因子云图

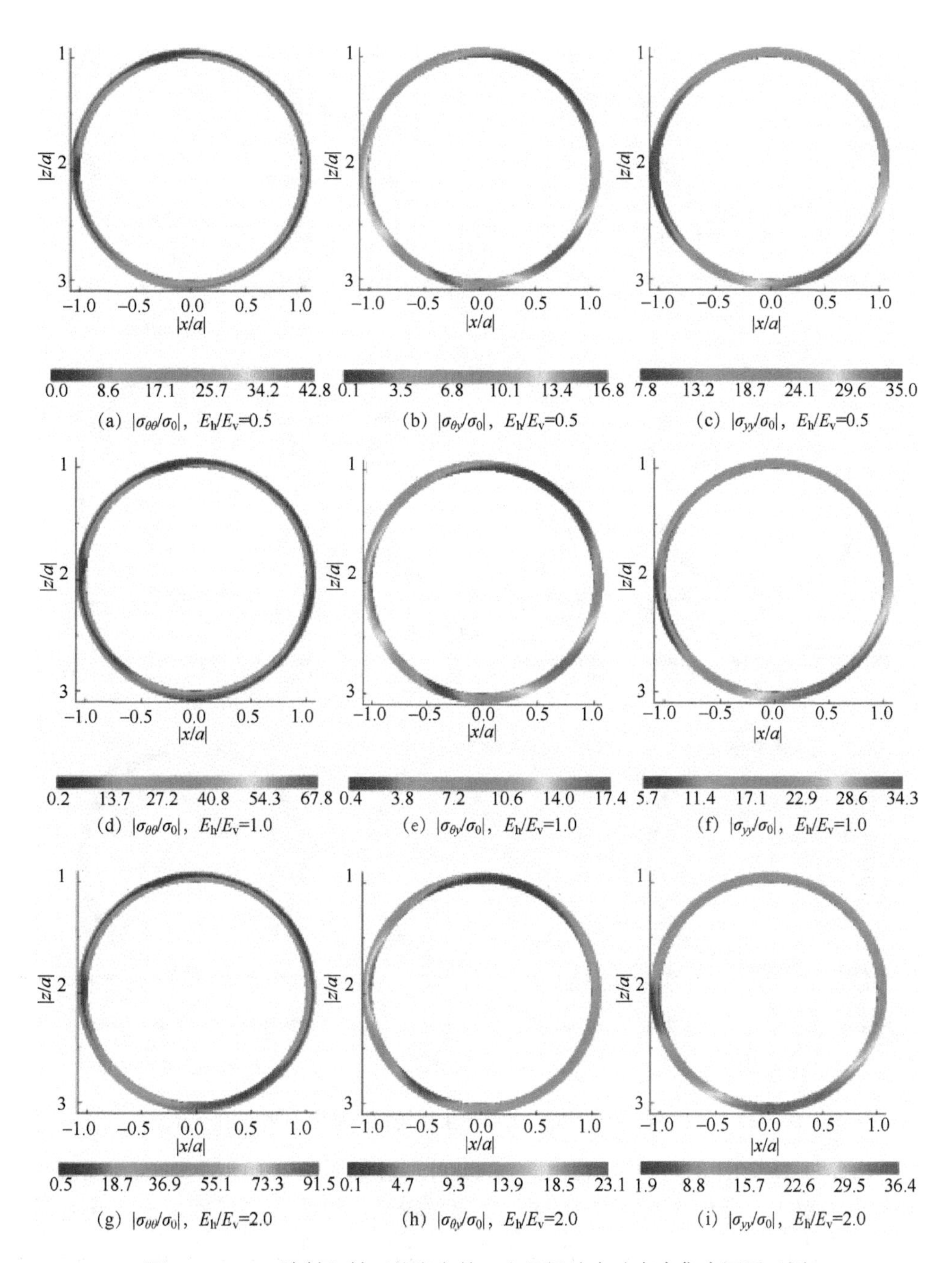

(a) $|\sigma_{\theta\theta}/\sigma_0|$，$E_h/E_v$=0.5　(b) $|\sigma_{\theta y}/\sigma_0|$，$E_h/E_v$=0.5　(c) $|\sigma_{yy}/\sigma_0|$，E_h/E_v=0.5

(d) $|\sigma_{\theta\theta}/\sigma_0|$，$E_h/E_v$=1.0　(e) $|\sigma_{\theta y}/\sigma_0|$，$E_h/E_v$=1.0　(f) $|\sigma_{yy}/\sigma_0|$，E_h/E_v=1.0

(g) $|\sigma_{\theta\theta}/\sigma_0|$，$E_h/E_v$=2.0　(h) $|\sigma_{\theta y}/\sigma_0|$，$E_h/E_v$=2.0　(i) $|\sigma_{yy}/\sigma_0|$，E_h/E_v=2.0

图 8-16　qSV 波斜入射下基岩上单一土层场地中动应力集中因子云图

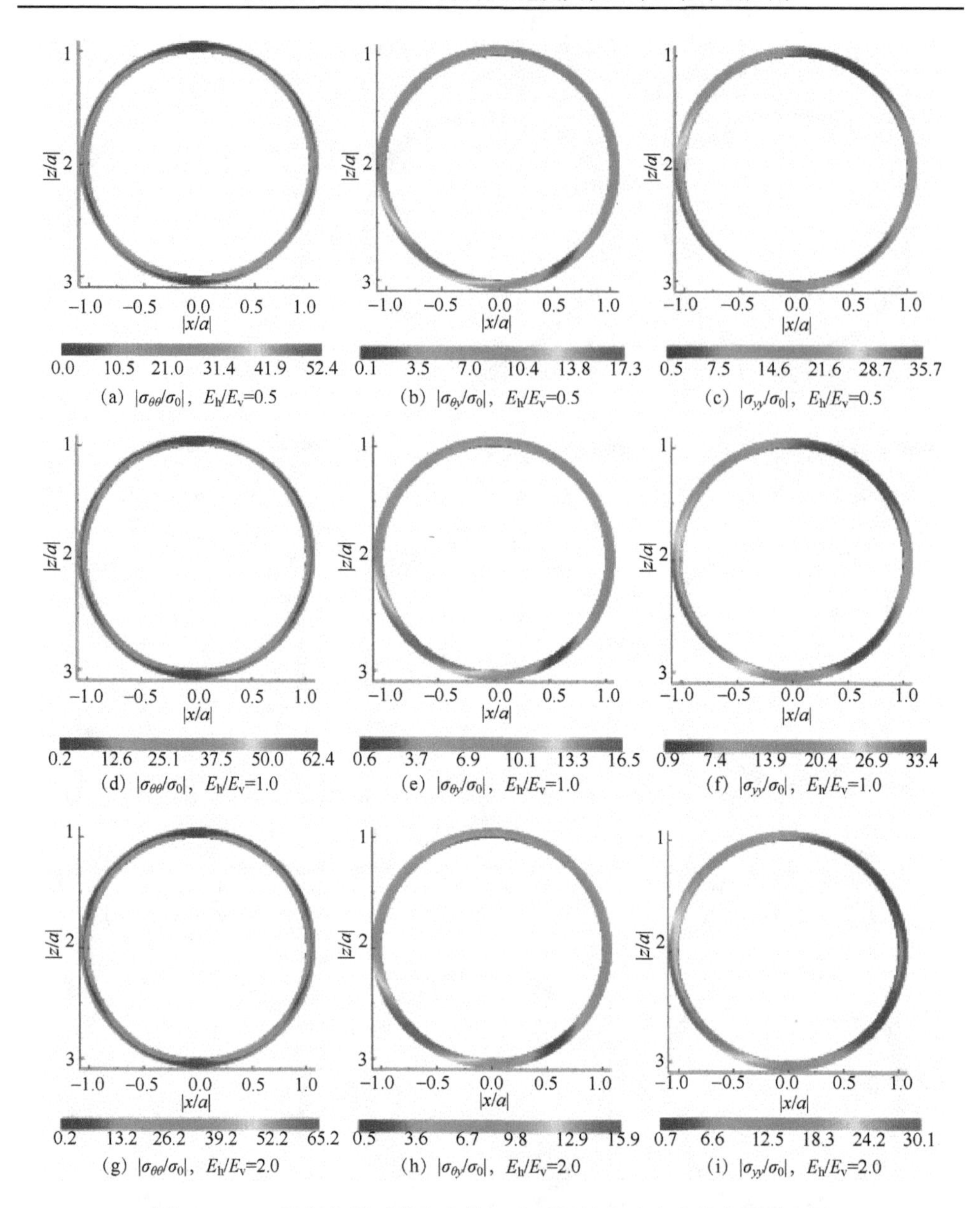

(a) $|\sigma_{\theta\theta}/\sigma_0|$，$E_h/E_v$=0.5　(b) $|\sigma_{\theta y}/\sigma_0|$，$E_h/E_v$=0.5　(c) $|\sigma_{yy}/\sigma_0|$，E_h/E_v=0.5

(d) $|\sigma_{\theta\theta}/\sigma_0|$，$E_h/E_v$=1.0　(e) $|\sigma_{\theta y}/\sigma_0|$，$E_h/E_v$=1.0　(f) $|\sigma_{yy}/\sigma_0|$，E_h/E_v=1.0

(g) $|\sigma_{\theta\theta}/\sigma_0|$，$E_h/E_v$=2.0　(h) $|\sigma_{\theta y}/\sigma_0|$，$E_h/E_v$=2.0　(i) $|\sigma_{yy}/\sigma_0|$，E_h/E_v=2.0

图 8-17　SH 波斜入射下基岩上单一土层场地中动应力集中因子云图

由图 8-15～图 8-17 可以看出，qP 波斜入射作用下，场地 1 对应环向应力集中因子较大，场地 3 对应切向与径向应力较大，说明各向同性单一土层计算的应力集中因子比实际横观各向同性介质场地要小，但 TI 参数对基岩上单一 TI 土层场地上应力集中位置影响并不大；qSV 波斜入射作用下，场地 3 中径向应力峰值位置相比其他两场地沿顺时针方向发生偏移，且位于衬砌右下方的切向应力峰值随着模量的增大而逐渐减小；SH 波斜入射作用下，不同 TI 场地中衬砌内动应力集中因子的分布基本相同。

8.4　层状 TI 饱和半空间隧道对弹性波的 2.5 维散射

8.4.1　模型和理论公式

1. *层状 TI 饱和半空间域波场求解*

TI 饱和半空间的自由场求解可参见第 4.2 节，半空间域内的散射场由第 3.6 节推导的 TI 饱和半空间中移动均布斜线荷载及孔压动力格林函数进行模拟。首先将隧道边界 S_2 离散为 K_2 个斜线单元，然后分别在边界单元上施加虚拟的单位移动斜线荷载，则场地中任意观测点 x=(x, z)的位移和牵引力幅值可以表示为

$$\begin{cases} u_i^{\mathrm{t}\Omega_{\mathrm{L}}}(x)=u_i^{\mathrm{f}\Omega_{\mathrm{L}}}(x)+u_i^{\mathrm{d}\Omega_{\mathrm{L}}}(x)=u_i^{\mathrm{f}\Omega_{\mathrm{L}}}(x)+\sum\limits_{l=1}^{K_2} g_{u,ij}^{\Omega_{\mathrm{L}}}(x,\xi_l)p_{2j}(\xi_j) \\ w^{\mathrm{t}\Omega_{\mathrm{L}}}(x)=w^{\mathrm{f}\Omega_{\mathrm{L}}}(x)+w^{\mathrm{d}\Omega_{\mathrm{L}}}(x)=w^{\mathrm{f}\Omega_{\mathrm{L}}}(x)+\sum\limits_{l=1}^{K_2} g_{w}^{\Omega_{\mathrm{L}}}(x,\xi_l)p_{2}(\xi_j) \end{cases} \tag{8.30}$$

$$\begin{cases} t_i^{\mathrm{t}\Omega_{\mathrm{L}}}(x)=t_i^{\mathrm{f}\Omega_{\mathrm{L}}}(x)+t_i^{\mathrm{d}\Omega_{\mathrm{L}}}(x)=t_i^{\mathrm{f}\Omega_{\mathrm{L}}}(x)+\sum\limits_{l=1}^{K_2} g_{t,ij}^{\Omega_{\mathrm{L}}}(x,\xi_l)p_{2j}(\xi_l) \\ t_p^{\mathrm{t}\Omega_{\mathrm{L}}}(x)=t_p^{\mathrm{f}\Omega_{\mathrm{L}}}(x)+t_p^{\mathrm{d}\Omega_{\mathrm{L}}}(x)=t_p^{\mathrm{f}\Omega_{\mathrm{L}}}(x)+\sum\limits_{l=1}^{K_2} g_{p}^{\Omega_{\mathrm{L}}}(x,\xi_l)p_{2j}(\xi_l) \end{cases} \tag{8.31}$$

式中，$g_{u,ij}^{\Omega_{\mathrm{L}}}$ 和 $g_{w}^{\Omega_{\mathrm{L}}}$ 为 TI 饱和半空间移动均布斜线荷载的土骨架和流体位移格林函数；$g_{t,ij}^{\Omega_{\mathrm{L}}}$ 和 $g_{p}^{\Omega_{\mathrm{L}}}$ 为相应的牵引力和孔压格林函数。

2. *环形衬砌域的散射场*

本节同第 8.3 节中的全空间移动均布荷载动力格林函数求解均匀环形衬砌域内的散射场，则环形衬砌域 Ω_1 中任意观测点 x=(x, z)的位移和牵引力幅值可以表示为

$$u_i^{\mathrm{dv}}(x)=\sum_{m=1}^{K} g_{u,ij}^{\Omega_1}(x,\xi_m)p_{1j}(\xi_m) \tag{8.32}$$

$$t_i^{\mathrm{dv}}(x)=\sum_{m=1}^{K} g_{t,ij}^{\Omega_1}(x,\xi_m)p_{1j}(\xi_m) \tag{8.33}$$

3. *边界条件*

层状 TI 饱和半空间中衬砌隧道地形的边界条件包括环形衬砌外边界 S_2 的位

移和应力连续条件及环形衬砌内边界 S_1 的零应力条件两部分。假设边界上的每一个斜线单元均满足边界条件，则环形衬砌外边界 S_2 的位移和应力连续条件可以表示为

$$\int_{S_2}\left[U^{\mathrm{f}}(x_1)+U_{\mathrm{g}}^{\mathrm{d}\Omega_{\mathrm{L}}}(x_1)\right]\mathrm{d}S_{\xi_l}=\int_{S_2}\left[U^{\mathrm{d}\Omega_1}(x_1)\right]\mathrm{d}S_{\xi_l},\ S_{\xi_l}\in S_2 \tag{8.34}$$

$$\int_{S_2}\left[T^{\mathrm{f}}(x_1)+T^{\mathrm{d}\Omega_{\mathrm{L}}}(x_1)\right]\mathrm{d}S_{\xi_l}=\int_{S_2}\left[T^{\mathrm{d}\Omega_1}(x_1)\right]\mathrm{d}S_{\xi_l},\ S_{\xi_l}\in S_2 \tag{8.35}$$

环形衬砌内边界 S_1 的零应力条件可以表示为

$$\int_{Sl}\left[T^{\mathrm{d}\Omega_1}(x_1)\right]\mathrm{d}S_{\xi_l}=0,\ \ S_{\xi_l}\in S_1 \tag{8.36}$$

式中，$S_{\xi l}$ 为斜线单元的长度。

需要指出的是，上述边界条件的计算是在隧道边界 S_1 透水的前提下进行的。当隧道边界 S_2 不透水时，将式（8.34）和式（8.35）中应力向量 $\boldsymbol{T}$ 相应的孔压（$t_{\mathrm{pg}}(x_1)$，$t_{\mathrm{pf}}(x_1)$）替换为流体相对位移（$w_{\mathrm{g}}(x_1)$，$w_{\mathrm{f}}(x_1)$）即可满足［可参见式（8.19）］。根据边界条件可求出施加在斜线单元上的虚拟荷载向量 P_1 和 P_2，再将求解的虚拟荷载向量代回式（8.30）～式（8.33），可进一步求解出任意一点的波场响应。

8.4.2 饱和半空间隧道的 2.5 维散射验证

为验证该方法的正确性，与刘中宪等[4]给出的二维各向同性饱和半空间中衬砌隧道对 SV 波的散射结果进行对比。取水平入射角度 $\theta_{\mathrm{h}}=90°$，可将本节 2.5 维结果退化到二维。计算参数取 $H/a_1=3.0$、$a_1/a_2=1.12$、$E=9.25\mathrm{GPa}$、剪切模量 $G=3.70\mathrm{GPa}$、$\nu=0.25$、$\zeta=0.001$、$k_{\mathrm{s}}=36\mathrm{GPa}$、$k_{\mathrm{l}}=2\mathrm{GPa}$、$\rho_{\mathrm{s}}=2650\mathrm{kg/m^3}$、$\rho_{\mathrm{l}}=1000\mathrm{kg/m^3}$、$\phi=0.3$。衬砌材料选用 C50 混凝土，$E'=34.5\mathrm{GPa}$、$\nu'=0.2$、$\rho'=2500\mathrm{kg/m^3}$。环形衬砌的外径和内径之比为 $a_2/a_1=1.12$，隧道埋深（圆心至地表的距离）$d=3a_1$。图 8-18 分别给出了 $\eta=1.0$ 时，SV 波垂直入射（$\theta_\beta=0°$）和斜入射（$\theta_\beta=30°$）下均匀各向同性饱和半空间中衬砌隧道附近的水平地表位移，同时分别考虑了隧道外圈透水和不透水两种情况。从图 8-18 中可以看出，本节结果与刘中宪等[4]给出的结果吻合良好。

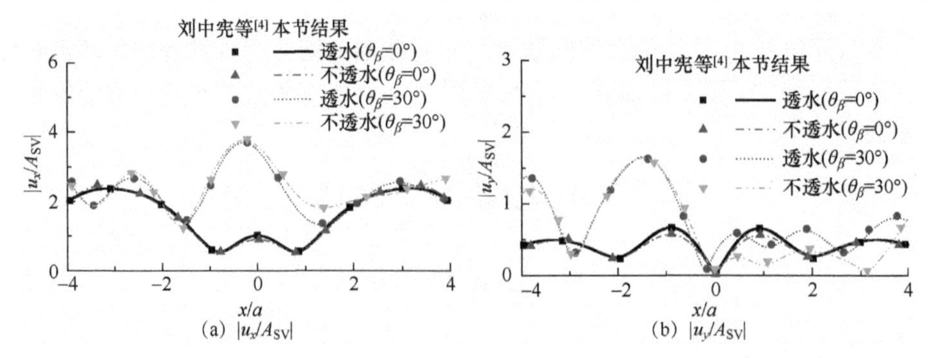

图 8-18 本节结果与刘中宪等[4]中 SV 波入射下二维均匀各向同性饱和半空间中衬砌隧道附近水平地表位移结果对比（$\eta=1.0$）

8.4.3　算例与分析

在本节中分析了单一 TI 饱和土层中半空间中衬砌隧道模型对 qP1 波、qSV 波和 SH 波的三维散射。TI 饱和土层部分参数见表 8-4，ζ^{L}=0.05、η_l=0.001Pa·s、ϕ=0.3、$a_{\infty 1}$=$a_{\infty 3}$=2.167，半空间与混凝土衬砌外圈的接触边界透水。各向同性饱和半空间的计算参数取为 $E_h^R = E_v^R$ =370MPa、G_v^R =148MPa、k_s=1440kg/m^3、ν_h=ν_{vh}=0.25、ζ^R=0.05，其他参数同 TI 饱和土层参数。混凝土衬砌材料选用 C50 混凝土，ρ'=2500kg/m^3、E'=34.5GPa、ν'=0.2、ζ'=0.02。波的水平和竖向入射角度分别为 θ_h=30°和 θ_v=45°。$\eta=\omega a/\pi\sqrt{G_0/\rho_0}$ =0.5、1.0 和 2.0，其中 G_0=37MPa、ρ_0=1700kg/m^3。图 8-19～图 8-21 给出了 qP1 波、qSV 波和 SH 波斜入射下单一土层 TI 饱和半空间中衬砌隧道内壁的应力集中因子。从图 8-19～图 8-21 可以看出，衬砌隧道内壁应力幅值和空间分布受材料 TI 性质（弹性模量比 E_h/E_v）、入射波类型和入射频率（η=0.5、1.0 和 2.0）的影响较显著。

表 8-4　土层材料参数

材料	E_h/MPa	E_v/MPa	G_v/MPa	ν_h=ν_{vh}	ρ_s/（kg/m^3）	ρ_l/（kg/m^3）	k_s/MPa	k_l/MPa
土层材料 1	61.7	123.3	37	0.25	2000	1000	360	20
土层材料 2	92.5	92.5	37	0.25	2000	1000	360	20
土层材料 3	123.3	61.7	37	0.25	2000	1000	360	20

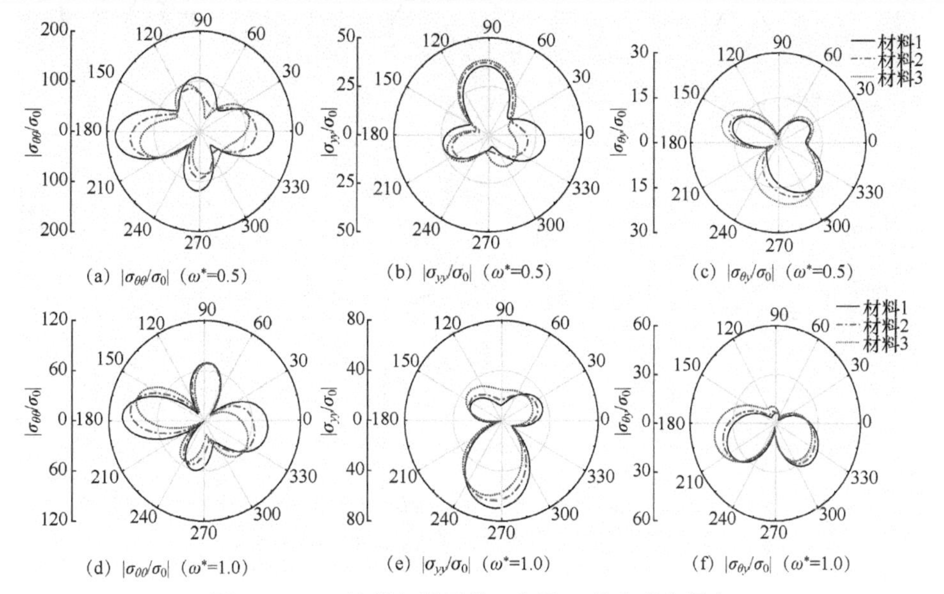

图 8-19　qP1 波斜入射下单一土层 TI 饱和半空间中衬砌隧道内壁应力集中因子（θ_h=30°，θ_v=45°）

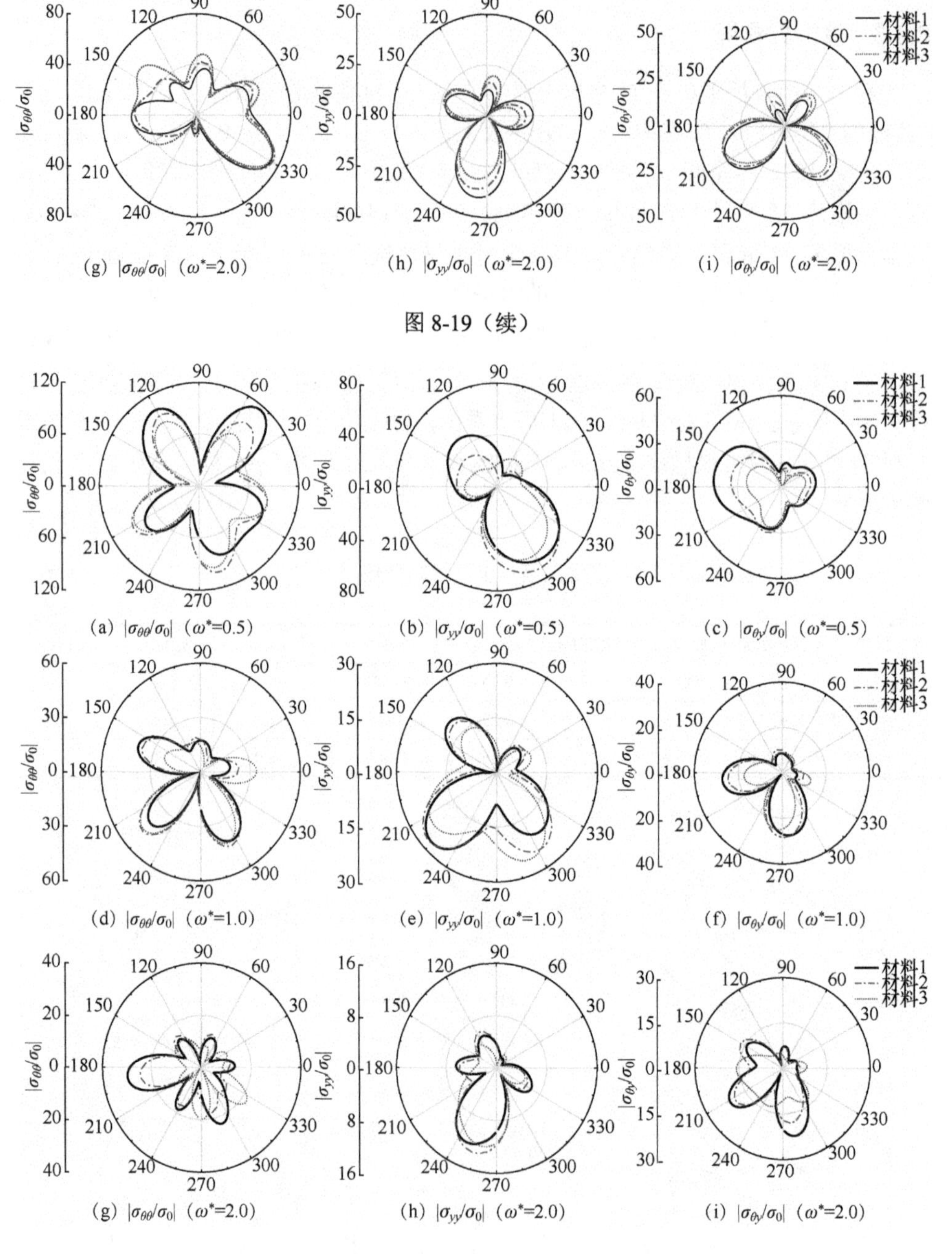

(g) $|\sigma_{\theta\theta}/\sigma_0|$ (ω^*=2.0)　(h) $|\sigma_{yy}/\sigma_0|$ (ω^*=2.0)　(i) $|\sigma_{\theta y}/\sigma_0|$ (ω^*=2.0)

图 8-19（续）

(a) $|\sigma_{\theta\theta}/\sigma_0|$ (ω^*=0.5)　(b) $|\sigma_{yy}/\sigma_0|$ (ω^*=0.5)　(c) $|\sigma_{\theta y}/\sigma_0|$ (ω^*=0.5)

(d) $|\sigma_{\theta\theta}/\sigma_0|$ (ω^*=1.0)　(e) $|\sigma_{yy}/\sigma_0|$ (ω^*=1.0)　(f) $|\sigma_{\theta y}/\sigma_0|$ (ω^*=1.0)

(g) $|\sigma_{\theta\theta}/\sigma_0|$ (ω^*=2.0)　(h) $|\sigma_{yy}/\sigma_0|$ (ω^*=2.0)　(i) $|\sigma_{\theta y}/\sigma_0|$ (ω^*=2.0)

图 8-20　q_{SV}波斜入射下单一土层 TI 饱和半空间中衬砌隧道内壁应力集中因子（θ_h=30°，θ_v=45°）

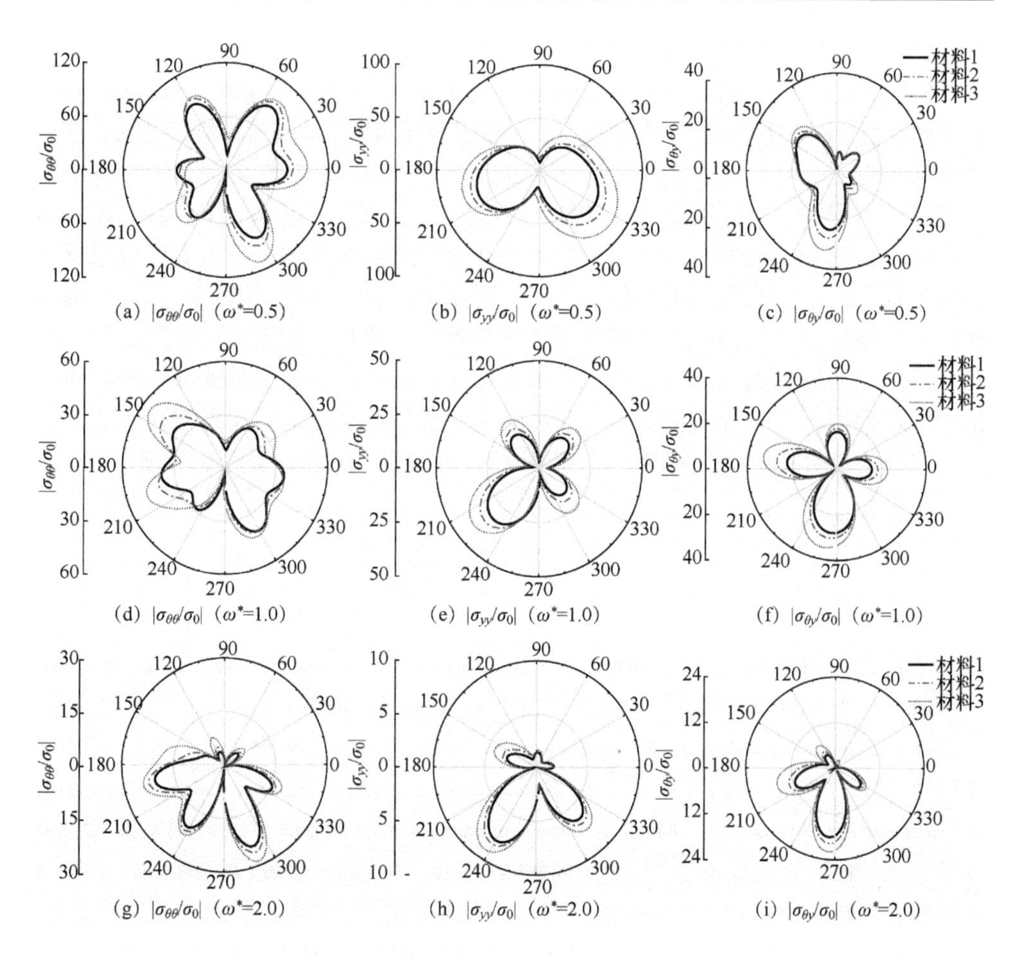

图 8-21　SH 波斜入射下单一土层 TI 饱和半空间中衬砌隧道内壁应力集中因子（θ_h=30°，θ_v=45°）

qP1 波入射［图 8-19］时：①随着 E_h/E_v 的增大，环向应力幅值$|\sigma_{\theta\theta}/\sigma_0|$和径向应力幅值$|\sigma_{yy}/\sigma_0|$（$\eta$=0.5 时除外）的峰值逐渐减小，切向应力幅值$|\sigma_{\theta y}/\sigma_0|$的峰值逐渐增大（$\eta$=2.0 时除外）。值得注意的是，无论何种情况，TI 饱和材料（E_h/E_v=0.5 或 2.0）中的应力响应总是最大的，说明材料的 TI 性质在散射效应分析中是不可忽略的。②E_h/E_v 的改变使应力的空间分布区域扩大或缩小，或发生偏移，如频率 η=1.0 时环向应力分布区域随弹性模量比的增大缩小并顺时针偏移。③随着频率的增大，应力集中现象在隧道内壁的分布情况发生明显改变，应力幅值明显减小。

qSV 波入射（图 8-20）时：①随着 E_h/E_v 的增大，环向应力幅值$|\sigma_{\theta\theta}/\sigma_0|$和切向应力幅值$|\sigma_{\theta y}/\sigma_0|$的峰值均逐渐减小，径向应力幅值$|\sigma_{yy}/\sigma_0|$的峰值在 E_h/E_v=1.0（各向同性）时最大，E_h/E_v=2.0 时最小。②频率 η=2.0 时，弹性模量比 E_h/E_v 的改变对环向应力和切向应力的空间分布影响显著；其他情况下，则对 3 种材料的应力集中现象基本出现在同一区域，或稍有偏移。③随着频率的增大，应力集中现象

逐渐向隧道内壁的下半拱范围转移。

SH 波入射（图 8-21）时：①随着 E_h/E_v 的增大，环向应力幅值$|\sigma_{\theta\theta}/\sigma_0|$、径向应力幅值$|\sigma_{yy}/\sigma_0|$和切向应力幅值$|\sigma_{\theta y}/\sigma_0|$的峰值均逐渐增大，说明材料 3（$E_h/E_v$=2.0）中隧道地形对 SH 波的应力放大作用最强。②弹性模量比 E_h/E_v 的变化对 3 种应力的空间分布影响较小，随 E_h/E_v 的增大，应力集中区域稍有扩大，但基本出现在同一区域内。③频率的增大对应力的空间分布情况有显著影响，应力集中现象逐渐向隧道内壁的下半拱范围内转移。与 qP1 波和 qSV 波入射的结果相比，弹性模量比对应力幅值和分布情况的影响对频率的依赖程度降低。④隧道内壁应力幅值比对应的均匀半空间的应力幅值增大，随着频率的增大，规律更加明显；随着频率的增大，应力的空间分布情况发生明显变化，这与层状场地的动力特性有关。

本章更为详细的研究成果列于文献［7］～文献［11］中，可供读者参考。

参 考 文 献

［1］SÁNCHEZ-SESMA F J，RAMOS-MARTÍNEZ J，CAMPILLO M．An indirect boundary element method applied to simulate the seismic response of alluvial valleys for incident P，S and Rayleigh waves［J］．Earthquake Engineering and Structural Dynamics，1993，22（4）：279-295.

［2］LUCO J E，DE BARROS F C P．Dynamic displacements and stresses in the vicinity of a cylindrical cavity embedded in a half-space［J］．Earthquake Engineering and Structural Dynamics，1994，23（3）：321-340.

［3］刘中宪，梁建文，张贺．弹性半空间中衬砌洞室对平面 P 波和 SV 波的散射（II）：数值结果［J］．自然灾害学报，2010，19（4）：77-88.

［4］刘中宪，琚鑫，梁建文．饱和半空间中隧道衬砌对平面 SV 波的散射 IBIEM 求解［J］．岩土工程学报，2015，37（9）：1599-1612.

［5］PEDERSEN H A，SÁNCHEZ-SESMA F J，CAMPILLO M．Three-dimensional scattering by two-dimensional topographies［J］．Bulletin of the Seismological Society of America，1994，84（4）：1169-1183.

［6］DE BARROS F C P，LUCO J E．Diffraction of obliquely incident waves by a cylindrical cavity embedded in a layered viscoelastic half-space［J］．Soil Dynamics and Earthquake Engineering，1993，12（3）：159-171.

［7］彭琳．山间盆地及地下衬砌隧道对斜入射地震波的三维散射［D］．天津：天津大学，2017.

［8］段化贞．层状 TI 饱和半空间中地下隧道地震响应分析研究［D］．天津：天津大学，2018.

［9］巴振宁，安东辉，梁建文．场地动力特性对衬砌隧道地震反应的影响［J］．防灾减灾工程学报，2018，38（6）：26-34.

［10］巴振宁，安东辉，梁建文，等．横观各向同性场地中埋置衬砌隧道对 qP 波的散射［J］．地震工程学报，2020，42（4）：948-954.

［11］BA Z N，SANG Q Z，LIANG J W．Seismic analysis of a lined tunnel in a multi-layered TI saturated half-space due to qP1- and qSV-waves［J］．Tunnelling and Underground Space Technology，2022，119：104248.